普通高等教育"十一五"国家级规划教材

高等学校电工电子课程改革系列教材

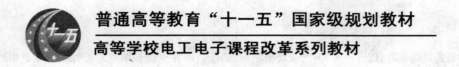

电工电子技术教程

（上册：电工与电路基础）

邹逢兴　主编

潘孟春　胡助理　李季　陈棣湘　唐莺　编著

电子工业出版社

Publishing House of Electronics Industry

北京·BEIJING

内 容 简 介

　　本书是普通高等教育"十一五"国家级规划教材,是作者所在单位长期以来进行电工电子系列课程统筹改革成果的结晶。全书分三册,上册:电工与电路基础,中册:集成数字电子技术基础,下册:集成模拟电子技术基础。经过精心设计,各册既有相对独立性、完整性,又是一个内容既不脱节又不重叠、相互协调呼应、有机联系的统一体。

　　本册为上册。它融"模电"、"数电"的必要基础知识与基本电路理论、基本电工原理于一体,分8章先后介绍了电路的基本概念与分析定律、电路的基本分析方法、非线性电阻电路的分析、动态电路的暂态分析、正弦交流电路的稳态分析、二端口网络、互感耦合电路和三相电路与用电常识等知识单元。其中各章均紧密结合电子技术实际取舍和组织内容,并专辟一节"实用电路及分析举例",纳入了较多日常实用电路和典型电子线路,为后续的"集成数字电子技术"、"集成模拟电子技术"课程埋下伏笔、打下基础。

　　本书从体系到内容都有很大创新,重点放在基于集成电路的分析设计上,突出实用性和论例结合,非常适合于作为各级、各类高等学校理工科专业的本、专科学生新一代教材。对于电子信息领域的科学研究和工程技术人员,本书也是一本很好的实用参考书。

　　未经许可,不得以任何方式复制或抄袭本书之部分或全部内容。

　　版权所有,侵权必究。

图书在版编目(CIP)数据

电工电子技术教程·上册:电工与电路基础/邹逢兴主编·—北京:电子工业出版社,2011.6
普通高等教育"十一五"国家级规划教材
ISBN 978-7-121-13653-5

Ⅰ. ①电… Ⅱ. ①邹… Ⅲ. ①电工技术—高等学校—教材 ②电子技术—高等学校—教材 ③电工学—高等学校—教材 ④电路理论—高等学校—教材 Ⅳ. ①TM ②TN

中国版本图书馆 CIP 数据核字(2011)第 100501 号

策划编辑:陈晓莉
责任编辑:陈晓莉
印　　刷:北京丰源印刷厂
装　　订:三河市鹏成印业有限公司
出版发行:电子工业出版社
　　　　　北京市海淀区万寿路 173 信箱　邮编:100036
开　　本:787×1092　1/16　印张:17.75　字数:467 千字
版　　次:2011 年 6 月第 1 次印刷
印　　数:4000 册　定价:38.00 元

前　言

本书是普通高等教育"十一五"国家级规划教材，是作者所在单位长期以来进行电工电子系列课程统筹改革成果的结晶。

随着电子技术和电子设计技术的发展，目前的电子工程师或工科各专业从事硬件电路开发的人员，已很少用分立元件去搭建各类电子系统了，一般都是基于不同规模的 IC 芯片去设计和构造实际系统。因此，作为学校教育，应该顺应技术发展潮流，适应行业工作现状，把电子技术课程教学的起点提高到集成电路芯片上，重点转移到基于集成电路芯片的分析与设计能力的培养上，没必要再从分立元件和基于分立元件的最基础电路讲起了。这是一个方面。另一方面，即使基于集成电路的数字、模拟电子系统分析与设计，也还是需要有基本电路分析理论作支撑，所以，以电路分析基础类课程作为电子技术课程的前修课仍是必要的。但是，传统的电路分析基础类课程，往往是仅基于集总 R、C、L 元件论原理的居多，与"模电"、"数电"实际电路，特别是集成电子电路的结合很少，其结果使理论与实际脱节，几门课的整体效率不高，综合效果不好，教学效时比偏低。

正是基于上述两方面考虑，我们从 20 世纪 90 年代开始，就将这几门课作为一个系列课程，从理论与实践的结合上，统筹考虑其内容和体系结构的改革，取得了较好的教学成效。在此基础上，进入 21 世纪后，我们将电工电子技术基础的内涵整合成《电工电子技术导论》、《集成数字电子技术》、《集成模拟电子技术》和《EDA 技术与设计实践》四门课，并策划设计了一套由与之同名的四本书构成的电工电子类课程改革系列教材。前三本书于 2005 年在电子工业出版社正式出版。从几年的自用和他用反馈的意见看，该系列教材的特色优势得到了本单位和诸多用书院校教师的高度认同，本人还因此而多次应邀在国内相关教学学术研讨会和经验交流会上作专题报告，有关课程改革及教材编写思想引起了同行专家的广泛共鸣。但同时也暴露出三本书在具体内容的有机融合、统筹兼顾、前后呼应方面还存在不足。

本书在很大程度上是对上述系列教材的改进和修订。修订后，融入了作者所在学校近年来相关课程教学研究、教学改革的新思维、新理念、新成果，也吸收了用户对原书反馈的一些建设性意见，还吸取了近年来出版的一些同类教材的精华，尤其针对原来的不足做了较多改进。为体现原三本书是一个统一整体，这次将它们统一在《电工电子技术教程》一个书名下各成一册，并按学科发展内涵和教育、教学规律，从内容上到体系上对它们做出优化整合、处理：一方面，将"模电"、"数电"的必要基础知识与基本电路理论、基本电工原理有机融为一体，构成"上册：电工与电路基础"，其中各章均以电路分析理论应用举例等形式，融入了较多日常实用电路和典型电子线路，为后面的"数电"、"模电"课程奠定了基础和埋下了伏笔；另一方面，将原来的"数电"和"模电"改为以上册为基础，直接从 IC（集成电路）切入，直奔基于集成电路的数字/模拟电路分析与设计，而且从 SSIC 到 MSIC 再到 LSIC/VLSIC，集成规模越大，越把它作为介绍的重点，最后都归结到基于 LSIC/VLSIC 的数字/模拟 EDA，从而形成"中册：集成数字电子技术基础"和"下册：集成模拟电子技术基础"。与此同时，特别注意三册的水乳交融、有机融合和承前启后、协调呼应。这样，既可保持学科内容上的科学性、基础性、完整性，又可体现电子技术的先进性、实用性，较好地反映和适应电子设计技术发展的现状和趋势，还可以用较少的学时数实现上述"五性"的统一，提高教学效时比。

本书将"集成数电"作为中册，而将"集成模电"作为下册，是基于这样一种考虑：学完"电工与电路基础"后，最好把"集成数字电子技术基础"课安排在"集成模拟电子技术基础"课前面上，这样有利于将必须以"数电"为先修课的《计算机硬件技术基础》（或《微机原理与接口技术》）类课程尽早开，从而有利于实现本科四年"计算机应用不断线"的改革理念，也使学生有条件、有能力尽早参加电子设计、计算机应用方面的创新实践活动和学科竞赛，更好地培养工程实践能力和科技创新能力。

本册属全书上册，共 8 章，先后介绍了电路的基本概念与分析定律、电路的基本分析方法、非线性电阻电路的分析、动态电路的暂态分析、正弦交流电路的稳态分析、二端口网络、互感耦合电路和三相电路与用电常识等知识单元。其中各章均紧密结合电子技术实际取舍和组织内容，并专辟一节介绍"实用电路及分析举例"。

全书由邹逢兴主编、策划、提出了全书内容及组织结构，确定了编写思想，撰写了三级目录，审读修改、协调统一了全部书稿。潘孟春、胡助理、李季、唐莺、陈棣湘 5 人参加了本册编写/修订工作。国防科技大学先后从事本系列课程教学的许多教师，如刘少克教授、李云钢教授、刁节涛副教授、刘国福副教授、丁文霞副教授、史美萍副教授、关永峰副教授、刘安芝副教授、陆珉副教授、张珝教授、谢克彬副教授、翁飞兵副教授等，参加了对本册内容和结构的讨论，提出过许多很好的建议。尤其是我国著名电子学专家、原国家教委电子技术课程教学指导小组组长、华中科技大学教授康华光老先生，在对原系列教材提出褒奖并为出版作序的同时，也对其后的修订改进提出了中肯的指导性意见。在此一并向他们表示衷心的感谢！

由于本书从体系到内容都有较大创新，把重点放在基于集成电路的分析设计上，突出了实用性和论例结合，非常适合于作为各级各类高等学校理工科专业的大学生新一代教材。对电子信息领域的科学研究和工程技术人员，本书也是一本很好的实用参考书。又由于本书在确保贯彻改革创新思维的前提下，从体系到内容还做了一些其他方面的精心设计，使上、中、下三册的内容既相互协调呼应、有机联系，又有各自相对的独立性、完整性。因此，配套选用三册作为三门课教材自然最好，但单独选用某一册也未尝不可。

尽管本书力求改得更好，但毕竟内容取舍和结构模式都具有探索性，加之作者水平、经验有限，一定还存在不少缺陷，敬请读者不吝赐教。

邹逢兴

2011 年 4 月于长沙

目　　录

第 1 章　电路的基本概念与分析定律 ··· 1

1.1　电路概述 ·· 2

1.1.1　电路的组成与功能 ··· 2

1.1.2　电路模型与集总假设 ·· 2

1.1.3　电路的分类 ··· 3

1.2　电路的基本物理量 ·· 4

1.2.1　电流 ·· 4

1.2.2　电压 ·· 6

1.2.3　电功率 ··· 8

1.2.4　器件的额定值 ·· 9

1.3　无源电路元件 ··· 10

1.3.1　电阻元件 ··· 10

1.3.2　电容元件 ··· 11

1.3.3　电感元件 ··· 14

1.4　有源电路元件 ··· 16

1.4.1　电压源和电流源 ·· 16

1.4.2　受控源 ·· 19

1.5　基本半导体器件 ·· 21

1.5.1　半导体基础与 PN 结 ·· 21

1.5.2　半导体二极管 ··· 23

1.5.3　半导体三极管 ··· 25

1.5.4　场效应管 ··· 29

1.6　运算放大器 ·· 32

1.6.1　运算放大器的符号与电压传输特性 ··· 32

1.6.2　理想运算放大器 ·· 33

1.7　逻辑门 ·· 34

1.7.1　数字电路的基本逻辑运算 ··· 34

1.7.2　实现逻辑运算的基本单元——逻辑门 ··· 36

1.8　电路分析基本定律 ··· 36

1.8.1　常用术语 ··· 37

1.8.2　基尔霍夫电流定律 ··· 37

1.8.3　基尔霍夫电压定律 ··· 38

1.9　实用电路及分析举例 ·· 40

1.9.1　简易照明电路 ··· 40

1.9.2　基本放大电路 ··· 41

1.9.3　逻辑门电路 ·· 42

思考题与习题 1 ··· 45
第 2 章 电路的基本分析方法 ··· 49
2.1 等效变换法 ··· 49
   2.1.1 二端网络的概念 ··· 50
   2.1.2 电路等效的概念 ··· 50
   2.1.3 电阻的等效变换 ··· 51
   2.1.4 独立源的等效变换 ··· 55
2.2 电路独立方程求解法（2b 法） ··· 60
   2.2.1 KCL 独立方程 ··· 60
   2.2.2 KVL 独立方程 ··· 60
   2.2.3 支路伏安约束独立方程 ··· 61
2.3 支路电流法 ··· 62
   2.3.1 支路电流法基本思想 ··· 62
   2.3.2 支路电流法分析步骤 ··· 62
2.4 网孔电流法 ··· 63
   2.4.1 网孔电流法的基本思想 ··· 63
   2.4.2 网孔电流法方程的一般形式 ······································· 64
   2.4.3 网孔电流法几种特殊情况的处理方法 ······························· 65
2.5 节点电压法 ··· 66
   2.5.1 节点电压法基本思想 ··· 66
   2.5.2 节点电压法方程的一般形式 ······································· 67
   2.5.3 节点电压法几种特殊情况的处理方法 ······························· 68
2.6 齐次定理与叠加定理 ··· 69
   2.6.1 齐次定理 ··· 69
   2.6.2 叠加定理 ··· 70
2.7 置换定理 ··· 72
2.8 戴维南定理与诺顿定理 ··· 73
   2.8.1 戴维南定理 ··· 73
   2.8.2 诺顿定理 ··· 76
2.9 特勒根定理与互易定理 ··· 78
   2.9.1 特勒根定理 ··· 78
   2.9.2 互易定理 ··· 80
2.10 最大功率传输定理 ··· 81
2.11 实用电路分析举例 ··· 83
   2.11.1 万用表分压分流电路 ··· 83
   2.11.2 家用有害气体报警电路 ··· 84
思考题与习题 2 ··· 85
第 3 章 非线性电阻电路的分析 ··· 89
3.1 概述 ··· 89
   3.1.1 非线性电阻元件及分类 ··· 90
   3.1.2 非线性电阻电路及其解的特点 ····································· 91
3.2 非线性电阻电路的基本分析方法 ··· 92
   3.2.1 解析法 ··· 92

  3.2.2 图解法 ··· 92

  3.2.3 分段线性法 ··· 94

3.3 非线性电阻电路的小信号分析法 ······························ 95

  3.3.1 非线性电阻电路静态工作点的概念 ····················· 95

  3.3.2 非线性电阻电路的小信号等效电路 ····················· 95

3.4 实用非线性电阻电路分析举例 ································ 97

  3.4.1 二极管应用电路的分析 ······························· 97

  3.4.2 晶体管放大电路的静态工作点分析 ····················· 99

  3.4.3 同相程控增益放大电路分析 ·························· 100

  3.4.4 温度测量与控制电路分析 ···························· 100

  思考题与习题 3 ·· 101

第 4 章 动态电路的暂态分析 ···································· 103

4.1 动态电路及其方程 ·· 104

  4.1.1 动态电路概述 ······································ 104

  4.1.2 动态电路方程 ······································ 104

4.2 换路定则与初始条件确定 ·································· 107

  4.2.1 换路定则 ·· 107

  4.2.2 基于换路定则的电路初始值计算 ····················· 107

4.3 RC 电路的响应 ··· 110

  4.3.1 RC 串联电路的零输入响应 ·························· 110

  4.3.2 RC 串联电路的零状态响应 ·························· 114

  4.3.3 RC 电路的全响应 ·································· 117

4.4 RL 电路的响应 ··· 118

  4.4.1 RL 串联电路的零输入响应 ·························· 118

  4.4.2 RL 串联电路的零状态响应 ·························· 119

  4.4.3 RL 电路的全响应 ·································· 121

4.5 一阶电路响应的三要素分析法 ······························ 121

  4.5.1 一阶电路响应规律的总结 ···························· 121

  4.5.2 三要素分析法 ······································ 121

4.6 阶跃信号与阶跃响应 ······································ 125

  4.6.1 阶跃信号 ·· 125

  4.6.2 阶跃响应 ·· 127

4.7 二阶电路的暂态分析 ······································ 129

  4.7.1 二阶暂态电路 ······································ 129

  4.7.2 二阶暂态电路方程的建立 ···························· 129

  4.7.3 二阶暂态电路方程的解 ······························ 129

  4.7.4 二阶暂态电路方程的非振荡解 ························ 131

  4.7.5 二阶暂态电路方程的振荡解 ·························· 133

4.8 实用动态电路分析举例 ···································· 136

  4.8.1 微分电路与积分电路分析 ···························· 136

  4.8.2 闪光灯电路分析 ···································· 137

  4.8.3 汽车点火电路分析 ·································· 138

  思考题与习题 4 ·· 139

第5章　正弦交流电路的稳态分析 ·································· 143

5.1　正弦交流电概述 ································· 143
5.1.1　正弦交流电及其表示方式 ······················ 144
5.1.2　正弦量的三要素 ···························· 144
5.1.3　正弦量的相位差 ···························· 145
5.1.4　正弦量的有效值 ···························· 146
5.1.5　正弦量的相量表示 ·························· 147

5.2　正弦稳态电路的相量形式 ····················· 149
5.2.1　电阻、电容和电感元件伏安关系的相量形式 ········ 150
5.2.2　基尔霍夫定律的相量形式 ···················· 154

5.3　阻抗和导纳 ······························ 156
5.3.1　阻抗 ······························· 156
5.3.2　导纳 ······························· 160
5.3.3　阻抗与导纳的相互转换 ······················ 162

5.4　正弦稳态电路的相量法分析 ··················· 163
5.4.1　RLC 串联正弦交流电路的相量分析法 ············ 163
5.4.2　RLC 并联正弦交流电路的相量分析法 ············ 165
5.4.3　复杂正弦交流电路的相量分析法 ················ 166

5.5　正弦稳态电路的功率 ······················· 168
5.5.1　瞬时功率 ······························ 168
5.5.2　有功功率 ······························ 171
5.5.3　无功功率 ······························ 172
5.5.4　视在功率 ······························ 173
5.5.5　复功率 ······························· 174
5.5.6　功率因数的提高 ···························· 175
5.5.7　最大功率传输定理 ·························· 178

5.6　正弦交流电路的频率特性及应用 ··············· 180
5.6.1　分析频率特性的工具——传递函数 ·············· 180
5.6.2　RC 电路的频率特性与滤波器 ·················· 180
5.6.3　RLC 电路的频率特性及应用 ·················· 184

5.7　非正弦周期性信号电路 ····················· 188
5.7.1　非正弦周期性信号的傅里叶级数分解 ············ 189
5.7.2　非正弦周期性信号的基本参量 ················ 190
5.7.3　非正弦周期性信号电路的稳态分析 ············ 193

5.8　实用正弦交流电路分析举例 ·················· 195
5.8.1　RC 低频信号发生器电路分析 ················· 195
5.8.2　移相器电路分析 ·························· 196
5.8.3　收音机调谐电路分析 ······················ 197
5.8.4　电视机声像信号分离电路分析 ················ 198

思考题与习题 5 ······························· 198

第6章　二端口网络 ······························ 203
6.1　二端口网络概述 ·························· 203
6.2　二端口网络的方程与参数 ···················· 204

　　　6.2.1　Y方程与Y参数 ··· 204

　　　6.2.2　Z方程与Z参数 ··· 206

　　　6.2.3　H方程与H参数 ··· 207

　　　6.2.4　T方程与T参数 ··· 209

　6.3　异类参数间的转换关系 ·· 210

　　　6.3.1　Z参数与Y参数的相互转换 ··· 210

　　　6.3.2　Y参数与T参数的相互转换 ··· 210

　　　6.3.3　四类参数之间的相互转换关系表 ······································· 211

　6.4　二端口网络的等效 ··· 212

　　　6.4.1　Y参数等效 ··· 212

　　　6.4.2　Z参数等效 ··· 213

　6.5　二端口网络的连接 ··· 213

　　　6.5.1　级联及其参数关系 ··· 213

　　　6.5.2　串联及其参数关系 ··· 214

　　　6.5.3　并联及其参数关系 ··· 215

　　　6.5.4　连接的有效性 ··· 216

　6.6　二端口网络函数 ··· 217

　　　6.6.1　策动点函数 ··· 218

　　　6.6.2　转移函数 ··· 218

　　　6.6.3　特性阻抗与传输系数 ··· 219

　6.7　实用二端口网络举例 ·· 220

　　　6.7.1　三极管工作在小信号条件下的H参数等效电路 ···················· 220

　　　6.7.2　三极管工作在高频小信号条件下的Y参数等效电路 ··············· 221

　　　6.7.3　阻抗匹配二端口电路 ··· 222

　思考题与习题6 ·· 223

第7章　互感耦合电路 ·· 225

　7.1　互感与互感耦合器件 ·· 225

　　　7.1.1　互感现象 ··· 225

　　　7.1.2　互感线圈的同名端 ··· 227

　　　7.1.3　互感耦合器件的电压电流关系 ··· 227

　7.2　互感耦合器件的连接 ·· 229

　　　7.2.1　互感耦合器件的串联 ··· 229

　　　7.2.2　互感耦合器件的并联 ··· 230

　　　7.2.3　互感耦合器件的T型连接 ··· 231

　7.3　互感耦合电路的分析方法 ·· 232

　　　7.3.1　互感耦合电路的受控源等效分析方法 ··································· 232

　　　7.3.2　互感耦合电路的T型等效分析方法 ····································· 232

　　　7.3.3　互感耦合电路的一般分析方法 ··· 233

　7.4　变压器及其电路分析 ·· 234

　　　7.4.1　变压器 ··· 234

　　　7.4.2　变压器电路分析 ··· 238

　7.5　实用电路分析举例 ··· 240

　　　7.5.1　互感线圈同名端测量电路分析 ··· 240

　7.5.2　电功率表与阻抗参数三表法测量电路分析 ······················· 240

　　思考题与习题7 ··· 241

第8章　三相电路与用电常识 ·· 243

　8.1　对称三相电源与三相负载 ··· 244

　　8.1.1　对称三相电源及其特点 ······································· 244

　　8.1.2　对称三相负载及其特点 ······································· 245

　　8.1.3　三相电源的连接 ··· 246

　　8.1.4　三相负载的连接 ··· 247

　8.2　三相电路的分析 ··· 248

　　8.2.1　Y/Y电路的分析 ·· 248

　　8.2.2　Y_0 / Y_0 电路的分析 ······································· 250

　　8.2.3　负载为三角形连接的三相电路分析 ····························· 251

　8.3　三相电路的功率 ··· 252

　　8.3.1　对称负载三相功率的计算 ····································· 252

　　8.3.2　不对称负载三相功率的计算 ··································· 254

　　8.3.3　三相功率的测量 ··· 254

　8.4　电工测量仪表 ··· 256

　　8.4.1　电工测量仪表的分类 ··· 256

　　8.4.2　电工仪表的误差与准确度 ····································· 257

　8.5　常用电量的测量 ··· 258

　　8.5.1　电压的测量 ··· 258

　　8.5.2　电流的测量 ··· 258

　　8.5.3　功率的测量 ··· 259

　　8.5.4　电能的测量 ··· 259

　　8.5.5　电阻、电容、电感的测量 ····································· 260

　　8.5.6　电桥 ··· 260

　　8.5.7　兆欧表 ··· 262

　8.6　安全用电常识 ··· 263

　　8.6.1　电流对人体的影响 ··· 263

　　8.6.2　人体电阻及安全电压 ··· 264

　　8.6.3　人体触电的种类 ··· 265

　　8.6.4　接地 ··· 266

　　8.6.5　接零 ··· 267

　　8.6.6　重复接地 ··· 269

　　8.6.7　自然接地体和人工接地体 ····································· 269

　　8.6.8　日常用电注意事项 ··· 269

　　思考题与习题8 ··· 270

参考文献 ··· 273

第1章 电路的基本概念与分析定律

本章导读信息

电路由各种电气元件构成,其结构千差万别,但电路中各电压和电流遵循共同规律,即受到两类约束:一是来自电路中联接方式的约束(称拓扑约束),即基尔霍夫定律;二是电路元件上的电压与电流关系的约束,即元件伏安特性。电路元件的伏安特性和基尔霍夫定律是分析电路的基础。学习掌握基尔霍夫定律时,需深刻理解其物理本质基础,同时结合元件的伏安特性,应能熟练地对具体电路列写基尔霍夫定律方程(即电路方程)。

1. 内容提要

本章在引入电路模型概念的基础上,先介绍电路中的电压、电流和功率等基本物理量;接下来介绍基本无源电路元件和基本有源电路元件的伏安特性,基本半导体器件的结构、工作原理和外部特性曲线,运算放大器的符号、电压传输特性曲线及理想运算放大器的特点;基本逻辑门的符号及对应的逻辑函数表达式和逻辑关系,最后阐述基尔霍夫定律。

本章涉及的电路相关概念与名词术语很多,主要有:

电路,信号源,负载,中间环节,电路的组成与功能,电路模型,集总元件,集总假设条件;静态电路与动态电路,线性电路和非线性电路,时变电路和非时变电路,集总参数电路与分布参数电路,模拟电路和数字电路。

模拟信号,数字信号,电路的基本变量,电流,电压,电流、电压的参考方向,关联方向,电功与电功率,消耗功率,吸收功率。

无源元件和有源元件,伏安特性,线性电阻,非线性电阻,电容元件的动态、记忆和储能特性,电感元件的动态、记忆和储能特性,理想电压源及其特性,理想电流源及其特性,受控源、控制量和控制系数。

本征半导体,共价键,空穴,载流子,掺杂半导体,N型半导体,P型半导体,PN结,空间电荷区,耗尽层,阻挡层,单向导电性,正向偏置,导通状态,反向偏置,截止状态。

二极管,死区电压,反向击穿,反向击穿电压,最大正向电流 I_F,最大反向工作电压 U_R,反向漏电流 I_R,最高工作频率 f_M;三极管,基极,发射极,集电极,发射结,集电结,放大状态,截止状态,饱和状态;场效应管,源极,漏极,栅极。

基本放大电路,晶体管共发射极放大电路,场效应管共源极放大电路;集成运算放大器,开环,同相输入端,反相输入端,理想运算放大器,虚短,虚断;与、或、非基本逻辑运算,与、或、非基本逻辑门,与非、或非、异或、同或复合逻辑门;支路,节点,回路,网孔,基尔霍夫电流定律(KCL),基尔霍夫电压定律(KVL),两类约束。

2. 重点难点

【本章重点】

(1) 电流、电压参考方向;

(2) 三种基本电路元件(电阻、电容、电感)的伏安关系;

(3) 三种有源元件(电压源、电流源和受控源)的伏安关系;

(4) 基尔霍夫定律及其应用。

1.1　电路概述

电路是电流的通路。它是由一些基本物理元件相互联接而成。实际电路都是由电阻器、电容器、线圈、变压器、晶体管、场效应管和电源等部件组成。而实际设计制作某种部件时,利用的是它的主要物理特性。比如,一个实际电阻器在对电流呈现阻力的同时会产生一个磁场,即也具有电感的性质(通电导线周围有磁场),为了便于分析问题,就必须在一定条件下对实际部件进行理想化,忽略它的次要性质,用一个足以表征其主要性质的模型来代替。本节先讨论电路的基本组成、电路模型与集总假设,而后讨论电路的分类。

1.1.1　电路的组成与功能

1. 电路的基本组成

人们在生产和生活中使用的电气设备,如电动机、电视机、计算机,信息化武器装备的通信设备、火控系统等都是由不同功能的实际电路组成。实际电路的种类繁多,用途也各异,但都可以看成是电源(包括信号源)、负载和中间环节三个基本部分组成。其中电源的作用是为电路提供电能;负载则将电能转化为其他形式的能量加以利用,例如电炉将电能转化为热能,扬声器将带有声音信息电信号转化为声音等;中间环节作为电源和负载的联接体,其作用是传输、分配、控制电能。图 1.1 所示的是一个简单照明电路,干电池是电源,灯泡即负载,导线和开关则是中间环节,通过开关的开或关控制电流的通或断实现照明。

2. 电路的基本功能

电路的功能可概括为两大类,一类电路用于实现电能的传输和转换,如图 1.1 中,电池通过导线将电能传递给灯泡,灯泡将电能转化为光能;另一类电路用于实现信号的传递和处理,如图 1.2 所示是一个扩音机的原理示意图,话筒将声音的振动信号转换为电信号(电压或电流),该信号经过放大电路放大后传递给扬声器,再由扬声器还原为声音。

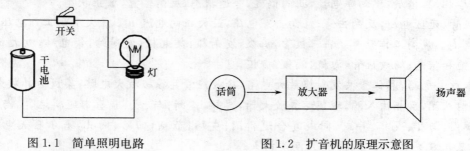

图 1.1　简单照明电路　　　　　　　　图 1.2　扩音机的原理示意图

1.1.2　电路模型与集总假设

1. 电路模型

电路是由一些元件联接而成的总体。这些元件通常包括电阻器、电容器、线圈、变压器、电源等器件。这些元件都具有特定的电气特性,如电阻器表现的是它对电流的阻碍作用,它将电能转化为热能。但实际上它不是一个纯粹的电热转换体,根据电磁感应定律,电流流过电阻器时还会有电能到磁能的转换,即部分电能转换为磁能存储下来,但这部分能量是次要的;为了用数学的方法从理论上判断电路的主要性能,在一定条件下对实际器件忽略其次要性质,按其主要性质用一个表征主要性能的模型来表示,即将实际器件理想化,从而得到一系列理想化元件,如将电阻器视作理想电阻元件,只消耗电能,又简称为电阻元件。

类似地,将电容器、线圈、电源相应视作理想电容元件(只存储电能)、理想电感元件(只存储磁场能)、理想电压源或理想电流源。这种由理想元件构成的电路称为电路模型,它是本课程研究的对象。

2. 集总元件与集总假设

实际电路在什么情况下可以转换成电路模型呢? 当实际电路几何尺寸远小于最高工作频率所对应的波长时,即信号从电路的一端传输到另一端所需的时间远小于信号的周期,可以认为传送到电路各处的电磁能量是同时到达的,这时整个电路可以看成电磁空间的一个点,由此认为交织在器件内部的电磁现象可以分开考虑,即电路中电场与磁场的相互作用可以不用考虑。这又称为集总假设。我国的供电频率是 50Hz,对应的波长是 6000km,对以此为工作频率的日常用电设备来说,其尺寸远小于这一波长,满足集总假设。集总假设是本书的基本假设。

当电路满足集总假设时,电路中的电场和磁场可以分开考虑,那么每一种元件只反映一种基本电磁现象,且可以用数学方法进行定义,如电阻元件只涉及消耗电能,电容元件只涉及与电场相关的现象,电感元件只涉及与磁场相关现象。我们将电感元件、电容元件、电阻等元件等称为集总参数元件,简称为集总元件。

上面提到的电感、电容、电阻等集总元件有一个共同的特点,都具有两个端钮,所以人们称它们为二端元件,又叫单口元件。除二端元件外,后面章节还会介绍多端元件,如变压器、受控源、晶体三极管等。

3. 集总电路与电路图

由集总元件构成的电路模型称为集总电路模型,简称集总电路。集总电路的前提是集总假设。为了表述集总电路,通常引入一套符号,图 1.3 示意出了电感、电阻、电容、电源对应的符号,用这些符号表示的拓扑结构称为集总电路图,简称为电路图。图 1.4 是对应图 1.1 简单照明电路的电路模型,即对应的电路图。

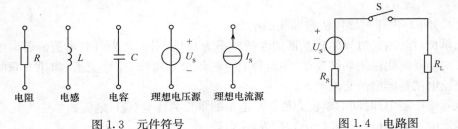

图 1.3 元件符号   图 1.4 电路图

1.1.3 电路的分类

电路的种类繁多,按其处理的信号不同可分为模拟电路和数字电路两大类。模拟电路中的工作信号是模拟信号。所谓模拟信号是指在时间上和数值上均是连续的,且在一定动态范围内可以任意取值。而数字电路处理的是数字信号。数字信号是指在时间上和数值上都是离散的信号。

按电路的尺寸可分为集总参数电路与分布参数电路,如 30km 长的电力输电线,由于其长度远小于工作频率为 50Hz 对应的波长 6000km,因此可以视作是集总参数电路;而对于电视天线及其传输线来说,工作频率一般为 10^8 Hz 数量级,如工作频率约为 200MHz 的某电视频道,其相应工作波长为 1.5m,此时 0.2m 长的传输线就是分布参数电路。

除此之外,还可按电路中输入与输出关系分成线性电路和非线性电路,若描述电路特性的所有方程都是线性代数或微积分方程,则称这类电路是线性电路;否则为非线性电路。线性电路的输入输出关系遵循齐次性和可加性,非线性电路则反之。非线性电路在工程中应用更为普遍,线性电路常常仅是非线性电路的近似模型。但线性电路理论是分析非线性电路的基础。

按电路中元件参数是否随时间变化,电路又可分为时变电路和非时变电路,非时变电路中所有元件参数不随时间变化,描述它的电路方程是常系数的代数或微积分方程;时变电路中含有参数随时间变化的元件,由变系数方程描述。本书讨论的是集总电路中的线性时不变电路。

1.2　电路的基本物理量

本课程的目的是研究电路的基本规律,分析电路的电性能。电路的规律及性能的分析通常引入一些典型变量的变化来表征,这些变量就是电路的基本物理量,包括电流、电压、功率等。

1.2.1　电流

1. 电流的定义

在电场力作用下,电荷的定向移动形成电流。为了衡量电流的大小,定义单位时间内通过导体横截面积的电量为电流强度,简称为电流,用 i 表示,即

$$i = \frac{\mathrm{d}q}{\mathrm{d}t} \tag{1.1}$$

电流不仅是电路中一种特定物理现象,而且是描述电路的一个基本物理量。

如果单位时间内通过导体横截面的电荷量为常数,即电流的大小和方向都不随时间变化,则这种电流称作恒定电流,简称直流,用 I 表示,即

$$I = \frac{Q}{T} \tag{1.2}$$

式中,Q 为时间 T 内通过导体横截面积的电量。

如果单位时间内通过导体横截面的电荷量不为常量,则称之为时变电流。若时变电流的大小和方向都随时间做周期性变化,则这种电流称作交变电流,简称交流,如第 5 章将要介绍的正弦交流电就是典型的交流电。

在国际单位制中,时间的单位为秒(s),电量的单位为库仑(Q),电流的单位为安培(A),简称安。电流的辅助单位有毫安(mA)、微安(μA)等。

$$1A = 10^3 mA = 10^6 \mu A$$

2. 电流的参考方向

电流是有方向的,习惯上把正电荷运动的方向作为电流方向,如图 1.5 所示。

在简单电路中,电流的实际方向是可以预先判断确定的,如图 1.6 所示电路中,流过电阻的电流是从上往下,计算不会遇到困难。但在如图 1.7 所示电路中,由于电路较复杂,若只凭观察

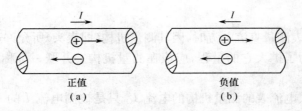

正值 （a）　　　　　　　　负值 （b）

图 1.5　电流的参考方向

电路,是不容易知道流过 2Ω 电阻的电流方向的。为解决这个问题,通常引入参考方向的概念。

　　图 1.8 是从一个复杂电路中抽出的一个任意元件。电流的实际方向是从 a 到 b,还是从 b 到 a,无法预先判定。为了便于研究,可在电路分析时事先任意假定一个电流流向,这个假定方向称为电流的参考方向、或电流的正方向。电流的参考方向在电路中常用箭头表示。图 1.8 中所示的电流 i 的参考方向是由 a 端流向 b 端。

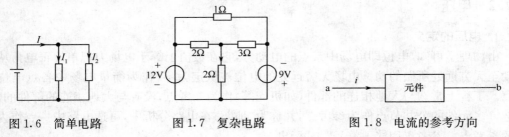

图 1.6　简单电路　　　　图 1.7　复杂电路　　　　图 1.8　电流的参考方向

　　假定了电流的参考方向后,就能以此方向为依据对电路进行求解。若解得电流 i 值为正,说明电流的实际方向与参考方向一致;反之,则说明电流的实际方向与参考方向相反。如果在电路中没有标明参考方向,那么计算出的电流正、负没有任何意义。因此进行电路分析之前必须标明电流的参考方向。

　　【例 1.1】 在图 1.8 中:

　　(1) 已知 $i=-2A$,试指出电流的实际方向;

　　(2) 已知 $i=2\sin\left(100\pi t+\dfrac{3}{2}\pi\right)A$,试指出 $t=1s$ 时 i 的实际方向。

　　解　(1) i 为负值,表示电流的实际方向与图中所标的参考方向相反,故电流的实际方向是由 b 指向 a。

　　(2) 当 $t=1s$ 时,可求出该瞬时电流的值为

$$i=2\sin\left(100\pi+\frac{3}{2}\pi\right)A=-2A$$

故电流的实际方向也与参考方向相反,即由 b 指向 a。

3. 电流的测量

　　电流可直接测量,也可通过耦合方式间接测量。直接测量通常采用电流表或带测量电流功能的多用表或采集系统,实现测量时测量探头必须串联在电路中,如图 1.9(a)所示。为了使电路的工作不因接入电流表而受影响,电流表的内阻必须很小,因此,如果不慎将电流表并联在电路的两端,则电流表将烧毁,在使用时务须特别

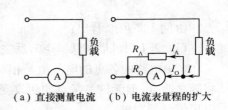

（a）直接测量电流　　（b）电流表量程的扩大

图 1.9　电流的测量

注意。

采用电磁式电流表测量直流电流时,因其测量机构(即表头)所允许通过的电流很小,不能直接测量较大电流,为了扩大它的量程,应该在测量机构上并联一个称为分流器的低值电阻 R_A,如图 1.9(b)所示。

这样,通过磁电式电流表的测量机构的电流 I_O 只是被测电流 I 的一部分,但两者有如下关系

$$I_O=\frac{R_A}{R_O+R_A}I \quad 即 \quad R_A=\frac{R_O}{I/I_O-1}$$

式中,R_O 为测量机构的电阻。由上式可知,需要扩大的量程越大,则分流器的电阻应越小。多量程电流表具有几个标有不同量程的接头,这些接头可分别与相应阻值的分流器并联。分流器一般放在仪表的内部,成为仪表的一部分,但较大电流的分流器常放在仪表的外部。

1.2.2 电压

1. 电压的定义

由物理学可知,电位即电场中某点的电动势,它在数值上等于电场力把单位正电荷从某点移动至无穷远处所做的功。电场无穷远处的电位被认定为零,作为衡量电场中各点电位的参考点。工程上常选与大地相连的部件(如机壳等)作为参考点,没有与大地相连的部件的电路,常选许多元件的公共节点作为参考点,并称为"地"。在电路分析中,可选电路中一点作为各节点的参考点。参考点用接地符号"⊥"标出。

电压也是描述电场力移动电荷做功的物理量,它在数值上等于电场力把单位正电荷从一点移到另一点所做的功。

根据电压和电位的定义可知,a、b 两点间的电压等于 a、b 两点间的电位之差,即

$$U_{ab}=U_a-U_b$$

若以 b 为参考点,a、b 两点间的电压等于 a 点的电位。

【例 1.2】在图 1.10(a)所示电路中,已知 $U_{S1}=6V$,$U_{S2}=3V$,求 U_{bc}。

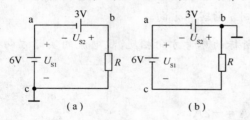

图 1.10　例 1.2 电路图

解

$U_c=0V,U_a=6V$

$U_b=6+3=9V$

$U_{bc}=U_b-U_c=9V$

若以 b 为参考点,如图 1.10(b)所示,则各节点电位分别为

$U_b=0V,U_a=-3V$

$U_c=-(3+6)V=-9V$

$U_{bc}=U_b-U_c=9V$

由例 1.2 可以看出:

(1) 若 $U_b>U_c$,则 $U_{bc}>0$,反之则 $U_{bc}<0$。电压的方向为电位降低的方向。

(2) 电路中各点的电位值是相对值,是相对于参考点而言的。参考点改变,各点的电位值将随之改变,但无论参考点如何改变,任两点间的电压值(即电位差)并不改变,因此两点间的电压值是绝对的。

(3) 电位值和电压值与计算时所选的路径无关。

如果电压的大小和极性都不随时间而变动,这样的电压就称为恒定电压或直流电压,可用符号 U 表示。如果电压的大小和极性都随时间变化,则称为时变电压,若变化为周期性的,则称为交流电压,用小写字母 u 表示。

如同需要为电流规定参考方向一样,也需要为电压规定参考极性。电压的参考极性可用箭头表示,箭头指向端为低电位端,也可以在元件或电路的两端用"+"、"-"符号来表示。"+"号表示高电位端,"-"号表示低电位端,如图 1.11 所示,还可以用双下标表示,比如 U_{ab} 表示 a 和 b 之间电压参考方向由 a 指向 b。当计算出电压为正值时,该电压的真实极性与参考极性相同,即 a 点电位高于 b 点电位;当计算出电压为负值时,该电压的真实极性与所标的极性相反,即 b 点电位高于 a 点电位。在未标示电压参考极性的情况下,电压的正、负是毫无意义的。电压的参考极性也称为电压的参考方向或正方向。

电压的单位是伏特,简称伏(V),辅助单位有千伏(kV)、毫伏(mV)、微伏(μV)等。

$$1V=10^{-3}kV=10^3 mV=10^6 \mu V$$

2. 关联和非关联参考方向

在分析电路时,为了方便起见,习惯上将无源元件(电阻、电容、电感等)的电流参考方向与电压的参考方向取得一致,即若已选定电压的参考方向,则电流的参考方向约定为由"+"端流向"-"端(由高电位流向低电位);反之若已选定了电流的参考方向,则电压的参考方向也约定与电流的流向一致。按照这种约定所选定的电流、电压参考方向称为关联参考方向,如图 1.12(a)所示。若针对某元件所选取的电流参考方向与电压的参考方向相反,则称为非关联参考方向,如图 1.12(b)所示。在采用关联参考方向时,电路图中电压的参考方向和电流的参考方向只需标出其中一个即可。如无特殊说明,本书对无源元件一般采用关联参考方向,对有源元件则采用非关联参考方向。

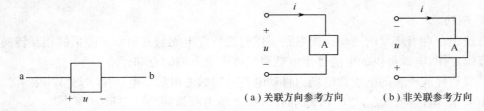

图 1.11 电压参考极性的表示方式　　图 1.12 关联方向参考方向与非关联参考方向

【例 1.3】分析图 1.13 所示电路中各电流、电压的关联情况。

解 如图 1.13(a)所示,电流 i_A 的参考方向从电压 u_A 的"+"极经过元件 A 本身流向"-"极,则 i_A 与 u_A 关联,而电流 i_B 的参考方向由电压 u_B 的"-"极经过元件 B 本身流向"+"极,所以 i_B 与 u_B 是非关联的。

如图 1.13(b)所示,对于元件 1,电流 i 的参考方向与电压 u 的参考方向相反,则 u 与 i 为

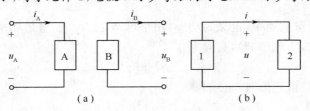

(a)　　　　　　　(b)

图 1.13 例 1.3 图

非关联。对于元件2，电流i的参考方向自电压u的正极端流入2，从负极性端流出，两者参考方向一致，所以u与i是关联的。

3. 电压的测量

电压测量可利用电压表、万用表或采集系统来实现。测量时，测量工具的测量端必须与被测电路并联，如图1.14(a)所示，否则将会烧毁电表。此外，用指针式电压表测量直流电压时还要注意仪表的极性。为了使电路的工作状态不因接入电压表而受影响，电压表的内阻必须足够大。对于超过仪表量程的测量，可以采取如图1.14(b)所示的方式，即在表头上串联一个

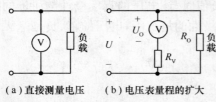

(a)直接测量电压　(b)电压表量程的扩大

图1.14　电压的测量

称为倍压器的高值电阻R_V，倍压器的阻值为：$R_V=(m-1)R_O$。式中R_O为表头内阻；$m=U/U_O$为倍压系数；其中U_O为表头的量程，U为扩大后的量程。

由图1.14(b)知

$$\frac{U}{U_O}=\frac{R_O+R_V}{R_O}, \quad 即 \quad R_V=R_O\left(\frac{U}{U_O}-1\right)$$

由上式可知，R_V与倍压系数成正比，需要扩大的量程越大，则倍压器的电阻应越高。

【例1.4】用量程为50V，内阻为1000Ω的电压表来测量0~200V，问需串联多大电阻的倍压器？

解
$$R_V=R_O\left(\frac{U}{U_O}-1\right)=1000\left(\frac{200}{50}-1\right)=3000\Omega$$

需串联的电阻为3000Ω。

1.2.3　电功率

1. 电功

电路中存在着能量的流动。当电路工作时进行着电能与其他形式能量的相互转换。根据能量守恒定律，电源提供的电能等于负载消耗或吸收电能的总和。

负载消耗或吸收的电能即电场力移动电荷q所做的电功。电功用字母"W"表示。

由电压、电流的定义，在t_0到t的时间内，电场力所做的功可表示为

$$W=\int_{q(t_0)}^{q(t)}u\mathrm{d}q$$

由$i=\mathrm{d}q/\mathrm{d}t$，所以

$$W=\int_{t_0}^{t}u(\xi)i(\xi)\mathrm{d}(\xi) \tag{1.3}$$

电功的单位为焦耳(J)。还有其他的方法用来表示电功的单位。

2. 电功率

吸收(或产生)能量的速率，定义为功率，用字母p表示。能量是功率对时间的积分，功率是能量对时间的导数，由式(1.3)，有

$$p=ui$$

若电流、电压都是恒定值时，上式为

$$P=UI \tag{1.4}$$

功率的单位为瓦特，简称瓦(W)，辅助单位有千瓦(kW)、毫瓦(mW)等。

$$1kW=10^3W=10^6mW$$

工程上常用"度"作为电能的单位:
$$1 度 =1kW×h=1000W×3600s=3.6×10^6J$$

功率的计算与电压、电流的参考方向有关,当电压、电流参考方向采用关联(一致)参考方向时,可直接按式(1.4)计算;当元件电压、电流参考方向相反(非关联参考方向)时,计算元件消耗的功率要在表达式前加负号"-",即

$$P=-UI \tag{1.5}$$

若计算结果为 $P>0$,说明元件是消耗电能的,该元件在电路中的作用为负载;

若 $P<0$,即元件消耗的电能为负,说明元件产生电能,该元件在电路中的作用为电源。

【例 1.5】某电路中元件 A 的电压、电流参考方向如图 1.15 所示。若 $U=5V$,$I=-1A$,试判断元件 A 在电路中的作用是电源还是负载? 若电流参考方向与图中相反,则又如何?

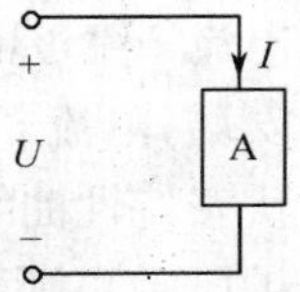

解 (1) 因为 U、I 参考方向一致,其消耗的功率为
$$P=UI=5×(-1)=-5W<0$$
故元件 A 为电源。

图 1.15 例 1.5 电路图

(2) 若电流参考方向与图中所设相反,则
$$P=-UI=-5×(-1)=5W>0$$

故元件 A 为负载。

1.2.4 器件的额定值

实际的电路元件或电气设备都只能在规定的电压、电流和功率的条件下才能发挥出最佳的效能,这个值称为额定值。各种电气设备的电压、电流及功率都有一个额定值。例如,某白炽灯的电压是 220V,40W,这都是额定值。

电气设备常用的额定值有额定电压、额定电流和额定功率。有的电气设备,如电动机还有额定转速、额定转矩等。通常电阻器只标出它的电阻值和额定功率、电容器则只标出它的电容值和额定电压等。

在选定电气设备或实际元件时,应尽可能使它们工作在额定值或接近额定值的范围内。若超过额定值过多时,电气设备将损坏。例如,额定电压是 220V 的白帜灯,若将它误接到 380V 的电源上,它将立即被烧毁。相反,如果电气设备所加的电压和电流远低于额定值时,电气设备不能正常工作,有的设备因此也会损坏,比如电动机。所以在自动控制电路设计时要考虑添加过压和欠压保护装置。

需要指出的是,电气设备在实际工作时,并不一定工作于额定状态。主要原因有两点:一是受到外界的影响,比如电源的额定值是 220V,事实上电源电压经常波动,常稍低于或高于 220V;还有就是在一定电压下,电源输出的功率和电流取决于负载的大小,即负载需要多少功率和电流,电源就提供多少,因此,电源通常不一定处于额定工作状态。

【例 1.6】有一电阻,额定值为 1W、100Ω,其额定电流为多少?

解 因为:$P=I^2R$,所以额定电流为
$$I=\sqrt{\frac{P}{R}}=\sqrt{\frac{1}{100}}=0.1A$$

1.3 无源电路元件

元件的种类非常多,按能否向外部提供能量来分,元件可分成两类,即无源元件和有源元件。不能向外提供能量的元件称之为无源元件,反之,称为有源元件。电阻、电容和电感都是无源元件。

1.3.1 电阻元件

电阻元件是实际电阻器的理想化模型。

1. 电阻元件的伏安特性

当电流 i 流过电阻元件时,电阻元件两端将产生电压 u。由于电压的单位为伏特,电流的单位为安培,电流 i 与电压 u 之间的关系通常称为电阻元件的伏安关系,在 u-i 平面上的曲线就称为伏安特性曲线,如图 1.16 所示。如果这条曲线是通过坐标原点的一条直线(如图 1.16 中曲线①所示),则称为线性电阻元件,简称电阻元件,符号如图 1.17 所示。如果不是直线(如图 1.16 中曲线②所示),则称为非线性电阻元件。

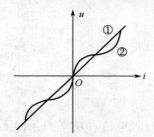

图 1.16　电阻元件的伏安特性曲线　　　　图 1.17　电阻元件的符号

线性电阻元件的端电压 u 与流过它的电流 i 成正比,即服从欧姆定律,即当 u、i 为关联参考方向(如图 1.17 中所示)时,有

$$u = R \cdot i \tag{1.6}$$

或 $i=u/R$,或 $R=u/i$。

式中,R 是一个正值常数,称为电阻。电阻的单位为欧姆,用 Ω 表示,阻值较大的电阻常用千欧(kΩ)、兆欧(MΩ)为单位。

$$1\text{M}\Omega = 10^3 \text{k}\Omega = 10^6 \, \Omega$$

令 $G=1/R$,则有

$$i = G \cdot u, u = i/G \quad 或 \quad G = i/u \tag{1.7}$$

式中,G 称为电导,单位为西门子,用 S 表示,对于有些电路的分析用电导表示更为方便。

当电流 i 流过 R 时,在电阻元件上将要消耗功率,其值为

$$p = ui = Ri^2 = u^2/R \tag{1.8}$$

式(1.8)中,R 为正实数,所以功率 p 恒为正值,即电阻始终是消耗功率的。由于电阻元件具有消耗电能的性质,因此为耗能元件。

消耗在电阻元件上的功率将使电阻元件发热,电热设备就是利用这个特性而工作的,但在电子设备中应防止元件严重过热而损坏设备,这是在选用电阻元件时应注意的问题。

常用的实际电阻元件有:金属膜电阻、炭膜电阻、线绕电阻以及电炉、电灯等。其中无感金

属膜电阻是最接近理想电阻元件的实际电阻器,而线绕电阻以及电炉、电灯等元件在直流和低频交流电路中可视为电阻元件,但在高频电路或脉冲电路中应用时,它们的电感效应将不可忽略。

2. 电阻元件的联接

在实际电路中电阻元件有串联和并联两种联接方式。图 1.18 是电阻串联原理图,其特点是流过每一个电阻元件的电流相同,即:$I_{R1}=I_{R2}=\cdots=I_{Rn}=I$,每个电阻上的电压之和等于总电压,即:$U_{R1}+U_{R2}+\cdots+U_{Rn}=U$;每个电阻上的电压是总电压的一部分,电阻越大它分得的电压也就越大,这就是电阻元件串联的分压原理,即

$$U_{Rk}=\frac{R_k}{R_1+R_2+\cdots+R_n}\cdot U \quad (k=1,2\cdots n)$$

总电阻等于各电阻之和,即 $R=R_1+R_2+\cdots+R_n$。图 1.19 是电阻并联原理图,其特点是加在每一个电阻元件的电压是相同的,即:$U_{R1}=U_{R2}=\cdots=U_{Rn}=U$;每个电阻上的电流之和等于总电流,即:$I=I_{R1}+I_{R2}+\cdots+I_{Rn}$;每个电阻上的电流是总电流的一部分,电阻越大它分得的电流越小(或电导越大它分得的电流也就越大),这就是电阻元件并联的分流原理,

即:
$$I_{Gk}=\frac{G_k}{G_1+G_2+\cdots+G_n}\cdot I \quad \left(G_k=\frac{1}{R_k},k=1,2\cdots n\right)$$

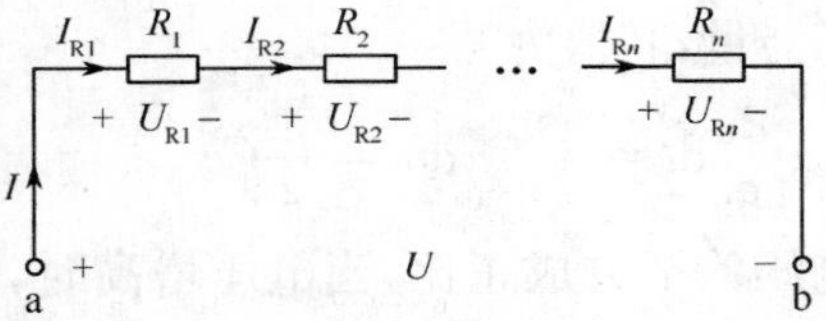

图 1.18 电阻串联原理图 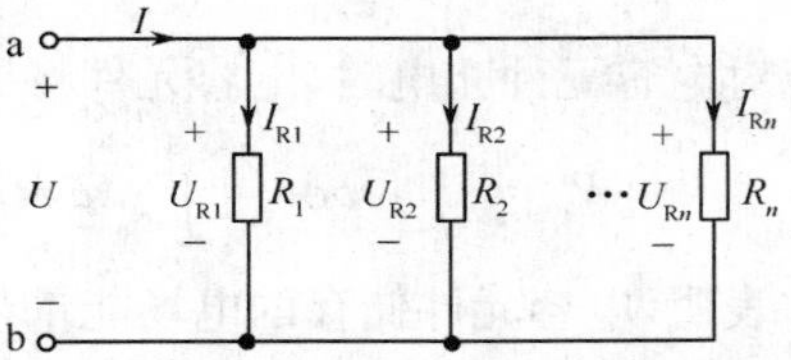 　　　　图 1.19 电阻并联原理图

总电导等于各电导之和,即 $G=G_1+G_2+\cdots+G_n$,总电阻 R 等于总电导 G 的倒数。即 $R=1/G$。

1.3.2 电容元件

电容元件是电容器的理想化模型。两个平板导体中间充以绝缘物质(电介质)就可构成电容器。工程技术中,电容器的应用非常广泛,比如用于滤除不必要的电成分,即所谓的滤波,它还可用于储电能。

1. 电容及其伏安特性

电容元件的符号如图 1.20 所示。

如果假定电容器极板上所储存的电荷为 q,端电压为 u,则两者的比值称为电容器的电容,用字母 C 表示,即

$$C=q/u \qquad (1.9)$$

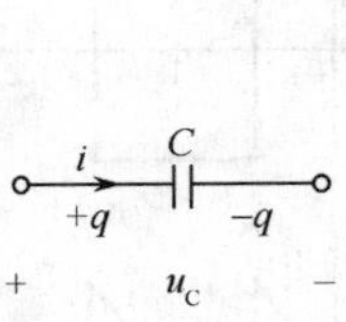

图 1.20 电容元件的符号

线性电容元件的电容 C 是常数,非线性电容元件的电容 C 不是常数。本书只讨论线性电容元件。

电容的单位是法拉,用字母"F"表示,其辅助单位有微法(μF)、皮法(pF)等。

$$1pF=10^{-6}\mu F=10^{-12}F$$

电容器的电容值与极板的尺寸、介质的介电常数等有关。

常用的电容器有云母电容器、瓷介电容器、薄膜电容器，以及电解电容器等结构。

当电容元件极板上的电荷量 q 发生变化时，与元件相联接的导线中有电荷运动，从而形成电流，电流 i 与电荷 q 的关系为

$$i = \frac{\mathrm{d}q}{\mathrm{d}t} = C\frac{\mathrm{d}u}{\mathrm{d}t} \tag{1.10}$$

上式中 u 和 i 的方向为关联参考方向，如图 1.18 所示。式(1.10)是反映电容元件电流与电压关系的约束方程，它表明只有当电容元件两端的电压发生变化时，才有电流通过，当电压恒定时，电流为零，相当于开路，因此电容元件有隔断直流电流的作用。这些规律称为电容元件的动态特性，所以电容元件常称为动态元件。

式(1.10)也可以写成积分形式，将该式两边积分可得

$$u = \frac{1}{C}\int_{-\infty}^{t} i\mathrm{d}t = \frac{1}{C}\int_{-\infty}^{0} i\mathrm{d}t + \frac{1}{C}\int_{0}^{t} i\mathrm{d}t = u(0) + \frac{1}{C}\int_{0}^{t} i\mathrm{d}t \tag{1.11}$$

上式中 $u(0)$ 表示 $t=0$ 时电容器元件上的电压初始值，即 i 对电容元件充电之前，电容元件上原有的电压，此式表明电容元件对电压具有记忆特性，所以电容元件又称为记忆元件。

当初始电压为零时，有

$$u = \frac{1}{C}\int_{0}^{t} i\mathrm{d}t$$

电流对电容元件充电时，电容元件将储存电场能量，其值为

$$W_{\mathrm{C}} = \int_{-\infty}^{t} p\mathrm{d}t = \int_{-\infty}^{t} ui\,\mathrm{d}t = \int_{-\infty}^{t} Cu\frac{\mathrm{d}u}{\mathrm{d}t}\mathrm{d}t = \int_{0}^{u} Cu\mathrm{d}u = \frac{1}{2}Cu^2 \tag{1.12}$$

该式表明，电容元件储存的电场能量与其端电压的平方成正比，当电压增高时，储存的电场能量增加，电容元件从电源吸收能量，这个过程称为充电；当电压降低时，储存的能量减少，电容元件释放能量，这个过程称为放电。由此可见，电容元件具有储存电场能量的性质，不消耗能量，故又称为储能元件。

式(1.10)、式(1.11)和式(1.12)都能说明电容元件的一个重要性质：电容电压具有连续性，或称电容电压不能发生跃变，即：$u(t_+) = u(t_-)$（这里 t_-、t_+ 分别表示 t 时刻前、后瞬间）。从能量的观点来看，如果电容电压发生跃变，则它所储存的电场能量必然发生跃变，而能量跃变必须有无穷大的功率，这是不可能的。

从式(1.12)可以看出，电容元件储存的能量是始终大于零的，即它是从外电路吸收能量的，因此，电容元件也是无源元件。

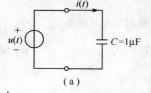

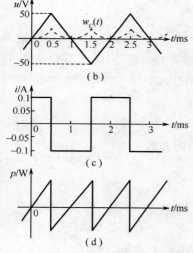

图 1.21　线性电容对三角波电压源的响应

【例 1.7】电容与电压源联接如图 1.21(a)所示，电压源电压随时间按三角波方式变化如图 1.21(b)所示，求电容电流。

解　已知电压源两端电压 $u(t)$，求电流可用式(1.10)。

从 0～0.5ms 期间，电压 u 由 0V 线性上升到 50V，其变化率

$$\frac{\mathrm{d}u}{\mathrm{d}t} = \frac{50}{0.5} \times 10^3 \text{V/s} = 1 \times 10^5 \text{V/s}$$

故知在此期间,电流

$$i = C\frac{\mathrm{d}u}{\mathrm{d}t} = 10^{-6} \times 10^5 \text{A} = 0.1\text{A}$$

从 0.5~1.5ms 期间,电压 u 由 $+50$V 线性下降到 -50V,其变化率为

$$\frac{\mathrm{d}u}{\mathrm{d}t} = -\frac{100}{1} \times 10^3 \text{V/s} = -1 \times 10^5 \text{V/s}$$

故知在此期间,电流

$$i = C\frac{\mathrm{d}u}{\mathrm{d}t} = -10^{-6} \times 10^5 \text{A} = -0.1\text{A}$$

从 1.5~2.5ms 期间,电压 u 由线性 -50V 上升到 $+50$V,其变化率

$$\frac{\mathrm{d}u}{\mathrm{d}t} = \frac{100}{1} \times 10^3 \text{V/s} = 1 \times 10^5 \text{V/s}$$

故知在此期间,电流

$$i = C\frac{\mathrm{d}u}{\mathrm{d}t} = 10^{-6} \times 10^5 \text{A} = 0.1\text{A}$$

故得电流随时间变化的曲线(波形图)如图 1.21(c)中所示。

同时,由 $p(t) = u(t) \cdot i(t)$ 可得功率 p 的波形如图 1.21(d)所示。

从本例可知电容的电压波形与电流波形不相同,这一情况与电阻元件所表现的情况也是不同的。

2. 电容元件的联接

在联接方式上电容和电阻一样,也有串联和并联两种联接方式。

n 个电容串联时,如图 1.22(a)所示,有

$$\frac{1}{C_{\mathrm{eq}}} = \frac{1}{C_1} + \frac{1}{C_2} + \cdots + \frac{1}{C_n} \tag{1.13}$$

将式(1.13)的两边同时取倒数,可得到串联电容总电容的表达式,即

$$C_{\mathrm{eq}} = \frac{1}{\dfrac{1}{C_1} + \dfrac{1}{C_2} + \cdots + \dfrac{1}{C_n}} \tag{1.14}$$

串联电容总电容的大小通常小于串联各电容的最小值。当两个电容串联时,如图 1.22(b)所示,其等效电容为

$$C_{\mathrm{eq}} = C_1 \cdot C_2 / (C_1 + C_2) \tag{1.15}$$

当 n 个电容并联时,如图 1.23(a)所示,有

$$i = i_1 + i_2 + \cdots + i_n \tag{1.16}$$

(a)n 个电容串联   (b)等效电容

图 1.22 n 个电容串联和它的等效电容

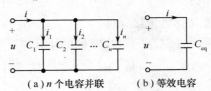

(a)n 个电容并联   (b)等效电容

图 1.23 n 个电容并联和它的等效电容

由电容电压与电流的关系,可得

$$i(t) = C_1 \frac{\mathrm{d}u}{\mathrm{d}t} + C_2 \frac{\mathrm{d}u}{\mathrm{d}t} + \cdots + C_n \frac{\mathrm{d}u}{\mathrm{d}t} = (C_1 + C_2 + \cdots + C_n) \frac{\mathrm{d}u}{\mathrm{d}t} = C_{eq} \frac{\mathrm{d}u}{\mathrm{d}t} \qquad (1.17)$$

由式(1.17)可得到串联电容总电容的表达式,即

$$C_{eq} = C_1 + C_2 + \cdots + C_n \qquad (1.18)$$

并联电容总电容的大小等于并联各电容值之和,等效电容电路图如图1.23(b)所示。当两个电容并联时,相应的等效电容为

$$C = C_1 + C_2 \qquad (1.19)$$

电容串并联所得的等效电容和电阻串并联所得的总电阻恰好相反。

1.3.3 电感元件

1. 电感及其伏安特性

电路中的电感元件是实际电感器的理想化模型。实际电感器是用导线绕制成的。当电感元件有电流 i 通过时,它将产生磁链 ψ,电流改变时,其磁链也随之变化,通常将磁链 ψ 与电流 i 的比值定义为电感元件的电感,用字母"L"表示,即

$$L = \frac{\psi}{i} \qquad (1.20)$$

线性电感元件的电感 L 是常数。电感的单位是亨利,用字母"H"表示,常用的辅助单位有毫亨(mH)和微亨(μH)等。

$$1H = 10^3 \, \mathrm{mH} = 10^6 \, \mu H$$

线性电感元件的符号如图1.24所示。

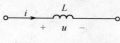

图1.24 线性电感元件的符号

当通过电感元件的电流 i 发生变化时,磁链 ψ 也成比例变化。根据电磁感应定律可知,电感元件两端产生的感应电压正比于磁链的变化率。如果选取电压和电流为关联参考方向,则有

$$u = \frac{\mathrm{d}\psi}{\mathrm{d}t} = L \frac{\mathrm{d}i}{\mathrm{d}t} \qquad (1.21)$$

上式表明,电感元件两端的电压与通过它的电流变化率成正比,即某一时刻电感的电压取决于该时刻电流的变化率。当电流 i 增大时,电压为正,电感元件起阻碍电流增大的作用;当电流 i 减小时,电压为负,电感元件起阻碍电流减小的作用;当电流恒定时,电压为零,这时电感元件相当于短路。这一规律表征了电感元件的动态特性,所以电感元件常称为动态元件。

式(1.21)也可以写成积分形式,即

$$i = \frac{1}{L} \int_{-\infty}^{t} u \mathrm{d}t = \frac{1}{L} \int_{-\infty}^{0} u \mathrm{d}t + \frac{1}{L} \int_{0}^{t} u \mathrm{d}t = i(0) + \frac{1}{L} \int_{0}^{t} u \mathrm{d}t \qquad (1.22)$$

式中,$i(0)$ 是 $t=0$ 时通过电感元件的初始电流。此式表明电感元件对电压有记忆特性,电感元件又称为记忆元件。

电感元件储存的磁场能量可计算如下

$$W_L = \int_{-\infty}^{t} p \mathrm{d}t = \int_{-\infty}^{t} ui \, \mathrm{d}t = L \int_{0}^{i} i \mathrm{d}i = \frac{1}{2} L i^2 \qquad (1.23)$$

式(1.23)在推导过程中设 $i(-\infty) = 0$,该式表明,电感元件中储存的磁场能量与通过元件的电流有关,电流增大时,储能增加,电感元件从电源吸收能量;电流减小时,储能减少,电感

元件释放能量。可见电感元件也是储能元件。

与电容元件相对应,电感元件也有一个重要性质:通过电感元件的电流具有连续性,不能发生跃变,t 时刻前瞬间的电流等于 t 时刻后瞬间的电流,即:$i(t_+)=i(t_-)$,其理由可以从式 (1.21)、式(1.22)和式(1.23)中得到说明。

比较式(1.10)和式(1.21)可以看出,如果把两式中 u 和 i 对调,L 和 C 对调,则从一个表达式可以得到另一个表达式,这种关系称为对偶关系,u 与 i、L 与 C 称为对偶量。

从式(1.23)可以看出,电感元件储存的能量是始终大于零的,即它是从外电路吸收能量的,因此,电感元件也是无源元件。

2. 电感元件的联接

电感元件也可串联和并联,电感串并联的计算和电阻是一样的。

n 个电感串联时,如图 1.25(a)所示。

$$u = u_1 + u_2 + \cdots + u_n = L_1 \frac{\mathrm{d}i}{\mathrm{d}t} + L_2 \frac{\mathrm{d}i}{\mathrm{d}t} + \cdots + L_n \frac{\mathrm{d}i}{\mathrm{d}t}$$

$$= (L_1 + L_2 + \cdots + L_n) \frac{\mathrm{d}i}{\mathrm{d}t} = L_{eq} \frac{\mathrm{d}i}{\mathrm{d}t} \tag{1.24}$$

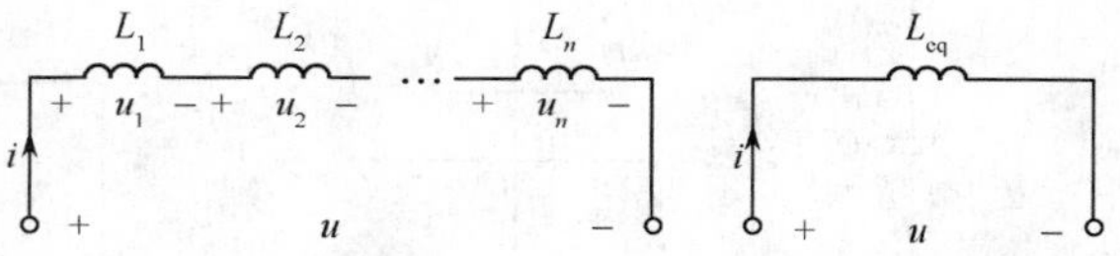

（a）n 个电感串联　　　　（b）等效电感

图 1.25　n 个电感串联和它的等效电感

由式(1.24)可知,当 n 个电感串联时,其等效电感值 L_{eq} 等于各电感值之和,即 $L_{eq} = L_1 + L_2 + \cdots + L_n$,等效电感电路如图 1.25(b)所示。当两个电感串联时,其等效电感为 $L = L_1 + L_2$。

当 n 个电感并联时,如图 1.26(a)所示。

$$i = i_1(t) + i_2(t) + \cdots + i_n(t)$$

$$= \frac{1}{L_1} \int_0^t u(t)\mathrm{d}t + i_1(0) + \frac{1}{L_2} \int_0^t u(t)\mathrm{d}t + i_2(0) + \cdots + \frac{1}{L_n} \int_0^t u(t)\mathrm{d}t + i_n(0)$$

$$= \left(\frac{1}{L_1} + \frac{1}{L_2} + \cdots + \frac{1}{L_n} \right) \int_0^t u(t)\mathrm{d}t + i_1(0) + i_2(0) + \cdots + i_n(0)$$

$$= \frac{1}{L_{eq}} \int_0^t u(t)\mathrm{d}t + i(0) \tag{1.25}$$

上式中 $i(0) = \sum_{k=1}^{n} i_k(0)$,等效电感 L_{eq} 与各并联电感的关系是

$$\frac{1}{L_{eq}} = \frac{1}{L_1} + \frac{1}{L_2} + \cdots + \frac{1}{L_n} \tag{1.26}$$

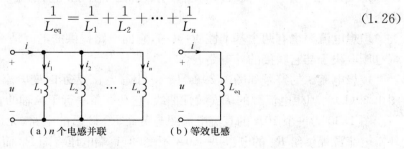

（a）n 个电感并联　　　　（b）等效电感

图 1.26　n 个电感并联和它的等效电感

等效电感的电路图如图 1.26(b)所示。当两个电感并联时,其相应的等效电感为

$$L = L_1 \cdot L_2 / (L_1 + L_2) \tag{1.27}$$

1.4 有源电路元件

1.3 节介绍的是无源元件,它们自身不能产生能量,但在电路中如果没有能量提供,电路就不能工作,电路能量的供给来自有源电路元件,典型的包括电压源、电流源和受控源。

1.4.1 电压源和电流源

1. 理想电压源

理想电压源简称电压源,是实际电源的一种理想化模型,理想电压源内阻为零。电压源有两个基本性质:其一,它的端电压是恒定值 U_S 或为一定的时变函数 $u_S(t)$,与通过它的电流无关;其二,它的电流由与它联接的外电路决定。电压源的电路符号及伏安特性如图 1.27 所示,其中图(b)只表示直流电压源(如理想电池),图(c)为其伏安特性。

例如,一个负载 R_L 接于 1V 的直流电压源上,如图 1.28 所示。

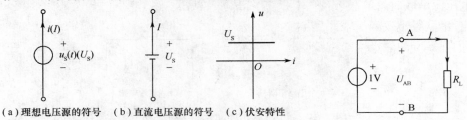

(a)理想电压源的符号　(b)直流电压源的符号　(c)伏安特性

图 1.27　理想电压源的电路符号及伏安特性　　　　图 1.28　直流电压源电路

当 $R_L = 2\Omega$ 时,$I = \dfrac{1}{2} = 0.5$A,$U_{AB} = 1$V;

当 $R_L = 5\Omega$ 时,$I = \dfrac{1}{5} = 0.2$A,$U_{AB} = 1$V;

当 $R = \infty$ 时,$I = 0$A,$U_{AB} = 1$V。

可见,电压源提供的电流随负载电阻而变化,电压源的端电压不变,这就是理想电压源"恒压不恒流"的外部特性。

2. 理想电流源

电流源是为电路提供能量的另一种电源,也是从实际电源抽象出来的一种模型。理想电压源是一种能产生电压的装置,而理想电流源是一种能产生电流的装置。理想电流源内阻为无穷大。

理想电流源也有两个基本性质:其一,它向电路提供的电流是不随负载改变的;其二,它的端电压取决于与它联接的外电路。

理想电流源的符号如图 1.29(a)所示,小写 $i_S(t)$ 表示时变电流,大写 I_S 表示直流电流源。图 1.29(b)为理想电流源的伏安特性曲线,它是一条平行于纵轴的直线。

图 1.30 为一个 10A 的直流电流源与负载 R_L 接通的电路,无论 R_L 如何变化($R_L = \infty$ 除外),电流源提供给 R_L 的电流 $I = 10$A 不变,但其端电压将随 R_L 而改变,即

当 $R_L = 2\Omega$ 时,$U_{AB} = 20$V;

当 $R_L=5\Omega$ 时，$U_{AB}=50\text{V}$。

可见，电流源两端的电压随负载电阻而变化，电流源的输出的电流不变，这就是理想电流源"恒流不恒压"的外部特性。

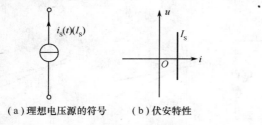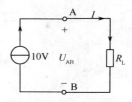

（a）理想电压源的符号　　（b）伏安特性

图 1.29　理想电流源的符号以及伏安特性　　　　图 1.30　直流电流源电路

3. 理想电压源的联接和理想电流源的联接

通常为了满足大容量和高电压输出的要求，需要将电源进行串、并联联接。例如，我们非常熟悉的手电筒或收音机所用的干电池，为了提高电压可以将几节干电池串接起来。

理想电压源串联时总电压为各单个理想电压源之和（联接时注意极性是正负相接），电流由负载决定，串联后不仅容量增加，电压也增高了。如图 1.31 所示，假设有 n 个理想电压源串联起来，它们在 a、b 两端产生的电压为此 n 个电压源之和，即

$$u = u_{S1} + u_{S2} + \cdots + u_{Sn} = \sum_{k=1}^{n} u_{Sk} \tag{1.28}$$

（a）n 个理想电压源串联　　　　（b）等效电压源

图 1.31　n 个理想电压源串联和它的等效电压源

多个理想电压源只有在各个电压源的电压相等时才能够并联（联接时注意极性相同），并联后的端电压不变，即 $u=u_{S1}=u_{S2}=\cdots=u_{Sn}=u_S$，电流仍然由负载决定，如图 1.32 所示。

通常采用多个电流源并联来扩大电源的容量，并联后总电流为各分电流之和，并联时必须注意，应确保各电源的流向是一致的。如图 1.33 所示，假设有 n 个理想电流源并联起来，它们在 a、b 两端产生的电流为此 n 个电流源之和，即

$$i_S = i_{S1} + i_{S2} + \cdots + i_{Sn} \tag{1.29}$$

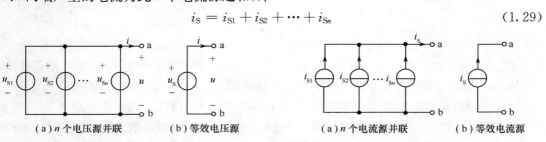

（a）n 个电压源并联　　（b）等效电压源　　　　（a）n 个电流源并联　　（b）等效电流源

图 1.32　n 个电压源并联和它的等效电压源　　　　图 1.33　n 个电流源并联和它的等效电流源

4. 实际电源的模型

理想电源都是由实际有源元件抽象出来的理想模型。理想电压源内阻为零，端电压不随

负载变化;理想电流源内阻为无穷大,输出电流不随负载变化。但实际电源内阻既不可能为无穷大,也不可能为零,当负载变化时,它们的端电压或输出电流也总会有所变化。考虑电源存在内阻的实际情况,一般采用图 1.34(a)、(b)所示的两种电路模型,更加接近实际电源的特性。

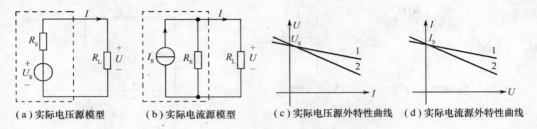

(a)实际电压源模型　(b)实际电流源模型　(c)实际电压源外特性曲线　(d)实际电流源外特性曲线

图 1.34　实际电源的模型

图 1.34(a)虚线框内表示的是实际电源的电压源模型,它由理想电压源 U_S 与内阻 R_S 串联而成。图 1.34(b)虚线框内表示的是实际电源的电流源模型,它由理想电流源 I_S 与内阻 R_S 并联而成。

由图 1.34(a)可得实际电压源的外部特性为

$$U = U_S - IR_S \tag{1.30}$$

特性曲线如图 1.34(c)所示。可见,当 $I>0$ 时,实际电压源向外供电(称为供电状态),其端电压低于 U_S,供出电流越大端电压越低;当 $I<0$ 时,实际电压源处于充电状态(例如充电电池),其端电压高于 U_S;当 $I=0$ 时,实际电压源处于开路状态,其端电压等于 U_S。图 1.34(c)中曲线 1、2 表示不同内阻的实际电压源端电压随电流的变化,曲线 1 变化比曲线 2 慢,其内较小。

由图 1.34(b)可知

$$I = I_S - \frac{U}{R'_S} \tag{1.31}$$

特性曲线如图 1.34(d)所示。可见,当 $U>0$ 时,实际电流源向外供电(称为供电状态),其端电流低于 I_S;图 1.34(d)中曲线 1、2 表示不同内阻的实际电流源端电压随电流的变化,曲线 1 较曲线 2 变化慢,这说明曲线 1 所表示的实际电流源内阻比曲线 2 表示的要大。

实际电源的这两种模型是等效的,相互之间可以进行等效变换。比较式(1.30)和式(1.31)可知,要使两个电源对相同的负载输出的电流和电压相等,则必须满足

$$\begin{cases} I_S = \dfrac{U_S}{R_S} \\ R_S = R'_S \end{cases} \tag{1.32}$$

即只要按照式(1.32)选择参数,图 1.34 所示实际电源的两种电路模型便可相互替换,今后在分析电路时,常用这种等效变换的方法简化电路。

必须指出,实际电压源和电流源的等效关系是只对外电路而言的,至于电源内部则不等效。事实上,在图 1.34(a)中,当负载 R_L 开路时,电流为零,电源内阻 R_S 上不消耗功率;而在图 1.34(b)中,当负载 R_L 开路时,电源内部仍有电流,内阻 R'_S 上有功率损耗。

【例 1.8】在图 1.34(b)所示的电流源模型中,已知 $I_S=2A$,$R'_S=2\Omega$,试确定它的等效电压源模型 U_S 和 R_S 之值。

解　根据式(1.32)可知,它的等效电压源端电压

$$U_S = I_S R'_S = I_S R_S = 2 \times 2 = 4V$$

内阻
$$R_S = R'_S = 2\Omega$$

其等效电路如图 1.34(a)所示。

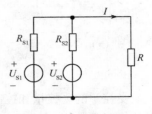

图 1.35 例 1.9 电路图

【例 1.9】图 1.35 所示电路为两个直流电源对一个负载供电的电路,已知 $R_{S1} = 3\Omega$, $U_{S1} = U_{S2} = 6V$, $R_{S2} = 6\Omega$, $R = 1\Omega$, 求通过 R 的电流 I。

解 由于两个直流电源内阻各不相同,难以直接确定各电源提供的电流。为此采用电源等效变换的方法,把图 1.35 中的电压源变换成等效的电流源,如图 1.36(a)所示,其中

$$I_{S1} = \frac{U_{S1}}{R_{S1}} = 2A, \quad I_{S2} = \frac{U_{S2}}{R_{S2}} = \frac{6}{6}A = 1A$$

再将图 1.36(a)中的两个电流源合并成一个,如图 1.36(b)所示,其中

$$I_S = I_{S1} + I_{S2} = 2 + 1 = 3A$$

$$R_S = R_{S1} // R_{S2} = \frac{R_{S1} \times R_{S2}}{R_{S1} + R_{S2}} = 2\Omega$$

由图 1.36(b)可求出流过负载 R 的电流为

$$I = \frac{R_S}{R_S + R} \cdot I_S = \frac{2 \times 3}{2 + 1} = 2A$$

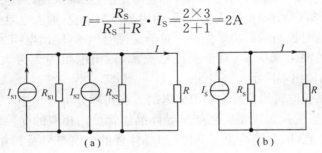

(a)　　　　　　　　　　(b)

图 1.36 等效电路

1.4.2 受控源

1. 受控源的概念

1.4.1 节中提到的电压源和电流源,它能独立地为电路提供能量,所以常被称为独立电源。而有些电路元件,如晶体三极管、运算放大器等,虽不能独立地为电路提供能量,但在其他信号控制下仍然可以提供一定的信号电压或电流,这类元件对于信号输入输出就可以用受控电源来等效。受控源主要是为了描述电子器件内部的微观物理过程而建立的理想电路模型。

2. 受控源的 4 种类型

受控源向外电路提供的电压或电流是受其他元件或支路的电压或电流控制的,因此受控源有两对端钮,一对为其输出电压或电流的端钮,称为输出端钮;一对为控制端钮,或称为输入端钮。自然,受控源是 4 端元件。

根据受控源是电压源还是电流源,控制量是支路电流还是电压,可把它分为 4 种不同类型,即电压控制电压源(VCVS)、电流控制电压源(CCVS)、电压控制电流源(VCCS)和电流控制电流源(CCCS)。4 种理想的受控源模型如图 1.37 所示。

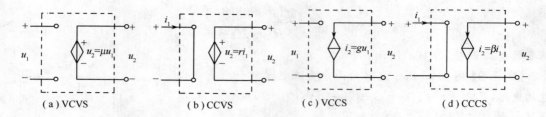

$$(a) \text{ VCVS} \qquad (b) \text{ CCVS} \qquad (c) \text{ VCCS} \qquad (d) \text{ CCCS}$$

图 1.37 4 种理想的受控源模型

受控源的受控量和控制量之比,称为受控源的控制系数。图中 μ、r、g、β 分别为 4 种受控源的控制系数,其中:

VCVS 中,$\mu = u_2/u_1$ 称为电压放大倍数;

CCVS 中,$r = u_2/i_1$ 称为转移电阻;

VCCS 中,$g = i_2/u_1$ 称为转移电导;

CCCS 中,$\beta = i_2/i_1$ 称为电流放大倍数。

当它们为常数时,受控源是线性元件。

受控源输入端口的电阻称为输入电阻,输出端口的电阻称为输出电阻。所谓理想受控源是指它的输入端(控制端)和输出端(受控端)都是理想的,在输入端,对电压控制来说,其输入电阻无穷大,如图 1.37(a)、(c)的输入端所示;对电流控制来说,输入电阻为零,如图 1.37(b)、(d)的输入端所示,这时控制端的功率为零。对于受控电压源,输出电阻为零,输出电压恒定,如图 1.37(a)、(b)的输出端所示;对于受控电流源,输出电阻为无穷大,输出电流恒定,如图 1.37 中(c)、(d)的输出端所示。

受控源也是从某些电路元器件中抽象出来的。在实际分析过程中,为了更精确描述某些部件,往往采用非理想受控源模型。例如半导体晶体管可用相应的受控源作为其电路模型。如图 1.38 所示,图(a)、(b)分别给出了 NPN 型晶体管的电路符号及其相应的电流控制电流源(CCCS)受控源模型,可以看到受控源的输入端电阻并不为零。

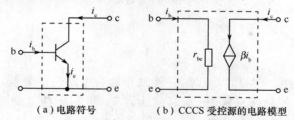

(a) 电路符号 $\qquad$ (b) CCCS 受控源的电路模型

图 1.38 NPN 型晶体管的电路符号及其受控源的电路模型

3. 受控源在电路中的表示

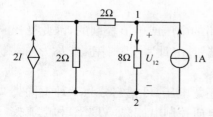

图 1.39 含有受控源的电路

电路中受控源的出现往往不像图 1.37 所示那样一目了然,如图 1.39 所示电路中就含有一个受控源,但它在形式上并没有像上面介绍的受控源那样表示出来,因此我们要善于从一个电路中区分出受控源的类型。其方法是首先识别出受控源的符号,根据受控源的符号确定出是受控电压源还是受控电流源,然后根据受控变量表达式中电压或电流确定是电压控制还是电流控制,最后根据表达式中电流或电压变量找出控制量的位置。根据符号可判断出图 1.39 中的受控源是一个受控电流源,其大小为 $2I$,I 是 8Ω 支路中的电流,因此它是电流控制的电流受控源(CCCS),这样,一个完整的受控源就辨别出来了。

1.5 基本半导体器件

二极管、晶体三极管、场效应管是最常用的半导体器件。半导体器件是现代电子技术的重要组成部分。本节先介绍半导体的基础知识,接下来讨论半导体器件的核心——PN 结,在此基础上,讨论二极管、晶体管和场效应管的结构、工作原理、特性曲线。

1.5.1 半导体基础与 PN 结

1. 半导体的导电性能

纯净的半导体称为本征半导体。常用的半导体有硅和锗,它们都是四价元素。其原子的最外层轨道上有 4 个价电子。在原子排列整齐的硅(或锗)晶体中,每个原子与相邻原子的价电子互相结合形成共价键。共价键中的电子不能自由运动,因此在绝对零度且没有光照的条件下,本征半导体是不导电的。但是当温度增高(如常温)或受光照后,少数价电子获得能量挣脱原子核的束缚,成为自由电子,同时在原来的共价键中留下一个空位,称为空穴,如图 1.40 所示。这个空穴可以填补相邻的因失去电子而留下的空位,使空穴在共价键中移动。

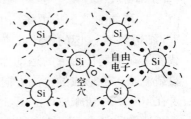

图 1.40 空穴的形成

在外电场的作用下,自由电子沿着与电场相反的方向移动,形成电子电流;空穴因相邻价电子的替补作用、沿着与电场相同的方向移动,形成空穴电流。半导体中的电流就是由这两部分电流组成的。自由电子和空穴称为半导体中的两种载流子。

如果在纯净的半导体中掺入微量的五价元素(如磷),其原子外层 5 个价电子中只有 4 个能与周围的硅原子结成共价键,多余的一个价电子很容易挣脱磷原子核的束缚而成为自由电子,如图 1.41 所示,从而使半导体中的自由电子数大大增加。自由电子称为这种半导体中的多数载流子,空穴成为少数载流子。把这种以自由电子导电为主的杂质半导体称为 N 型半导体。若掺入微量的三价元素(如硼),则它外层的三个价电子在与硅原子结成共价键时,将因缺少一个电子而形成一个空位,如图 1.42 所示,从而使半导体中的空穴数大大增加。空穴成为这种半导体中的多数载流子,自由电子成为少数载流子。把这种以空穴导电为主的杂质半导体称为 P 型半导体。

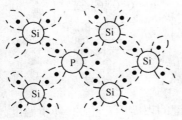

图 1.41 N 型半导体

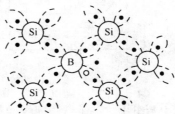

图 1.42 P 型半导体

必须注意,无论是 N 型半导体还是 P 型半导体,它们虽然都有一种载流子占多数,但整个半导体仍然是电中性的。N型半导体和P型半导体统称为杂质半导体。

2. PN结

如果通过一定的掺杂工艺措施,使一块半导体的一侧形成N型半导体,另一侧为P型半导体,它们的交界面就形成PN结。PN结虽只有微米级的厚度,却有重要的特性,它是制造各种半导体器件的基础。

在PN结两侧,由于N区的自由电子浓度远大于P区自由电子浓度,N区的自由电子必

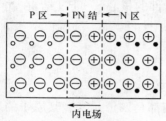

图1.43 PN结

然向P区扩散,交界面N区侧因失去自由电子而留下带正电且不能移动的正离子;同样P区的空穴浓度远大于N区的空穴浓度,P区的空穴必然向N区扩散,交界面P区侧因失去空穴而留下带负电且不能移动的负离子。这些带电离子在交界面两侧形成带异号电荷的空间电荷区,它就是PN结。由于空间电荷区中载流子因为扩散已基本耗尽,因此空间电荷区也称为耗尽层或阻挡层,如图1.43所示。

由于PN结的N区侧为正电荷、P区侧为负电荷,因此形成由N区指向P区的内电场。内电场一方面阻止多数载流子的继续扩散;另一方面又促使靠近PN结边界的N区的少数载流子空穴向P区运动,P区的少数载流子自由电子向N区运动。载流子在电场作用下的运动称为漂移运动。少数载流子在内电场作用下漂移形成的电流和多数载流子扩散形成的电流方向是相反的,平衡时二者必然相等,通过PN结的总电流为零。如果在PN结两端施加外电压,这种平衡就会被打破。

通常将加在PN结上的电压称为偏置电压。若P区接电源正极,N区接电源负极称为正向偏置,简称正偏,如图1.44所示。此时外电场与内电场方向相反,内电场被削弱,多数载流子被推向耗尽层,使耗尽层变薄,从而使多数载流子的扩散运动加强,形成较大的由P区流向N区的扩散电流,称为正向电流。这时PN结呈现的电阻很低,其状态称为导通状态。

若P区接电源负极,N区接电源正极,称为PN结反向偏置,简称反偏,如图1.45所示。此时外电场与内电场方向一致,内电场加强,耗尽层变厚,使多数载流子的扩散运动难以进行。这种情况虽有利于少数载流子的漂移运动,但因少数载流子数量很少,只能形成很小的反向电流,因此反偏时呈现的电阻很高,其状态称为截止状态。

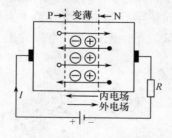

图1.44 PN结正向偏置

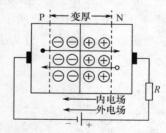

图1.45 PN结反向偏置

少数载流子是由于价电子获得能量挣脱共价键的束缚而产生的,环境温度越高,少数载流子的数量也就越多,所以温度对反向电流影响较大。

综合以上分析,可以得出一个结论:PN结具有单向导电性,即正向偏置时,PN结电阻很低,呈导通状态;反向偏置时,PN结电阻很高,呈截止状态。

1.5.2　半导体二极管

在 PN 结的两侧引出两根电极线，再加管壳封装就成为半导体二极管，其符号如图 1.46

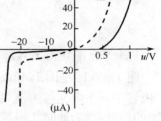

U_D

图 1.46　二极管符号

所示。接 P 区的电极称为正极或阳极，接 N 区的电极称为负极或阴极，箭头表示正向导通时电流的方向。

二极管根据所用的材料不同，可分为硅二极管和锗二极管。硅二极管的温度稳定性较好，使用较为广泛。

1. 特性曲线

由于二极管实质上就是一个 PN 结，因而同样具有单向导电性。图 1.47 所示是二极管端电压与电流的关系，称为伏安特性曲线，它可以通过实验测出。其中实线表示硅二极管伏安特性，虚线表示锗二极管伏安特性。

伏安特性曲线图的第一象限称为正向特性。它表示当外加正向电压时二极管的工作情况。当正向电压很小时，外电场不足以克服 PN 结内电场对多数载流子扩散运动的阻力，故正向电流很小，几乎为零，此区域称为死区。硅管的死区电压约为 0.5V，锗管的死区电压约为 0.2V。当正向电压超过死区电压后，内电场被大大削弱，电流迅速增长，二极管导通。导通时二极管的端电压基本上是一常量。硅管约为 0.7V，锗管约为 0.3V。

图 1.47　二极管的伏安特性

特性曲线的第三象限称为反向特性。它表示当外加反向电压时二极管的工作情况。在反向电压作用下，由于少数载流子的漂移运动，形成很小的反向电流。反向电流在一定范围内与反向电压的大小无关，故通常称之为反向饱和电流。反向饱和电流越小，管子性能越好。一般硅管是微安数量级，锗管比硅管高 1～2 个数量级。当反向电压增大到某一数值时，反向电流突然增大，这种现象称为击穿。此时的电压称为反向击穿电压。各类二极管的反向击穿电压从几十到几百伏不等，最高可达千伏以上。通常情况下，二极管击穿时的电流、电压都较大，当超过它允许的功耗时，将使 PN 结过热而损坏。

2. 主要参数

二极管的参数是选用二极管的依据，可从半导体元件手册上查到。下面介绍几个主要参数。

（1）最大正向电流 I_F：二极管允许长期通过的最大平均正向电流。它主要取决于 PN 结的结面积。

（2）最大反向工作电压 U_R：二极管工作时允许施加的最大反向电压。

（3）反向漏电流 I_R：二极管未被击穿时的反向饱和电流值。此值越小越好。反向电流大，说明二极管的单向导电性差，并且受温度影响大。

（4）最高工作频率 f_M：超过此频率，二极管将丧失单向导电性。PN 结两侧的空间电荷与电容器极板充放电时所储存的电荷类似，因此 PN 结具有电容效应，称为结电容。二极管的 PN 结面积越大，结电容也越大。由于高频电流可以直接通过结电容，从而破坏了二极管的单向导电性。故二极管都有最高工作频率的限制。

3. 二极管的等效电路

由于二极管的单向导电特性，二极管工作于正向电压与工作于反向电压的状态是不同的，作用也不一样。在电路分析时它对应不同的等效电路。

(1) 二极管正向工作时的等效电路

图 1.48(b) 是图 1.48(a) 所示电路加正向电压、考虑了 PN 结导通压降 U_D 和体电阻的等效电路,此时二极管用一个电压值为 U_D(硅管 0.7V,锗管 0.2V)电压源与体电阻 r_D 串联等效;(c)图是只考虑 PN 结压降时的等效电路,此时二极管由独立电压源来等效。(d)图是不考虑 PN 结压降和体电阻(理想二极管)的等效电路,此时二极管视作理想二极管,用一根导线等效。二极管在加正向电压时,根据不同情况可按上述三种不同形式进行等效。

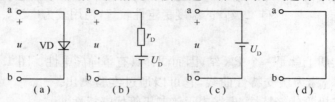

图 1.48 二极管正向状态等效电路图

(2) 二极管反向工作时的等效电路

图 1.49(b) 是图 1.49(a) 所示电路加反向电压、考虑了反向饱和电流 I_S 的等效电路,此时二极管用一个电流值为 I_S(微安数量级)的电流源等效;(c)图是忽略反向饱和电流(理想二极管)的等效电路,此时二极管相当于开路。

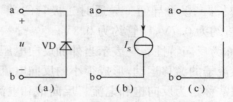

图 1.49 二极管反向状态等效电路图

在分析含有二极管的电路时,首先分析二极管处于正向还是反向工作状态,然后用其对应状态下的等效电路代替二极管,就可以按电路基础的方法分析了。

二极管的应用十分广泛,倒如整流、检波、限幅,以及二极管门电路等,这些将在模拟电子技术和数字电子技术课程中介绍。

4. 稳压二极管

稳压二极管是一种特殊的硅二极管,简称稳压管。由于它具有可掺杂浓度高,PN 结薄的特点,因而其反向击穿电压可以做得较低。它的符号如图 1.50 所示。

稳压二极管的伏安特性曲线与普通二极管类似,如图 1.51 所示,所不同的是稳压管主要工作在反向击穿区。从反向特性曲线可以看出,当反向击穿电流在很大范围内变化时,其端电

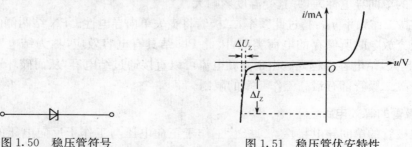

图 1.50 稳压管符号   图 1.51 稳压管伏安特性

压变化很小,利用这一特性可以起到稳定电压的作用。

由于稳压管击穿电压较低,只要把电流限制在允许的范围内,那么它在击穿区工作时产生的热损耗将不会超过它允许的功耗范围,因而它的电击穿是可逆的,去掉反向电压后,PN 结又可恢复正常。

稳压管的主要参数有:

(1) 稳定电压 U_Z:稳压管的稳压值。由于制造工艺的原因,同一型号的稳压管稳压值略有不同,有一定的分散性。

(2) 稳定电流 I_Z:稳压管工作电压等于稳定电压时的工作电流。

(3) 最大稳定电流 I_{Zmax}:稳压管允许的最大工作电流,超过此值稳压管将因发热而损坏。

(4) 动态电阻 r_Z:稳压管两端电压的变化量与相应的电流变化量的比值,即

$$r_Z = \frac{\Delta U_Z}{\Delta I_Z}$$

稳压管击穿区的反向特性曲线越陡,则动态电阻越小,稳压性能也越好。

使用稳压管时主要注意两点,一是要使它工作在反向击穿区;二是要串联适当的限流电阻,以免电流过大烧坏管子。图 1.52(a)是稳压管的典型应用电路,图 1.52(b)是图(a)的等效电路,稳压管用一个电压值为 U_Z 的恒压源等效。

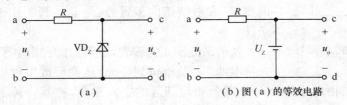

图 1.52　稳压管应用电路

1.5.3　半导体三极管

半导体三极管又称晶体三极管,简称晶体管,是具有放大作用和开关作用的半导体器件。它是电子电路的核心,对电子技术的发展起着重要作用。

1. 结构特点

晶体管分成 NPN 型和 PNP 型两大类,图 1.53 所示是 NPN 型晶体管的结构剖面图。它是在 N 型硅片上端的中部通过扩散工艺掺入 P 型杂质,形成一个 P 区,再在 P 区的中部掺入高浓度的 N 型杂质,再形成一个 N 区,然后在这三个区域分别引出三个电极,即发射极 E、基极 B 和集电极 C。发射区用来发射载流子,集电区用来收集发射区发出的载流子,基极用来控制发射区发射载流子的数量。为了保证上述功能的实现,晶体管在结构上具有以下特点:

(1) 发射区的掺杂浓度大,以便能产生较多的载流子;

(2) 集电区的面积大,以便收集从发射区发出的载流子;

(3) 基区很薄且掺杂浓度低,目的是减小基极电流,增强基极的控制作用。

NPN 型和 PNP 型晶体管的结构示意图和符号如图 1.54 所示。由图可见,无论哪一类晶体管都有两个 PN 结,基区和发射区之间的 PN 结称为发射结;基区和集电区之间的 PN 结称为集电结。

根据制造材料的不同晶体管又可分为硅管和锗管两种。使用最为普遍的是 NPN 型硅管,其次是 PNP 型硅管。下面以 NPN 型晶体管为例来说明晶体管的放大原理。

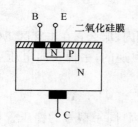

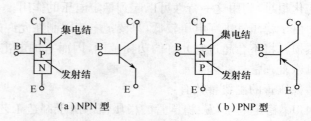

图 1.53　晶体管结构剖面图　　　　图 1.54　晶体管的结构示意图和符号

2. 放大原理

晶体管是一个具有放大作用的元件。下面以 NPN 型为例讨论晶体管的工作原理和特性。

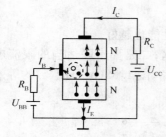

图 1.55　晶体管放大原理图

在图 1.55 的电路中晶体管接成两个回路。晶体管的基极、R_B、U_{BB} 和发射极组成输入回路；晶体管的集电极 R_C、U_{CC} 和晶体管的发射极组成输出回路。发射极是两个回路的公共端，因此这种接法称为晶体管的共发射极电路。电路中集电极电源电压 U_{CC} 比基极电源电压 U_{BB} 大，从而使 $U_{BC}<0$，$U_{BE}>0$，即集电结反向偏置，发射结正向偏置，这是晶体管工作于放大状态的外部条件。

发射结处于正向偏置，发射区的自由电子不断扩散到基区，并从电源 U_{CC} 负极得到补充，从而形成发射极电流 I_E。从发射区扩散到基区的自由电子中有一小部分要与基区的空穴复合，被复合掉的空穴由基极电源 U_{BB} 补充、形成基极电流 I_B。基区很薄，且掺杂浓度很低，发射极发出的自由电子只有少部分被复合掉，大部分自由电子由于浓度差而继续向集电结方向扩散，到达集电结附近。

集电结处于反向偏置，它能阻挡集电区的自由电子向基区扩散，而从发射区扩散到集电结附近的自由电子，却可以顺利地通过，从而形成集电极电流 I_C。

综上所述，从发射区发出的自由电子中只有一小部分在基区复合，形成基极电流 I_B，绝大部分到达集电区形成集电极电流 I_C。I_C 与 I_B 的比值用 $\bar{\beta}$ 表示，即

$$\bar{\beta} = \frac{I_C}{I_B} \tag{1.33}$$

式中，$\bar{\beta}$ 表征晶体管的电流放大能力，称为称之为共发射极直流电流放大系数。

发射极和基极、集电极电流之间的关系为

$$I_E = I_B + I_C = I_B + \bar{\beta}I_B = (1 + \bar{\beta})I_B \tag{1.34}$$

值得注意的是：

① 在上述分析晶体管内部载流子运动过程中，未考虑集电区少数载流子空穴在和基区的少子自由电子集电结内电场作用下发生的漂移运动。这种漂移形成的电流称为集基反向截止电流，记为 I_{CBO}。它也是 I_B 的一部分，但在通常情况下它所占的比例很小，对晶体管的放大作用几乎没有影响，因而暂时忽略。其作用在介绍特性曲线时会讨论。

② 为了确保晶体管能正常放大，其必要条件是发射结正向偏置、集电结反向偏置。这一条件不仅对 NPN 管放大电路是必要的，对 PNP 型晶体管放大电路同样是必要的。只不过在 PNP 型晶体管放大电路中，电源 U_{CC} 和 U_{BB} 的极性均应与图 1.55 所示情况相反，才能保证 U_{BC}

$>0, U_{BE}<0$。

3. 特性曲线

晶体管的特性曲线一般是指共发射极接法时的伏安特性曲线。它分为输入特性曲线和输出特性曲线两组。这些特性曲线可用晶体管特性图示仪测出。它反映晶体管的外部特性，是设计放大电路的依据。

（1）输入特性曲线

输入特性曲线是指当 U_{CE} 为参变量时，晶体管输入回路 i_B 与 u_{BE} 之间的关系曲线，即

$$i_B = f(u_{BE})|_{U_{CE}=\text{常数}}$$

图 1.56 是在 $U_{CE} \geqslant 1V$ 条件下测得的硅晶体管输入特性曲线。由图可见晶体管的输入特性曲线与二极管的正向特性曲线相似。

与二极管一样，晶体管输入特性也有死区。硅管死区电压约为 0.5V，锗管约 0.2V。正常工作情况下硅管发射结电压约 0.7V，锗管约 0.3V。

（2）输出特性曲线

输出特性曲线是指当 I_B 不变时，晶体管输出回路中 i_C 与 i_{CE} 之间的关系曲线，即

$$i_C = f(u_{CE})|_{I_B=\text{常数}}$$

对应不同的基极电流 I_B，输出特性曲线是一组曲线簇，如图 1.57 所示。

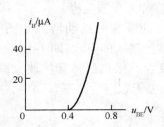

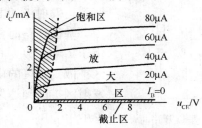

图 1.56　晶体管输入特性曲线　　图 1.57　晶体管输出伏安特性曲线

由图可见：当 I_B 一定时，随着 u_{CE} 从零增大，i_C 先直线上升，然后趋于平直，原因是 u_{CE} 很小时，由于集电结所加反向电场很弱，不足以把从发射区扩散到集电结附近的自由电子全部拉过集电结，因此 i_C 很小；随着 u_{CE} 的增加，i_C 直线上升；当 $u_{CE}>1V$ 以后，集电结附近的电子基本全部被集电极所收集，因此 i_C 基本保持定值，且满足 $i_C = \overline{\beta} I_B$。

当 I_B 增大时，相应的 i_C 也增大，曲线上移，体现出 i_B 对 i_C 的控制作用。

在实际应用中，输出特性曲线可划分成三个区域。

① 截止区：图 1.57 中 $I_B=0$ 的曲线以下的区域称为截止区。此时集电极电流 i_C 基本为零，称这种状态为截止状态。事实上当 $I_B=0$ 时，i_C 仍有一微小的数值，称为穿透电流用 I_{CEO} 表示。如果要使晶体管可靠截止，发射结和集电极就必须反向偏置。

② 饱和区：图 1.57 中虚线左侧的区域称为饱和区。此时，集电结和发射结均为正向偏置，称此状态为饱和工作状态，相应的 U_{CE} 称为饱和压降，用 U_{CES} 表示。小功率硅管的 U_{CES} 通常约为 0.3V。

③ 放大区：在截止区和饱和区之间的输出特性曲线的近似水平部分称为放大区。在放大区 I_C 和 I_B 成正比关系，因此放大区也称线性区。晶体管工作在放大区时发射结正向偏置，集电结反向偏置。

4. 主要参数

(1) 电流放大系数

电流放大系数严格地说可以分为直流电流放大系数$\overline{\beta}$和交流电流放大系数β。直流电流放大系数的意义已如前所述。交流电流放大系数是指基极电流i_B变化时，集电极电流变化量ΔI_C与基极电流变化量ΔI_B的比值。即

$$\beta = \frac{\Delta I_C}{\Delta I_B} \tag{1.35}$$

例如在图1.57中，当$U_{CE}=4V$时，基极电流从$20\mu A$增加到$40\mu A$，集电极电流从$1.1mA$增加到$2.1mA$，则交流电流放大系数为

$$\beta = \frac{\Delta I_C}{\Delta I_B} = \frac{(2.1-1.1)\times10^{-3}}{(40-20)\times10^{-6}} = 50$$

(2) 集基反向截止电流I_{CBO}

I_{CBO}是指当发射极开路时，由于集电结处于反向偏置，集电区少数载流子(空穴)漂移通过集电结而形成的反向电流。I_{CBO}受温度影响大，此值越小温度稳定性越好。

(3) 集射反向截止电流I_{CEO}

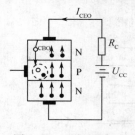

I_{CEO}是指当基极开路时，从集电极穿过集电区、基区和发射区到达发射极的电流，通常称为穿透电流。

基极开路时晶体管内部载流子运动情况如图1.58所示。由于$I_B=0$，从集电区漂移到基区的空穴(即I_{CBO})全部与从发射区扩散到基区的电子相复合。根据晶体管的放大原理可知，从发射区扩散到达集电区的电子数应为在基区与空穴复合的电子数的$\overline{\beta}$倍，故

图1.58 基极开路时晶体管内部载流子运动情况

$$I_{CEO} = I_{CBO} + \overline{\beta}I_{CBO} = (1+\overline{\beta})I_{CBO} \tag{1.36}$$

由于I_{CBO}受温度影响大，当温度上升时I_{CBO}增加快，故I_{CEO}增加也快。因此I_{CBO}越大，$\overline{\beta}$越大的晶体管，则I_{CEO}越大，稳定性也就越差。

(4) 特征频率f_T

由于晶体管中发射结和集电结两个PN结都有电容效应，当信号频率增高到一定数值后，将使β下降，f_T是指当β下降到1时的频率。

(5) 集电极最大允许电流I_{CM}

在I_C的一个很大范围内，β值基本不变，但当I_C超过一定数值后，β将明显下降，此时的集电极电流值即为I_{CM}。在U_{CE}很小的情况下，I_C超过I_{CM}晶体管并不一定会损坏。

(6) 集射极反向击穿电压$U_{(BR)CEO}$

$U_{(BR)CEO}$是指基极开路时，集电极与发射极之间的最大允许电压。它反映晶体管的耐压情况。当基极不是开路时，晶体管能承受的集射极电压将略高于此值。

(7) 集电极最大允许功耗P_{CM}

晶体管工作时由于集电结承受较高的反向电压并通过较大的电流，必然会因功率消耗而发热，使结温升高。P_{CM}是指在允许结温下(硅管约150℃，锗管约70℃)，集电极允许消耗的最大功率。

如果一个晶体管的P_{CM}已确定，则由$P_{CM}=I_C \cdot U_{CE}$可知，临界损耗时I_C和U_{CE}在输出特

性上的关系为一双曲线。

I_{CM}、$U_{(BR)CEO}$ 和 P_{CM} 称为晶体管的极限参数,它们共同确定了晶体管的安全工作区,如图 1.59 所示。

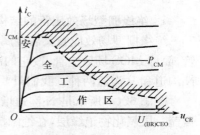

图 1.59　晶体管安全工作区

5. 晶体管的等效电路小信号模型

晶体管正常工作必须先加直流电源,以提供其必要的工作状态(放大、饱和、截止),然后加入需要处理的信号。分析计算含有晶体管的电路时,根据晶体管的工作状态,将晶体管用其相应的等效电路代替后,就可以按电路基础的方法进行分析。

(1) 晶体管直流等效电路

图 1.60(b)是晶体管图图 1.60(a)处于放大状态的直流等效电路,图 1.60(c)是晶体管处于截止状态的直流等效电路。

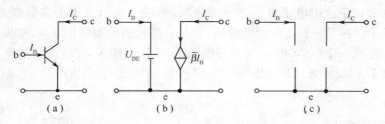

图 1.60　晶体三极管直流等效电路

(2) 晶体管小信号放大等效电路

图 1.61(b)是晶体管处于放大状态对于小信号作用的等效电路,晶体管的输入端用输入电阻 r_{be} 代替,输出端等效为受基极电流 Δi_B 控制的受控电流源,它是分析晶体管放大器的基础。

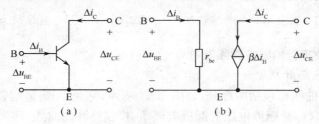

图 1.61　晶体管的小信号模型

1.5.4　场效应管

场效应管外形与普通晶体管相似,但两者的工作机理差异较大。晶体管是电流控制元件,通过控制基极电流达到控制集电极电流或发射极电流的目的。工作时,信号源必须提供一定的电流,其输入电阻很低,约 $10^3\Omega$ 数量级;场效应管是电压控制元件,其输入电阻很高,工作时不需要信号源提供电流,这是场效应管最突出的特点。

场效应管可分为绝缘栅型和结型两大类。绝缘栅型场效应管的输入电阻在 $10^9\Omega$ 以上,且易于高密度集成,在中、大规模集成电路中获得广泛应用;结型场效应管输入电阻在 $10^7\Omega$ 左右,较绝缘栅型低两个数量级,且不易集成,一般只做分立元件使用。本书着重介绍前者。

1. 绝缘栅型场效应管的结构和工作原理

绝缘栅型场效应管又名金属(Metal)—氧化物(Oxide)—半导体(Semi-conductor)场效应管,简称 MOS 场效应管,按它的制造工艺和性能可分为增强型与耗尽型两类,每类又可分为 N 沟道和 P 沟道两种。我们只要理解其中的一种,其他三种也都容易理解了。

图 1.62(a)所示是 N 沟道增强型 MOS 场效应管的结构。它是以 P 型硅为衬底,在上面覆盖一层氧化物绝缘层,在绝缘层上开两个小窗,用扩散的方法制成两个高掺杂浓度的 N 区,并分别引出一个电极,即源极 S(source)和漏极 D (drain),再隔着氧化物绝缘层引出栅极 G (gate),在衬底下方引出接线端 B(使用时 B 端通常和源极 S 相连)。

由图(a)可以看出,MOS 场效应管的两个 N 区被 P 型衬底隔开,成为两个背靠背的 PN 结。在栅源电压 U_{GS} 为零时,不管漏源电压 U_{DS} 为何值,总有一个 PN 结是反向偏置的,因此漏极和源极之间不可能有电流流通。

当栅源电压 U_{GS} 为正时,栅极和衬底类似电容器的两个极板,栅极极板带正电荷,它把 P 型衬底中的少数载流子自由电子吸引到衬底表层,形成一层以电子为多数载流子的 N 型薄层,如图 1.63 所示。这是一种能导电的薄层,它与 P 型衬底的类型相反,故称为反型层。反型层把源区和漏区连成一个整体,形成 N 型导电沟道。U_{GS} 值越大,导电沟道越宽。形成导电沟道后若再在漏极 D 和源极 S 间加正电压,就会产生漏极电流,它的大小受 U_{GS} 控制。

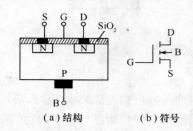

（a）结构　　　（b）符号

图 1.62　N 沟道增强型 MOS 场效应管　　　图 1.63　N 沟道增强型 MOS 场效应管工作原理

2. 绝缘栅型场效应管的特性曲线及符号

（1）增强型 MOS 场效应管

场效应管的特性曲线也包括两部分,如图 1.64 所示,它是 N 沟道增强型 MOS 场效应管的特性曲线。图 1.64(a)是栅源电压对漏极电流 I_D 控制特性的曲线,称为转移特性曲线。该曲线在横轴上的起始点 $U_{GS(th)}$ 称为开启电压。只有当栅源电压大于开启电压时,导电沟道才形成,晶体场效应管才导通。图 1.64(b)是场效应管的输出特性曲线,它与晶体管的输出特性曲线十分相似。场效应管的输出特性曲线也称漏极特性曲线。

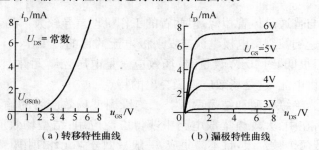

（a）转移特性曲线　　　（b）漏极特性曲线

图 1.64　N 沟道增强型 MOS 场效应管的特性曲线

（2）耗尽型 MOS 场效应管

如果用 P 型衬底制造 MOS 场效应管时，通过扩散或其他方法在漏区和源区之间预先形成一个导电的 N 沟道，于是就成为耗尽型 N 沟道 MOS 场效应管。这种场效应管在加上漏源电压 u_{DS} 后，若栅源电压 u_{GS} 为零，将有一个相当大的漏极电流 I_{DSS} 流过。I_{DSS} 称为饱和漏极电流。若 u_{GS} 为负，导电沟道变窄，i_D 减小。当 u_{GS} 负到一定程度时，导电沟道被夹断，i_D 减小到零。此时的栅源电压称为夹断电压，$U_{GS(off)}$ 表示。耗尽型场效应管的特性曲线如图 1.65 所示。

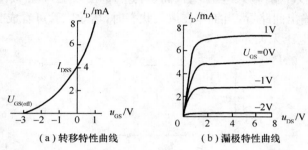

(a) 转移特性曲线　　　　　　(b) 漏极特性曲线

图 1.65　N 沟道耗尽型 MOS 场效应管的特性曲线

相应的符号如图 1.66(a) 所示。

(a) N 沟道耗尽型　　(b) P 沟道增强型　　(c) P 沟道耗尽型

图 1.66　三种 MOS 场效应管的符号

值得注意的是：

① 上面介绍的增强型和耗尽型两种 N 沟道 MOS 场效应管，其主要区别在于是否有原始导电沟道。所以判别一个 MOS 场效应管是增强型还是耗尽型，只要检查当 $u_{GS}=0$，且在漏、源之间加正向电压时有无漏源电流，如有则为耗尽型，反之为增强型。

② 若把上述两种场效应管的衬底换成 N 型硅，源区、漏区和沟道改成 P 型，就得到 P 沟道增强型 MOS 场效应管和 P 沟道耗尽型 MOS 场效应管。其符号如图 1.66(b)、(c) 所示。

③ MOS 场效应管由于栅极与其他电极之间处于绝缘状态，所以它的输入电阻很高。但周围电磁场的变化可能在栅极与其他电极之间感应产生较高的电压，形成很强的电场强度，使绝缘击穿。为了防止损坏，保存 MOS 场效应管时，应把各个电极短接，焊接时应把烙铁外壳接地。

3. 场效应管的主要参数

MOS 场效应管的主要参数除上面已介绍过的开启电压 $U_{GS(th)}$、夹断电压 $U_{GS(off)}$ 和饱和漏极电流 I_{DSS} 外，还有一个表示场效应管放大能力的重要参数：跨导。跨导定义为当漏源电压 u_{DS} 一定时，漏极电流增量 Δi_D 对栅源电压增量 Δu_{GS} 的比值，用 g_m 表示，即

$$g_m = \frac{\Delta i_D}{\Delta u_{GS}}\bigg|_{U_{DS}=常数} \tag{1.37}$$

当信号是正弦量时，式 (1.37) 中的增量可用瞬时值（或相量）表示，即

$$g_m = \frac{i_d}{u_{gs}}\bigg|_{U_{DS}=常数} \tag{1.38}$$

g_m 的大小就是转移特性曲线在静态工作点处的斜率,它是衡量场效应管放大能力的参数。

4. 场效应管的小信号模型

与晶体管类似,当场效应管处于在放大状态(线性区)时,加入小信号工作,也可建立它的小信号模型,图 1.67(b)所示是场效应管的小信号模型。

从输入回路看,场效应管输入电阻 r_{gs} 很高(可达 $10^9 \Omega$ 以上),栅极电流 $I_g = 0$,所以可认为栅源之间开路。从输出回路看,当工作在放大状态时,场效应管可看成受栅极电压控制的电流源 $g_m u_{gs}$,与漏—源电压无关。

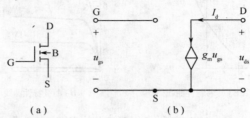

图 1.67　场效应管小信号模型

1.6　运算放大器

运算放大器是一种具有高电压放大倍数、高输入电阻和低输出电阻的放大器,应用它可以方便地组成加、减、指数、对数、微分、积分等运算电路而得名。实际上它除可实现各种运算功能外,还可实现电压放大、比较、波形产生等功能,在检测、控制、信号产生和处理等众多领域中,获得了广泛的应用。

目前,电路中使用的运算放大器都是一种集成电路芯片,因此本节把它作为一个常用的电路元件来介绍,主要介绍其符号、电压传输特性以及理想运算放大器的特点。

1.6.1　运算放大器的符号与电压传输特性

运算放大器在电路中用图 1.68 所示的符号表示。它是由多级晶体管放大电路组成的集成芯片。为了保证其处于放大状态,工作时需要有直流电源供电,图 1.68 中 U_+ 为正电源接入端,U_- 为负电源接入端。运算放大器工作时,输入电压信号加在同相输入端 b 和反相输入端 a 上,输出电压由 o 端输出。在只考虑输入输出信号时,常用图 1.69 表示运算放大器。

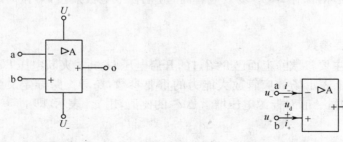

图 1.68　运算放大器的主要端子示意图　　图 1.69　运算放大器的标准电路符号

运算放大器的一个主要特性参数是放大倍数,即输出电压与输入差模电压(同相输入端信号与反相输入端信号之差)的比值。输出电压与输入差模电压的关系通常用图 1.70 所示的电压传输特性曲线表示。

由图 1.70 可以看出,运算放大器有线性区和饱和区两个区域。

① 线性工作区:当 $|(u_+ - u_-)| < U_{ds} = \dfrac{U_{o\,max}}{A}$,输出电压与输入差模电压成正比,即

$$U_o = A(u_+ - u_-) \tag{1.39}$$

式中,A 称为运算放大器的差模开环电压放大倍数。

② 饱和区,又称为非线性区:当 $|(u_+ - u_-)| > U_{ds} = \dfrac{U_{o\,max}}{A}$,输出电压为正的最大值 $u_o = U_{o\,max}$ 或负的最大值 $u_o = -U_{o\,max}$。

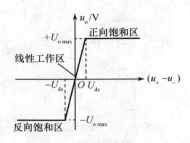

图 1.70 运算放大器的
电压传输特性曲线

其中,$U_{o\,max}$ 是输出电压的饱和值,又称为最大值;U_{ds} 是运算放大器的工作进入饱和区时的输入差模电压值。

运算放大器工作在线性工作区时,由于差模开环电压放大倍数 A 很大,典型值是 $10^5 \sim 10^8$,因此运算放大器的线性工作区非常窄。如果运算放大器的输出电压最大值为 14V,$A = 10^5$,那么只有当 $|(u_+ - u_-)| < 28\mu V$ 时,电路才工作在线性区,也就是说,当 $|(u_+ - u_-)| > 28\mu V$ 时,运算放大器则进入非线性区,输出电压不是 +14V 就是 -14V。要使运算放大器工作在线性区,必须通过外电路引入负反馈。利用运算放大器工作在线性区可以实现电压放大。利用它工作在非线性区,可以实现电压比较、产生波形等。

1.6.2 理想运算放大器

由于运算放大器差模开环放大倍数 A 很大,而运算放大器的输出电压只有十几伏,所以两个输入端之间的电压 $u_+ - u_-$ 就很小,而运算放大器的输入电阻又很大,故运算放大器两个输入端电流 i_+ 和 i_- 也很小。在理论分析时,可以将运算放大器理想化,理想化条件为:$A = \infty$,$R_i \to \infty$,$R_o \to 0$。此时的运算放大器称为理想运算放大器,其电路符号如图 1.71 所示。

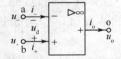

图 1.71 理想运算
放大器的电路符号

由式(1.39) 知 U_o 为有限值,$A = \infty$,因此 $u_+ - u_- = 0$,即两个输入端 u_+ 和 u_- 电位相等,即

$$u_+ = u_- \tag{1.40}$$

这常称为理想运算放大器的"虚短",即两个输入端电位无穷接近,但又不是真正短路。

因为同相输入端与反相输入端之间的差模输入电阻 $R_i \to \infty$,则流进运算放大器的电流均为零,即

$$i_+ = i_- = 0 \tag{1.41}$$

这称为理想运算放大器的"虚断",即两个输入端电流无穷接近于零,但又不是真正开路。

"虚短"和"虚断"是理想运算放大器工作在线性状态下必须遵循的两条重要法则,是分析含理想运算放大器电路的基础。

【例 1.10】如图 1.72 所示电路是用运算放大器构成的反相输入放大器,求输出电压 u_o 与输入电压 u_i 之比。

解 由于理想运算放大器的"虚断",同相输入端电流为零,故 R' 中电流为零,同相输入端

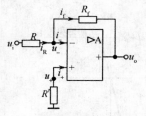

图 1.72 反相比
例运算电路

电位也为零；根据理想运算放大器的"虚短""虚断"，有

$$i_+ = i_- = 0, \quad u_+ = u_- = 0$$

可得

$$i_R = i_f, \quad \frac{u_i - u}{R} = \frac{u_- - u_o}{R_f}$$

整理得出

$$u_o = -\frac{R_f}{R} u_i$$

u_o 与 u_i 成比例关系，比例系数为 $-R_f/R$，负号表示 u_o 与 u_i 反相。

1.7 逻辑门

电子电路按其处理的信号不同可分为模拟电路和数字电路两大类。数字电路是电子计算机和各种数字测量、数字控制技术的基础，是电子技术的重要组成部分。逻辑门电路是构成数字电路的基本单元。本节在讨论基本逻辑运算基础上，介绍了数字电路的基本逻辑门——"与"门、"或"门、"非"门。

1.7.1　数字电路的基本逻辑运算

数字电路研究的一个主要问题是数字器件及数字系统所实现的逻辑关系（即输入与输出之间的因果关系），或者说所完成的逻辑运算。数字电路中最基本的逻辑运算有三种，即逻辑"与"、逻辑"或"、逻辑"非"。

在数字电路中，输入、输出量一般都用高、低电平来表示，而电平的高或低则用数字"1"或"0"来代表。电平的高、低是相对的，只表示两个相互对立的逻辑状态。

1. 逻辑"与"

所谓"与"逻辑关系是指：只有当决定一件事情的各种条件全部具备时，这件事才会发生。图 1.73 可作为"与"逻辑的一个实例。对灯泡 F 而言，只有当开关 A 与 B 全部闭合时，灯泡才亮；否则，A 与 B 中只要有任意一个断开，灯泡就不亮，因此，该电路中的结果（灯亮）与条件（开关闭合）之间构成了"与"逻辑关系。

逻辑关系可以利用真值表来描述，如表 1.1 所示，开关 A、B 的闭合和断开分别对应"1"和"0"，灯的亮和灭分别对应"1"和"0"。

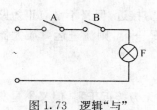

图 1.73　逻辑"与"

表 1.1　逻辑"与"的真值表

A	B	F
0	0	0
0	1	0
1	0	0
1	1	1

逻辑关系还可用逻辑函数表达式来表达，"与"逻辑函数表达式为

$$F = A \cdot B$$

上式称为"与"运算，因为和算术中的乘法在形式上相似，因此又称为逻辑乘。由逻辑真值表可得其基本运算关系是

$$0 \cdot 0 = 0$$
$$1 \cdot 0 = 0$$
$$0 \cdot 1 = 0$$
$$1 \cdot 1 = 1$$

也就是说：输入只要有"0"，输出就为"0"；输入全为"1"，输出才为"1"。

2. 逻辑"或"

如果决定一件事的各种条件中，只要满足一个条件，这件事就会发生，这种因果关系便称为"或"逻辑关系。

图 1.74 可作为"或"逻辑的一个实例。对于灯泡 F 而言，只要开关 A 或 B 任一个闭合，灯泡就会亮，即结果（灯亮）与条件（开关闭合）之间构成"或"逻辑关系。

同逻辑"与"相似，逻辑"或"也可用如表 1.2 所示的真值表来表示。

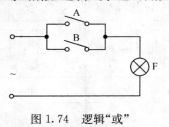

图 1.74　逻辑"或"

表 1.2　逻辑"或"的真值表

A	B	F
0	0	0
0	1	1
1	0	1
1	1	1

"或"逻辑函数表达式为

$$F = A + B$$

该式也称为逻辑"或"运算，又称为逻辑加。其基本运算关系是

$$0 + 0 = 0$$
$$1 + 0 = 1$$
$$0 + 1 = 1$$
$$1 + 1 = 1$$

即只要输入有"1"，输出就为"1"，只有输入全为"0"，输出才为"0"。

3. 逻辑"非"

所谓"非"逻辑关系就是结果和条件总处于相反状态。

图 1.75 是"非"逻辑关系的一个实例。当开关 A 闭合时，灯 F 就熄灭；当开关 A 断开时，灯 F 就亮，即结果（灯亮）与条件（开关闭合）之间构成"非"逻辑关系。

逻辑"非"的真值表如表 1.3 所示。

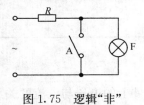

图 1.75　逻辑"非"

表 1.3　逻辑"非"的真值有

A	F
1	0
0	1

"非"逻辑关系又称"非"运算，其逻辑表达式为

$$F = \bar{A}$$

其基本运算关系是

$$\overline{0}=1, \quad \overline{1}=0$$

1.7.2 实现逻辑运算的基本单元——逻辑门

在逻辑系统中,应用逻辑门来实现逻辑运算。上述"与"、"或"、"非"三种基本逻辑运算可用相应的"与"、"或"、"非"三种逻辑门来实现。尽管构成逻辑门的元件和组成方案可以多种多样,如可用二极管、三极管或场效应管等组成,但只要逻辑运算一定,其输入与输出的逻辑关系就是相同的,因此通常用抽象的逻辑符号来表示逻辑门,用逻辑符号组成的逻辑图来表示逻辑系统,包括数字电路系统。

表1.4列出的是与、或、非三种基本逻辑门的逻辑符号及其对应的逻辑函数表达式和真值表。

表 1.4 三种基本逻辑门

逻辑门 / 逻辑变量 函数 式		与	或	非
符号				
A	B	$F=A \cdot B$	$F=A+B$	$F=\overline{A}$
0	0	0	0	1
0	1	0	1	1
1	0	0	1	0
1	1	1	1	0

实际逻辑系统中,除了这三种基本逻辑门外,还经常用到一些其他复合逻辑门。表1.5给出的就是几种常用复合逻辑门的逻辑符号及其逻辑函数表达式。

表 1.5 常用复合逻辑门

逻辑门 / 逻辑变量 函数 式		与非	或非	异或	同或
符号					
A	B	$F=\overline{A \cdot B}$	$F=\overline{A+B}$	$F=A \oplus B$	$F=A \odot B$
0	0	1	1	0	1
0	1	1	0	1	0
1	0	1	0	1	0
1	1	0	0	0	1

1.8 电路分析基本定律

前面几节讨论了电路基本元件的伏安特性,即基本元件上的电压与电流的关系,又称之为元件约束。由若干元件联接成的电路,各元件上电压和电流相互之间也有约束关系,描述电路中各支路电流、电压约束关系的是基尔霍夫定律。基尔霍夫定律是电路中的基本定律,与元件的伏安特性一起是分析电路的基本依据。基尔霍夫定律包括基尔霍夫电流定律(Kirchhoff's Current Law),简称KCL和基尔霍夫电压定律(Kirchhoff's Voltage Law),简称KVL。基尔霍夫电流定律主要应用于节点,基尔霍夫电压定律主要应用于回路。

1.8.1　常用术语

在建立对基尔霍夫定律的认识之前,必须先熟悉几个常用的术语。图 1.76 所示电路中,每一个方框代表一个电路元件,这里对电路元件的性质不加限制,只考虑电路结构特点。

（1）支路

电路中流过同一个电流的一段路径称为支路。显然,在图 1.76 中共有 6 条支路。有的支路只含一个元件,有的支路由多个元件串联而成。

（2）节点

三条或三条以上支路的联接点称为节点。在图 1.76 所示电路中,共有 4 个节点,即节点 a、b、c、d。

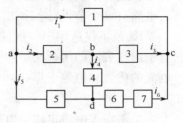

图 1.76　电路模型

（3）回路

电路中任一闭合路径称为回路。在图 1.76 所示电路中,共有 7 个回路,即:abca、bdcb、acda、abcda、acbda、abda 和 abdca。

（4）网孔

电路中未被其他支路分割的最简回路称为网孔。在图 1.76 所示电路中有 abca、bdcb、abda 三个网孔,显然,网孔必定是回路,但回路不一定是网孔。

1.8.2　基尔霍夫电流定律

基尔霍夫电流定律(Kirchhoff's Current Law,KCL)是用来确定联接在同一节点上的各支路电流间的关系。基尔霍夫电流定律可表述为:在集总电路中,任何时刻,对于电路中任一节点,所有流入(或流出)该节点的支路电流的代数和等于零,即

$$\sum_{k=1}^{b} i_k = 0 \tag{1.42}$$

式中,b 代表与该节点相连的支路数。

基尔霍夫电流定律的物理本质是电荷守恒原理,电荷既不能创造也不能消灭。即在节点处,流入的电荷必须等于同时流出的电荷。

应用 KCL 列写电路中某节点的电流方程时,我们可选择参考方向流入该节点的电流取"+"号,流出节点的电流取"-"号。当然,也可以采用相反的选定方法,但在一个电路中,一旦确定后就不能变动。例如在图 1.76 中,规定流入为正,流出为负,相应的 KCL 方程如下:

对节点 a,有 $\qquad i_1 + i_2 + i_5 = 0 \tag{1.43}$

对节点 b,有 $\qquad i_2 - i_4 - i_3 = 0 \tag{1.44}$

对节点 c,有 $\qquad i_1 + i_3 + i_6 = 0 \tag{1.45}$

对节点 d,有 $\qquad i_5 + i_4 - i_6 = 0 \tag{1.46}$

上面式(1.43)～式(1.46)也可写成下列形式

$$i_1 + i_2 + i_5 = 0 \tag{1.47}$$

$$i_2 = i_4 + i_3 \tag{1.48}$$

$$i_1 + i_3 + i_6 = 0 \tag{1.49}$$

$$i_5 + i_4 = i_6 \tag{1.50}$$

式(1.47)～式(1.50)表示：任一时刻，在电路中任一节点处，流入该节点的电流总和恒等于从该节点流出的电流总和。这是 KCL 的另一种表述方法。

分析式(1.47)～式(1.50)4 个方程不难发现，将任意三个方程相加减，便得到剩下的一个方程。这一事实说明，由 KCL 列写的 4 个方程并非都是独立的。由此得到一个重要的结论：若电路有 n 个节点，则 KCL 只能列写出$(n-1)$个独立的方程。

KCL 不仅适用于节点，还可以推广应用于由闭合面包围的部分电路，例如在图 1.77 中，对于虚线表示的闭合面所包围的电路，应用 KCL 时可表述为：流入（或流出）该闭合面的支路电流的代数和恒等于零，即

$$i_1 + i_2 + i_3 = 0$$

基尔霍夫电流定律是电路中各节点处支路电流间的一种相互约束关系。这种约束关系仅由元件相互间的联接方式所决定，与元件的性质无关。

【例 1.11】在图 1.78 所示的两个电路中，已知 $I_1=4\mathrm{A}$，$I_2=-3\mathrm{A}$，$I_3=5\mathrm{A}$，求 I_4。

解 (1)在图 1.78(a)中，由 KCL 得

$$I_1 + I_2 + I_3 + I_4 = 0$$

$$I_4 = -I_1 - I_2 - I_3 = -4 - (-3) - 5 = -6\mathrm{A}$$

(2) 在图 1.78(b)中，由 KCL 得

$$I_1 + I_2 + I_3 - I_4 = 0$$

$$I_4 = I_1 + I_2 + I_3 = 4 + (-3) + 5 = 6\mathrm{A}$$

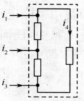

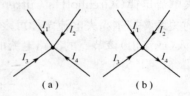

图 1.77　闭合面包围的电路　　　图 1.78　例 1.11 图

由本例可以获知，应用 KCL 列写电流方程时，方程中有两套正负号，各电流变量前面的正、负号与求解后得到的各电流值本身的正、负符号所表示的意义是不同的，前者是就节点而言的，表示的是电流的流入、流出，而后者表示的实际电流方向与参考方向的一致性，是两套不相同的符号，不可混淆。

1.8.3　基尔霍夫电压定律

基尔霍夫电压定律(Kirrhhoff's Voltage Law, KVL)是表述回路中各电压间的约束关系。基尔霍夫电压定律可表述为：在集总电路中，任何时刻、沿任一回路所有支路或元件上电压的代数和为零，即

$$\sum_{k=1}^{L} u_k = 0 \tag{1.51}$$

式中，L 为该回路中的支路或元件数。

应用 KVL 列写回路电压方程时，需要先选定一个绕行方向，沿此绕行方向观察电路中各

部分电压情况,当支路或元件电压的参考方向与所选定的绕行方向一致时,该电压项取"＋"号,反之取"－"号。

以图1.79所示电路为例。图中已标明各元件电压的参考方向,并选定顺时针方向为各回路的绕行方向,相应的KVL方程为:

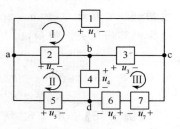

图1.79 电路模型

对回路acba,有　　　$u_1 - u_3 - u_2 = 0$　　　　　(1.52)

对回路bcdb,有　　　$u_3 + u_7 + u_6 - u_4 = 0$　　　(1.53)

对回路acda,有　　　$u_1 + u_7 + u_6 - u_5 = 0$　　　(1.54)

对回路abda,有　　　$u_2 + u_4 - u_5 = 0$　　　　　(1.55)

由式(1.52)～式(1.55)可以看出,将任意三个方程相加,可得到第4个方程。这说明第4个方程不是独立的,即对于图1.79电路,根据KVL只能列写出三个独立方程,独立方程数恰好等于该电路的网孔数。由此可以得出一个重要结论:具有b条支路,n个节点的电路其独立的KVL方程为$b - n + 1$个;对于平面电路而言,恰好有$b - n + 1$个网孔,对这些网孔列写KVL方程,即得到一组独立的KVL方程。

KVL反映的是回路中的各部分电压间的一种约束关系,这种约束关系仅仅由元件相互间的联接方式所决定,与元件的性质无关。这种只取决于元件相互联接方式的约束关系,称为拓扑约束。与此相对应,前面所提到的各种电路元件的电流与电压之间的关系为元件约束。电路中各电压、电流受到两类约束:拓扑约束和元件约束。

【例1.12】在图1.79电路中,已知$u_1 = 10V,u_2 = -4V,u_4 = 5V,u_6 = 7V$,试求$u_3,u_5,u_7$之值。

解　由式(1.52)可知$10 - (-4) - u_3 = 0$,故得$u_3 = 14V$;

由式(1.53)可知　$14 + 7 + u_7 - 5 = 0$,故得$u_7 = -16V$;

由式(1.54)可知　$10 + (-16) + 7 - u_5 = 0$,故得$u_5 = 1V$。

【例1.13】在图1.80电路中,已知$U_S = 5V,U_R = 3V,I_S = 2A$,求:

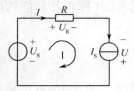

图1.80　例1.13电路图

(1)电流源的端电压;

(2)各元件的功率。

解　设电流源端电压为U,参考方向如图1.80所示。

(1)选顺时针方向为回路绕行方向,由KVL得

$$-U_S + U_R - U = 0, \quad U = -U_S + U_R = -2V$$

(2)各元件功率计算如下:

电阻元件　　　　　$P = U_R I = 6W$(消耗功率)

电压源　　　　$P = -U_S I = -10W$(发出功率)

电流源　　$P = -U I_S = 4W$(消耗功率)

【例1.14】如图1.81所示,已知$u_1 = u_4 = 2V,u_2 = u_3 = 3V,u_5 = 1V,u_6 = 5V$,试求电路中a、b两点之间的电压。

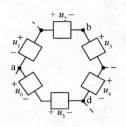

图1.81　例1.14电路图

解　求解这类问题时,常采用双下标记法,如u_{ab},u_{ad}等,双下标字母即表示计算电压时所涉及的两点,其前后次序则表示计算电压降时所遵循的方向。双下标的前后次序是任意选定的,但一经选定,即应以此为准去求两点之间路径上全部电压降的代数和。本题中

$$u_{ab}=-u_1+u_2=-(2V)+3V=1V$$

上述计算结果表明,凡参考极性所表示的电压降方向与选定的由 a 到 b 的计算电压降的方向一致者取正号,如 u_2,否则取负号,如 u_1。根据 KVL 可知,任何两点间的电压与计算时所选择的路径无关。例如,由 KVL 方程可得

$$-u_1+u_2=-u_3-u_4+u_5+u_6$$

u_{ab} 也可按照 $a \rightarrow u_3 \rightarrow u_4 \rightarrow u_5 \rightarrow u_6 \rightarrow b$ 的路径进行计算,其结果也为 1V,即

$$u_{ab}=-u_3-u_4+u_5+u_6=-(3V)-(2V)+1V+5V=1V$$

【例 1.15】如图 1.82 所示,列出节点 A、B、C 的 KCL 方程和回路 1、回路 2、回路 3 的 KVL 方程。

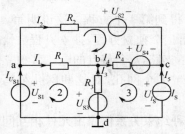

图 1.82　例 1.15 电路图

解　先列各节点 a、b、c 的 KCL 方程。

节点 a:$I_{U_{S1}}-I_1-I_2=0$

节点 b:$I_1+I_3-I_4=0$

节点 c:$I_2+I_4+I_5=0$

再列回路 1、2、3 的 KVL 方程。

回路 1:$I_2R_2+U_{S2}-U_{S4}-I_4R_4-I_1R_1=0$

回路 2:$I_1R_1-I_3R_3+U_{S3}-U_{S1}=0$

回路 3:$I_4R_4+U_{S4}+U_{I_S}-U_{S3}+I_3R_3=0$

由上述可见,当回路中的元件具体化后,各部分电压计算用到元件的伏安特性,如电阻元件用到了欧姆定律,电压源用到了恒压特性,电流源用到了恒流特性。当给定电路元件参数后,联立上述方程就可以求出电路变量 $I_1 \sim I_5$ 了,更详细的介绍将在第 2 章进行。

1.9　实用电路及分析举例

将前面介绍的无源元件、有源元件、基本半导体器件等元件进行联接,可构成许多有用的电路,如简易照明电路,模拟电路的核心电路——基本放大电路,数字电路的基本单元电路——逻辑门电路,用来收听广播节目的收音机电路等。这些电路的工作原理及功能均可利用基本电路理论来进行分析、评估。本节将分析几种实用电路。

1.9.1　简易照明电路

图 1.83 是工作在额定状态下正常照明灯,图 1.84 是一款楼道节能照明电路,此电路是将两个相同的灯串联起来,每个灯两端只获得额定电压的一半,两个灯合计功率为图 1.83 照明灯功率的一半,它对楼道照明影响不大,但却节能一半,并且由于工作电流减小一半,灯的寿命大大延长。

图 1.85 是一款亮度可调的节能照明电路,需要亮度强时将开关闭合在 1 处,照明灯工作

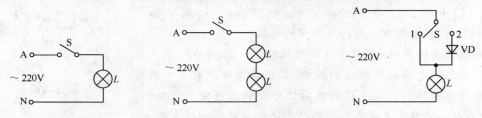

图 1.83　照明灯　　　图 1.84　楼道节能照明灯　　　图 1.85　亮度可调节能照明电路

在额定状态下发出亮光,在不需要强亮度时,将开关转接到 2 处,此时在灯支路中串联了一个二极管,由于二极管具有单向导电特性,灯上只获得了交流电的半波电压,亮度降低了,同时也节约了一半的电能。

1.9.2 基本放大电路

基本放大电路是模拟电子技术的核心,是信号获取、处理中必不可少的环节。晶体管、场效应管是基本放大电路的核心元件。用它们可构成许多基本的放大电路,如共发射极放大电路,共集电极放大电路和共基极放大电路等。对于这些放大电路的分析,可以通过前面所学的受控源将电路进行等效,然后利用后面所学的电路分析方法进行分析。下面介绍两种基本放大电路的实例。

1. 晶体管共发射极放大电路

最基本的共发射极(简称共射)放大电路如图 1.86(a)所示。输入信号 u_i 经电容 C_1 加到晶体管的基极,放大后的信号从晶体管集电极经电容 C_2 输出。

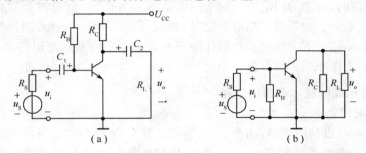

图 1.86 共射放大电路及交流通路

对于输入交流信号而言,图 1.86 中的(a)图可简化成(b)图电路,即所谓的交流通路。用晶体管小信号模型代替晶体管,就得到交流等效电路,如图 1.87 所示。图中包含有电阻、电压源、电流控制受控电流源。通过对交流等效电路的分析计算可得到放大电路的电压放大倍数、输入电阻、输出电阻等许多性能指标。如:

电压放大倍数(输出电压与输入电压之比值)为
$A_v=[-\beta(R_2 /\!/ R_L)]/r_{be}=-\beta R_L'/r_{be}$。一般情况下,$\beta$ 的值远远大于 1,在电阻选值合适的情况下,输出电压与输入电压比值的绝对值大于 1,这说明由晶体管构成的电路具有电压放大作用。

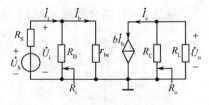

图 1.87 共射放大电路的交流等效电路

输入电阻为 $R_i=R_B /\!/ r_{be}$。

输出电阻为 $R_o=R_C$。

2. 场效应管共源极放大电路

场效应管放大电路同晶体管放大电路类似,常用的有共源极放大电路、源极输出器等。图 1.88(a)是典型的分压式偏置共源极放大电路。对于它的分析,也是利用场效应管的小信号模型将其进行等效转换,其交流小信号等效电路如图 1.88(b)所示。根据图 1.88(b)可计算出该放大电路的电压放大倍数为 $A=-g_m R_L'$,输入电阻为 $R_i=R_{G3}+R_{G1} /\!/ R_{G2}$,输出电阻 $R_o=R_D$。

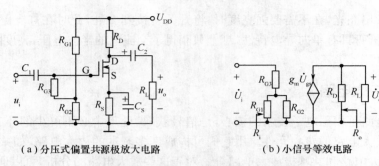

（a）分压式偏置共源极放大电路　　　　（b）小信号等效电路

图 1.88　分压式偏置共源极放大电路及其小信号等效电路

1.9.3　逻辑门电路

前面 1.7.2 节介绍了"与"、"或"、"非"三种基本逻辑运算及其相应的逻辑门。一个逻辑门相当于一个开关,它只存在两种相反的工作状态,即要么接通,要么断开。在数字电路中,逻辑门是用电路实现的,称之为门电路。对于门电路的工作信号——脉冲信号而言,要么处于高电平,要么处于低电平。如果规定高电平用"1"表示,低电平用"0"表示,则称为正逻辑体制;反之,则称为负逻辑体制。下面给出正逻辑体制下与、或、非三种基本逻辑门电路和常用复合门电路,并对它们的工作原理进行分析。

1. 用晶体管构成的基本逻辑门电路

（1）二极管与门电路

利用二极管可构成与门电路,如图 1.89 所示。其中 A,B 为输入端,F 为输出端。输入信号低电平时为 0V,高电平时为 5V。由于有 A,B 两个输入端,所以输入端有四种组合,每种组合对应一种输出。

当 A,B 都为低电平时,两个二极管均导通,输出为低电平(忽略二极管的正向压降)。当 A,B 中有一个为低电平,而另一个为高电平时,则输入为低电平的二极管优先导通,输出为低电平。同时,输入为高电平的那个二极管处于反向偏置而截止。当 A,B 都为高电平时,两个二极管均截止,输出为高电平。按照正逻辑体制,可写出图 1.89 所示电路的真值表(见表 1.6)。显然,只有当全部输入端均为高电平时,输出才是高电平,满足"与"逻辑关系。

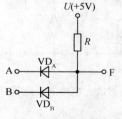

图 1.89　二极管与门

表 1.6　二极管与门真值表

A	B	F
0	0	0
0	1	0
1	0	0
1	1	1

（2）二极管或门电路

由二极管构成的或门电路如图 1.90 所示。当 A 端为"1",B 端为"0"时,则 VD_A 优先导通,VD_B 反偏截止,输出端 F 为"1";B 端为"1",A 端为"0"时,F 端也为"1";当 A、B 端均为"1"时 VD_A 和 VD_B 均导通,输出端仍为"1";只有当 A、B 两端均为"0"时,输出才为"0"。对应的真值表如表 1.7 所示,显然该电路实现了"或"逻辑关系。

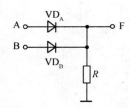

图 1.90 二极管或门

表 1.7 二极管或门真值表

A	B	F
0	0	0
0	1	1
1	0	1
1	1	1

（3）晶体管非门电路

图 1.91 是以晶体管为核心的逻辑非电路。电路中晶体管不再工作在放大状态,要么工作在饱和状态,要么工作在截止状态。电路只有一个输入端 A。当 A 为"1"(设其电位为 3V)时,晶体管饱和,其集电极即输出端 F 为"0"(其电位接近 0V);当 A 为"0"时,晶体管截止,输出端 F 为"1"(约为 3V),对应的真值表如表 1.8 所示,显然它实现的是"非"门逻辑关系,因此称它为非门电路,由于输出与输入总是相反,它又叫反相器。

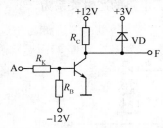

图 1.91 晶体管非门

表 1.8 晶体管非逻辑电路真值表

A	F
1	0
0	1

2. 用场效应管构成的常用逻辑门电路

（1）CMOS 非门（反相器）电路

CMOS 非门,又称作 CMOS 反相器,如图 1.92 所示。由 N 沟道增强型场效应管 VT_N 和 P 沟道增强型场效应管 VT_P 组成。VT_N 和 VT_P 的栅极联接在一起,VT_P 的源极接电源 V_{DD}。当 A 输入端为低电平时,VT_N 管截止;VT_P 管的源极接 V_{DD},栅极接低电平,其 $|U_{SG}| > |U_{TP}|$(PMOS 管的开启电压),则 VT_P 管导通,故输出 Y 为高电平。当 A 输入端为高电平(V_{DD})时,VT_N 管的 $U_{SG} > U_{TN}$(NMOS 管的阈值电压),则 VT_N 管导通,而 VT_P 管因栅极和源极同为高电平而截止,故输出为低电平。综上所述,电路的逻辑关系为

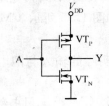

图 1.92 CMOS 非门

$$Y = \overline{A} \tag{1.56}$$

（2）CMOS 与非门电路

图 1.93 是一个两输入的 CMOS 与非门电路,由 4 个增强型绝缘栅型场效应管组成。VT_1、VT_2 为两个串联的 NMOS 管,VT_3、VT_4 为两个并联的 PMOS 管。

当 A、B 两个输入端均为高电平时,VT_1、VT_2 导通,VT_3、VT_4 截止,输出为低电平。

当 A、B 两个输入端中只要有一个为低电平时,VT_1、VT_2 中必有一个截止,VT_3、VT_4 中必有一个导通,使输出为高电平。电路的逻辑关系为

$$Y = \overline{A \cdot B} \tag{1.57}$$

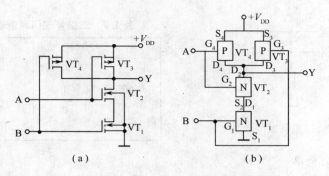

(a)   (b)

图 1.93　CMOS 与非门电路

（3）CMOS 或非门电路

CMOS 或非门电路如图 1.94 所示。当 A、B 两个输入端均为低电平时，VT_1、VT_2 截止，VT_3、VT_4 导通，输出 Y 为高电平；当 A、B 两个输入端中有一个为高电平时，VT_1、VT_2 中必有一个导通，VT_3、VT_4 中必有一个截止，输出为低电平。电路的逻辑关系为

$$Y = \overline{A + B} \tag{1.58}$$

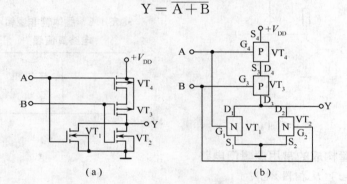

(a)   (b)

图 1.94　CMOS 或非门

（4）CMOS 与门电路

如图 1.95 所示，CMOS 与门电路的逻辑图和内部电路结构。因为

$$Y = AB = \overline{\overline{AB}} = \overline{\overline{A} + \overline{B}} \tag{1.59}$$

所以，实际的输入与门电路（例如 CC4081）是由 4 个非门和一个或非门实现，如图 1.95（b）所示。

（5）CMOS 或门电路

CMOS 或门的电路结构如图 1.96 所示。因为

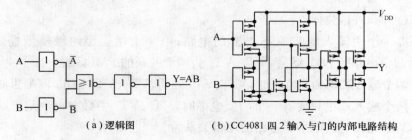

（a）逻辑图　　　（b）CC4081 四 2 输入与门的内部电路结构

图 1.95　与门电路

$$Y=A+B=\overline{\overline{A}+\overline{B}}=\overline{\overline{A}\cdot\overline{B}} \tag{1.60}$$

所以,实际的或门电路(例如 CC4071)由 4 个非门和一个与非门实现,如图 1.96(b)所示。

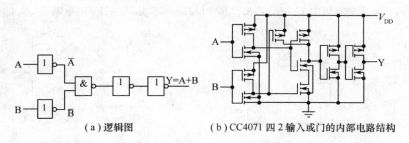

（a）逻辑图　　　　　（b）CC4071 四 2 输入或门的内部电路结构

图 1.96　或门电路

思考题与习题 1

题 1.1　接在图 1.97(a)所示电路中电流表 A 的读数随时间变化的情况如图(b)中所示,试确定 $t=1s$、$2s$ 及 $3s$ 时的电流 i。

题 1.2　试求图 1.98 所示电路中各元件的功率。

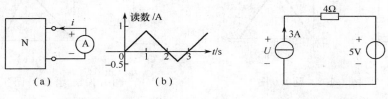

（a）　　　　（b）

图 1.97　题 1.1 图　　　　图 1.98　题 1.2 电路

题 1.3　某元件电压 u 和电流 i 的波形如图 1.99 所示,u 和 i 为关联参考方向,试绘出该元件吸收功率 $p(t)$ 的波形,并计算该元件从 $t=0s$ 至 $t=4s$ 期间所吸收的能量。

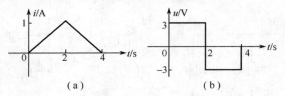

（a）　　　　　（b）

图 1.99　题 1.3 图

题 1.4　试计算图 1.100 所示各元件吸收或提供的功率,其电压、电流为:

图(a)　$u=-4V,i=3A$;　　图(b)　$u=-1V,i=6V$;

图(c)　$u=3V,i=-2A$;　　图(d)　$u=10V,i=3\sin t/mA$;

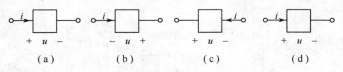

（a）　　　（b）　　　（c）　　　（d）

图 1.100　题 1.4 图

题 1.5　有一个灯泡,额定电压为 110V,额定功率为 25W,需要接到 220V 的电源上工作,问需要串接多大阻值的电阻? 此电阻的额定功率应选多大?

题 1.6 有一额定值为 25W、100Ω 的绕线电阻,其额定电流为多少? 在使用时电压不得超过多大的数值?

题 1.7 在图 1.101 所示电路中,已知 $I_1 = 3mA$,$I_2 = 1mA$。试确定电路元件 3 中的电流 I_3 和其两端的电压 U_3,并说明它是电源还是负载。校验整个电路的功率是否平衡。

题 1.8 如图 1.102 所示的电路中,$U_1 = 30V$,$R_1 + R_2 = 5k\Omega$。试求当 $U_0 = 15V$ 时电阻 R_1、R_2 的值。

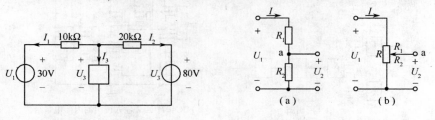

图 1.101 题 1.7 电路　　　　　图 1.102 题 1.8 电路

题 1.9 如图 1.103 所示的电路中,电容 $C = 1\mu F$,电压 $u(t)$ 的波形图如(b)所示,试计算 $t \geqslant 0$ 时的电流 $i(t)$、瞬时功率 $p(t)$,并画出它们的波形。

题 1.10 如图 1.104 所示的电路中,电感 $L = 15mH$,电流 $i(t)$ 的波形图如(b)所示,试计算 $t \geqslant 0$ 时的电压 $u(t)$、瞬时功率 $p(t)$,并画出它们的波形。

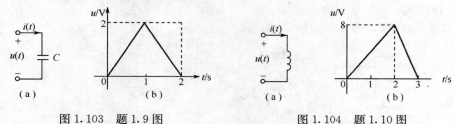

图 1.103 题 1.9 图　　　　　图 1.104 题 1.10 图

题 1.11 如图 1.105 所示电路中,理想电流源 $I_S = 3A$。试求:开关 S 打开与闭合时电流 I_1、I_2、I 和理想电流源的端电压 U_S。

题 1.12 试计算图 1.106 中电压 u。

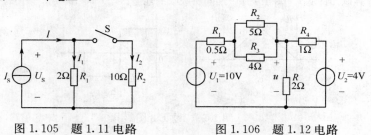

图 1.105 题 1.11 电路　　　　　图 1.106 题 1.12 电路

题 1.13 如图 1.107 所示电路中,求电压 U、电流 I 和受控源发出的功率 P。

题 1.14 由理想二极管组成的电路如图 1.108 所示,试确定各电路的输出电压 U_o。

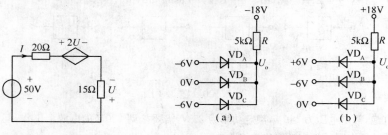

图 1.107 题 1.13 电路　　　　　图 1.108 题 1.14 电路

题 1.15 三极管的极限参数为 $P_{CM}=100mW$，$I_{CM}=20mA$，$U_{(BR)CEO}=15V$，试问在下列情况下，哪种能正常工作？(1) $U_{CE}=3V$，$I_C=10mA$；(2) $U_{CE}=2V$，$I_C=40mA$；(3) $U_{CE}=6V$，$I_C=20mA$。

题 1.16 在图 1.109 所示电路中，设晶体管的电流放大系数 $\bar{\beta}=50$，$U_{BE}=0.7V$，$U_{CC}=12V$，$R_C=5k\Omega$，$R_B=100k\Omega$。当 $U_I=-2V$、$6V$ 和 $2V$ 时，试判断晶体管的工作状态。

题 1.17 试计算图 1.110 所示电路中 u_o。

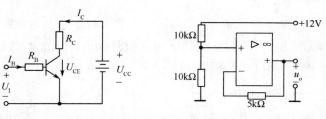

图 1.109 题 1.16 电路　　　　图 1.110 题 1.17 电路

题 1.18 为了获得较高的电压放大倍数，而又可避免采用高值电阻 R_F，将反相比例运算电路改为如图 1.111 所示的电路，试证：

$$A_{uf}=\frac{u_o}{u_i}=-\frac{R_F}{R_1}\left(1+\frac{R_3}{R_4}\right)$$

题 1.19 根据下列逻辑式，画出逻辑图：

(1) $Y=(A+B)(A+C)$；(2) $Y=A+BC$；(3) $Y=A(B+C)+BC$；(4) $Y=\overline{A+B+C}$。

题 1.20 写出图 1.112 所示两图的逻辑式。

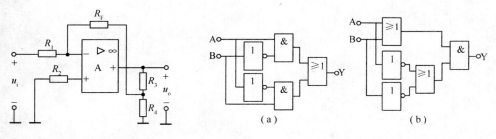

图 1.111 题 1.18 电路　　　　图 1.112 题 1.20 图

题 1.21 图 1.113 所示是两处控制照明灯的电路，单刀双掷开关 A 装在一处，B 装在另一处，两处都可以开闭电灯。设 $Y=1$ 表示灯亮，$Y=0$ 表示灯灭；$A=1$ 表示开关向上扳，$A=0$ 表示开关向下扳，B 也如此。试写出灯亮的逻辑式。

题 1.22 如图 1.114 所示电路，已知 $i_1=2A$，$i_3=-2A$，$u_1=8V$，$u_4=-4V$，试计算各元件吸收的功率。

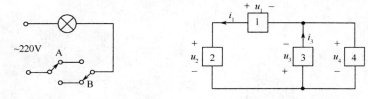

图 1.113 题 1.21 电路　　　　图 1.114 题 1.22 电路

题 1.23 求图 1.115 所示电路中的 U_1、U_2 和 U_3。

题 1.24 在图 1.116 所示电路中，已知 $i_1=3mA$，$i_2=5mA$，$i_3=4mA$，求电流 i_4。

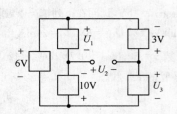 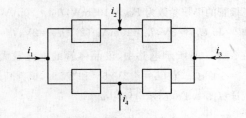

图 1.115 题 1.23 电路   图 1.116 题 1.24 电路

题 1.25 在图 1.117 所示的电路中,如选取 ABCDA 为回路绕行方向,试列出其 KVL 方程。

题 1.26 试计算图 1.118 所示电路中 A 点的电位 U_A。

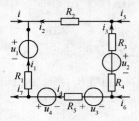 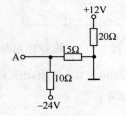

图 1.117 题 1.25 电路   图 1.118 题 1.26 电路

第2章 电路的基本分析方法

本章导读信息

实际电路的组成千变万化,其具体功能也各不相同,但是,电路的分析方法都是相同的,主要有等效变换分析方法和列电路方程求解的解析方法,这两种基本分析方法都是建立在两类约束的基础上的。两类约束是一切电路分析的基本依据。本章将以线性直流电阻电路为例,介绍电路的各种分析方法。但这些方法同样适用于动态电路的分析。

1. 内容提要

本章首先介绍等效变换的方法,在引入等效概念的基础上,介绍电压源与元件串并联、电流源与元件串并联、电阻元件的串并联等电路简单连接方式时的等效变换以及两种实际电源模型的等效互换。接下来介绍列写电路方程的解析方法,通过介绍电路的独立方程及其列写方法,逐步引入以支路电流为变量的支路电流法、以网孔电流为变量的网孔电流法和以节点电压为变量的节点电压法。之后介绍电路理论中的几个定理,包括:叠加定理、置换定理、戴维南定理与诺顿定理、特勒根定理与互易定理、最大功率传输定理等。最后给出几个实用电路及其分析。

本章涉及的概念与名词术语主要有:

单口网络,二端网络,电桥,Y形电阻网络,△形电阻网络;有伴电压源,无伴电压源,有伴电流源,无伴电流源,等效变换;电路独立方程,拓扑约束,元件约束,支路电流,网孔电流,节点电压,线性电路,齐次性,可加性,线性含源单口网络,开路电压,短路电流;叠加定理,置换定理,戴维南定理,诺顿定理,特勒根定理,互易定理,最大功率传输定理等。

2. 重点难点

【本章重点】

(1) 两种实际电源模型的等效互换;

(2) 网孔电流法;

(3) 节点电压法;

(4) 叠加定理;

(5) 戴维南定理;

(6) 诺顿定理;

(7) 最大功率传输定理。

【本章难点】

(1) 利用电源转移等效互换法分析电路;

(2) 含受控源电路的分析方法。

2.1 等效变换法

等效变换法是电路分析的一种重要方法,通过等效变换可以将复杂电路进行简化,达到方便求解的目的。在正式介绍该方法之前,先来了解一下二端网络的概念。

2.1.1 二端网络的概念

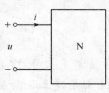

仅有两个端钮与外部电路相连,并且从一个端钮流入的电流等于从另一个端钮流出的电流,这样的电路称为二端网络,也叫单口网络。第1章中介绍的电阻、电容、电感等理想电路元件可以看成是二端网络的特例,此时网络内部只含有一个元件。和元件的伏安关系相似,一个二端网络的端口电压和电流之间的关系称为该二端网络的伏安关系。例如,图 2.1 所示的二端网络 N,其伏安关系可用数学表达式描述为

图 2.1 二端网络
及其伏安关系

$$u=f(i) \quad 或 \quad i=f(u) \tag{2.1}$$

二端网络的伏安关系由二端网络内部的结构和参数所决定,与外电路无关。特别的,当二端网络内部不含独立电源、只含有线性电阻元件和受控源时,称之为无源二端网络,其端口电压和电流的之间的关系可以表示为

$$R_i = u/i \tag{2.2}$$

式中,R_i 是与 u、i 无关的常数,称为无源二端网络的输入电阻,也称无源二端网络的等效电阻。

2.1.2 电路等效的概念

如果两个二端网络的伏安关系完全相同,那么就称这两个二端网络是等效的,且这两个二端网络可以互称为等效电路。

从等效的概念可以看出,等效是指的两个电路的端口特性相同,对于内部结构并没有要求,因此两个等效的电路,它们的内部结构可以是完全不同的。如图 2.2 所示的两个二端网络 N 和 N′,它们的内部结构可能不同,但只要能够证明它们的伏安关系完全一样,那么就可以说这两个二端网络是等效的。

利用等效的概念可以很方便的对复杂电路进行化简。在电路中,如果将电路的某一部分用其等效电路来替换,那么未被替换的电路部分的各电压和电流均保持不变,也就是说替换后的电路和原电路就(二端网络之外的)外电路而言是等效的。例如,图 2.3(a)所示的电路中,根据 KVL 可以求得 2Ω 电阻上的电流为

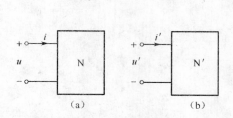

图 2.2 二端网络的等效

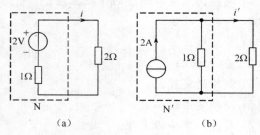

图 2.3 二端网络的等效举例

$$i = \frac{2}{1+2} = \frac{2}{3} A$$

在 2.3 图(b)中,根据分流关系可得 2Ω 电阻上的电流为

$$i' = \frac{1}{1+2} \times 2 = \frac{2}{3} A$$

因此,对 2Ω 电阻而言外接二端网络 N 和二端网络 N′ 是等效的。若将两个电路中 2Ω 的电阻

都换成 5Ω 的电阻,同样可以计算出

$$i = i' = \frac{1}{3}A$$

可以验证对于任意阻值的电阻,二端网络 N 和二端网络 N′ 都是等效的。因此,虽然 N 和 N′ 的结构不同,但它们对于外电路而言作用却是相同的,也就是说它们是等效的。

注意:①等效是对外电路而言的,也就是说,不管两个二端网络的内部电路结构如何,只要它们具有相同的伏安关系,那么就说它们对外电路而言是等效的;②等效是对所有外电路而言的等效,如果两个二端网络只有在外接某一负载时具有相同的端口电压和电流,那么并不能说它们是等效的。

2.1.3 电阻的等效变换

1. 串联电阻的等效变换

N 个电阻的串联组合,如图 2.4(a)所示,根据 KVL,该部分电路的总电压为

$$u = u_1 + u_2 + \cdots + u_n = (R_1 + R_2 + \cdots + R_n)i \qquad (2.3)$$

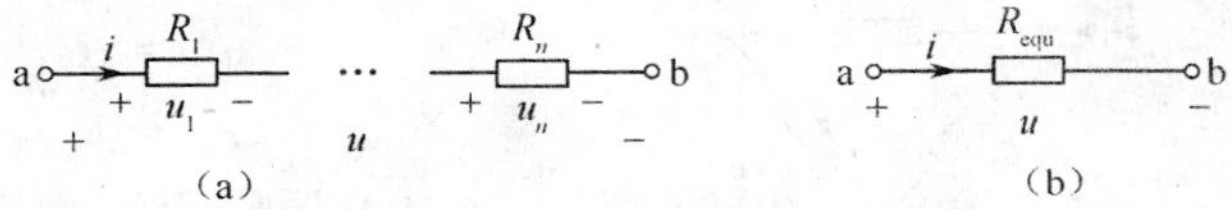

图 2.4 电阻的串联

则该部分的等效电阻为

$$R_{eq} = \frac{u}{i} = R_1 + R_2 + \cdots + R_n = \sum_{k=1}^{n} R_k \qquad (2.4)$$

因此电阻的串联组合可以等效为一个电阻,其等效电阻值等于每一个串联电阻的阻值之和,即必大于每一个串联电阻。此时每一个电阻上的电压为

$$u_k = R_k i = \frac{R_k}{(R_1 + R_2 + \cdots + R_n)}u \qquad (2.5)$$

也就是说串联电阻电路中每一个电阻上的电压与其电阻大小成正比。式(2.5)称为分压公式,在实际中常利用串联电阻的分压特性来实现分压器。

2. 并联电阻的等效变换

N 个电阻的并联组合,如图 2.5(a)所示,根据 KCL,该部分电路的总电流为

$$i = i_1 + i_2 + \cdots + i_n = \left(\frac{1}{R_1} + \frac{1}{R_2} + \cdots + \frac{1}{R_n}\right)u \qquad (2.6)$$

则该部分的等效电阻为

$$R_{eq} = \frac{u}{i} = \frac{1}{\frac{1}{R_1} + \frac{1}{R_2} + \cdots + \frac{1}{R_n}} = \frac{1}{\sum_{k=1}^{n} \frac{1}{R_k}} \qquad (2.7)$$

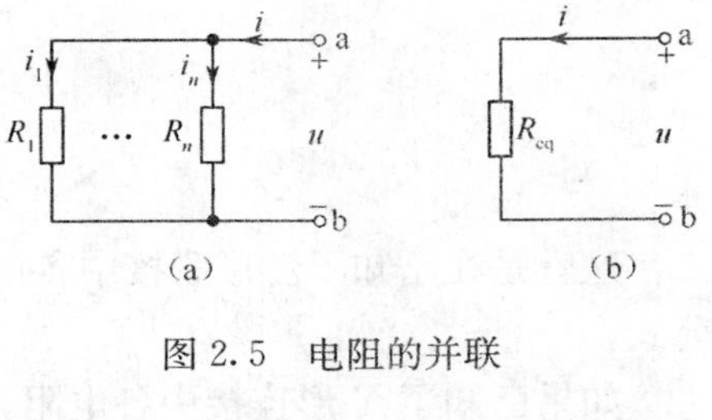

也可用电导表示为

$$G_{eq} = \sum_{k=1}^{n} G_k \qquad (2.8)$$

图 2.5 电阻的并联

因此电阻的并联组合其等效电阻必小于每一个并联电阻。此时每一个电阻上的电流为

$$i_k = G_k u = \frac{G_k}{(G_1 + G_2 + \cdots + G_n)} u \tag{2.9}$$

也就是说,并联电阻电路中每一个电阻上的电流与其电导大小成正比。式(2.9)称为分流公式,并联电阻的这一特性可以用来实现分流器。

3. 电阻的 Y-△连接及其等效变换

Y形和△形电阻网络都是电阻电路中常见的三端电阻网络,各电阻之间是非串联非并联的连接关系,它们有三个端钮和外电路相连,如图 2.6 所示。其中 Y形(或星形)连接中三个电阻各有一端连在一起(称为公共端),另外三个端子则与外电路相连,如图 2.6(a)所示;△形(或三角形)连接中三个电阻依次连接在一起,再从三个连接点上向外引出三个端子与外电路相连,如图 2.6(b)所示。当这两种连接方式的电阻之间满足一定的关系时,它们也可以进行等效互换。

要使这两种电阻网络可以等效,那么它们对应端口上的电压和电流的关系应该完全相同。对于 Y形网络有

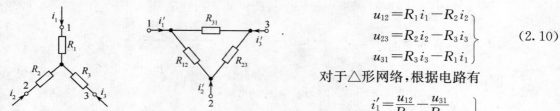

$$\left.\begin{aligned} u_{12} &= R_1 i_1 - R_2 i_2 \\ u_{23} &= R_2 i_2 - R_3 i_3 \\ u_{31} &= R_3 i_3 - R_1 i_1 \end{aligned}\right\} \tag{2.10}$$

（a）Y形电阻网络　　（b）△形电阻网络

图 2.6　电阻的 Y形和△形联接

对于△形网络,根据电路有

$$\left.\begin{aligned} i_1' &= \frac{u_{12}}{R_{12}} - \frac{u_{31}}{R_{31}} \\ i_2' &= \frac{u_{23}}{R_{23}} - \frac{u_{12}}{R_{12}} \\ u_{12} + u_{23} + u_{31} &= 0 \end{aligned}\right\} \tag{2.11}$$

从(2.11)方程组可以解得

$$\left.\begin{aligned} u_{12} &= \frac{R_{12} R_{31}}{R_{12} + R_{23} + R_{31}} i_1' - \frac{R_{12} R_{23}}{R_{12} + R_{23} + R_{31}} i_2' \\ u_{23} &= \frac{R_{12} R_{23}}{R_{12} + R_{23} + R_{31}} i_2' - \frac{R_{13} R_{23}}{R_{12} + R_{23} + R_{31}} i_3' \\ u_{31} &= \frac{R_{13} R_{23}}{R_{12} + R_{23} + R_{31}} i_3' - \frac{R_{12} R_{31}}{R_{12} + R_{23} + R_{31}} i_1' \end{aligned}\right\} \tag{2.12}$$

要使两个网络等效,则不论 u_{12}、u_{23} 和 u_{31} 为何值时,对应端钮上的电流都应该相等,因此,式(2.10)和式(2.12)中 i_1 和 i_1'、i_2 和 i_2' 及 i_3 和 i_3' 各项前面的系数应该相等,即

$$\left.\begin{aligned} R_1 &= \frac{R_{12} R_{31}}{R_{12} + R_{23} + R_{31}} \\ R_2 &= \frac{R_{12} R_{23}}{R_{12} + R_{23} + R_{31}} \\ R_3 &= \frac{R_{31} R_{23}}{R_{12} + R_{23} + R_{31}} \end{aligned}\right\} \tag{2.13}$$

这就是在已知了△形联接中各电阻时求与之等效的 Y形联接电阻网络中各电阻值时的公式。

如果已知了 Y形连接中各电阻,要求与之等效的△形联接电阻网络中各电阻值时,可将式(2.13)中各式求解得到

$$R_{12} = \frac{R_1 R_2 + R_2 R_3 + R_1 R_3}{R_3}$$

$$R_{23} = \frac{R_1 R_2 + R_2 R_3 + R_1 R_3}{R_1}$$

$$R_{31} = \frac{R_1 R_2 + R_2 R_3 + R_1 R_3}{R_2}$$
(2.14)

上面两式可归纳为：△形网络变换为 Y 形网络的条件为

$$R_i = \frac{\text{接于端钮 } i \text{ 的两电阻的乘积}}{\text{三电阻之和}}$$
(2.15)

式(2.15)中 $i=1,2,3$。Y 形网络变换为△形网络的条件为

$$R_{mn} = \frac{\text{三电阻两两乘积之和}}{\text{接在与 } R_{mn} \text{ 相对端钮的电阻}}$$
(2.16)

式(2.16)中 $m=1,2,3; n=1,2,3$。

【例2.1】如图 2.7(a)所示电阻网络中，已知各电阻的大小都为 R，试求 a、b 两端的输入电阻。

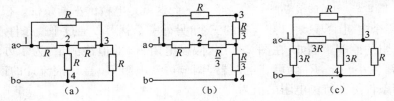

图 2.7　例 2.1 图

解　该电阻网络是由电阻元件非串联非并联组成的，单纯利用电阻的串联或并联关系无法将其进行化简。但仔细观察电路就会发现，该电路中的几个电阻组成了 Y 形或△形网络，因此可以利用 Y 形网络和△形网络的等效互换关系将其进行化简。

节点 2、3、4 间的三个电阻构成了一个△形网络，根据△形网络和 Y 形网络的等效互换关系可知，与其等效的 Y 形网络中各电阻的值为

$$R_2 = R_3 = R_4 = \frac{R \times R}{R + R + R} = \frac{R}{3}$$

因此原电路可等效变换为图 2.7(b)所示的形式，电路的结构得到了简化。由此可以求得 a、b 两端的等效电阻为

$$R_{ab} = \left(R + \frac{R}{3}\right) /\!/ \left(R + \frac{R}{3}\right) + \frac{R}{3} = R$$

也可以将原电路中节点 1、3、4 间的 Y 形网络等效变换为△形网络，如图 2.7(c)所示，此时电路的等效电阻为

$$R_{ab} = (R /\!/ 3R + R /\!/ 3R) /\!/ 3R = R$$

本例还有其他的变换方法，读者可以作为练习自行进行变换求解。

在本例中，构成各△形网络和 Y 形网络的电阻的大小都相等，这样的网络称为对称的△形网络和对称的 Y 形网络。从本例的求解可以看出，对于对称的△形网络和对称的 Y 形网络，其等效互换的条件可以表达为

$$R_Y = \frac{1}{3} R_\Delta \text{ 和 } R_\Delta = 3 R_Y$$
(2.17)

4. 电桥及其平衡条件

电桥是一种在实际中有着广泛应用的电路，它可以用来精确地测量电阻，也可以构成温度、压力等各种物理量的测量系统。电桥的典型结构如图 2.8(a) 所示，4 个电阻所在支路构成了电桥的 4 个桥臂，中间支路上的检流计是用来测量输出电流的大小的。也可以将它画成图 (b) 的形式，这样各电阻之间的串并联关系就更清楚了。

当电桥的输出电压 U_O 为零时称电桥达到了平衡，此时检流计的读数为零，从图 2.8 可以看出，输出电压 U_O 为

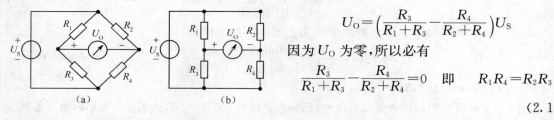

$$U_O = \left(\frac{R_3}{R_1 + R_3} - \frac{R_4}{R_2 + R_4} \right) U_S$$

因为 U_O 为零，所以必有

$$\frac{R_3}{R_1 + R_3} - \frac{R_4}{R_2 + R_4} = 0 \quad 即 \quad R_1 R_4 = R_2 R_3$$

$$(2.18)$$

图 2.8　电桥的结构

这就是电桥的平衡条件。根据这一平衡条件，在桥臂的 4 个电阻中，只要已知其中的三个，另外一个就可以通过平衡条件求出，这就是利用电桥测量电阻的原理。例如，在图 2.8 中，假设电阻 R_1 的值待测量，为了方便调节电桥平衡，可使 R_2、R_4 大小一定，R_3 为可变电阻器，调节可变电阻 R_3 直到检流计的读数为零，则根据电桥的平衡条件可知待测电阻的值为

$$R_1 = R_3 \times \frac{R_2}{R_4}$$

$$(2.19)$$

当电桥处于非平衡状态时，中间支路的输出电压将不为零，并且输出电压的大小是与各桥臂电阻的大小有关的，利用这一特点可以实现很多非电量的测量。如图 2.9 所示，任选电桥的一个桥臂作为测量臂，将测量物理量的传感器连接到该臂上。首先调节各桥臂的电阻值使电桥达到平衡，然后用传感器测量被测物理量，电桥的输出电压将发生变化，此输出偏离平衡位置的大小就反映了被测物理量的变化量。

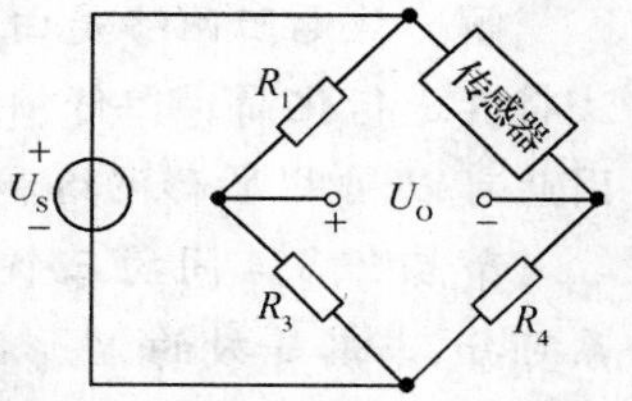

当电桥的输出端上也有电阻时，可以将它看成一个复杂的电阻网络，利用电阻的 △-Y 变换等方法进行求解，这里不再赘述。

图 2.9　利用非平衡
电桥测量物理量

5. 电阻混联电路的等效变换

在电路中，当各电阻之间既有串联又有并联时，称为电阻的混联。对于电阻混联电路，如能根据电路的结构对其进行适当的等效变换，将会对电路的分析带来很大的帮助。

电阻混联电路在分析时，首先要根据电阻串、并联的基本特征来判断出各电阻之间的连接方式是串联还是并联，然后按照电阻串联和并联的等效规律逐步进行等效变换，将电路进行化简。

对电阻混联电路进行化简时，应该注意到：

① 在不改变电路拓扑结构（联接方式）的前提下，可以通过适当改变电路的画法，将电路进行变形，使看似复杂的混联电路中各电阻之间的连接关系明朗化；

② 短路线可以任意压缩和拉长；

③ 等电位点可以压缩为一点；

④ 电流为零的支路可以断开。

【例2.2】 求图 2.10 所示电路中 A、B 端口的等效电阻。已知 $R_1=20\Omega, R_2=12\Omega, R_3=5\Omega, R_4=8\Omega, R_5=10\Omega, R_6=14\Omega$。

解 从 A 点出发，依次经过各节点和支路，沿电路走一圈到达 B 点，可知在电路中节点 3、4 为等电位点，因此 R_1、R_3 并联，R_2、R_4 并联，原电路可以改画为图 2.11 所示的形式，对改画以后的电路图可以根据电阻的串并联等效变换规律求得：

$$R_{AB}=(R_5+R_1//R_3)//R_6+R_2//R_4=11.8\Omega$$

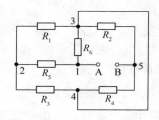
图 2.10　例 2.2 图

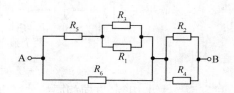
图 2.11　图 2.10 等效电路图

2.1.4　独立源的等效变换

1. 电压源的串并联等效变换

（1）电压源的串联

理想电压源在电路中可以进行串联和并联连接。两个电压源的串联连接如图 2.12 所示，根据 KVL，此串联支路两端的电压为

$$u=u_{s1}+u_{s2} \tag{2.20}$$

且根据理想电压源的特性可知，串联支路的电流取决于外电路，与串联支路中的电压源无关。因此该支路可以等效为一个电压源，其大小等于两个串联电压源电压的代数和。可见，将电压源串联起来可以向外电路提供更高的电压，在实际中得到了广泛的应用，读者可以自行查阅相关应用。

图 2.12　两个电压源的串联

同理可知，当有 n 个电压源 u_{s1}、u_{s2}、$\cdots$、u_{sn} 串联时，也可以等效为一个电压源，且该电压源的电压等于该串联支路上所有电压源电压的代数和，即

$$u_{eq}=\sum_{k=1}^{n}u_{sk} \tag{2.21}$$

（2）电压源的并联

两个电压源的并联连接方式如图 2.13 所示。从电路可知：$u_{ab}=u_{s1}$ 且 $u_{ab}=u_{s2}$。因此要使上式成立，则必须有：$u_{s1}=u_{s2}$。所以在电路中两个电压源必须相等且极性相同时才能采用并联的连接方式，且并联电路可以等效为一个电压源

图 2.13　两个电压源的并联

$$u_{eq} = u_{s1} = u_{s2} \tag{2.22}$$

电压源并联后电路的端电压不变，与并联前的电压相等，但并联后可以向外电路提供更大的电流，电力系统中的并网供电就是这个原理。

2. 电流源的串并联等效变换

（1）电流源的串联

两个独立电流源的串联如图 2.14 所示，根据独立电流源的特性可知，流经串联支路上的电流为

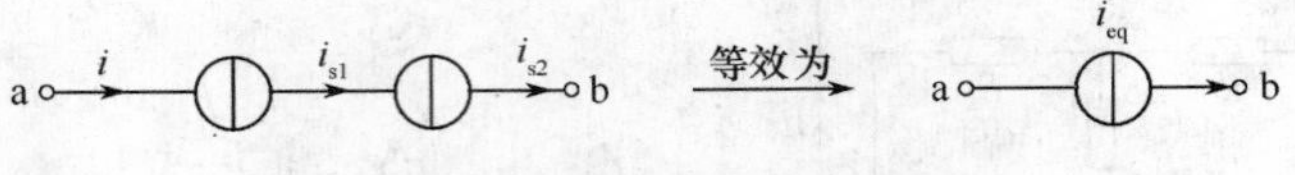

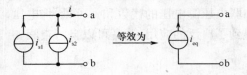

图 2.14　两个独立电流源的串联

$$i = i_{s1} = i_{s2} \tag{2.23}$$

因此，只有两个大小相等、方向相同的独立电流源才能够串联。该串联支路可以用一个电流源来等效代替

$$i_{eq} = i_{s1} = i_{s2} \tag{2.24}$$

等效后的支路与原来的支路相比，流经独立电流源的电流保持不变，但每一个独立电流源两端的电压将发生变化。

（2）电流源的并联

两个电流源的并联连接方式如图 2.15 所示。根据 KCL，并联支路的总电流为

$$i = i_{s1} + i_{s2} \tag{2.25}$$

该并联支路的端电压取决于外电路，与并联支路中的各独立电流源无关。因此，该并联电路可以等效为一个电流源，其大小等于两并联电流源电流的代数和。

图 2.15　两个独立电流源的并联

上述结论也可以推广到 n 个电流源并联的电路：n 个电流源 i_{s1}、i_{s2}、$\cdots$、i_{sn} 的并联电路也可以等效为一个电流源，且该电流源的电流等于并联电路上所有电流源电流的代数和，即

$$i_{eq} = \sum_{k=1}^{n} i_{sk} \tag{2.26}$$

3. 恒压源与非恒压源支路并联等效变换

在电路中，当一个恒压源与非恒压源支路相并联时（如图 2.16 所示），根据并联电路的性质，端口电压等于恒压源的电压，即

$$u = u_s \tag{2.27}$$

端口上的电流大小取决于外电路，与并联支路上的元件无关。所以该并联电路对外电路而言可以等效为一个恒压源支路，且

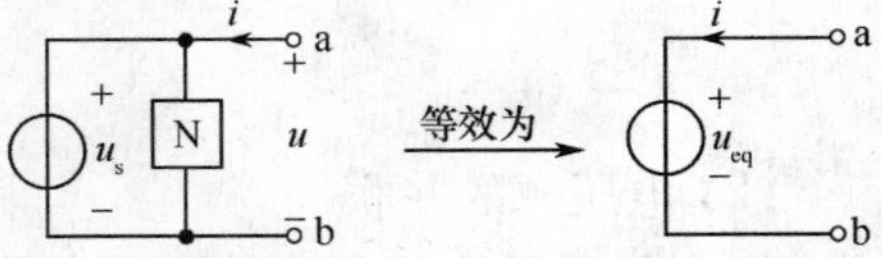

图 2.16　恒压源与非恒压源支路的并联

$$u_{eq} = u_s \tag{2.28}$$

因此，恒压源与非恒压源支路并联的电路可以等效为一个电压源，并联的非恒压源支路对外电路没有影响，在求解外电路的电压或电流时可以将该支路忽略不计，但该支路的存在会改变电路内部流经恒压源支路的电流。

4. 恒流源与非恒流源支路串联等效变换

在电路中，当一个恒流源与非恒流源支路相串联时（如图 2.17 所示），由于电流源的性质决定了该条支路上的电流是一个定值，即

$$i = i_s \tag{2.29}$$

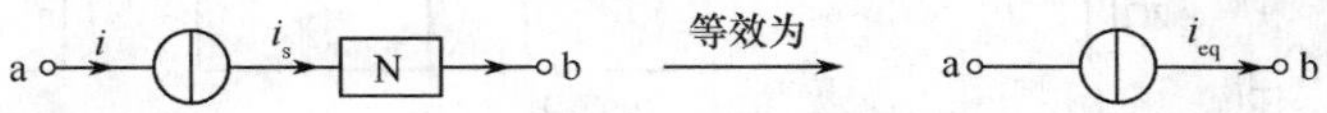

a ●—i—⊙—i_s—[N]—→● b　　等效为　　a ●—⊙—i_{eq}—○ b

图 2.17　恒流源与非恒流源支路的串联

而支路电压的大小取决于外电路，与非恒流源支路无关。所以该串联支路对外电路而言可以等效为一个电流源支路，即

$$i_{eq} = i_s \tag{2.30}$$

因此，恒流源与非恒流源支路串联的电路可以等效为一个恒流源，串联的非恒流源支路对外电路没有影响，在求解外电路的电压或电流时可以将该支路忽略不计，但该支路的存在会改变原恒流源两端的电压。

5. 实际电源的两种电路模型及其等效互换

在第 1 章介绍的理想电源（恒压源、恒流源）是假设电源内部没有能量损耗的。但实际电源在工作时不可避免地会存在能量的损耗。比如，一节新的干电池在开始使用时其端电压可以保持在 1.5V，此时它可以被看成是理想的电压源；但过一段时间后电池内部的损耗加大，其端电压会逐渐减小，此时就不能再将其看成是理想电压源，而必须考虑到电源内部的损耗，用图 2.18(a)所示的实际电压源模型来表示。同理，对于实际电流源来说，当考虑到电源内部的损耗时，通常要用图 2.18(b)所示的电路模型来表示。

实际电压源模型与实际电流源模型也是线性含源二端网络所能具有的最简单的形式，它们在一定条件下也可以进行等效互换。从图 2.18 可以看出，这两种模型端口的伏安关系分别为

$$u = u_s - iR_S, \qquad i = i_s - \frac{u}{R_S'} \tag{2.31}$$

将上式中的第二个方程进行一下变换可以得到

$$u = i_s R_S' - iR_S' \tag{2.32}$$

比较式(2.32)和式(2.31)中的第一个方程可以看出，要使这两个模型等效，则必须满足

$$R_S = R_S', \qquad u_s = i_s R_S \tag{2.33}$$

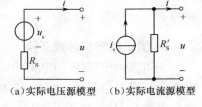

(a)实际电压源模型　(b)实际电流源模型

图 2.18　实际电源模型

这就是实际电压源模型与实际电流源模型进行等效互换的条件。在进行等效变换的时候，必须注意到的是，这两种等效模型中电流源的电流与电压源电压之间为非关联参考方向，即电流源的电流是从电压源的负极流向正极的。

【例 2.3】试求图 2.19 所示电路中的电流 I。

解　在该电路中含有两条电压源串联电阻支路，可以利用实际电源的两种模型之间的等效变换法则将电路进行化简。首先利用电源的等效变换将电路中的两条电压源串联电阻支路等效变换为电流源并联电阻电路，如图 2.20(a)所示。

上图中两个电流源的并联可以等效为一个电流源，两个电阻的并联也可以等效为一个电阻，因此图 2.20(a)可以进一步简化为图(b)所示的电路。根据并联电阻的分流原理可知，原电路中的电流为

$$I=\frac{2}{2+2}\times 2=1A$$

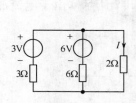

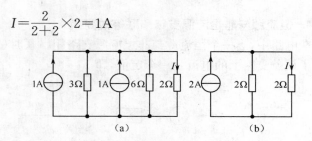

图 2.19　例 2.3 图　　　　　　　　图 2.20　例 2.3 等效变换电路图

对于含有受控电压源串联电阻支路或是受控电流源并联电阻支路,也可以利用电源的等效变换方法进行求解,在进行等效变换时可以先把受控源当作独立源看待,但应该注意的是变换过程中应该保存受控源的控制支路而不能把它变换掉。

【例 2.4】试求图 2.21 所示电路中的电压 U。

解　首先将受控电压源串联电阻支路等效变换为受控电流源并联电阻电路,如图 2.22(a)所示。

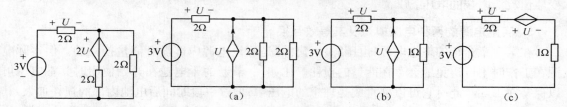

图 2.21　例 2.4 电路图　　　　　　　图 2.22　例 2.4 等效变换电路

将两个并联电阻等效为一个电阻,如图 2.22(b)所示。受控电流源并联电阻电路可以进一步等效为一个受控电压源串联电阻支路,如图(c)所示。根据 KCL 可得

$$U+U+\frac{U}{2}=3$$

解得

$$U=1.2V$$

6. 恒压源转移等效互换

在电路中经常将与电阻串联的电压源(或与电阻并联的电流源)称为有伴电压源(或有伴电流源),没有电阻与之串联的电压源(或没有电阻与之并联的电流源)称为无伴电压源(或无伴电流源)。利用恒压源转移等效互换有时能使原来的非串、非并联电路等效变换成新的、便于简化的串并联电路。恒压源转移等效互换指的是:电路中的无伴电压源支路可转移(等效变换)到与该支路任一端连接的所有支路中,与各电阻串联,在无伴电压源转移前后,电路的端口特性不变。应该注意的是转移后的各个电压源与原来的无伴电压源具有相同的大小和方向。

如图 2.23(a)所示电路,与电压源相连有三条电阻支路,那么电压源可以转移到三条支路上分别与三个电阻串联,如图(b)所示。

【例 2.5】试用恒压源转移互换法求图 2.24 所示电路中的电流 I。

解　首先将无伴电压源进行转移等效互换,如图 2.25(a)所示;然后将电压源串联电阻支路用电流源并联电阻电路等效代替,如图 2.25(b)所示;接下来

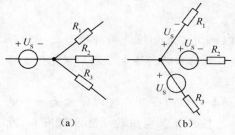

图 2.23　恒压源转换等效互换

将并联电阻等效为一个电阻并将实际电流源模型等效变换为实际电压源模型,如图2.25(c)所示;再将实际电压源模型等效变换为实际电流源模型,如图2.25(d)所示;将并联电流源和并联电阻分别等效为一个电流源和一个电阻,如图2.25(e)所示,根据分流原理可知所求电流的值为

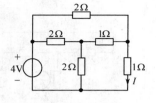

图2.24 例2.5电路图

$$I=\frac{1}{1+1}\times 3=1.5A$$

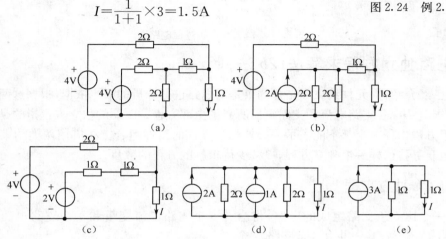

图2.25 例2.5求解过程电路图

7. 恒流源转移等效互换

电路中的电流源支路也能进行转移等效变换,具体方法是:电路中的无伴电流源支路可转移到与该支路形成回路的任一回路的所有支路中与各电阻并联。如图2.26(a)所示,由无伴电流源支路和电阻支路构成的回路中,无伴电流源可以转移到其他两条电阻支路上,如图2.26(b)所示。注意转移后电流源的方向依然是从节点a流入、从节点b流出。

【例2.6】试利用电源的转移等效互换求图2.27中的电流I。

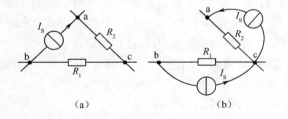

图2.26 恒流源转移等效互换

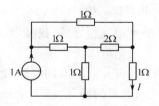

图2.27 例2.6电路图

解 首先将无伴电流源进行转移,如图2.28(a)所示;然后将电流源并联电阻电路等效变换为电压源串联电阻支路,如图2.28(b)所示;接下来将电压源串联电阻支路等效变换为电流源并联电阻电路,如图2.28(c)所示;最后将电流源并联电阻支路等效变换为电压源串联电阻支路,如图2.28(d)所示。

则待求的支路电流为

$$I=\frac{1+0.5}{1+1+1}=0.5A$$

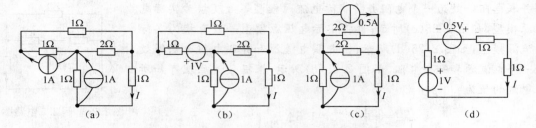

图 2.28 例 2.6 求解过程电路图

2.2 电路独立方程求解法($2b$ 法)

前面已经介绍过,元件约束和拓扑约束是对电路进行分析的根本依据,根据这两类约束就可以列出求电路中各支路电流和支路电压所需的全部方程。所谓的独立方程指的是这样一组方程,该组方程中任一个都不能表示为另外几个方程的线性组合。在应用两类约束列写电路方程时,也要寻找这样一组独立方程,以减少待求解的方程的数目。

2.2.1 KCL 独立方程

对于一个由 b 条支路组成的电路,将会有 b 个支路电流变量和 b 个支路电压变量。如图 2.29 所示的电路,其中共有 6 条支路、4 个节点。

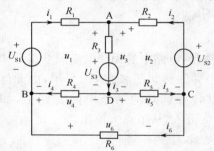

图 2.29 电路独立方程示例电路

设各支路电流分别为 i_1、i_2、i_3、i_4、i_5、i_6,方向如图所示,对 A、B、C、D 4 个节点分别应用基尔霍夫电流定律可以得到 4 个方程,即

$$i_1+i_2-i_3=0 \tag{2.34}$$
$$-i_1+i_4+i_6=0 \tag{2.35}$$
$$-i_2+i_5-i_6=0 \tag{2.36}$$
$$i_3-i_4-i_5=0 \tag{2.37}$$

仔细观察上面 4 个方程不难发现,其中任意一个方程都可以表示为另外三个的代数和的形式,因此 4 个方程中只有三个是相互独立的,只需取其中的三个作为方程组的方程就可以了。

上面的结果也可以推广应用到一般电路,得到如下结论:

对于一个具有 n 个节点的电路,其独立的基尔霍夫电流方程的个数为 $n-1$ 个。在求解电路时,只需选取电路的任意 $n-1$ 个节点列写出其 KCL 方程即可。

2.2.2 KVL 独立方程

设图 2.29 电路中各支路电压分别为 u_1、u_2、u_3、u_4、u_5 和 u_6,参考方向如图所示。该电路共有 7 个回路,三个网孔,首先根据基尔霍夫电压定律可得三个网孔的 KVL 方程分别为

$$u_1+u_4-u_3=0 \tag{2.38}$$
$$u_2-u_3-u_5=0 \tag{2.39}$$
$$u_4+u_5-u_6=0 \tag{2.40}$$

对于回路 $U_{S1} \rightarrow R_1 \rightarrow R_2 \rightarrow U_{S2} \rightarrow R_5 \rightarrow R_4 \rightarrow U_{S1}$,同样可列写出其 KVL 方程为

$$u_1-u_2+u_4+u_5=0$$

通过比较可以发现,该方程可以表示成式(2.38)、式(2.39)和式(2.40)的代数和形式。同样可以验证,其他几个回路的 KVL 方程也可以表示成式(2.38)、式(2.39)和式(2.40)的代数和形式。因此,在所有这些回路的 KVL 方程中,独立方程的个数是三个,也就是电路的网孔数。这个结论同样可以推广到一般平面电路:对于一个具有 b 条支路、n 个节点的电路,其独立的 KVL 方程的数目为 $b-(n-1)$ 个。在列写平面电路的 KVL 方程时,通常选取电路的网孔来列写独立的 KVL 方程。

2.2.3 支路伏安约束独立方程

在图 2.29 的电路中,各支路电压和支路电流之间的关系可以用该支路上元件的伏安关系联系起来

$$
\begin{cases}
u_1 = -i_1 R_1 + U_{S1} \\
u_2 = -i_2 R_2 + U_{S2} \\
u_3 = i_3 R_3 + U_{S3} \\
u_4 = -i_4 R_4 \\
u_5 = i_5 R_5 \\
u_6 = -i_6 R_6
\end{cases}
\tag{2.41}
$$

这 6 个方程是相互独立的,任何一个都不能表示成其他几个的代数和的形式。因此,对于一个具有 b 条支路的电路而言,根据元件的 VAR 可以得到的独立方程的数目为 b 个。

综合上面 2.2.1～2.2.3 节的分析可以看出,对于一个具有 b 条支路、n 个节点的电路,根据 KCL 可以得到 $(n-1)$ 个独立方程,根据 KVL 可以得到 $b-(n-1)$ 个独立方程,根据支路的 VAR 可以得到 b 个独立方程。这样一来,根据元件约束和拓扑约束就可以得到 $2b$ 个关于所有支路电流和支路电压的独立方程,将这些方程联立求解,就可以求出各支路电流和支路电压的值。这种直接以各支路电流和支路电压为变量、根据两类约束列写方程求解电路的方法通常称为 $2b$ 法。

应用 $2b$ 法求解电路时,首先需要为电路中各支路电流和支路电压指定参考方向,然后根据 KCL、KVL 和元件的伏安关系列写出所需的 $2b$ 个方程,最后求解方程组得到各未知变量的值。

【例 2.7】如图 2.30(a)所示电路,试列写出利用 $2b$ 法求解电路各支路电压和支路电流时所需的方程组。

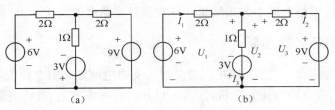

图 2.30 例 2.7 电路图

解 电路中共有三条支路,两个节点,设三条支路的支路电流、支路电压及其参考方向分别如图 2.30(b)所示。

由于三条支路为并联关系,因此支路电压相同,即

$$U_1 = U_2 = U_3$$

根据 KCL 可得一个方程为

$$I_1 + I_2 - I_3 = 0$$

根据 VAR 可得

$$\begin{cases} U_1 = -2I_1 + 6 \\ U_2 = I_3 - 3 \\ U_3 = -2I_2 + 9 \end{cases}$$

这就是利用 2b 法求解电路时所需的全部方程。

2.3　支路电流法

从上节的分析可以看出,利用 2b 法求解时是直接以各支路电流和支路电压为变量,以两类约束为依据列写电路的方程,这种方法是电路其他各种分析方法的基础。但是 2b 法所需的方程数目比较多,这是它的不足之处。因此要寻找其他较为简单的方法。

2.3.1　支路电流法基本思想

仍以图 2.29 所示电路为例,电路的支路电流和支路电压之间是通过元件的 VAR 相联系的,如果可以先求出 b 条支路电流(或支路电压),那么相应的支路电压(或支路电流)就可以通过 VAR 求解得出。

以电路中各支路电流作为变量,则 $n-1$ 个节点的 KCL 方程保持不变,即

$$\begin{cases} i_1 + i_2 - i_3 = 0 \\ -i_1 + i_4 + i_6 = 0 \\ -i_2 + i_5 - i_6 = 0 \end{cases} \tag{2.42}$$

根据 KVL 列写的方程是关于各支路电压的方程,而各支路电压可以用支路电流来表示,依据就是元件的 VAR。将式(2.41)中各支路电压的表达式分别带入到式(2.38)、式(2.39)和式(2.40)中,并整理可得

$$\begin{cases} i_1 R_1 + i_3 R_3 + i_4 R_4 - U_{S1} + U_{S3} = 0 \\ i_2 R_2 + i_3 R_3 + i_5 R_5 - U_{S2} + U_{S3} = 0 \\ i_4 R_4 - i_5 R_5 - i_6 R_6 = 0 \end{cases} \tag{2.43}$$

这样就得到了关于 6 条支路电流的 6 个方程,解方程组求出各支路电流的值后,再根据元件的 VAR 就可以求出各条支路的支路电压。这种以支路电流为变量,根据 KCL、KVL 和元件的 VAR 列写方程求解电路中各未知量的方法就是支路电流法。

2.3.2　支路电流法分析步骤

从支路电流法的基本思想出发,可以总结得出支路电流法求解电路的步骤为:

① 选取电路的各支路电流为变量,为其标号并指定参考方向,并在电路图中标示出来;
② 列写出任意 $n-1$ 个节点的 KCL 方程;
③ 将各支路电压用支路电流表示,并列写出 $b-(n-1)$ 个网孔的 KVL 方程;
④ 联立方程组求出各支路电流的值;
⑤ 根据元件的 VAR 求出各支路电压的值。

【例 2.8】用支路电流法求出图 2.31 所示电路中各支路电流和支路电压的值。

解　各支路电流、支路电压及其参考方向如图 2.31 所示,根据 KCL 可得

$$I_1 + I_2 - I_3 = 0$$

左边网孔的 KVL 方程为

$$2I_1 + I_3 - 3 - 6 = 0$$

右边网孔的 KVL 方程为

$$-2I_2 - I_3 + 3 + 9 = 0$$

联立上面 4 个方程求解可得

$$I_1 = 1.875A, \quad I_2 = 3.375A, \quad I_3 = 5.25A$$

将上面的值代入三条支路中任一条的 VAR 可得

$$U_1 = U_2 = U_3 = 2.25V$$

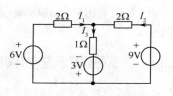

图 2.31   例 2.8 电路图

2.4   网孔电流法

从 $2b$ 法到支路电流法,所需方程的数目减少了一半,但是,当电路所含的支路数较多时,应用支路法求解的计算量还是很大的,为此,需要寻找新的求解方法,使得可以用一组更少的变量求出电路中所有的支路电流和支路电压。网孔电流和节点电压都是满足这一要求的一组变量,在本节和下一节中将分别介绍这两种方法。

2.4.1   网孔电流法的基本思想

网孔电流是一组沿着网孔边界流动的假想电流。仍以图 2.29 为例,为方便起见,将其重画在下面。该电路共含有三个网孔,构成网孔的各支路的电流并不相等,为求解问题的方便,假想有一个电流沿着网孔的边界流动(如图 2.32 中的电流 i_{m1}、i_{m2} 和 i_{m3}),由于对每一个节点来说,网孔电流从该节点流入,又从该节电流出,因此网孔电流自动满足基尔霍夫电流定律。同时电路中各支路电流都可以用网孔电流来表示,即

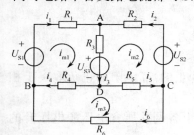

$$\begin{cases} i_1 = i_{m1} \\ i_2 = -i_{m2} \\ i_3 = i_{m1} - i_{m2} \\ i_4 = i_{m1} - i_{m3} \\ i_5 = i_{m3} - i_{m2} \\ i_6 = i_{m3} \end{cases} \tag{2.44}$$

因此,如果可以求出各网孔电流,那么电路中各支路电流就可以求得,相应地可根据元件的 VAR 进一步求出各支路

图 2.32   网孔电流法示例电路

电压。

对于图 2.32 所示电路,取网孔电流的方向为回路的绕行方向,根据 KVL 来列写各网孔的方程为

$$\begin{cases} i_{m1}R_1 + (i_{m1} - i_{m2})R_3 + (i_{m1} - i_{m3})R_4 + U_{S3} - U_{S1} = 0 \\ i_{m2}R_2 + (i_{m2} - i_{m3})R_5 + (i_{m2} - i_{m1})R_3 + U_{S2} - U_{S3} = 0 \\ (i_{m3} - i_{m1})R_4 + (i_{m3} - i_{m2})R_5 + i_{m3}R_6 = 0 \end{cases} \tag{2.45}$$

将上式整理可得

$$\begin{cases} (R_1 + R_3 + R_4)i_{m1} - R_3 i_{m2} - R_4 i_{m3} = U_{S1} - U_{S3} \\ -R_3 i_{m1} + (R_2 + R_3 + R_5)i_{m2} - R_5 i_{m3} = -U_{S2} + U_{S3} \\ -R_4 i_{m1} - R_5 i_{m2} + (R_4 + R_5 + R_6)i_{m3} = 0 \end{cases} \tag{2.46}$$

这样就得到了一组以网孔电流为变量的方程。这种以网孔电流为变量,通过列写网孔的

KVL 方程求出各网孔电流,进而求出电路中各支路的支路电压和支路电流的方法就是网孔电流法。

2.4.2　网孔电流法方程的一般形式

仔细观察式(2.46)中的各项,可以把它归纳为下面的形式

$$\begin{cases} R_{11}i_{m1}+R_{12}i_{m2}+R_{13}i_{m3}=U_{S11} \\ R_{21}i_{m1}+R_{22}i_{m2}+R_{23}i_{m3}=U_{S22} \\ R_{31}i_{m1}+R_{32}i_{m2}+R_{33}i_{m3}=U_{S33} \end{cases} \tag{2.47}$$

式中,i_{m1}、i_{m2} 和 i_{m3} 为各网孔的网孔电流;R_{11}、R_{22} 和 R_{33} 分别称为各网孔的自电阻,它在数值上等于各网孔中所有电阻之和,比如图 2.32 电路中网孔 1 的自电阻 $R_{11}=R_1+R_3+R_4$。自电阻恒为正。

R_{12}、R_{21}、R_{13}、R_{31}、R_{23} 和 R_{32} 称为各网孔的互电阻,是相邻两个网孔的共有电阻。互电阻可以为正也可以为负,如果相邻网孔电流在互电阻上的方向相同则互电阻为正,相反则为负。如在上图中 $R_{12}=R_{21}=-R_3$。

U_{S11}、U_{S22} 和 U_{S33} 是沿网孔电流方向该网孔中所有电压源电压升的代数和,若网孔中不含独立源则该项为零。如在上例中 $U_{S11}=U_{S1}-U_{S3}$。

式(2.47)是含有三个网孔电路的网孔电流方程的普遍形式,对于一个含有 n 个网孔的电路,其网孔电流方程的一般表达式为

$$\begin{cases} R_{11}i_{m1}+R_{12}i_{m2}+\cdots+R_{1n}i_{mn}=U_{S11} \\ R_{21}i_{m1}+R_{22}i_{m2}+\cdots+R_{2n}i_{mn}=U_{S22} \\ \quad\quad\quad\quad\vdots \\ R_{n1}i_{m1}+R_{n2}i_{m2}+\cdots+R_{nn}i_{mn}=U_{Snn} \end{cases} \tag{2.48}$$

由此可以总结出利用网孔电流法求解电路问题的一般步骤为:

① 指定网孔电流的参考方向,并在电路中标示出来;

② 计算各网孔的自电阻及相邻网孔的互电阻,自电阻恒为正的,互电阻的正负取决于相邻两个网孔电流在互电阻上的方向,相同为正,相反为负;

③ 列出各网孔的 KVL 方程,方程右边为沿网孔电流方向上各网孔所含电压源电压升的代数和;

④ 解方程组求出各网孔电流;

⑤ 根据需要进一步求出各支路电流和支路电压的值。

【例 2.9】用网孔电流法求图 2.33 所示电路中的电流 I。

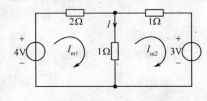

图 2.33　例 2.9 电路图

解　取各网孔电流的方向如图所示,则两网孔的自电阻分别为

$$R_{11}=2+1=3\Omega, \quad\quad R_{22}=1+1=2\Omega$$

互电阻为 $\quad\quad\quad R_{12}=R_{21}=-1\Omega$

因此,可得两网孔的网孔电流方程分别为

$$3I_{m1}-I_{m2}=4, \quad 2I_{m2}-I_{m1}=-3$$

解方程组可得　　　　$I_{m1}=1A, \quad I_{m2}=-1A$。

所以待求的支路电流为　$I=I_{m1}-I_{m2}=2A$

2.4.3 网孔电流法几种特殊情况的处理方法

应用网孔电流法求解电路问题时,一般情况下应用前面提到的列写方程的方法就可以了,但有几种特殊电路情况在求解时要注意,下面通过具体的例子来说明。

【例2.10】试求图2.34(a)所示电路中的各支路电流。

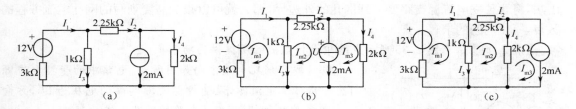

图2.34 例2.10电路图

解法一 该电路共含有三个网孔,由于网孔二和网孔三之间的公共支路为一个含有独立电流源的支路,而独立电流源两端的电压不能用其电流来表示,为了列写网孔的KVL方程,需要增加一个代表电流源两端电压的未知量,在列网孔KVL方程时电流源两端电压当恒压对待。

取网孔电流均为顺时针方向,并假设独立电流源两端的电压为U,如图2.34(b)所示,则三个网孔的KVL方程为

$$\begin{cases} (3000+1000)I_{m1}-1000I_{m2}=12 \\ (1000+2250)I_{m2}-1000I_{m1}=-U \\ 2000I_{m3}=U \end{cases}$$

由于三个方程中有4个未知量,所以利用恒流源的特性补充一个方程,即

$$I_{m2}-I_{m3}=0.002$$

解上面4个方程组成的方程组,可以求得

$$I_{m1}=3.35\text{mA},\ I_{m2}=1.4\text{mA},\ I_{m3}=-0.6\text{mA}$$

则各支路电流的值为

$$I_1=I_{m1}=3.35\text{mA}, \quad I_2=I_{m2}=1.4\text{mA}$$
$$I_3=I_{m1}-I_{m2}=1.95\text{mA}, \quad I_4=I_{m3}=-0.6\text{mA}$$

因此在利用网孔电流法求解电路时,如果网孔中含有独立电流源,那么独立电流源两端的电压不能用其电流来表示,所以在电路中需要增加一个表示独立电流源两端电压的未知量,同时还要增加一个代表该独立电流源电流与网孔电流之间关系的补充方程。

解法二 仔细观察电路,可以发现在网孔二和网孔三之间的公共支路是含有独立电流源的,因此其支路电流就是独立电流源的电流,而如果将这条支路和I_4支路交换一下位置,将电路改画成如图2.34(c)所示的形式,则该电路与原电路在结构上是完全一样的,但此时就会发现,这样一来,网孔三的网孔电流实际上就是独立电流源的电流,是已知的了,所以只需列写前面两个网孔的KVL方程就可以了。这样的网孔称之为"虚网孔"。

该电路的网孔电流方程分别为

$$\begin{cases} (3000+1000)I_{m1}-1000I_{m2}=12 \\ (1000+2250+2000)I_{m2}-1000I_{m1}-2000I_{m3}=0 \\ I_{m3}=0.002 \end{cases}$$

解方程可得

$$I_{m1}=3.35\text{mA}, \quad I_{m2}=1.4\text{mA}$$

则各支路电流的值为

$$I_1=I_{m1}=3.35\text{mA}, \qquad I_2=I_{m2}=1.4\text{mA}$$
$$I_3=I_{m1}-I_{m2}=1.95\text{mA}, \qquad I_4=I_{m2}-2=-0.6\text{mA}$$

对于含有独立电流源的电路,如果可以在不改变电路结构的前提下通过适当改变电路的画法,将含独立电流源支路变换到网孔的外边界,那么就可以减少需要列写的网孔电流方程的数目,简化问题的求解。

【例 2.11】试求图 2.35 所示电路中受控电流源所提供的功率。

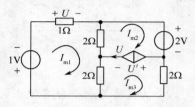

图 2.35 例 2.11 电路图

解 取各网孔电流方向如图所示,电路中的受控电流源可先看成独立电流源,设受控电流源两端的电压为 U',方向为关联参考方向,则可得该电路的网孔电流方程为:

$$(1+2+2)I_{m1}-2I_{m2}-2I_{m3}=-1$$
$$2I_{m2}-2I_{m1}=-2-U'$$
$$(2+2)I_{m3}-2I_{m1}=U'$$

上述方程组中含有 4 个未知量,还需要增加一个方程。

注意到受控电流源的电流就是网孔一中 1Ω 电阻两端的电压,根据 VAR 可得受控源的控制量用变量表示的辅助方程为

$$U=1\times I_{m1}$$

受控电流源特性方程为

$$U=I_{m2}-I_{m3}$$

解方程可得为

$$U'=-0.4\text{V}, I_{m1}=-1.4\text{A}$$

因此受控电流源所提供的功率为

$$P=-U'\times I_{m1}=-0.56\text{W}$$

因此该受控源为吸收功率。

在应用网孔电流法求解电路时,对于含有受控源的电路,可以先将电路中的受控源看成独立源来列写电路的网孔电流方程,然后再利用电路中的已知条件增加受控源的控制量用变量表示的约束方程。

2.5 节点电压法

在电路中任意选定一点作为参考点后,电路中其他节点到参考点的电压就称为该点的节点电压。对于一个具有 n 个节点的电路而言,电路中的节点电压的个数就是 $n-1$ 个。节点电压法就是以节点电压为变量来对电路进行分析的方法。

2.5.1 节点电压法基本思想

如图 2.36 所示电路,其中共有 4 个节点,若选取节点 4 作为参考点,则电路中共有三个节点电压:u_1、u_2 和 u_3。由于电路的任意一条支路都是连接在两个节点之间的,因此支路电压总可以表示为两个节点电压之差,也就是说,在求得了各节点电压之后,可以求出电路中所有支路的电压,即

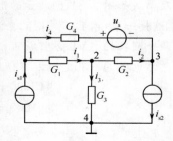

图 2.36 节点电压法示例电路

$$u_{G1}=u_1-u_2, u_{G2}=u_2-u_3, u_{G3}=u_2, u_{G4}=u_1-u_3-u_s$$
$$u_{i_{s1}}=u_1, u_{i_{s2}}=-u_3$$

因此,如果可以设法先求出各节点电压,那么就可以相应求出电路中所有支路的支路电压,继而可以求出各支路的支路电流。

节点电压自动满足基尔霍夫电压定律。例如,对于回路 $G_1 \to G_2 \to u_s \to G_4 \to G_1$,其 KVL 方程为

$$u_1 - u_2 + u_2 - u_3 - (u_1 - u_3) \equiv 0$$

选取节点电压为变量时,在图 2.36 电路中,据 KCL 来列写节点 1、2、3 的 KCL 方程分别为

$$\begin{cases} i_1 + i_4 - i_{s1} = 0 \\ i_1 - i_2 - i_3 = 0 \\ i_2 + i_4 - i_{s2} = 0 \end{cases} \tag{2.49}$$

各支路电流可用节点电压表示为

$$i_1 = G_1(u_1 - u_2), i_2 = G_2(u_2 - u_3), i_3 = G_3 u_2, i_4 = G_4(u_1 - u_3 - u_s)$$

带入方程组(2.49)的各式中,并整理可得

$$\begin{cases} (G_1 + G_4)u_1 - G_1 u_2 - G_4 u_3 = i_{s1} + G_4 u_s \\ -G_1 u_1 + (G_1 + G_2 + G_3)u_2 - G_2 u_3 = 0 \\ -G_4 u_1 - G_2 u_2 + (G_2 + G_4)u_3 = -i_{s2} - G_4 u_s \end{cases} \tag{2.50}$$

这就是关于各节点电压的方程组,解方程组就可以求出各节点电压,继而求出各支路电压和支路电流。

2.5.2 节点电压法方程的一般形式

式(2.50)的方程组可以总结归纳为如下适用于所有含三个节点电路的一般形式,即

$$\begin{cases} G_{11}u_1 + G_{12}u_2 + G_{13}u_3 = i_{s11} \\ G_{21}u_1 + G_{22}u_2 + G_{23}u_3 = i_{s22} \\ G_{31}u_1 + G_{32}u_2 + G_{33}u_3 = i_{s33} \end{cases} \tag{2.51}$$

式中,G_{11}、G_{22} 和 G_{33} 称为各节点的自电导,是与各节点相连的所有支路的电导之和,如 $G_{11} = G_1 + G_4$。自电导恒为正。

G_{12}、G_{21}、G_{13}、G_{31}、G_{23} 和 G_{32} 称为两个节点的互电导,是两个节点之间的公共支路上的电导的相反数,如 $G_{12} = -G_1$;且 $G_{12} = G_{21}$,$G_{13} = G_{31}$,$G_{32} = G_{23}$。互电导恒为负值。

i_{s11}、i_{s22} 和 i_{s33} 为流入各节点的电流源电流的代数和(流入为正,流出为负)。若与节点相连的支路为有伴电压源支路,该项还应包括有伴电压源支路所产生的电流,如节点 1 的节点电压方程右端的 $G_4 u_s$。

式(2.51)是含有三个独立节点电路的节点电压方程的普遍形式,遇到具体电路时可以按照上面的规律,通过观察直接写出方程。对于一个含有 n 个独立节点的电路,其节点电压方程的一般表达式为

$$\begin{cases} G_{11}u_1 + G_{12}u_2 + \cdots + G_{1n}u_n = i_{s11} \\ G_{21}u_1 + G_{22}u_2 + \cdots + G_{2n}u_n = i_{s22} \\ \qquad\qquad\qquad \vdots \\ G_{n1}u_1 + G_{n2}u_2 + \cdots + G_{nn}u_n = i_{snn} \end{cases} \tag{2.52}$$

利用节点电压法求解电路问题的一般步骤为:

① 在电路中选定一个参考点,并标示出来;

② 计算各节点的自电导及与相邻节点的互电导,自电导恒为正,互电导恒为负。注意:如果一条支路上含有多个电阻,那么在方程中该条支路的电导是电阻之和的倒数,而不是电导之和;

③ 列出各节点的 KCL 方程,方程右边为流入该节点的各电流源电流以及有伴电压源所产生的电流的代数和;

④ 解方程组求出各节点电压;

⑤ 根据需要进一步求出各支路电流和支路电压的值。

【例 2.12】 试求图 2.37(a)所示电路中的各节点电压。

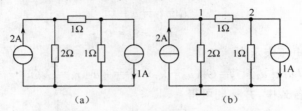

图 2.37 例 2.12 电路图

解 该电路共有三个节点,选取参考节点如图(b)所示,则另外两个节点的节点电压方程为

$$\begin{cases} \left(\dfrac{1}{2}+1\right)U_1 - U_2 = 2 \\ (1+1)U_2 - U_1 = -1 \end{cases}$$

解方程组可得:$U_1 = 1.5\text{V}$,$U_2 = 0.25\text{V}$。

2.5.3 节点电压法几种特殊情况的处理方法

由于节点电压法列写的是电路的 KCL 方程,因此当遇到只含有独立电压源的支路时,流经电压源的电流不能够忽略,处理的方法要视电路的具体结构来定。

【例 2.13】 试求图 2.38 所示电路中的电流 I。

解法一 该电路中共含有 4 个节点,且其中一条支路为独立电压源支路,因此可以选择任意一个节点为参考节点,然后列写其他节点的节点电压方程。各节点编号如图 2.39(a)所示,首先选节点 3 为参考节点,由于节点 1、4 之间有一条独立电压源支路,流经电压源的电流不能够忽略,设为 I',方向如图(a)所示,则可得其他各节点的节点电压方程为

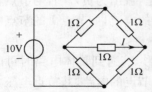

图 2.38 例 2.13 电路图

$$\begin{cases} \left(1+\dfrac{1}{2}\right)U_1 - \dfrac{U_2}{1} = I' \\ \left(1+1+\dfrac{1}{2}\right)U_2 - \dfrac{U_1}{1} - \dfrac{U_4}{2} = 0 \\ \left(1+\dfrac{1}{2}\right)U_4 - \dfrac{U_2}{2} = -I' \\ U_1 - U_4 = 9 \end{cases}$$

解方程可得

$$U_1 = \frac{36}{7}\text{V} \quad U_2 = \frac{9}{7}\text{V} \quad U_3 = -\frac{27}{7}\text{V}$$

因此

$$I = \frac{U_2}{1} = \frac{9}{7}\text{A}$$

解法二 再来观察原电路就会发现,如果选节点 4 为参考点,如图 2.39(b)所示,那么节

点1的节点电压就等于电压源的电压,这样就只需要列写另外两个节点的节点电压方程就可以了。根据电路图可得节点2和节点3的方程为

$$\begin{cases} \left(1+1+\dfrac{1}{2}\right)U_2-\dfrac{U_1}{1}-\dfrac{U_3}{1}=0 \\ \left(1+1+\dfrac{1}{2}\right)U_3-\dfrac{U_1}{2}-\dfrac{U_2}{1}=0 \\ U_1=9 \end{cases}$$

解方程可得　　$U_2=\dfrac{36}{7}\text{V},U_3=\dfrac{27}{7}\text{V}$

所以　　　　$I=\dfrac{U_2-U_3}{1}=\dfrac{9}{7}\text{A}$

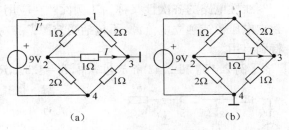

图 2.39　例 2.13 求解电路图

从上面的求解过程可以看出,对于只含有一个独立电压源的支路,如果能够选取合适的参考节点,使得其中一个节点的节点电压就是电压源的电压,那么就可以减少需要列写的方程的数目,简化求解过程。但如果不能够通过合理选取参考点简化求解,那么在列方程的时候应该注意流经电压源的电流不能忽略,要把该电流看成是一个恒流源。

【例 2.14】试求图 2.40 所示电路中的电流 I_1。

解　在该电路中既有独立源又有受控源。对于含受控源的电路,在列写节点方程时可以先将受控源看成独立源来列写节点电压方程,然后再增加联系受控源的控制量和节点电压的补充方程。选取参考点如图所示,则节点1和节点2的节点电压方程为

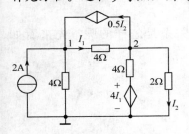

$$\begin{cases} \left(\dfrac{1}{4}+\dfrac{1}{4}\right)U_1-\dfrac{1}{4}U_2=2+0.5I_2 \\ \left(\dfrac{1}{4}+\dfrac{1}{4}+\dfrac{1}{2}\right)U_2-\dfrac{1}{4}U_1=\dfrac{4I_1}{4}-0.5I_2 \end{cases}$$

补充方程为　　　$I_1=\dfrac{U_1-U_2}{4}, \quad I_2=\dfrac{U_2}{2}$

联立上面几个方程可以解得:$U_1=4\text{V},U_2=2\text{V}$,则

图 2.40　例 2.14 电路图

$$I_1=\dfrac{U_1-U_2}{4}=0.5\text{A}$$

2.6　齐次定理与叠加定理

由线性元件和独立电源组成的电路称为线性电路。独立电压源和独立电流源在电路中是作为激励的,电路中各电压和电流都是在电源的作用下产生的响应。线性电路有两个非常重要的性质:齐次性和可加性。

2.6.1　齐次定理

齐次定理是用来描述线性电路中只有一个激励源作用时响应和激励之间的关系。如图 2.41 所示的电路,可以求得流经电阻 R_2 的电流为

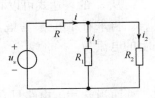

$$i_2=\dfrac{u_s}{R+R_1/\!/R_2}\times\dfrac{R_1}{R_1+R_2}=\dfrac{R_1}{RR_1+RR_2+R_1R_2}u_s=ku_s$$

从上式可以看出,i_2 的大小是与激励 u_s 成比例的,比例系数 k 由电路的结构决定。这一特性适用于所有具有单一激励的线性电

图 2.41　齐次定理
示例电路

路,也就是齐次定理:

在线性电路,当只有一个激励源作用时,其响应与激励成正比。

线性电路的齐次性又称为比例性。在应用齐次定理时应该注意的是,这里的激励指的是独立电压源或独立电流源,不包括受控源。齐次定理对于求解如下例所示的梯形电路问题时特别有用。

【例2.15】图2.42所示电路中,$I_S=1.5A$,$R_1=R_2=R_3=R_4=R_5=R_6=10\Omega$,试求电流$I$。

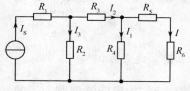

图2.42 例2.15电路图

解 假设$I=1A$,则根据电路可依次求得各条支路上的电流为

$$I_1=\frac{(R_5+R_6)}{R_4}I=2A, \quad I_2=I_1+I=3A$$

$$I_3=\frac{R_3I_2+R_4I_1}{R_2}=5A, \quad I_s=I_2+I_3=8A$$

根据齐次定理,I将随I_S成比例的变化,即

$$I=kI_S=\frac{1}{8}I_S$$

所以当$I_S=1.5A$时

$$I=\frac{1}{8}I_S=0.19A$$

2.6.2 叠加定理

当电路中有多个激励源同时作用时,响应和激励之间的关系是怎样的呢?先来看如图2.43(a)所示的电路,以i_1为例,根据KCL可得

$$i+i_s=i_1$$

对左边网孔应用KVL可得

$$Ri+R_1i_1=u_s$$

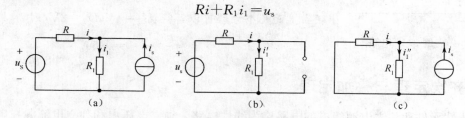

图2.43 叠加定理示例电路

联立上面两式解方程可得

$$i_1=\frac{1}{R+R_1}u_s+\frac{R}{R+R_1}i_s$$

从i_1的表达式可以看出,当有两个激励u_s和i_s同时作用时,响应i_1是两个激励的线性组合。再来看原电路,考虑当$i_s=0$,电路只有u_s单独作为激励时(如图2.43(b)所示),此时R_1上的电流为

$$i_1'=\frac{1}{R+R_1}u_s$$

而当$u_s=0$,电路只有i_s单独作用时(如图2.43(c)所示),此时R_1上的电流为

$$i_1''=\frac{R}{R+R_1}i_s$$

因此
$$i_1 = i_1' + i_1''$$

也就是说,当电路中有两个激励同时作用时,响应可以看成是两部分激励分别作用所产生的响应之和。这个结论可推广到所有由多个激励同时作用时的线性电路中各支路电流和支路电压的求解。

在线性电路中,当有多个独立源同时作用时,每一元件的电压或电流可以看成是每一个独立源单独作用于电路时,在该元件上产生的电压或电流的代数和,这就是叠加定理。其一般表达形式为

$$i_k = P_1 u_{s1} + P_2 u_{s2} + \cdots + P_m u_{sm} + L_1 i_{s1} + L_2 i_{s2} + \cdots + L_n i_{sn}$$

式中,P、L是由电路结构决定的比例系数(也称为叠加权值),与电源大小无关。在具体求解电路时,某一独立源单独作用时,其他独立源应为零值,即独立电压源用短路代替,独立电流源用开路代替。

叠加性是线性电路的根本属性。从前面的分析也可以看到,当考虑某一独立源单独作用时,电路的响应是和激励成比例的,也就是线性电路的齐次性。应用叠加定理时应该注意:

① 叠加定理只适用于线性电路;

② 当考虑某一独立源单独作用时,其他的独立源应该置零,但受控源不能置零,而应始终保持在电路中;

③ 叠加定理只适用于求电路中的各电压或电流,但求功率时不能叠加,因为功率和电压或电流之间是平方关系而不是线性关系。

【例 2.16】试求图 2.44(a)所示电路中的电流 I。

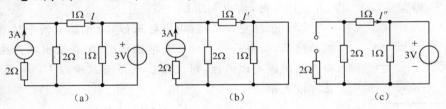

图 2.44　例 2.16 电路图

解　(1)先求出电流源单独作用时的电流。将电压源用短路线代替,如图 2.44(b)所示,则从电路上可求出

$$I' = \frac{2}{1+2} \times 3 = 2\text{A}$$

(2)再求出电压源单独作用时所产生的电流。将电流源用开路代替,如图 2.44(c)所示,则有

$$I'' = -\frac{3}{1+2} = -1\text{A}$$

(3)根据叠加定理,原电路中的电流为
$$I = I' + I'' = 2 - 1 = 1\text{A}$$

【例 2.17】应用叠加定理求图 2.45(a)所示电路中受控源两端的电压 U。

解　该电路中的受控源是一个电流控制的电压受控源,只要先求出控制电流 I 就可以求出受控源两端的电压。

(1)求电压源单独作用时的电流 I'。将电流源用开路代替,受控源保留在电路中(如图 2.45(b)所示),根据 KVL 可得

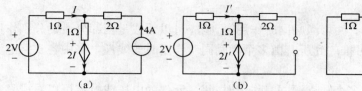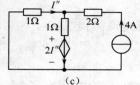

图 2.45　例 2.17 电路图

$$I'+I'+2I'=2$$

所以

$$I'=0.5A$$

（2）求电流源单独作用时的电流 I''。将电压源用短路代替，受控源保留在电路中，如图 2.45（c）所示，对左边回路应用 KVL 可得

$$I''+(4+I'')\times 1+2I''=0$$

所以

$$I''=-1A$$

（3）根据叠加定理有

$$I=I'+I''=-0.5A$$

因此受控源两端电压为

$$U=2I=-1V$$

【例 2.18】某线性无源二端网络的输入和输出关系如图 2.46 所示。当外接电压源 $U_S=1V$、电流源 $I_S=1A$ 时，输出电压 $U_O=0$；当外接电压源 $U_S=10V$、电流源 $I_S=0A$ 时，输出电压 $U_O=1V$；那么当 $U_S=0V$、$I_S=10A$ 时，输出电压 $U_O=$？

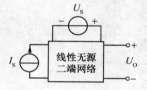

图 2.46　例 2.18 电路图

解　根据叠加定理，输出电压 U_O 是电路中两个独立源共同作用的结果，而当每一个独立源单独作用时，在输出端产生的电压与输入之间满足比例性，因此输出电压与激励源 U_S 和 I_S 之间的关系可以表示为

$$U_O=k_1U_S+k_2I_S$$

其中 k_1、k_2 由线性无源二端网络的结构所决定，为待确定的系数。

根据已知条件可知

$$\begin{cases} k_1\times 1+k_2\times 1=0 \\ k_1\times 10+k_2\times 0=1 \end{cases}$$

解方程可得

$$k_1=0.1, k_2=-0.1$$

因此输出与输入之间的关系可以表示为

$$U_O=0.1U_S-0.1I_S$$

则当 $U_S=0V$、$I_S=10A$ 时，输出电压的大小为

$$U_O=0.1\times 0-0.1\times 10=-1V$$

2.7　置换定理

置换定理是在电路理论中有着广泛应用的一个定理，它经常用于一些电路定理的证明。置换定理的内容是：

若网络 N 由两个单口网络 N_1 和 N_2 连接组成，已知端口电压和电流值分别为 u_0 和 i_0，则

N_2（或 N_1）可以用一个电压为 u_0 的电压源或用一个电流为 i_0 的电流源置换,这种置换不影响 N_1（或 N_2）内各支路电压和电流原有数值。置换定理又叫替代定理。

如图 2.47(a)所示电路,假设端口电压和电流已分别求出,那么对于 N_1 内部各支路而言,将 N_2 用一个大小为 u_0 的电压源来代替(如图 2.47(b)所示)或用一个大小为 i_0 的电流源来代替(如图 2.47(c)所示)时,各支路电压和

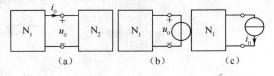

图 2.47　置换定理

支路电流的值保持不变。特别的,当 N_2 内部只含有一条支路时,u_0 和 i_0 分别为该支路的支路电压和支路电流。

【例 2.19】图 2.48(a)所示的电路中,若要使 $I=1A$,则电阻 R 的值应为多少?

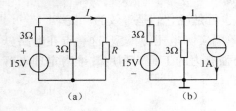

图 2.48　例 2.19 电路图

则电阻 R 的值应为

解　要求电阻 R 的值,只需求出其两端电压即可。为此,将 R 用一个大小为 1A 的电流原来代替,如图 2.48(b)所示,选取参考点如图所示,则节点 1 的节点电压方程为

$$\left(\frac{1}{3}+\frac{1}{3}\right)U_1-\frac{15}{3}=-1$$

解方程得

$$U_1=6V$$

$$R=\frac{U_1}{I}=6\Omega$$

2.8　戴维南定理与诺顿定理

前面介绍了一些利用等效变换将电路进行化简的方法,本节讲述的戴维南定理和诺顿定理也是等效变换的方法,它们将线性含源单口网络等效为实际电源的模型,从而为电路求解提供了很大的方便。

2.8.1　戴维南定理

线性含源单口网络对外电路而言总可以等效为一个电压源与一个电阻串联的支路;其中电压源的电压就是单口网络的开路电压 u_{oc},串联电阻等于将单口网络内所有独立源置零时从端口看进去的等效电阻 R_o。这就是戴维南定理,如图 2.49所示。

图 2.49　戴维南定理

证明　由于单口网络的伏安关系与负载无关,因此不妨设在端口上加上一个大小为 i 的电流源,如图 2.50(a)所示。

根据叠加定理,单口网络的端口电压可以看成是由两部分组成:一部分是由单口网络内部的独立源单独作用时所产生的,另一部分是由外加激励单独作用时产生的。当单口网络内部的独立源单独作用时,外加激励应该置零,等效电路如图 2.50(b)所示。此时的端口电压就是单口网络的开路电压 u_{oc},即

$$u'=u_{oc}$$

当外加电流源单独作用时单口网络内部的独立源应该置零,等效电路如图 2.50(c)所示,

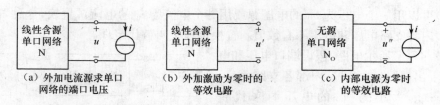

（a）外加电流源求单口　　　（b）外加激励为零时的　　　（c）内部电源为零时
网络的端口电压　　　　　　　等效电路　　　　　　　　的等效电路

图 2.50　戴维南定理的证明

此时无源单口网络可以等效为一个电阻，而其端电压可以表示为

$$u''=-iR_o$$

因此线性含源单口网络 N 的端口电压为

$$u=u'+u''=u_{oc}-iR_o$$

而这与一个电压源串联电阻支路的伏安关系是相同的，也就是说它们是等效的。证毕。

应用戴维南定理可以将复杂的二端网络化简为简单的实际电压源模型，这一点在电路分析中有着重要而广泛的应用，也是进行电路设计的一个强有力的工具。利用戴维南定理求解电路问题的步骤为：

① 根据求解问题的需要选择被化简的单口网络；

② 将单口网络与负载之间的连接断开，求出端口的开路电压 u_{oc}；

③ 将单口网络内部的独立源置零，求出从端口看进去的等效电阻 R_o；

④ 画出被化简的单口网络的戴维南等效电路，接上负载（待求电路部分）求解出要求的未知量。

在选择被化简的单口网络时，要注意待求支路不能位于单口网络的内部，单口网络内部可以含有受控源，但受控源的控制支路不能位于单口网络的外面（但可以是端口电压或端口电流）。

【例2.20】试求图 2.51(a)所示电路中的电流 I。

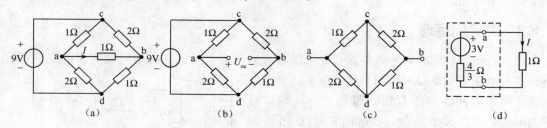

图 2.51　例 2.20 电路图

解　将原电路中电流 I 所在支路之外的电路部分看成是一个二端网络，求出其戴维南等效电路。首先将端口断开求出开路电压 U_{oc}，求开路电压 U_{oc} 的电路如图 2.51(b)所示，根据电路图可得

$$U_{oc}=U_{ad}-U_{bd}=\frac{2}{1+2}\times9-\frac{1}{1+2}\times9=3\text{V}$$

然后将单口网络内的电压源短路，求出等效电阻 R_o。此时求等效电阻 R_o 的电路如图 2.51(c)所示，各电阻之间为简单的串并联关系，可以求得等效电阻为

$$R_o=1//2+1//2=\frac{4}{3}\Omega$$

画出原电路的戴维南等效电路如图 2.51(d)虚线框内所示，接上待求电路求电流 I 的值为

$$I=\frac{3}{\left(\frac{4}{3}+1\right)}=\frac{9}{7}\text{A}$$

单口网络的等效电阻通常有三种方法:

① 等效变换法,先将单口网络内的所有独立电源置零,直接根据电阻的串并联等效关系求解。

② 外加激励法:即先将单口网络内的所有独立电源置零,再在无源单口网络上加一个电压源求电流(或外加一个电流源求电压),则等效电阻即为端口电压与端口电流的比值。

③ 开路—短路法:分别求出二端网络的开路电压 U_{oc} 和短路电流 I_{sc},则等效电阻可表示为

$$R_{o}=\frac{U_{oc}}{I_{sc}} \tag{2.53}$$

注意:前面两种方法都是在二端网络内部的独立源置零后的电路基础上求解等效电阻的,而采用第三种方法求等效电阻时单口网络内部的独立源是不能置零的。

【例 2.21】 试求如图 2.52 所示电路的戴维南等效电路。

解 本例中含有一个受控源。首先求出 ab 两端的开路电压,此时端口上的电流为 0。为此取参考节点如图 2.53(a)所示,该电路的节点电压方程为

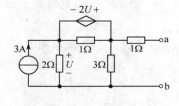

图 2.52 例 2.21 图

$$\begin{cases}\left(1+\frac{1}{2}\right)U_1-U_2=3+I\\\left(1+\frac{1}{3}\right)U_2-U_1=-I\\U_1+2U=U_2\\U=U_1\end{cases}$$

解方程得 $U_1=2\text{V},U_2=6\text{V}$,所以 $U_{oc}=U_2=6\text{V}$。

再来求等效电阻。对于含受控源的单口网络在求等效电路时只能采用外加激励法或开路—短路法,而不同的方法对于网络内部的独立源的处理也不相同。

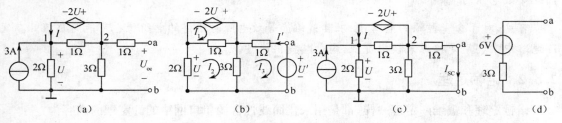

图 2.53 例 2.21 求解过程电路图

外加激励法:将单口网络内部的独立源置零(电流源开路),但受控源要保留。在端口上加上一个大小为 U' 的电压源,流经端口的电流为 I',如图 2.53(b)所示。设各网孔电流方向为顺时针方向,则可得网孔电流方程为

$$\begin{cases}I_1-I_2=2U\\(1+2+3)I_2-I_1-3I_3=0\\(1+3)I_3-3I_2=-U'\\U=-2I_2\end{cases}$$

解方程组可得
$$I_3 = -\frac{1}{3}U'$$

则等效电阻为
$$R_o = \frac{U'}{I'} = \frac{U'}{-I_3} = 3\,\Omega$$

开路—短路法：首先需要求出原电路的短路电流 I_{sc}。端口短路时，单口网络内部的独立源应该保留，如图 2.53(c) 所示，可得其节点电压方程为

$$\begin{cases} \left(1 + \dfrac{1}{2}\right)U_1 - U_2 = 3 + I \\ \left(1 + \dfrac{1}{3} + 1\right)U_2 - U_1 = -I \\ U_1 + 2U = U_2 \\ U = U_1 \end{cases}$$

解方程得
$$U_1 = \frac{2}{3}\,\mathrm{V}, \quad U_2 = 2\,\mathrm{V}$$

则短路电流为
$$I_{sc} = \frac{U_2}{2} = 2\,\mathrm{A}$$

因此等效电阻为
$$R_o = \frac{U_{oc}}{I_{sc}} = 3\,\Omega$$

由此可得原电路的戴维南等效电路如图 2.53(d) 所示。

对于含受控源的电路，在求其戴维南等效电阻时所得的电阻值也可能为负值。

【例 2.22】试求图 2.54 所示二端网络的戴维南等效电阻。

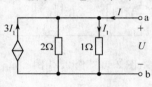

图 2.54　例 2.22 电路图

解　根据 KCL 可得

$$I = \frac{U}{1} + \frac{U}{2} - 3I_1$$

而 $I_1 = U/1$，将它代入 KCL 方程并化简可得

$$I = -\frac{3U}{2}$$

因此等效电阻为
$$R_o = \frac{U}{I} = -\frac{2}{3}\,\Omega$$

可见，对于含受控源的电路，在求其戴维南等效电阻时所得的电阻值也可能为负值。在实际电路中常利用受控源来模拟负阻，向电路提供能量。

2.8.2　诺顿定理

诺顿定理和戴维南定理一样，都是用来化简线性含源单口网络的。定理的内容为：

线性含源的单口网络对外电路而言总可以等效为一个电流源并联电阻的电路；其中电流源的电流就是单口网络的短路电流 l_{sc}，并联电阻等于将单口网络内所有独立源置零时从端口看进去的等效电阻 R_o，如图 2.55 所示。

从形式上来看，诺顿定理是将线性含源单口网络等效为了一个实际电流源的模型。应用该定理关键的是要确定短路电流 l_{sc} 和等效电阻 R_o。诺顿定理中的等效电阻定义与戴维南定理相同的，因此求戴维南等效电阻的方法也同样适用于诺顿定理。电流源的电流则可以通过将端口短路后计算得出，如图 2.56 所示。

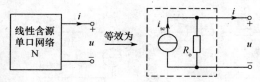

图 2.55 诺顿定理　　　　　　　图 2.56　求诺顿定理中的短路电流

由于实际电压源模型和实际电流源模型是可以等效互换的,因此戴维南定理和诺顿定理也是可以等效互换的,等效的条件为

$$i_{sc} = \frac{u_{oc}}{R_o} \tag{2.54}$$

【例2.23】试求图2.57所示电路的诺顿等效电路。

解　将端口 a、b 短路,求短路电流,如图2.58(a)所示。根据叠加定理可知此时的端口电流为

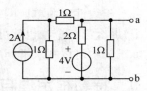

图 2.57　例 2.23 电路图

$$I_{sc} = \frac{1}{1+1} \times 2 + \frac{4}{2} = 3A$$

将单口网络内部的独立源置零,求等效电阻 R_o,如图2.58(b)所示。根据电路图可得

$$R_o = 2//2//(1+1) = \frac{2}{3}\Omega$$

因此可得原电路的诺顿等效电路如图2.58(c)所示。

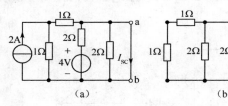

(a)　　　　　　　　　(b)　　　　　　　　　(c)

图 2.58　例 2.23 求解电路

【例2.24】试求图2.59所示电路的诺顿等效电路。

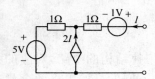

图 2.59　例 2.24 电路图

解　先求短路电流。将端口短路,如图2.60(a)所示,采用节点电压法,可得节点1的节点电压方程为

$$(1+1)U_1 - \frac{5}{1} + \frac{1}{1} = 2I$$

辅助方程

$$I = \frac{-U_1 - 1}{1}$$

将辅助方程代入节点1的节点电压方程可以解得

$$U_1 = \frac{1}{2}V$$

则短路电流为

$$I_{sc} = -I = \frac{U_1 + 1}{1} = \frac{3}{2}A$$

再求开路电压。端口开路时 $I=0$,受控电流源相当于开路,如图2.60(b)所示,因此开路电压的值为

$$U_{oc} = 1 + 5 = 6V$$

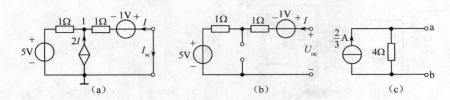

图 2.60　例 2.24 求解过程电路

因此等效电阻的值为

$$R_{\mathrm{o}}=\frac{U_{\mathrm{oc}}}{I_{\mathrm{sc}}}=4\Omega$$

则原电路的诺顿等效电路如图 2.60(c)所示。

对于线性含源单口网络,只要求出其开路电压 U_{oc}、短路电流 I_{sc} 及等效电阻 R_{o} 中的任意两个,那么第三个量也就可以随之求出,进而可以得到其戴维南等效电路或诺顿等效电路。在实际求解中可以视求解问题的需要选择两种等效电路中的任一种。

2.9　特勒根定理与互易定理

2.9.1　特勒根定理

在电路理论中,只画出电路的各节点和支路、不画出电路中的元件,并将支路电流的方向标注出来,这样的图称为电路的拓扑图。例如图 2.61(a)所示电路其拓扑图可以表示为图(b)的形式。

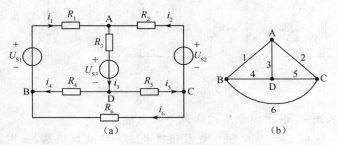

图 2.61　电路及其拓扑图

电路的拓扑结构表明了电路的连接方式。两个具有相同的拓扑结构的电路,对应的各条支路上的元件可以是不同的,相应的支路电压和支路电流也是不同的。如果将两个具有相同的拓扑结构的电路各节点和各条支路采用相同的标号加以标示,那么这两个电路的各支路电压和支路电流之间存在着什么样的关系呢? 描述它们之间的关系的就是特勒根定理:

对两个具有相同拓扑结构的电路 N 和 N′,电路 N 的所有支路中每一支路电压 u_k(或支路电流 i_k)与电路 N′ 的对应的支路电流 i'_k(u'_k)的乘积之和为零,即

$$\sum_{k=1}^{b} u_k i'_k = 0, \quad \sum_{k=1}^{b} u'_k i_k = 0 \tag{2.55}$$

式中 b 为两个电路的支路数。下面用一个例子来验证一下特勒跟定理。

如图 2.62 所示的两个电路,它们具有相同的拓扑结构,各支路电压和支路电流的值已求出,两个电路中各支路的参考方向取图(a)中的支路电流的方向,则有

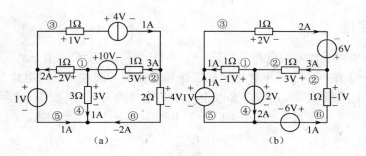

图 2.62　验证特勒根定理电路图

$$U_1 I_1' = 2 \times 1 = 2, \quad U_2 I_2' = (-10+3) \times 3 = -21$$
$$U_3 I_3' = (1+4) \times 2 = 10, \quad U_4 I_4' = 3 \times 2 = 6$$
$$U_5 I_5' = 1 \times (-1) = -1, \quad U_6 I_6' = (-4) \times (-1) = 4$$

故 $\sum\limits_{k=1}^{6} u_k i_k' = 2 + (-21) + 10 + 6 + (-1) + 4 = 0$，与特勒根定理的结论是相符合的。

特别的，当两个电路完全相同时，根据特勒根定理可得

$$\sum_{k=1}^{b} u_k i_k = 0$$

即一个电路的所有支路上各条支路的功率之和为零，也就是说电路的总功率是平衡的，电源发出的功率与负载吸收的功率相等。这一结论常可以用来验证电路的计算结果。

【例 2.25】 图 2.63 所示的电路中，N 中只含有电阻元件。当 $R_1 = R_2 = 1\Omega, U_S = 2\mathrm{V}$ 时，$I_1 = I_2 = 2\mathrm{A}$；当 $R_1 = 2\Omega, R_2 = 5\Omega, U_S = 4\mathrm{V}$ 时，$I_1 = 1\mathrm{A}$，则此时 $I_2 = ?$

解　将两组不同的数据分别看成是两个拓扑结构相同的电路的参数，那么该问题就可以用特勒根定理求解。设 N 的内部共有 b 条支路，与 N 左端口相连的支路电压为 U_1，与 N 右端口相连的支路电压为 U_2，方向如图 2.63 所示，取各支路电流的方向为参考方向，则根据特勒根定理可知

$$-U_1 I_1' + U_2 I_2' + \sum_{k=1}^{b} U_k I_k' = 0$$

$$-U_1' I_1 + U_2' I_2 + \sum_{k=1}^{b} U_k' I_k = 0$$

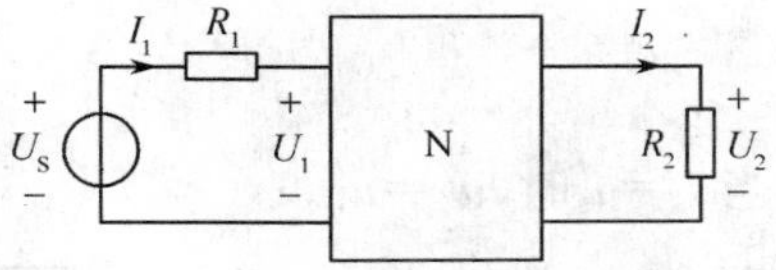

图 2.63　例 2.25 电路图

因为 N 的内部各支路只有电阻元件构成，因此各支路电压和支路电流满足

$$\sum_{k=1}^{b} U_k I_k' = \sum_{k=1}^{b} U_k' I_k = \sum_{k=1}^{b} R_k I_k I_k'$$

这样一来就可以得到

$$-U_1 I_1' + U_2 I_2' = -U_1' I_1 + U_2' I_2$$

而

$$U_1 = -U_s - I_1 R_1 = -4\mathrm{V}, U_2 = I_2 R_2 = 2\mathrm{V}$$
$$U_1' = -U_s' - I_1' R_1' = -6\mathrm{V}, U_2' = I_2' R_2' = 5I_2'$$

故

$$-(-4) \times 1 + 2 \times I_2' = -(-6) \times 2 + 5I_2' \times 2$$

由此解得 $I_2' = -1\mathrm{A}$。

特勒根定理对集总电路是普遍适用的。

2.9.2 互易定理

互易定理是描述线性电阻电路性质的一个重要定理。该定理共有三种形式。

【互易定理一】在一个内部不含任何独立源和受控源的线性纯电阻电路 N 中,如果在端口 1-1′ 上施加一个电压源 u_s 时,在端口 2-2′ 上产生的电流为 i_2,如图 2.64(a)所示;反之,如果在端口 2-2′ 上施加一个电压源 u_s' 时,在端口 1-1′ 上产生的电流为 i_1',如图 2.64(b)所示,则有

$$\frac{i_2}{u_s} = \frac{i_1'}{u_s'} \tag{2.56}$$

当 $u_s = u_s'$ 时,$i_2 = i_1'$。

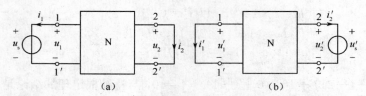

图 2.64 互易定理一

证明 将图 2.64 中的(a)图和(b)图看成是两个具有相同拓扑结构的电路,由于 N 的内部只含有电阻元件,根据上节例 2.25 的结论可知

$$u_1 i_1' + u_2 i_2' = u_1' i_1 + u_2' i_2 \tag{2.57}$$

而 $$u_1 = u_s, u_2 = 0, u_1' = 0, u_2' = u_s'$$

代入(2.58)式可得

$$u_s i_1' = u_s' i_2 \quad 即 \quad \frac{i_2}{u_s} = \frac{i_1'}{u_s'} \tag{2.58}$$

【互易定理二】在一个内部不含任何独立源和受控源的线性纯电阻电路 N 中,如果在端口 1-1′ 上施加一个电流源 i_s 时,在端口 2-2′ 上产生的电压为 u_2,如图 2.65(a)所示;反之,如果在端口 2-2′ 上施加一个电流源 i_s' 时,在端口 1-1′ 上产生的电压为 u_1',如图 2.65(b)所示,则有

$$\frac{u_2}{i_s} = \frac{u_1'}{i_s'} \tag{2.59}$$

当 $i_s = i_s'$ 时,$u_2 = u_1'$。

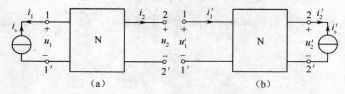

图 2.65 互易定理二

【互易定理三】在一个内部不含任何独立源和受控源的线性纯电阻电路 N 中,如果在端口 1-1′ 上施加一个电流源 i_s 时,在端口 2-2′ 上产生的电流为 i_2,如图 2.66(a)所示;反之,如果在端口 2-2′ 上施加一个电压源 u_s' 时,在端口 1-1′ 上产生的电压为 u_1',如图 2.66(b)所示,则有

$$\frac{i_2}{i_s} = \frac{u_1'}{u_s'} \tag{2.60}$$

互易定理二和互易定理三也可以用特勒根定理证明,这里不再赘述。

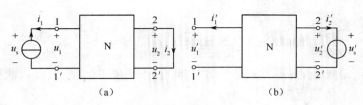

图 2.66　互易定理三

上面这三种形式的互易定理虽然从描述上来看存在不同,但对每一种形式来说,当激励和响应互换位置前后,如果把激励置零,则电路保持不变。在满足这个条件的前提下,互易定理的三种形式可以归纳为:对于一个仅含线性电阻的电路,在单一激励下产生的响应,当激励和响应互换位置时,二者的比值保持不变。

在应用互易定理时,除了应该注意采用的定理的形式以及变量的数值以外,还要注意各个量的方向。

【例 2.26】 在图 2.67 所示电路中,N 仅由线性电阻构成,图(a)中 $U_2 = 2V$,试求图(b)中的 U_1'。

解　将 R_1、R_2 和 N 看成一个电阻网络 N',如图 2.68 所示,根据互易定理的第二种形式可得

$$\frac{2}{3} = \frac{U_1'}{6}$$

因此求得

$$U_1' = 4V$$

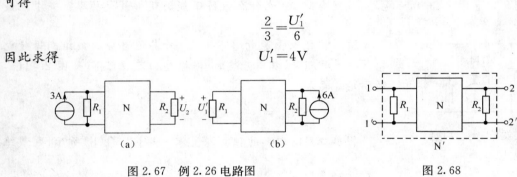

图 2.67　例 2.26 电路图　　　　　　图 2.68

2.10　最大功率传输定理

在实际应用中,经常需要考虑负载的功率大小问题。比如在通信电路中经常要求传递到负载上的功率达到最大。本节将要讨论的最大功率传输定理就是用来解决在电路结构已知的情况下,负载满足什么样的条件才能获得最大功率的问题。由于线性含源单口网络总可以应用戴维南定理进行等效化简,因此这个问题可以用图 2.69 所示的电路来描述。

当单口网络的结构已知时,图 2.69 中的 U_{oc} 和 R_o 都是固定的值,因此求负载 R_L 能获得的最大功率的问题可以叙述为:在图 2.69 所示电路中,电源及其内阻已知,负载大小可变,试问负载在什么条件下可以获得最大功率?

为了获得该条件,可以从负载功率的表达式入手。图 2.69 电路的电流为

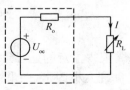

$$I = \frac{U_{oc}}{R_o + R_L}$$

则负载的功率为

$$P = I^2 R_L = \frac{U_{oc}^2 R_L}{(R_o + R_L)^2} \qquad (2.61)$$

图 2.69　最大功率
传输定理电路

等式的两边同时对 R_L 求导可得

$$\frac{dP}{dR_L}=\frac{U_{oc}^2[(R_o+R_L)^2-2(R_o+R_L)R_L]}{(R_o+R_L)^4}=\frac{U_{oc}^2(R_o-R_L)}{(R_o+R_L)^3}$$

要使式(2.61)获得最大值,则需上式等于零。即当 $R_L=R_o$ 时负载上可以获得最大功率。这一结论就是最大功率传输定理:

可变负载从线性含源单口网络获得最大功率的条件是:负载大小与原单口网络的戴维南(或诺顿)等效电阻相等。满足条件时负载获得的最大功率为

$$P_{Lmax}=\frac{U_{oc}^2}{4R_o} \tag{2.62}$$

当 $R_L=R_o$ 时称为最大功率匹配。若将单口网络用其诺顿等效电路来替代,则该最大功率可表示为

$$P_{Lmax}=\frac{I_{sc}^2R_o}{4} \tag{2.63}$$

应用最大功率传输定理求解问题时,首先需要求出原电路中除负载以外电路的戴维南等效电路。但定理的结论只适用于负载,若要求电路中其他元件的功率,还需要回到单口网络内部求出该元件上的电压及电流。

【例 2.27】 图 2.70 所示电路,试问电阻 R_L 在什么条件下能够获得最大功率? 并求此最大功率的量值。

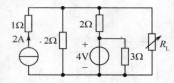

图 2.70　例 2.27 电路图

解　首先求出原电路中除 R_L 外其他部分的戴维南等效电路。将负载断开,端口开路时,根据叠加定理可得(如图 2.71(a)所示):

$$U_{oc}=\frac{2}{2+2}\times2\times2+\frac{2}{2+2}\times4=4V$$

将单口网络内部的独立源置零,如图 2.71(b)所示,则戴维南等效电阻为

$$R_o=2//2=1\Omega$$

画出原电路的戴维南等效电路,如图 2.71(c)所示,根据最大功率传输定理可知,当 $R_L=R_o=1\Omega$ 时可获得最大功率,此最大功率的值为

$$P_{Lmax}=\frac{U_{oc}^2}{4R_o}=\frac{4^2}{4\times1}=4W$$

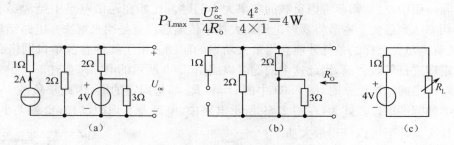

图 2.71　例 2.27 求解电路图

值得注意的是,最大功率传输定理针对的是可变负载从固定电路获得最大功率的问题,如果负载大小固定,而电源内阻可变,那么要使负载获得最大功率,只需要电源内阻越小越好。另外当负载获得最大功率时,该最大功率的值一般并不等于电源功率的一半。例如在上面的例子中,当 $R_L=1\Omega$ 时,从图 2.70 可以解得此时流经电压源的电流为:$I=7/3A$,方向自下而

上;电流源两端的电压为 $U=4\text{V}$,方向为自上而下,因此电源提供的总功率为

$$P=P_{U_S}+P_{I_S}=4\times\frac{7}{3}+2\times4=\frac{52}{3}\text{W}$$

因此,负载消耗功率占电源提供功率的比例为

$$\eta=\frac{P_L}{P}\times100\%=23.1\%$$

2.11 实用电路分析举例

2.11.1 万用表分压分流电路

万用表是一种常用的电工测量仪表,通常它可以用来测量电阻和直流、交流电压与电流。这里仅对它的直流电压、电流测量电路予以分析。

用万用表测量直流电流的原理图如图 2.72 所示。万用表表头中允许通过的最大电流为一定值,为了实现多量程的测量,需要给万用表的表头并联上分流电阻,如图中 $R_{A1}\sim R_{A5}$。例如,当所选量程为 5mA 时,万用表的挡位选择开关打到相应的位置,此时分流电阻为 $R_{A1}+R_{A2}+R_{A3}$,其余则与表头内阻串联。量程越大,分流电阻越小。

根据表头内阻的大小、表头上允许通过的最大电流以及所要测量的量程范围就可以计算出各分流电阻的大小。例如假设表头允许通过的最大电流为 I_g,则根据分流原理可得

$$\begin{cases} \dfrac{I_g}{0.5}=\dfrac{R_{A1}}{R+R_0} \\[2mm] \dfrac{I_g}{0.05}=\dfrac{R_{A1}+R_{A2}}{R+R_0} \\[2mm] \dfrac{I_g}{0.005}=\dfrac{R_{A1}+R_{A2}+R_{A3}}{R+R_0} \\[2mm] \dfrac{I_g}{0.5\times10^{-3}}=\dfrac{R_{A1}+R_{A2}+R_{A3}+R_{A4}}{R+R_0} \\[2mm] \dfrac{I_g}{0.05\times10^{-3}}=\dfrac{R_{A1}+R_{A2}+R_{A3}+R_{A4}+R_{A5}}{R+R_0} \end{cases}$$

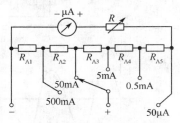

图 2.72 用万用表测量直流电流

其中 $R_0=R_{A1}+R_{A2}+R_{A3}+R_{A4}+R_{A5}$。求解上述方程即可得到 $R_{A1}\sim R_{A5}$ 的值。

用万用表测量直流电压的原理图如图 2.73 所示。在测直流电压时,万用表是以某一挡直流电流测量电路作为表头,如图中虚线所示。在测电压时,万用表需要与被测电路并联在一起,为了减少因万用表的接入对测量结果的产生影响,万用表的内阻应远大与被测电路电阻,因此需要给表头串联上一个高阻值的电阻,称为倍压电阻。如图中 $R_{V1}\sim R_{V3}$ 所示。量程越大,倍压电阻也越大。在已知表头内阻、表头上允许通过的最大电流以及所要测量的量程范围的条件下,就可以根据分压原理计算出各倍压电阻的大小,进而设计出符合要求的万用表。例如对于图 2.73 所示电路,假设表头内阻为 R',允许通过的最大电流为

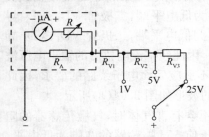

图 2.73 用万用表测量直流电压

I_g,则可以得到

$$\begin{cases} I_g = \dfrac{1}{R' + R_{V1}} \\ I_g = \dfrac{5}{R' + R_{V1} + R_{V2}} \\ I_g = \dfrac{25}{R' + R_{V1} + R_{V2} + R_{V3}} \end{cases}$$

由此就可以求出 $R_{V1} \sim R_{V3}$ 的值。

2.11.2 家用有害气体报警电路

家用有害气体报警电路是在日常生活中常用的一种电路,它可以感知环境中有害气体的存在并进行报警,电路结构如图 2.74 所示。该电路主要由电源电路、气敏传感器和报警电路组成。下面对该电路中的主要组成部分及其原理进行分析。

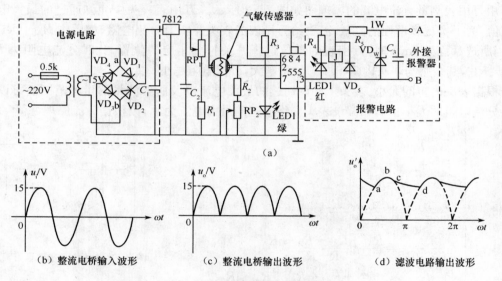

（a）

（b）整流电桥输入波形　　　（c）整流电桥输出波形　　　（d）滤波电路输出波形

图 2.74　家用有害气体报警电路

电源电路主要是由变压器和桥式整流电容滤波电路组成。变压器的作用是将 50Hz、220V 市电降压后送往二极管组成的全桥整流电路进行整流。整流电路由 4 个整流二极管组成电桥的形式,它的作用是将交流电整形成为直流电。其工作原理是:变压器输出的是正弦交流电,波形如图 2.74（b）所示;在正半周期,a 为高电平端,b 为低电平端,二极管 VD_1、VD_3 导通,输出波形与输入波形相同;在负半周期,b 为高电平端,a 为低电平端,二极管 VD_2、VD_4 导通,负载上电压依然是上正下负,输出波形与输入波形相同。因此经整流电桥后的输出电压波形如图 2.74（c）所示。在该电路中还含有较大的交流成分,不适应后面电子线路的要求,因此还需要进行滤波,该功能由一个电容实现,经过电容滤波后的波形如图 2.74（d）所示。

气敏传感器的作用是感知室内的有害气体。当环境中不含有害气体时,气敏传感器的阻值很高,该电阻与 R_2、RP_2 组成分压电路,电源电压经过分压使 555 振荡器的 2 脚为低电平,555 被置位,7 脚为高电平,绿色指示灯亮,而 3 脚输出为高电平,报警电路被断开,不发生报警。而一旦气敏传感器检测到煤气、液化石油气等有害气体时,其阻值迅速减小,电源电压经过分压后使得 555 的 2 脚为高电平,555 被复位,3 脚输出为低电平,报警电路被接通,红色指示灯亮,发出警报。关于 555 定时器的结构与工作原理在数字电子技术中将会介绍,这里不再赘述。

图中 AB 两端还可以外接报警器,如喇叭等。

思考题与习题 2

题 2.1 试确定图 2.75 所示电路的节点数和支路数,并列写其独立的 KCL 方程和 KVL 方程。

题 2.2 试求图 2.76 所示电路中的电流 I。

题 2.3 试求图 2.77 所示电路中 6Ω 电阻上消耗的功率。

题 2.4 试求图 2.78 所示电路中 a、b 两端的等效电阻。

题 2.5 一个由 220 电源供电的电热器,由两根同样的 0.5Ω 的镍铬电阻丝组成,当电阻丝串联时提供低热,并联时提供高热。试分别求电热器在这两种状态下的功率。

题 2.6 试计算图 2.79 中的电压 U。

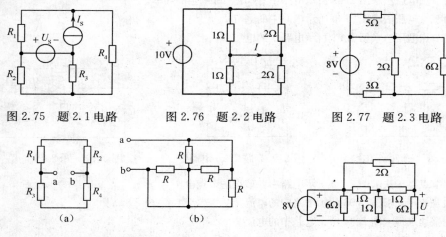

图 2.75　题 2.1 电路　　　图 2.76　题 2.2 电路　　　图 2.77　题 2.3 电路

图 2.78　题 2.4 电路　　　　　图 2.79　题 2.6 电路

题 2.7 利用电源等效变换法求图 2.80 所示电路中的电流 I。

题 2.8 利用电源等效变换法将图 2.81 所示单口网络化为最简形式。

题 2.9 将图 2.82 所示的有源三角形电路变换为有源星形电路。

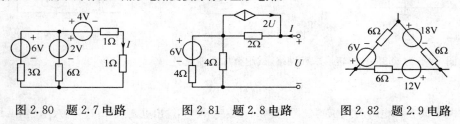

图 2.80　题 2.7 电路　　　图 2.81　题 2.8 电路　　　图 2.82　题 2.9 电路

题 2.10 用支路电流法求图 2.83 所示电路中 2Ω 电阻的功率。

题 2.11 用网孔电流法求图 2.84 所示电路中的电流 I。

题 2.12 用网孔电流法重做题 2.10。

题 2.13 用网孔电流法求图 2.85 所示电路中的电压 U。

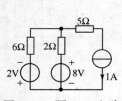　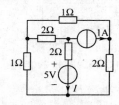　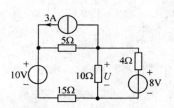

图 2.83　题 2.10 电路　　　图 2.84　题 2.11 电路　　　图 2.85　题 2.13 电路

题2.14 用网孔电流法求图2.86所示电路中的电流I。

题2.15 用网孔电流法求图2.87所示电路中受控源吸收的功率。

题2.16 计算图2.88所示电路中理想电流源吸收的功率。

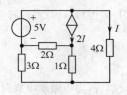

图2.86 题2.14电路

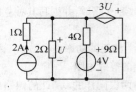

图2.87 题2.15电路

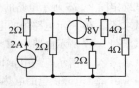

图2.88 题2.16电路

题2.17 用节点电压法求图2.89所示电路中9V电压源产生的功率。

题2.18 用节点电压法求图2.90所示电路中的电流I。

题2.19 用节点电压法求图2.91所示电路中的电压U。

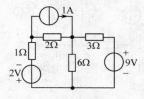

图2.89 题2.17电路

图2.90 题2.18电路

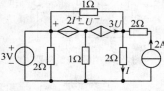

图2.91 题2.19电路

题2.20 用节点电压法求图2.92所示电路中各节点的节点电压。

题2.21 用叠加定理求图2.93所示电路中的电流I。

题2.22 用叠加定理求图2.94所示电路中的电流I。

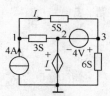

图2.92 题2.20电路

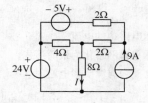

图2.93 题2.21电路

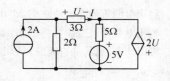

图2.94 题2.22电路

题2.23 图2.95为R-$2R$数模转换求和网络,试用叠加定理证明。

$$I=\frac{1}{R}\left(\frac{U_{S1}}{2^4}+\frac{U_{S2}}{2^3}+\frac{U_{S3}}{2^2}\right)$$

题2.24 图2.96所示电路,当外接电流源$I_{S1}=2A$、$I_{S2}=1A$时,输出电流$I=5$;$I_{S1}=1A$、$I_{S2}=5A$时,输出电流$I=7A$;那么当$I_{S1}=-1A$、$I_{S2}=4A$时,输出电流$I=?$

题2.25 用置换定理求图2.97所示电路中的电流I。

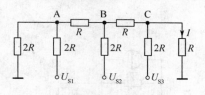

图2.95 题2.23电路

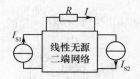

图2.96 题2.24电路

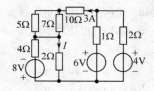

图2.97 题2.25电路

题2.26 用戴维南定理求图2.98所示电路中的电流I。

题2.27 求图2.99所示电路的戴维南等效电阻。

题 2.28 用戴维南定理求图 2.100 所示电路中的电流 I。

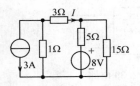

图 2.98　题 2.26 电路

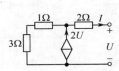

图 2.99　题 2.27 电路

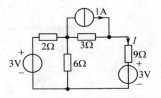

图 2.100　题 2.28 电路

题 2.29 试用戴维南定理求图 2.101 所示电路中 5Ω 电阻上的功率。

题 2.30 求图 2.102 所示电路的诺顿等效电路。

题 2.31 求图 2.103 所示电路的诺顿等效电路。

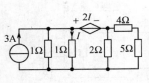

图 2.101　题 2.29 电路

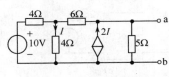

图 2.102　题 2.30 电路

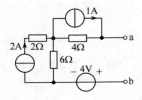

图 2.103　题 2.31 电路

题 2.32 试分别用戴维南定理和诺顿定理求图 2.104 所示电路中的电压 U。

题 2.33 求图 2.105 所示电路中 ab 端的诺顿等效电路。

题 2.34 某一有源二端网络 A,测得开路电压为 30V,当输出端接一个 10Ω 电阻时,通过的电流为 1.5A。现将这二端网络连成图 2.106 所示,求它的输出电流 I 及输出功率。

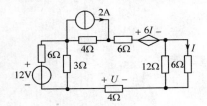

图 2.104　题 2.32 电路

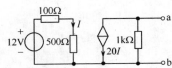

图 2.105　题 2.33 电路

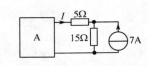

图 2.106　题 2.34 电路

题 2.35 图 2.107 所示电路中,R 为何值时可获得最大功率? 并求此最大功率的量值。

题 2.36 图 2.108 所示电路,a、b 端应接多大负载才能够从电路吸收最大功率? 该功率的大小是多少?

题 2.37 用互易定理求图 2.109 电路中电流表的读数。

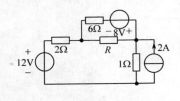

图 2.107　题 2.35 电路

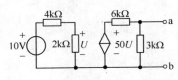

图 2.108　题 2.36 电路

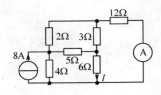

图 2.109　题 2.37 电路

题 2.38 求图 2.110 中的电流 I。

题 2.39 图 2.111 所示的电路中,N 中只含有电阻元件。当 $R_1=2\Omega,R_2=1\Omega,U_S=2V$ 时,$I_1=I_2=2A$;当 $R_1=3\Omega,R_2=2\Omega,U_S=4V$ 时,$I_1=1A$,则此时 $I_2=?$

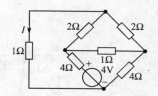

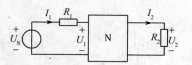

图 2.110　题 2.38 电路　　　　图 2.111　题 2.39 电路

题 2.40　在图 2.112 所示电路中，N 仅由线性电阻构成，图(a)中 $U_2 = 2V$，试求图(b)中的 U_1。

题 2.41　衰减器是一个接口电路，它降低输出电压但并不改变电路的输出电阻。在图 2.113 电路中设计由电阻 R_1 和 R_2 组成的衰减器，使其满足条件：

$$\frac{U_O}{U_S} = 0.25, \quad R_{eq} = R_g = 100\Omega$$

对于该电路，当 $U_S = 30V$ 时，流经 20Ω 负载上的电流为多少？

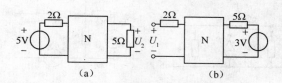

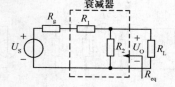

图 2.112　题 2.40 电路　　　　图 2.113　题 2.41 电路

第 3 章　非线性电阻电路的分析

本章导读信息

第 2 章介绍了线性电路的分析方法,而实际电路大多是非线性的,所以有必要对非线性电路的分析方法进行介绍,从中找出规律,特别是找出在满足一定的工作条件下,将非线性电路简化为线性电路的基本处理方法和思路。

1. 内容提要

本章针对非线性电阻电路,介绍了非线性电路的基本概念,以及压控型、流控型、单调型、开关型非线性电阻的伏安特性,分析了非线性电阻电路解的特点,重点阐述了解析法、图解法、分段线性法、小信号分析法等几种常用的分析方法,并通过实例介绍了二极管应用电路、晶体管放大电路、同相程控增益放大电路、温度测量与控制电路等几种典型非线性电路及其分析方法,为进一步学习和研究非线性电路提供了初步的基础。

本章涉及的概念与名词术语主要有:

非线性元件,非线性电路,压控型非线性电阻,流控型非线性电阻,单调型非线性电阻,开关型非线性电阻;解析法,图解法,工作点,静态工作点,负载线,分段线性法,小信号,线性区域,静态电阻,动态电阻,小信号等效电路,输入特性曲线,输出特性曲线;限幅电路,稳压电路,共射放大电路,共集放大电路,共基放大电路,集成运放,虚断,虚短等。

2. 重点难点

【本章重点】

(1) 各种非线性电阻元件的伏安特性;

(2) 求解非线性电阻电路的解析法、图解法和分段线性法;

(3) 静态工作点和动态电阻(或电导)的求法;

(4) 小信号分析法;

(5) 非线性电阻电路的各种应用。

【本章难点】

(1) 求解非线性电阻电路的分段线性法;

(2) 动态电阻(或电导)的求法;

(3) 小信号等效电路的画法,晶体管放大电路的分析方法。

3.1　概述

元件参数随着电路工作条件变化的元件称为非线性元件,包含非线性元件的电路称为非线性电路。严格地说,大多数实际电路都是非线性电路,但是由于实际电路的工作电压和工作电流都限制在一定的范围之内,在正常工作条件下大多可以近似为线性电路。特别是对于非线性特征比较微弱的电路元件,将它当成线性元件处理不会带来大的差异。但是,对于非线性特征比较显著的电路,或近似为线性电路的条件不满足时,就不能忽视其非线性特征,否则将使理论分析结果与实际测量结果相差过大,甚至发生质的变化。因此,对这类电路的分析就必须采用非线性电路的分析方法。

前面章节讨论的都是线性电路,线性电路的理论和计算方法都已非常成熟,它是本课程的核心内容,也是分析非线性电路的基础。本章将以非线性电阻电路为例,介绍非线性电路的基本概念和几种常用的分析方法,为进一步学习和研究非线性电路提供初步的基础。

3.1.1 非线性电阻元件及分类

电阻元件的特性是用 u-i 平面上的伏安关系描述的,线性电阻的伏安关系是 u-i 平面上通过原点的直线,它可表示为

$$u = Ri \tag{3.1}$$

式中,R 为常数。伏安关系不符合上述直线关系的电阻元件称为非线性电阻,其伏安特性曲线和符号分别如图 3.1 和图 3.2 所示。

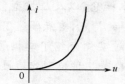

图 3.1　非线性电阻的伏安特性曲线 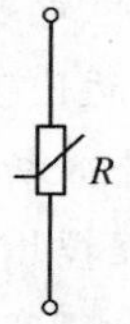　　　　图 3.2　非线性电阻的符号

非线性电阻上电压、电流之间的关系是非线性的函数关系,即 $u = f(i)$ 或 $i = g(u)$ 为非线性函数。根据不同的函数关系,可将非线性电阻分为下列 4 种类型。

1. 压控型非线性电阻

若通过电阻的电流 i 是其端电压 u 的单值函数,则称之为电压控制型非线性电阻,简称为压控型非线性电阻。它的伏安关系可以表示为

$$i = g(u) \tag{3.2}$$

其典型的伏安特性曲线如图 3.3(b)所示。由图可见,在特性曲线上,对应于各电压值,有且仅有一个电流值与其对应;但是,对于同一电流值,可能有多个电压值与其对应。图 3.3(a)所示的隧道二极管就具有这种特性。

2. 流控型非线性电阻

若电阻两端的电压 u 是通过其电流 i 的单值函数,则称之为电流控制型非线性电阻,简称为流控型非线性电阻。它的伏安关系可以表示为

$$u = f(i) \tag{3.3}$$

其典型的伏安特性曲线如图 3.4(b)所示。由图可见,在特性曲线上,对应于各电流值,有且仅有一个电压值与其对应;但是,对于同一电压值,可能有多个电流值与其对应。图 3.4(a)所示的充气二极管(氖灯)就具有这种特性。

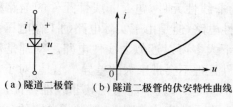
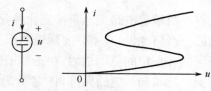

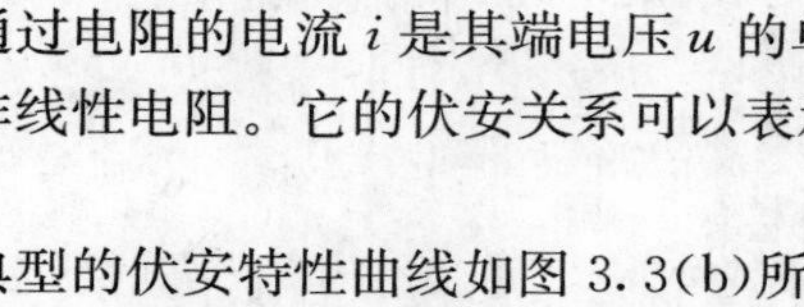

(a)隧道二极管　(b)隧道二极管的伏安特性曲线　　(a)充气二极管　(b)充气二极管的伏安特性曲线

图 3.3　隧道二极管及其特性　　　　　图 3.4　充气二极管及其特性

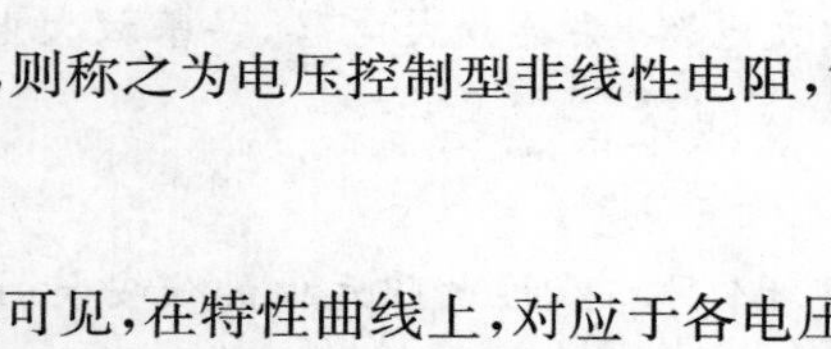

3. 单调型非线性电阻

若非线性电阻的伏安关系是单调增长或单调下降的,则称之为单调型非线性电阻,它既可看成压控型电阻又可看成流控型电阻。因此,其伏安关系既可以用式(3.2)表示,又可以用式(3.3)表示。其典型的伏安特性曲线如图3.5(b)所示。

图3.5(a)所示的普通晶体二极管就具有这种特性,其伏安关系表达式为

$$i = I_S(e^{\frac{u}{U_T}} - 1) \quad \text{或} \quad u = U_T \ln(\frac{i}{I_S} - 1) \tag{3.4}$$

式中,I_S 称为二极管的反向饱和电流,U_T 是与温度有关的常数,在常温下 $U_T \approx 26\text{mV}$。

4. 开关型非线性电阻

理想二极管属于开关型非线性电阻,其伏安关系为

$$\begin{cases} i = 0, & u < 0 \text{ 时} \\ u = 0, & i > 0 \text{ 时} \end{cases} \tag{3.5}$$

它表现出的特性不是开路就是短路。在 $u < 0$ 时,$i = 0$,即当二极管加反向电压时,它截止,这时理想二极管相当于开路;在 $i > 0$ 时,$u = 0$,即当理想二极管导通时,它相当于短路。其伏安特性曲线如图3.6(b)所示。由图可见,理想二极管的伏安特性既非压控型也非流控型。

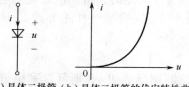

(a)晶体二极管 (b)晶体二极管的伏安特性曲线   (a)理想二极管 (b)理想二极管的伏安特性曲线

图3.5 晶体二极管及其特性曲线   图3.6 理想二极管及其特性曲线

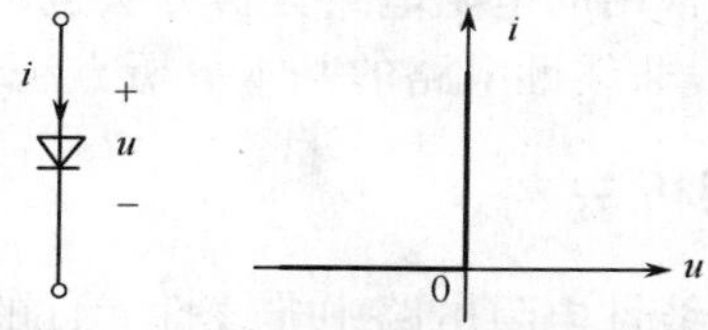

若电阻的伏安关系曲线对称于 u-i 平面坐标原点,则称该电阻为双向性电阻,否则称为单向性电阻。线性电阻均为双向性电阻,而大部分非线性电阻(变阻二极管等除外)属于单向性电阻。单向性电阻接入电路时,应注意其方向性。

3.1.2 非线性电阻电路及其解的特点

含有非线性电阻元件的电路,称为非线性电阻电路。

【例3.1】某非线性电阻电路如图3.7所示,其中非线性电阻的伏安特性为 $i = u + 2u^2$。

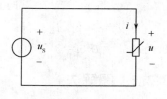

图3.7 例3.1图

(1)若激励 $u_S = u_{S1} = 1\text{V}$,求电阻上的电流 i_1;

(2)若激励 $u_S = u_{S2} = k\text{V}$,求电阻上的电流 i_2,$i_2 = ki_1$ 吗?

(3)若激励 $u_S = u_{S1} + u_{S2} = (1+k)\text{V}$,求电阻上的电流 i_3,$i_3 = i_1 + i_2$ 吗?

(4)若激励 $u_S = \cos\omega t\text{V}$,求电阻上的电流 i。

解 (1)当 $u_S = u_{S1} = 1\text{V}$ 时,$i_1 = 1 + 2 \times 1^2 = 3\text{A}$

(2)当 $u_S = u_{S2} = k\text{V}$ 时,$i_2 = (k + 2k^2)\text{A}$

显然,$i_2 \neq ki_1$,表示对非线性电路,齐次性不成立。

(3)当 $u_S = u_{S1} + u_{S2} = (1+k)\text{V}$ 时,$i_3 = (1+k) + 2 \times (1+k)^2 = (3 + 5k + 2k^2)\text{A}$

显然,$i_3 \neq i_1 + i_2$,表示对非线性电路,叠加性也不成立。

(4) 当 $u_S = \cos\omega t\,\mathrm{V}$ 时，$i = \cos\omega t + 2 \times (\cos\omega t)^2 = (1 + \cos\omega t + \cos2\omega t)\,\mathrm{A}$。

由此可见，当非线性电路的激励是角频率为 ω 的正弦信号时，电路的响应除角频率为 ω 的分量外，还可能包含直流、二倍频（角频率为 2ω）等其他分量，可见非线性电路具有变频的特性，在通信工程中用到这一特性。

由例 3.1 可以总结出在求解非线性电路时的两个特点：

①由于非线性电路不满足线性性质，因此，在第 2 章中凡是根据线性性质推导得到的定理（如叠加定理、戴维南定理、诺顿定理等）、方法（网孔法、节点法等）和结论都不适用于非线性电路。

②电路方程直接由 KCL、KVL 和元件的伏安特性列写。

③非线性电路的响应中可能包含激励信号中所没有的新频率分量。

3.2 非线性电阻电路的基本分析方法

由于非线性电阻的伏安关系不具有线性特性，非线性电阻电路的分析方法与线性电阻电路的分析方法存在有较大的差别。叠加定理、戴维南定理、诺顿定理等根据电路线性性质推导得到的基本定理在非线性电路中不能直接使用，网孔电流法、节点电压法等根据电路线性性质总结得出的常用的电阻电路分析方法也不再适用于非线性电路的分析。但其电流电压同样服从两类约束，非线性电路的基本分析方法仍有解析法、图解法、分段线性法等。

3.2.1 解析法

如果非线性电阻电路中非线性元件的伏安关系能够用函数表示，则可以采用解析法对非线性电阻电路进行分析，如例 3.2 所示。

【例 3.2】某非线性电阻电路如图 3.8 所示，其中电阻 $R = 1\Omega$，电流源 $I_S = 4\mathrm{A}$，非线性电阻的伏安特性为 $u = 2i + i^2$，求非线性电阻两端的电压 u。

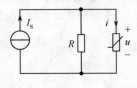

图 3.8 例 3.2 图

解 由于电阻 R 和非线性电阻在电路中并联，根据 KCL，有

$$\frac{u}{1} + i = 4$$

再根据非线性电阻的伏安特性，有

$$u = 2i + i^2$$

两式联立求解，可得 $i = 1\mathrm{A}$ 或 $i = -4\mathrm{A}$，从而有 $u = 3\mathrm{V}$ 或 $u = 8\mathrm{V}$。

当 $u = 8\mathrm{V}$ 时，计算得到非线性电阻上消耗的功率为负值，不符合实际情况，因此非线性电阻两端的电压 $u = 3\mathrm{V}$。

3.2.2 图解法

用图解法求解非线性电阻电路最直接和形象化。

线性电路的计算方法对于非线性电路来说，一般是不适用的。但基尔霍夫定律依旧是分析非线性电路的基本依据，因为基尔霍夫定律只与电路的结构有关，而与元件的性质无关。所谓图解法就是综合利用非线性电阻元件的伏安特性曲线和基尔霍夫定律，通过作图对非线性电阻电路进行求解的方法。

设有一非线性电阻电路，线性电阻 R_1 与非线性电阻 R 相串联，如图 3.9 所示，非线性电阻的伏安特性是已知的，如图 3.10 所示。

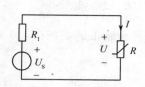

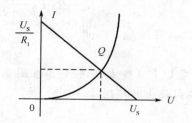

图 3.9　非线性电阻电路　　　　　　图 3.10　非线性电阻的伏安特性曲线

将 KVL 应用于图 3.9 所示电路,可得

$$U=U_S-IR_1 \quad \text{或} \quad I=-\frac{U}{R_1}+\frac{U_S}{R_1} \tag{3.6}$$

这是一个直线方程,在纵轴上的截距为 U_S/R_1。该直线方程实际上就是移去非线性电阻 R 后剩下的线性有源二端网络两端的伏安特性。

由式(3.6)所确定的直线称为负载线,电路的工作情况由负载线与非线性电阻元件 R 的伏安特性曲线的交点 Q 所确定。交点 Q 称为工作点,它表示了非线性电阻元件 R 两端的直流电压和流过其中的直流电流 I,所以在模拟电子技术中把它称为静态工作点。

【例 3.3】在图 3.11 所示电路中,已知 $R_1=3\text{k}\Omega$,$R_2=1\text{k}\Omega$,$R_3=0.25\text{k}\Omega$,$U_{S1}=5\text{V}$,$U_{S2}=1\text{V}$,VD 为半导体二极管,其伏安特性如图 3.12 所示。用图解法求出二极管中的电流 I_D 及其两端电压 U_D,并计算出其他两个支路中的电流 I_1 和 I_2。

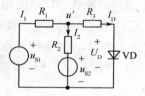

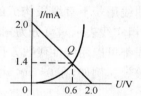

图 3.11　例 3.3 图　　　　　　　图 3.12　二极管的伏安特性曲线

解　将二极管 VD 断开,其余部分是一个线性有源二端网络,可用戴维南定理化为等效电路,如图 3.13 所示。等效电路的电源 U_{OC} 和内阻 R_O 可通过图 3.14 所示的电路计算。

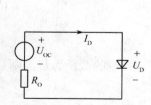

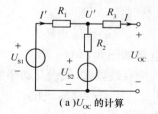

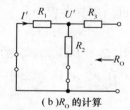

(a) U_{OC} 的计算　　　　(b) R_O 的计算

图 3.13　图 3.11 的等效电路　　　　图 3.14　U_{OC} 和 R_O 的计算

根据图 3.14(a),可计算出 U_{OC}

$$I'=\frac{U_{S1}-U_{S2}}{R_1+R_2}=\frac{5-1}{3+1}=1\text{mA}$$

$$U_{OC}=U_{S2}+R_2I'=1+1\times1=2\text{V}$$

根据图 3.14(b),可计算出 R_O,即

$$R_o = R_3 + \frac{R_1 R_2}{R_1 + R_2} = 0.25 + \frac{3 \times 1}{3 + 1} = 1\text{k}\Omega$$

由图 3.13,可知

$$U = U_{OC} - R_o I$$

这是一条 $U\text{-}I$ 直线方程,将它画在图 3.12 中,对应直线在横轴上的截距($I = 0$ 时)为 $U = U_{OC} = 2\text{V}$,在纵轴上的截距($U = 0$ 时)为

$$I = \frac{U_{OC}}{R_O} = 2\text{mA}$$

它与二极管的伏安特性曲线交于 Q 点,由此可得二极管中的电流和两端电压分别为

$$I_D = 1.4\text{mA}, U_D = 0.6\text{V}$$

要计算其他两个支路电流,可先求出节点电压 U',即

$$U' = U + R_3 I = 0.6 + 0.25 \times 1.4 = 0.95\text{V}$$

然后分别计算 I_1 和 I_2,即

$$I_1 = \frac{U_{S1} - U'}{R_1} = \frac{5 - 0.95}{3} = 1.35\text{mA}$$

$$I_2 = \frac{-U_{S2} + U'}{R_2} = \frac{-1 + 0.95}{1} = -0.05\text{mA}$$

3.2.3 分段线性法

分段线性法又称折线近似法,其基本思想是:在允许存在一定误差的前提下,将非线性电阻复杂的伏安特性曲线用若干直线段构成的折线近似表示。例如,图 3.15(a)所示隧道二极管的伏安特性曲线(粗实线表示),可分为三段,分别用①、②、③三条直线段(细实线)来近似表示。由于这些直线段都可以用线性代数方程来表示,因此隧道二极管的伏安特性在每一段都可用一线性电路来等效。例如,在 $0 < u < u_1$ 这个区间,对应的直线段是第①段,假设其斜率为 G_1,则其方程为

$$u = \frac{1}{G_1} i = R_1 i, \qquad 0 < u < u_1 \tag{3.7}$$

即在 $0 < u < u_1$ 这个区间,该非线性电阻可等效为线性电阻 R_1,如图 3.15(b)所示。类似地,在 $u_1 < u < u_2$ 这个区间,对应直线段②,假设其斜率为 G_2(显然 $G_2 < 0$),它在电压轴的截距为 U_{S2},则其方程为

$$u = U_{S2} + R_2 i, \qquad u_1 < u < u_2 \tag{3.8}$$

式中,$R_2 = 1/G_2$,其等效电路如图 3.15(c)所示。

在 $u > u_2$ 这个区间,对应直线段③,假设其斜率为 G_3,它在电压轴的截距为 U_{S3},则其方程为

$$u = U_{S3} + R_3 i, \qquad u > u_2 \tag{3.9}$$

式中,$R_3 = 1/G_3$,其等效电路如图 3.15(d)所示。

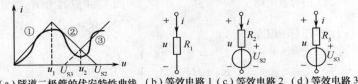

(a)隧道二极管的伏安特性曲线 (b)等效电路 1 (c)等效电路 2 (d)等效电路 3

图 3.15 非线性电阻的分段线性化

【例 3.4】 在图 3.16(a)所示电路中,已知非线性电阻的伏安特性曲线经分段线性化处理后如图 3.16(b)所示,求电流 i 和电压 u。

解 根据图 3.16(b),可以写出非线性电阻的伏安关系为

$$u=\begin{cases} 2i, & 0<i<1 \\ 1+i, & i>1 \end{cases}$$

因此,可分别画出 $0<i<1$ 和 $i>1$ 时的等效电路,如图 3.17(a)、(b)所示。

根据图 3.17(a),可以计算出 $i=2.5\text{A}$,$u=5\text{V}$,该结果与该等效电路的前提条件 $0<i<1$ 矛盾,因此不是正确的解;

根据图 3.17(b),可以计算出 $i=3\text{A}$,$u=4\text{V}$,该结果与该等效电路的前提条件 $i>1$ 符合,因此是正确的解。

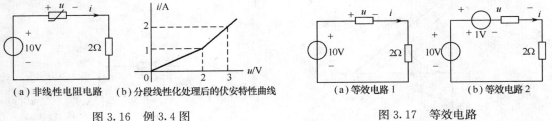

图 3.16 例 3.4 图　　　　　　　　　　图 3.17 等效电路

3.3 非线性电阻电路的小信号分析法

小信号分析法是电子线路中分析非线性电路的重要方法。在电子技术、无线电工程等领域里经常遇到的非线性电路中,除了含有直流电源作用外,同时还含有外加交流电源(即信号)的作用,如图 3.18 所示。图中的 U_S 代表直流电源,$u_\text{S}(t)$ 代表随时间变化的交流信号。通常,为了保证交流信号能够工作在非线性特性的线性区域,交流信号的幅度都远小于直流电源,因此称为小信号。

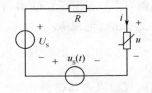

图 3.18 同时含有直流电源和
交流电源的非线性电路

3.3.1 非线性电阻电路静态工作点的概念

在图 3.18 所示的非线性电路中,直流电源的作用是为电路提供合适的工作条件。当交流电源 $u_\text{S}(t)=0$ 时,电路的工作状态称为静态工作点,它可以通过图解法求得。从图 3.19 可以看出,非线性电阻电路的静态工作点(Q 点)就是电路的负载线(图中的粗实线)和非线性电阻的伏安特性曲线的交点。当非线性电阻电路处于静态工作点时,假设流过非线性电阻的电流为 I_0,两端的电压降为 U_0,则非线性电阻的静态电阻定义为

$$R=U_0/I_0 \tag{3.10}$$

3.3.2 非线性电阻电路的小信号等效电路

电路中的交流信号可以认为是叠加在直流信号之上。当交流电源 $u_\text{S}(t)\neq0$ 时,电路的工作点将偏离静态工作点,但总会位于非线性电阻的伏安特性曲线上,如图 3.20 中所示的工作点 Q'。由于交流信号的幅度较小,电路的实际工作点将始终保持在静态工作点 Q 附近,围绕静态工作点上下波动。如果采用图解法,此时的工作点可以通过非线性电阻的伏安特性曲线

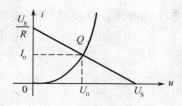

图 3.19 非线性电路的静态
工作点与静态电阻

与平行于负载线的直线(图中的细实线)的交点来求得。过静态工作点作伏安特性曲线的切线(图中的粗虚线),假设在某时刻交流电源引起流过非线性电阻的电流变化量为 Δi,两端的电压变化量为 Δu,则此时非线性电阻的动态电阻定义为

$$r_d = \Delta u / \Delta i \qquad (3.11)$$

对于小信号电源 $u_S(t)$ 而言,在静态工作点附近,非线性电阻的动态电阻可以等效为线性电阻 r_d,其动态电导 g_d 与过静态工作点所作伏安特性曲线的切线的斜率相等。因此,在确定出电路的静态工作点之后,图3.18 所示的非线性电阻电路可以以图 3.21 所示的小信号等效电路来表示。

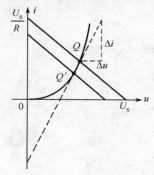

图 3.20 非线性电路的动态电阻

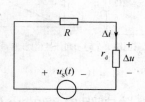

图 3.21 小信号等效电路

【例 3.5】在图 3.22(a)所示电路中,已知,直流电流源 $I_S = 3A$,小信号电流源 $i_S(t) = 10\cos(2t)$mA,电阻 $R = 1\Omega$,假设非线性电阻的伏安特性如下,求电压 $u(t)$。

$$i = \begin{cases} 0, & u < 0 \\ 2u^2, & u > 0 \end{cases}$$

解 (1)求电路的静态工作点,令 $i_S(t) = 0$,按图 3.22(a)所示电路,写出负载线方程为

$$i = I_S - u/R = 3 - u$$

将上式与非线性电阻的伏安特性联立求解,可求得静态工作点为 $U_0 = 1V$,$I_0 = 2A$。

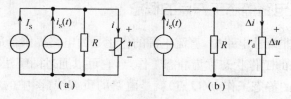

图 3.22 例 3.5 图

(2)工作点处的动态电导为

$$g_d = \frac{di}{du}\bigg|_{U_0} = 4s$$

动态电阻

$$r_d = 1/g_d = 0.25\Omega$$

(3)画出该电路的小信号等效电路如图 3.22(b)所示,求交流电源所引起的电压变化量

$$\Delta u = i_S(t) \cdot (R /\!/ r_d) = 0.01\cos(2t) \times \frac{1 \times 0.25}{1 + 0.25} = 0.002\cos(2t)\text{V}$$

(4)再考虑直流分量,可得
$$u(t)=U_0+\Delta u=1+0.002\cos(2t)\text{V}$$

由以上分析可以看出,求解小信号引起的响应时,应先确定非线性电阻电路的静态工作点,然后计算非线性电阻在静态工作点处的动态电阻或动态电导,最后画出小信号等效电路,即可利用线性电路的方法求得小信号激励引起的响应。

3.4 实用非线性电阻电路分析举例

3.4.1 二极管应用电路的分析

二极管在电路中有着广泛的应用,主要包括限幅、整流、稳压、检波、稳压、构成门电路等,下面重点介绍二极管限幅电路、整流电路和稳压电路。

1. 限幅电路

一种简单的限幅电路如图 3.23 所示。当输入信号 U_I 小于二极管导通电压时,二极管截止,$U_O\approx U_I$;U_I 超过导通电压后,二极管导通,其两端电压就是 $U_O=U_D$。由于二极管正向

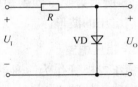

图 3.23 限幅电路

导通后,两端电压变化很小,所以当 U_I 有很大的变化时,U_O 的数值却被限制在一定范围内。这种电路可用来减小某些信号的幅值以适应不同的要求或保护电路中的元器件。

【例 3.6】 在图 3.23 所示电路中,已知 $R=2\text{k}\Omega$,二极管的伏安特性如图 3.24(a)所示,试计算当 U_I 分别为 0V、5V 和 10V 时,U_O 的数值各是多大?

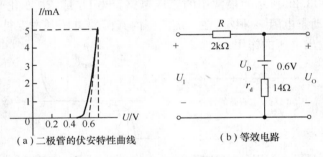

(a) 二极管的伏安特性曲线 (b) 等效电路

图 3.24 例 3.6 图

解 将二极管的伏安特性用折线等效之后,可以得到图 3.23 所示电路的等效电路,如图 3.24(b)所示。

从图 3.24(a)可以近似得知:$U_D\approx0.6\text{V}$,$r_d=(0.67-0.6)/0.005=14\Omega$。

当 $U_I=0\text{V}$ 时,二极管两端电压为零,二极管不导通,$U_O=U_I=0\text{V}$。

当 $U_I=5\text{V}$ 时,二极管导通,则有
$$U_O=U_D+(U_I-U_D)\cdot r_d/(R+r_d)\approx0.631\text{V}$$

当 $U_I=10\text{V}$ 时,二极管导通,同上方法可以计算得出 $U_O\approx0.665\text{V}$。

从此例题可以看出,在二极管导通后,当 U_I 变化很大(5V)时,二极管两端电压变化很小(约 0.034V),可见起到限幅的作用。

2. 整流电路

由二极管构成的整流电路是直流电源的重要组成部分,它可以把双极性的交流电压转换为单极性的直流电压。单相半波整流电路是最简单的一种整流电路。如图 3.25 所示,当电路

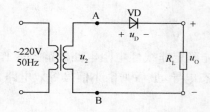

图 3.25 单相半波整流电路

的输入频率为 50Hz、有效值为 220V 的电网电压（即市电）时，设变压器的副边电压有效值为 U_2，则其瞬时值 $u_2 = \sqrt{2}U_2\sin\omega t$。

在 u_2 的正半周，A 点为正，B 点为负，二极管外加正向电压，因而处于导通状态。电流从 A 点流出，经过二极管 VD 和负载电阻 R_L 流入 B 点，$u_O = u_2 = \sqrt{2}U_2\sin\omega t$（$\omega t = 0 \sim \pi$）。在 u_2 的负半周，B 点为正，A 点为负，二极管外加反向电压，因而处于截止状态，$u_O = 0$（$\omega t = \pi \sim 2\pi$）。负载电阻 R_L 的电压和电流都具有单一方向的脉动。图 3.26 所示为变压器副边电压 u_2、输出电压 u_O 和二极管端电压的波形。

3. 稳压电路

稳压二极管作为一种特殊的半导体二极管，因为它具有稳压的特点，在稳压设备和一些电子电路中经常用到，图 3.27(a)、(b)、(c) 分别为其符号、伏安特性曲线和稳压管在反向击穿状态下的等效电路。稳压管正常工作的条件有两个：一是必须工作在反向击穿状态，二是稳压管中的工作电流要在稳压管的稳定电流与最大电流之间。图 3.28 所示为最常用的稳压电路。当 U_I 或 R_L 变化时，稳压管中的电流发生变化，但是由于动态电阻 r_Z 很小，在一定范围内其两端电压基本保持在稳压值 U_Z 附近，从而能够起到稳定输出电压的作用。

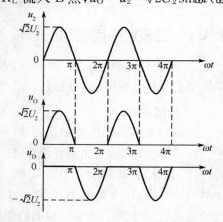

图 3.26 半波整流电路的波形图

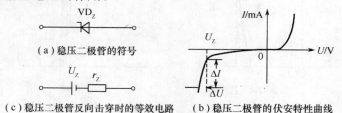

（a）稳压二极管的符号

（c）稳压二极管反向击穿时的等效电路　　（b）稳压二极管的伏安特性曲线

图 3.27 稳压二极管

【例 3.7】在图 3.28 所示电路中，若输入电压 $U_I = 18V$，$R = 500\Omega$，稳压管 VD_Z 的稳压值为 6V，稳定电流为 10mA，额定功耗为 240mW，试计算当负载电阻 R_L 在 100Ω 到 10kΩ 范围内变化时，U_O 怎样变化？该电路允许施加的输入电压 U_I 的最大值是多少？

解　（1）在稳压管未击穿时，工作在反向截止状态，此时的输出电压为

$$U_O = U_I \times \frac{R_L}{R + R_L} = \frac{18R_L}{0.5 + R_L}$$

（2）当 $R_L \geqslant 0.25k\Omega$ 时，$U_O \geqslant 6V$，稳压管反向击穿；但要使稳压管发挥稳压作用，还必须使流过稳压管的电流达到稳定电流，即

$$\frac{18-6}{0.5} - \frac{6}{R_L} > 10$$

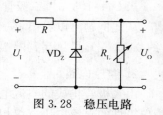

图 3.28 稳压电路

从而可解得 $R_L > \dfrac{3}{7}$ kΩ；当负载电阻大于此值时，稳压管发挥稳压作用，输出电压 $U_O = 6V$。

（3）根据稳压管的额定功耗，可以计算出稳压管允许流过的最大电流为

$$I_{max} = 240/6 = 40mA$$

当负载电阻 R_L 取最大值 10kΩ 时，分走的电流最小，此时流过稳压管的电流达到最大；为防止稳压管因发热而损坏，必须保证流过稳压管的电流小于其最大允许电流，即

$$\frac{U_I - 6}{0.5} - \frac{6}{10} < 40$$

从而可解得 $U_I < 26.3V$。

3.4.2 晶体管放大电路的静态工作点分析

晶体管的输入特性曲线和输出特性曲线都表现出非线性特性，因此在工作过程中经常会出现非线性失真（截止失真和饱和失真）。当晶体管放大电路的交流输入信号为零时，电路的工作点称为静态工作点。下面通过两个具体电路介绍静态工作点的分析与计算。

【例 3.8】图 3.29 所示电路为典型的晶体管共射放大电路（晶体管的发射极是输入回路和输出回路的公共端），若 $U_{BB} = 3V$，$U_{CC} = 12V$，$R_B = 60kΩ$，$R_C = 3kΩ$，晶体管的直流电流放大系数 $\bar{\beta} = 50$，导通电压 $U_{on} = 0.6V$，求电路的静态工作点（I_{BQ}，I_{CQ}，U_{CEQ}）。

解 根据第 1 章介绍的晶体管直流简化等效电路，可得到图 3.27 所示电路的直流等效电路，如图 3.30 所示。

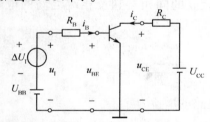
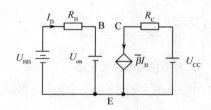

图 3.29　共射放大电路　　　　图 3.30　共射放大电路的直流等效电路

在输入回路中求得　　　$I_{BQ} = \dfrac{U_{BB} - U_{on}}{R_B} = \dfrac{3 - 0.6}{60} = 0.04mA$

在输入回路中求得　　　　　$I_{CQ} = \bar{\beta} I_{BQ} = 50 \times 0.04 = 2mA$

$$U_{CEQ} = U_{CC} - R_C I_{CQ} = 12 - 3 \times 2 = 6V$$

【例 3.9】在图 3.31 所示的晶体管共集放大电路中，若 $U_{BB} = 6V$，$U_{CC} = 12V$，$R_b = 3kΩ$，$R_e = 1kΩ$，晶体管的电流放大系数 $\bar{\beta} = 50$，导通电压 $U_{on} = 0.6V$，求电路的静态工作点。

解 根据第 1 章介绍的晶体管直流简化等效电路，可得到图 3.31 所示电路的直流等效电路，如图 3.32 所示。

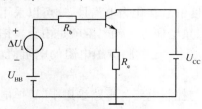
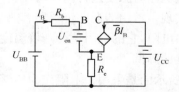

图 3.31　共集放大电路　　　　图 3.32　共集放大电路的直流等效电路

在输入回路中有
$$U_{EQ}=I_{EQ}R_e=(I_{BQ}+I_{CQ})R_e=(1+\bar{\beta})I_{BQ}R_e$$
$$U_{BB}-R_bI_{BQ}-U_{on}=U_{EQ}$$

从而有
$$I_{BQ}=\frac{U_{BB}-U_{on}}{R_b+(1+\bar{\beta})R_e}=\frac{6-0.6}{3+51\times1}=0.1\text{mA}$$

在输出回路中有
$$I_{CQ}=\bar{\beta}I_{BQ}=50\times0.1=5\text{mA}$$
$$I_{EQ}=(1+\bar{\beta})I_{BQ}=(1+50)\times0.1=5.1\text{mA}$$
$$U_{CEQ}=U_{CC}-R_eI_{EQ}=12-1\times5.1=6.9\text{V}$$

3.4.3 同相程控增益放大电路分析

在实际应用中,经常会出现信号变化范围很大的情况。因此在设计放大电路时,为了方便对信号的处理和后续电路的设计,应该根据输入信号的幅值来设置不同的放大倍数:对于幅值小的信号,放大倍数较高;对于幅值大的信号,放大倍数较低,甚至具有衰减作用。这种放大倍数(也叫增益)的改变,往往是通过计算机的程序控制来实现的,所以常将具有这种功能的放大电路称为程控增益放大电路。它广泛应用于各种计算机采集、测量、控制系统的信号调理电路中。

图 3.33 所示为同相程控增益放大电路。图中输入信号 u_i 从运算放大器的同相端输入,多路模拟开关 S 可在计算机的控制下,选择 $R_1 \sim R_4$ 中的某一电阻作为反馈电阻 R_f。利用理想运算放大器的"虚短"(工作在负反馈条件下的集成运放的同相端和反相端之间的电压差很小,近似于短路)和"虚断"(集成运放的同相端和反相端之间的电阻很大,近似于断路)特性,可得

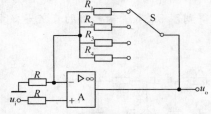

图 3.33　同相程控增益放大电路

$$u_- \approx u_+ \approx u_o \tag{3.12}$$

$$\frac{u_o-u_-}{R_f}=\frac{u_-}{R} \tag{3.13}$$

将式(3.13)和式(3.14)联立求解,可得同相放大电路的增益为

$$A_f=\frac{u_o}{u_i}=1+\frac{R_f}{R} \tag{3.14}$$

由于反馈电阻 R_f 可利用计算机控制多路模拟开关 S 在 $R_1 \sim R_4$ 中选择,所以当这 4 个电阻的阻值不同时,就可以实现信号的程控增益放大。

3.4.4 温度测量与控制电路分析

温度作为一个重要的物理量,无论是在工农业生产还是日常生活中都经常需要进行测量与控制。例如,钢铁厂炼钢高炉里的温度必须严格控制在某一范围内,才能保证所生产的钢铁的质量;蔬菜大棚里的温度需要进行适当的控制,以促进植物的生长;电冰箱里的温度也需要进行不断的测量与控制,才能确保食物的冷冻和冷藏。

为了通过电路对温度进行测量与控制,首先需要把温度信号转化为电信号,这可以采用温度传感器来实现。常用的温度传感器有热电阻、热敏电阻、热电偶等。铂电阻就是由金属铂丝制成的一种热电阻,它的电阻值会随着温度的变化而发生变化,通过测量铂电阻的电阻值,就可以知道温度的高低。

图 3.34 所示的是采用铂电阻作为传感器的温度测量与控制电路。电路采用+5V 单电源供电,所用铂电阻 R_t 的电阻值与温度 $T(\text{℃})$ 的关系为

$$R_t = (100 + 0.39T)\Omega \tag{3.15}$$

图 3.34 所示电路中的集成运放 A_1 工作在负反馈条件下，A_2 和 A_3 工作在开环条件下。电路的工作原理是：当温度很低时，R_t 很小，由电阻串联分压公式可知，u_{t+} 很小。由于 u_{t+} 接入集成运放 A_1 的同相输入端，因此 A_1 的输出电压 u_1 很小。当 $u_1 < u_{RL}$ 时，集成运放 A_3 的输出电压 u_L 为高电平，该电压信号用于控制加热器的开关，使加热器开始工作，从而温度上升，u_1 变大，当 $u_1 > u_{RH}$ 时，集成运放 A_2 的输出电压

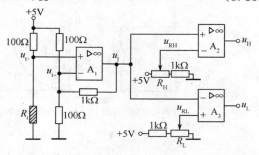

图 3.34 温度测量与控制电路

u_H 为高电平，该电压信号用于控制加热器的开关，使加热器停止工作，温度不再上升。当 $u_{RL} < u_1 < u_{RH}$ 时，u_L、u_H 均为低电平，加热器不工作，处于恒温状态。

【例 3.10】 在图 3.34 所示的电路中，设计电阻 R_L、R_H，使温度保持在 $60 \sim 70℃$ 之间。

解 利用理想运算放大器的"虚断"特性，可以计算出 A_1 同相端的输入电压为

$$u_+ = \frac{R_t}{R_t + 100} \times 5 = \frac{5 \times (100 + 0.39T)}{200 + 0.39T}$$

应用叠加定理，并利用理想运算放大器的"虚断"特性，可以计算出 A_1 反相端的输入电压为

$$u_- = \frac{100}{100 + 100} \times 5 + \frac{100}{100 + 1000} \times u_1 = 2.5 + \frac{u_1}{11}$$

再利用理想运算放大器的"虚短"特性，有 $u_- \approx u_+$，从而可得

$$2.5 + \frac{u_1}{11} \approx \frac{5 \times (100 + 0.39T)}{200 + 0.39T}, \quad u_1 = 27.5 - \frac{5500}{200 + 0.39T}$$

当 $T = 60℃$ 时，$u_1 \approx 2.88V$，该电压值应等于 u_{RL}，因此有

$$\frac{R_L}{1000 + R_L} \times 5 = 2.88, \quad R_L \approx 1358\Omega$$

当 $T = 70℃$ 时，$u_1 \approx 3.30V$，该电压值应等于 u_{RH}，因此有

$$\frac{1000}{1000 + R_H} \times 5 = 3.3, \quad R_L \approx 515\Omega$$

思考题与习题 3

题 3.1 某非线性电阻的伏安关系为 $u = i^3$，如果通过非线性电阻的电流为 $i = \cos(\omega t)A$，则该电阻的电压中将含有哪些频率分量？

题 3.2 画出图 3.35 所示各电路端口的伏安特性（图中二极管均为理想二极管）曲线。

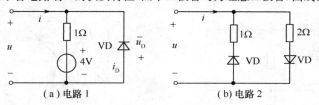

图 3.35 题 3.2 电路

题 3.3 图 3.36(a)所示电路中，R 为非线性电阻元件，图(b)为其伏安特性曲线。求该电流 I 及非线性电阻元件的功率。

题 3.4 图 3.37 所示电路中,已知非线性电阻的伏安关系为 $u = i^2$,求电压 u 和电流 i_1。

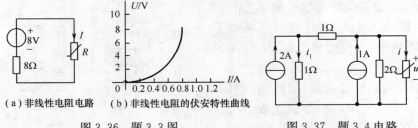

（a）非线性电阻电路 　（b）非线性电阻的伏安特性曲线

图 3.36　题 3.3 图　　　　　　图 3.37　题 3.4 电路

题 3.5 图 3.38 所示电路中,已知非线性电阻的伏安关系为

$$i = \begin{cases} 0, & u < 0 \\ u^2, & u \geqslant 0 \end{cases}$$

求该电路的工作点及在工作点处的非线性电阻的静态电阻和动态电阻。

题 3.6 求图 3.39 所示含理想二极管的二端电路的端口伏安特性。

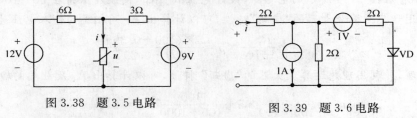

图 3.38　题 3.5 电路　　　　　　图 3.39　题 3.6 电路

题 3.7 图 3.40 所示电路中,若非线性电阻的伏安关系为 $i_R = u_R^2 - 3u_R + 1$。
(1)求单口网络 N 的伏安特性;(2)若 $U_S = 3V$,求 u 和 i_R。

题 3.8 图 3.41 所示电路中,若非线性电阻的伏安关系为 $u_R = 2i_R^2 + 1$,求 u。

题 3.9 图 3.42 所示电路中,小信号 $i_S(t) = 40\cos 10^3 t\,\text{mA}$。若非线性电阻的伏安关系为 $i = u^2 - 3u$,
(1)求电路的静态工作点;(2)用小信号分析法求电压 $u(t)$。

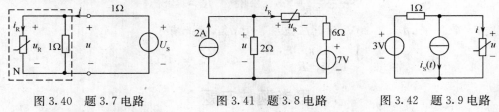

图 3.40　题 3.7 电路　　　图 3.41　题 3.8 电路　　　图 3.42　题 3.9 电路

题 3.10 图 3.43 所示电路中,小信号 $u_S(t) = 14\cos 10^4 t\,\text{mV}$。若非线性电阻的伏安关系为 $u = i^2 - 7i$,
(1)求电路的静态工作点;(2)用小信号分析法求电压 $u(t)$。

题 3.11 两个非线性电阻的伏安特性如图 3.44 所示,求它们串联后的合成特性。

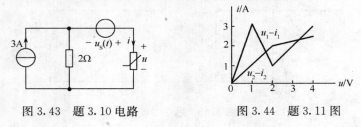

图 3.43　题 3.10 电路　　　　　　图 3.44　题 3.11 图

第 4 章 动态电路的暂态分析

本章导读信息

前面几章所讨论的电路都工作在稳态,即电路中的电流和电压在给定的条件下均认为已达到某一稳定值。实际上,当电路中含有电容或电感等动态元件时,电路响应存在一个过渡过程,电路处于暂态。暂态过程的存在于实际有利有弊,为了兴利除弊,常需对它进行分析。对电路做暂态分析(动态分析)比做稳态分析(静态分析)要困难得多,但毕竟有规律可循,其基本依据仍然是电路的两类约束。描述电路暂态过程的方程是以电压或电流为变量的线性常系数微分方程。

1. 内容提要

本章首先介绍了动态电路及其方程列写、求解方法和换路定则等;然后以此为基础,结合RC、RL 一阶电路和 RLC 二阶电路的动态响应分析介绍了动态电路的暂态分析方法,并将它应用于微分电路、积分电路、闪光灯电路和汽车点火电路等实用电路的分析。

本章涉及的的概念与名词术语主要有:

动态元件,动态电路,一阶电路,n 阶电路,过渡过程,暂态,稳态;微分方程,齐次方程,特征方程,特征根,齐次解,特解;换路,换路瞬间,换路前瞬间($t = 0_-$),换路后瞬间($t = 0_+$),换路定则,初始值,RC 电路,零输入响应,零状态响应,全响应,固有响应(自由响应),强迫响应,暂态响应,稳态响应,稳态值,时间常数,三要素法;阶跃信号,阶跃函数,非阶跃函数,单位阶跃信号,延时阶跃信号,阶跃响应,暂态分析,过阻尼,临界阻尼,欠阻尼,振荡,衰减系数,微分电路,积分电路,RLC 电路,初级线圈,次级线圈,磁耦合,自耦变压器。

2. 重点难点

【本章重点】

(1) 动态电路微分方程的列写和求解;

(2) 换路后电路初始值的计算方法;

(3) 一阶 RC 电路零输入响应、零状态响应和全响应的求法;

(4) 一阶动态电路的"三要素"分析法;

(5) 电路阶跃响应的求法;

(6) RLC 串联电路微分方程的建立,过阻尼、临界阻尼和欠阻尼情况下二阶电路零输入响应的求解,微分电路和积分电路。

【本章难点】

(1) 齐次方程通解的求法;

(2) 换路后电路初始值的计算方法;

(3) 含受控源电路时间常数的求法;

(4) 非阶跃函数用多个阶跃函数之和表示的方法;

(5) 二阶电路零输入响应的求解。

4.1 动态电路及其方程

4.1.1 动态电路概述

在许多实际电路中,除了含有电源和电阻元件外,还含有电容、电感等元件。这些元件的电压、电流关系为积分或微分关系,称其为动态元件。含有动态元件的电路称为动态电路,描述动态电路的方程是以电流或电压为变量的微分方程。对于只含有一个动态元件的动态电路,由于可以用一阶微分方程来描述,所以称为一阶电路。一般而言,如果电路中含有 n 个独立的动态元件,则需要用 n 阶微分方程来描述,这样的电路称为 n 阶电路。

由于电容两端的电压和流过电感的电流具有连续性,因此当含有电容或电感的动态电路接通直流电源、正弦交流电源时,电路中的电压和电流不会马上到达稳定状态(稳态),而是存在一个充电的过程;同样,当动态电路断开电源时,电路中的电压和电流也不会马上为零,而是存在一个放电的过程。这种充电和放电的过程可以统称为过渡过程。由于过渡过程经历的时间往往很短暂,所以常把电路处于过渡过程的工作状态称为暂态。

4.1.2 动态电路方程

分析电路,首先要列写描述电路的方程。列写动态电路方程的基本依据仍然是基尔霍夫定律和元件的伏安关系。由于动态元件的伏安关系是微分或积分关系,因此所列写的动态电路方程将是微分方程。

1. 动态电路方程的列写方法

下面通过几个例子说明动态电路微分方程的列写方法。

【例 4.1】 图 4.1 是一个简单的 RC 串联电路,开关 S 在 $t=0$ 时闭合,要求列写以 $u_C(t)(t \geqslant 0)$ 为变量的电路方程。

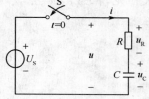

图 4.1 RC 串联电路

解 通常将电路中开关的闭合、断开或元件参数的突然变化等统称为"换路"。换路后,根据 KVL 列写出回路的电压方程,有

$$u_R(t) + u_C(t) = U_S$$

由于 $u_R = Ri$,且 $i = C\dfrac{du_C}{dt}$,代入上述方程,有

$$\frac{du_C}{dt} + \frac{1}{RC}u_C = \frac{U_S}{RC}$$

这就是一阶微分方程。

【例 4.2】 对于图 4.2 所示的 RL 串联电路,开关 S 在 $t=0$ 时闭合,要求列写以 $i_L(t)$ 为变量的电路方程。

解 开关闭合后,根据 KVL,有

$$u_R(t) + u_L(t) = U_S$$

由于 $u_R = Ri_L$,且 $u_L = L\dfrac{di_L}{dt}$,代入上式,并整理得

$$\frac{di_L}{dt} + \frac{R}{L}i_L = \frac{U_S}{L}$$

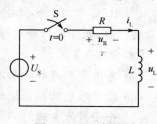

图 4.2 RL 串联电路

【例 4.3】 对于图 4.3 所示含有两个独立动态元件的电路,要求

列写以 $u_C(t)$ 为变量的电路方程。

解 根据 KVL，有

$$u_L(t) + u_C(t) = U_S$$

因为 $u_L = L\dfrac{di_L}{dt}$，而 $i_L(t) = i_R(t) + i_C(t) = \dfrac{u_C}{R} + C\dfrac{du_C}{dt}$，故有

$$u_L = \frac{L}{R}\frac{du_C}{dt} + LC\frac{d^2u_C}{dt^2}$$

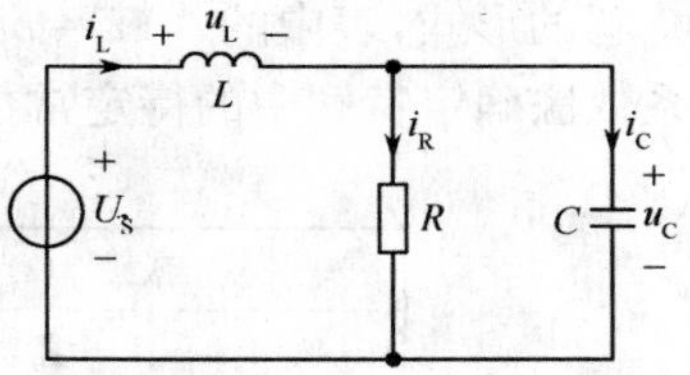

图 4.3 二阶电路

将 u_L 的表达式代入上述 KVL 方程，经整理可得

$$\frac{d^2u_C}{dt^2} + \frac{1}{RC}\frac{du_C}{dt} + \frac{u_C}{LC} = \frac{U_S}{LC}$$

这是一个二阶微分方程，因此图 4.3 所示的电路称为二阶电路。

由以上各例可归纳出列写动态电路微分方程的一般步骤为：

① 根据电路列写 KCL 或 KVL 方程，并写出各元件的 VAR；

② 在以上方程中消去中间变量，得到所需变量的微分方程。

2. 动态电路方程的经典解法

若激励（u_S 或 i_S）用 $f(t)$ 表示，响应（所求电路变量 u 或 i）用 $x(t)$ 表示，则描述一阶和二阶动态电路的微分方程可分别写成下列一般形式（有时等式右边还含有 $f(t)$ 的导数）

$$\frac{dx(t)}{dt} + a_0 x(t) = b_0 f(t) \tag{4.1}$$

$$\frac{d^2x(t)}{dt^2} + a_1\frac{dx(t)}{dt} + a_0 x(t) = b_0 f(t) \tag{4.2}$$

对于线性时不变电路，式（4.1）和式（4.2）中的系数 a_1、a_0、b_0 等都是取决于电路元件的常数。

由微分方程理论可知，线性常系数微分方程的完全解由两部分组成，即

$$x(t) = x_h(t) + x_p(t) \tag{4.3}$$

式中，$x_h(t)$ 为微分方程对应齐次方程的通解（或齐次解），$x_p(t)$ 为微分方程的特解。

齐次解的形式由微分方程的特征根确定。

对于式（4.1）所示的一阶微分方程，其特征方程为 $\lambda + a_0 = 0$，特征根 $\lambda = -a_0$，故齐次解 $x_h(t)$ 的形式为

$$x_h(t) = Ke^{\lambda t} = Ke^{-a_0 t} \tag{4.4}$$

式中，K 为待定常数。

对于式（4.2）所示的二阶微分方程，其特征方程为

$$\lambda^2 + a_1\lambda + a_0 = 0 \tag{4.5}$$

特征根有两个，分别记为 λ_1 和 λ_2。表 4.1 列出了特征根为不同取值时所对应的齐次解 $x_h(t)$，表中 K_1、K_2 为待定常数。

齐次解中的待定常数将在式（4.3）的完全解中由初始条件确定。

表 4.1 不同特征根时二阶微分方程的齐次解

特征根 λ_1 和 λ_2	齐次解 $x_h(t)$
$\lambda_1 \neq \lambda_2$（不等实根）	$K_1e^{\lambda_1 t} + K_2e^{\lambda_2 t}$
$\lambda_1 = \lambda_2 = \lambda$（相等实根）	$(K_1 + K_2 t)e^{\lambda t}$
$\lambda_{1,2} = -\alpha \pm j\beta$（共轭复根）	$e^{-\alpha t}(K_1\cos\beta t + K_2\sin\beta t)$

微分方程的特解 $x_p(t)$ 与激励 $f(t)$ 的函数形式类似。表 4.2 列出了常用激励形式所对应特解的形式，表中的 $A_i(i=m,m-1,\cdots,0)$ 为待定常数；将特解 $x_p(t)$ 代入原微分方程，用比较系数法确定特解中的待定常数。

表 4.2　常用激励形式所对应特解的形式

激励 $f(t)$ 的形式	特解 $x_p(t)$ 的形式	
常数	A_0	
t^m	$A_m t^m + A_{m-1} t^{m-1} + \cdots + A_1 t + A_0$	
$e^{\alpha t}$	$A_0 e^{\alpha t}$	当 α 不等于特征根时
	$(A_1 t + A_0) e^{\alpha t}$	当 α 等于特征单根时
	$(A_2 t^2 + A_1 t + A_0) e^{\alpha t}$	当 α 等于特征重根时
$\cos(\beta t + \varphi)$	$A_1 \cos(\beta t + A_0)$	

由于齐次解的函数形式仅由特征根确定，与激励无关，而特征根仅与电路的结构和参数有关，故齐次解也常称为固有响应或自由响应，它反映了电路的固有特性。特解的函数形式取决于激励的函数形式，可以认为是在激励的"强迫"下电路所做出的响应，故特解也称为强迫响应。

【例 4.4】已知微分方程

$$\frac{\mathrm{d}x(t)}{\mathrm{d}t} + 3x(t) = f(t)$$

$$x(0) = 4$$

求 $t \geqslant 0$，$f(t)$ 分别为 6 和 e^{-3t} 时微分方程的完全解。

解　(1) 求齐次解 $x_h(t)$。微分方程的特征方程为

$$\lambda + 3 = 0$$

其特征根 $\lambda = -3$，故齐次解

$$x_h(t) = K e^{-3t}$$

(2) 当 $f(t) = 6$ 时，其特解

$$x_p(t) = A_0$$

代入原方程，有

$$3A_0 = 6$$

故得特解

$$x_p(t) = A_0 = 2$$

完全解为

$$x(t) = x_h(t) + x_p(t) = K e^{-3t} + 2$$

将初始条件 $x(0) = 4$ 代入上式，有

$$x(0) = K + 2 = 4$$

因此

$$K = 2$$

故得 $f(t) = 6$ 时的完全响应

$$x(t) = 2e^{-3t} + 2, \quad (t \geqslant 0)$$

(3) 当 $f(t) = e^{-3t}$ 时，其特解

$$x_p(t) = (A_1 t + A_0) e^{-3t}$$

代入原方程，得

$$A_1 \mathrm{e}^{-3t} - 3(A_1 t + A_0)\mathrm{e}^{-3t} + 3(A_1 t + A_0)\mathrm{e}^{-3t} = \mathrm{e}^{-3t}$$

故 $A_1 = 1$，A_0 暂时无法求出。完全解为

$$x(t) = x_{\mathrm{h}}(t) + x_{\mathrm{p}}(t) = K\mathrm{e}^{-3t} + (t + A_0)\mathrm{e}^{-3t} = (K + A_0 + t)\mathrm{e}^{-3t}$$

将初始条件 $x(0) = 4$ 代入上式，有

$$x(0) = K + A_0 = 4$$

故得 $f(t) = \mathrm{e}^{-3t}$ 时的完全响应

$$x(t) = (t + 4)\mathrm{e}^{-3t}, \quad (t \geqslant 0)$$

4.2 换路定则与初始条件确定

4.2.1 换路定则

暂态过程的产生是由于物质所具有的能量不能跃变而造成的。因为自然界的任何物质在一定的稳定状态下，都具有一定的或一定变化形式的能量，当条件改变时，能量随之改变，但是能量的积累或衰减是需要一定时间的。比如，电动机的转速不能跃变，这是因为它的动能不能跃变；火车由静止不能立即达到高速，这是由惯性原理决定的。

在电路中，换路会使电路中的能量发生变化，但这种变化也是不能跃变的。在电感元件中，储有磁能 $\frac{1}{2}Li_{\mathrm{L}}^2$，当换路时，磁能不能跃变，这反映在电感元件中的电流 i_{L} 不能跃变上。同样，在电容元件中，储有电能 $\frac{1}{2}Cu_{\mathrm{C}}^2$，当换路时，电能不能跃变，这反映在电容元件上的电压 u_{C} 不能跃变上。可见电路的暂态过程是由于储能元件上的电流 i_{L} 或电压 u_{C} 不能跃变，从而使其能量不能跃变而产生的。

这个问题也可以从另外的角度来分析。设有一 RC 串联电路，当接上直流电源 U 对电容器充电时，假若电容器两端电压 u_{C} 跃变，则在此瞬间充电电流 $i = C\dfrac{\mathrm{d}u_{\mathrm{C}}}{\mathrm{d}t}$ 将趋于无穷大。但是任一瞬间，电路都要受到基尔霍夫定律的制约，充电电流要受到电阻 R 的限制，即

$$i = \frac{U - u_{\mathrm{C}}}{R} \tag{4.6}$$

除非在电阻 R 等于零的理想状态下，否则充电电流不可能趋于无穷大。因此，电容电压不可能跃变。类似地可分析 RL 串联电路，电感元件中的电流 i_{L} 一般也不能跃变，否则在此瞬间电感电压 $u_{\mathrm{L}} = L\dfrac{\mathrm{d}i_{\mathrm{L}}}{\mathrm{d}t}$ 将趋于无穷大。而这也要受到基尔霍夫定律的约束。

设 $t = 0$ 为换路瞬间，而以 $t = 0_-$ 表示换路前的终了瞬间，$t = 0_+$ 表示换路后的初始瞬间。0_- 和 0_+ 在数值上都等于 0，但前者是指 t 从负值趋近于零，后者是指 t 从正值趋近于零。从 $t = 0_-$ 到 $t = 0_+$ 瞬间，电感元件中的电流和电容元件上的电压不能跃变，这称为换路定则。用公式表示，则为

$$\begin{cases} i_{\mathrm{L}}(0_-) = i_{\mathrm{L}}(0_+) \\ u_{\mathrm{C}}(0_-) = u_{\mathrm{C}}(0_+) \end{cases} \tag{4.7}$$

4.2.2 基于换路定则的电路初始值计算

1. 基于换路定则的电路初始值计算方法

换路定则仅适用于换路瞬间，可根据它来确定 $t = 0_+$ 时电路中各电压和电流之值，即暂态

过程的初始值。确定各个电压和电流的初始值时,先根据 $t = 0_-$ 的电路求出 $i_L(0_-)$ 或 $u_C(0_-)$,而后再根据 $t = 0_+$ 的电路在已求得的 $i_L(0_+)$ 或 $u_C(0_+)$ 的条件下,求其他电压和电流的初始值。

在直流激励下,如果储能元件在换路前储有能量,并设电路已处于稳态,则在 $t = 0_-$ 的电路中,电容元件可以视为开路,电感元件可视为短路;在 $t = 0_+$ 的电路中,电容元件可以视为电压源,其电压值为 $u_C(0_+)$,电感元件可视为电流源,其电流值为 $i_L(0_+)$。如果储能元件在换路前无储能,则在 $t = 0_-$ 和 $t = 0_+$ 的电路中,可将电容元件短路,将电感元件开路。

2. 电路初始值的计算举例

【例 4.5】 在图 4.4(a) 所示电路中,已知 $U_S = 100\text{V}$,$R_1 = 20\Omega$,$R_2 = 50\Omega$,$C = 10\mu\text{F}$。当 $t = 0$ 时开关 S 闭合,假设开关 S 闭合前电路已处于稳态。求开关闭合后各支路电流和各元件电压的初始值。各电流、电压参考方向如图中所示。

解 首先,求出开关 S 闭合前电容的电压。根据已知条件,电路是直流电路,所以,S 闭合前电容中电流为零,该支路相当于开路。画出 $t = 0_-$ 时等效电路如图 4.4(b) 所示。在该电路中,因电流为零,故 R_1 上没有电压降,根据 KVL,可得 $u_C(0_-) = U_S = 100\text{V}$。

然后,根据换路定则,可得

$$u_C(0_+) = u_C(0_-) = 100\text{V}$$

因此,在 $t = 0_+$ 瞬间,电容器相当于一个电压源,其大小和方向与 $u_C(0_+)$ 相同,这个电压就是电容电压的初始值。电路中其他元件与原电路一样,可以画出 $t = 0_+$ 时刻的等效电路,如图 4.4(c) 所示。

最后,根据图 4.4(c) 所示 $t = 0_+$ 时的等效电路,运用直流电路分析方法,便可以求出各支路电流和各元件电压的初始值,即

$$i_1(0_+) = \frac{U_S - u_C(0_+)}{R_1} = \frac{100 - 100}{20} = 0$$

$$i_2(0_+) = \frac{u_{R2}(0_+)}{R_2} = \frac{u_C(0_+)}{R_2} = \frac{100}{50} = 2\text{A}$$

$$i_C(0_+) = i_1(0_+) - i_2(0_+) = 0 - 2 = -2\text{A}$$

$$u_{R1}(0_+) = R_1 i_1(0_+) = 0$$

$$u_{R2}(0_+) = R_2 i_2(0_+) = 50 \times 2 = 100\text{V}$$

$$u_C(0_+) = u_C(0_-) = 100\text{V}$$

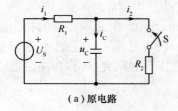 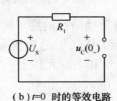 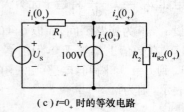

(a) 原电路　　　　　　　(b) $t=0_-$ 时的等效电路　　　　　　(c) $t=0_+$ 时的等效电路

图 4.4　例 4.5 图

【例 4.6】 在图 4.5(a) 所示电路中,已知 $U_S = 10\text{V}$,$R_1 = R_2 = 10\Omega$,$L = 1\text{H}$,开关 S 在 $t = 0$ 时刻闭合。假设开关闭合前电路已工作很长时间,求开关 S 闭合后各支路电流和各元件电压的初始值。各电流、电压的参考方向如图中所示。

解 第一步:先求出开关 S 未闭合时电感中的电流。根据已知条件,原电路是直流电路,

因此电感元件两端电压为零,电感视为短路,于是可画出 $t = 0_-$ 时刻的等效电路如图 4.5(b)所示。则有

$$i_L(0_-) = \frac{U_S}{R_1} = \frac{10}{10} = 1A$$

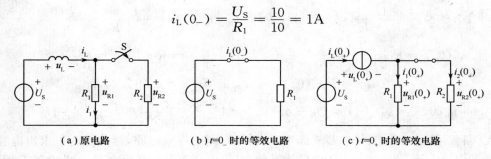

(a)原电路　　　　(b) $t=0_-$ 时的等效电路　　　　(c) $t=0_+$ 时的等效电路

图 4.5　例 4.6 图

第二步:画出 $t = 0_+$ 时刻的等效电路。根据换路定则,可得

$$i_L(0_+) = i_L(0_-) = 1A$$

因此,在 $t = 0_+$ 时刻,电感相当于一个电流源,其大小和方向与 $i_L(0_+)$ 相同,这个电流就是电感电流的初始值。于是可画出 $t = 0_+$ 时刻的等效电路,如图 4.5(c)所示。

第三步:根据图 4.5(c)所示的 $t = 0_+$ 时刻的等效电路,运用电阻电路的分析方法,可求得各支路电流和各元件电压的初始值:

$$i_1(0_+) = \frac{1}{2}i_L(0_+) = 0.5A$$

$$i_2(0_+) = \frac{1}{2}i_L(0_+) = 0.5A$$

$$u_{R1}(0_+) = R_1 i_1(0_+) = 10 \times 0.5 = 5V$$

$$u_{R2}(0_+) = R_2 i_2(0_+) = 50 \times 2 = 100V$$

$$u_L(0_+) = U_S - u_{R1}(0_+) = 10 - 5 = 5V$$

【例 4.7】在图 4.6(a)所示电路中,当 $t = 0$ 时开关 S 闭合前电路无储能。求开关 S 闭合后各支路电流和各元件电压的初始值。各电流、电压的参考方向如图中所示。

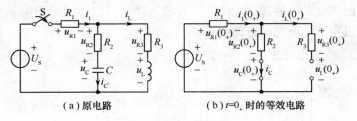

(a)原电路　　　　(b) $t=0_+$ 时的等效电路

图 4.6　例 4.7 图

解　第一步:首先求解开关 S 闭合前的电容电压和电感电流。根据已知条件,电路是直流电路,并且电路中电容元件和电感元件均无储能,因此

$$u_C(0_-) = 0,且\ i_L(0_-) = 0$$

根据题意,因 $u_C(0_-)$ 及 $i_L(0_-)$ 值已知,故可不必画出 $t = 0_-$ 时刻的等效电路。

第二步:画出 $t = 0_+$ 时刻的等效电路,因为

$$u_C(0_+) = u_C(0_-) = 0, \quad i_L(0_+) = i_L(0_-) = 0$$

因此,在 $t = 0_+$ 时,电容可视为短路,电感可视为开路。电路中其他元件与原电路相同。$t = 0_+$ 时刻等效电路如图 4.6(b)所示。

第三步：根据图 4.6(b)所示的 $t = 0_+$ 时刻的等效电路，运用电阻电路分析方法，便可求得各支路电流和各元件电压的初始值

$$i_1(0_+) = \frac{U_S}{R_1 + R_2} = i_C(0_+) + i_L(0_+), \quad i_C(0_+) = \frac{U_S}{R_1 + R_2} = \frac{u_{R2}(0_+)}{R_2}$$

$$u_{R1}(0_+) = R_1 i_1(0_+) = \frac{R_1}{R_1 + R_2} U_S, \quad u_{R2}(0_+) = R_2 i_2(0_+) = \frac{R_2}{R_1 + R_2} U_S$$

$$u_{R3}(0_+) = R_3 i_3(0_+) = 0, \quad u_C(0_+) = u_C(0_-) = 0$$

$$u_L(0_+) = u_{R2}(0_+) = U_S - u_{R1}(0_+) = U_S - \frac{R_1}{R_1 + R_2} U_S = \frac{R_2}{R_1 + R_2} U_S$$

从以上三例可以看出：第一步先画出 $t = 0_-$ 时刻的等效电路，目的是为了求出电容电压 $u_C(0_-)$ 和电感电流 $i_L(0_-)$。至于电路中其他电压、电流都没有必要去求，因为在换路后，这些数值一般都会变化，必须在 $t = 0_+$ 时刻的等效电路中确定。通常情况下，关键要抓住电容电压 u_C 和电感电流 i_L 不能跃变的规律。电容电压和电感电流虽然不能跃变，但电容电流和电感电压却可能跃变。对于电路中其他一些电压、电流变量，在换路过程中，可能跃变，也可能不跃变，要根据 $t = 0_+$ 等效电路的具体情况来确定。需要注意的是，这里讨论的都是一些实际电路的模型，假如模型取得过于理想，则电容电压和电感电流也可能发生跃变，例如理想电压源直接接在理想电容上，则电容电压发生跃变，立即等于电源电压。这种特殊情况不在这里讨论。

4.3 RC 电路的响应

4.3.1 RC 串联电路的零输入响应

如果电路无输入激励，其响应由电路内储能元件的原始储能而引起，这种电路响应称为零输入响应。本节将讨论 RC 串联电路的零输入响应。

1. RC 串联电路零输入时的微分方程列写

在图 4.7(a)所示电路中，当 $t < 0$ 时开关 S 处于位置 a 时，电压源 U_S 给电容 C 充电，电容电压从原来的零值充电到电压 U_0 值。电容充电完毕，电路中电流为零。当 $t = 0$ 的瞬间，开关 S 由 a 打向 b，使已充电的电容脱离电源。这样通过换路可以得到如图 4.7(b)所示的电路，其中只含有一个电阻和一个已充满电的电容。

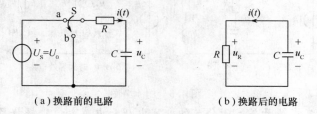

（a）换路前的电路　　　　　　（b）换路后的电路

图 4.7　RC 串联电路

由于电容电压不能跃变，在 $t = 0_+$ 时，$u_C(0_+) = u_C(0_-) = U_0$，由于 $u_R(0_+) = u_C(0_+) = U_0$，电阻电压由零跃变到 U_0，因此，在换路瞬间电路中电流也将由零跃变到 U_0/R。在换路后（$t \geqslant 0$），电容通过电阻 R 放电，电流 $i(t)$ 的参考方向如图 4.7(b)中所示。随着放电的进行，电容电压将由初始值 U_0 开始逐渐减小为零；电阻电压与电路中电流也逐渐下降为零。在这个过程中，储存在电容器中的电场能量通过电阻转换成热能消耗殆尽。

换路以后电路的响应过程分析如下：

在 $t \geqslant 0$ 时,由图 4.7(b),应用 KVL 可得

$$u_C(t) - u_R(t) = 0 \quad (t \geqslant 0) \tag{4.8}$$

根据元件的特性方程

$$u_R = Ri(t), \quad i(t) = -C\frac{du_C(t)}{dt}$$

电容电流方程出现负号是因为 u_C 与 i 参考方向相反。于是可得

$$RC\frac{du_C(t)}{dt} + u_C(t) = 0 \tag{4.9}$$

式(4.9)就是描述 RC 电路零输入响应的微分方程。由于电阻 R 和电容 C 都是常数,因此它是一个常系数一阶线性齐次微分方程。用一阶微分方程来描述的电路常称为一阶电路。

由于电容电压不能跃变,式(4.9)的初始条件为

$$u_C(0_+) = u_C(0_-) = U_0 \tag{4.10}$$

2. RC 串联电路的零输入响应求解

由数学知识可得,一阶线性齐次微分方程的解答形式为

$$u_C(t) = Ke^{\lambda t} \quad (t \geqslant 0) \tag{4.11}$$

式中,λ 为特征方程的根。将上式代入式(4.9)中可得

$$RC\frac{d(Ke^{\lambda t})}{dt} + Ke^{\lambda t} = 0$$

即

$$RC\lambda Ke^{\lambda t} + Ke^{\lambda t} = 0$$

整理后可得

$$(RC\lambda + 1)Ke^{\lambda t} = 0$$

公因式 $Ke^{\lambda t}$ 是一阶齐次微分方程的解答,不可能为零,所以只能是 $RC\lambda + 1 = 0$,即特征方程为

$$RC\lambda + 1 = 0$$

其特征根为

$$\lambda = -\frac{1}{RC}$$

于是便可得到微分方程(4.9)的解答为

$$u_C(t) = Ke^{-\frac{1}{RC}t} \tag{4.12}$$

根据初始条件式(4.10)确定常数 K。当 $t = 0_+$ 时,由式(4.10)和式(4.12)可得

$$u_C(0_+) = K = U_0$$

因此所求电容电压为

$$u_C(t) = U_0 e^{-t/RC} \quad (t \geqslant 0) \tag{4.13}$$

放电电流为

$$i(t) = -C\frac{du_C}{dt} = \frac{U_0}{R}e^{-t/RC} \quad (t \geqslant 0) \tag{4.14}$$

电阻电压为

$$u_R(t) = Ri(t) = U_0 e^{-t/RC} \quad (t \geqslant 0) \tag{4.15}$$

式(4.13)、式(4.14)和式(4.15)就是电容通过电阻放电时,电容电压 $u_C(t)$、放电电流 $i(t)$ 和电阻电压 $u_R(t)$ 的零输入响应,其响应曲线分别如图 4.8(a)、(b)、(c)所示。

从上述三个关系式和图 4.8 所示的曲线可以看出,零输入响应 $u_C(t)$、$i(t)$ 和 $u_R(t)$ 都是从放电开始的初始值随时间按同一指数曲线规律逐渐衰减至零。也就是说,它们在放电过程中

随时间的变化规律都是相同的。这是因为放电只是在电容所具有的初始电压 $u_C(0_+) = U_0$ 的作用下进行的。电路中没有激励，当电路储能耗尽（$u_C = 0$）时，各电压、电流也变为零。相应的变化规律只与电路的结构和参数有关，即由参数 RC 决定。概括来说，RC 电路的零输入响应是由电容元件初始状态和电路结构及参数大小决定的，它是初始状态的一个线性函数。

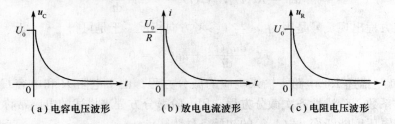

(a) 电容电压波形　　　(b) 放电电流波形　　　(c) 电阻电压波形

图 4.8　RC 串联电路的零输入响应

【例 4.8】 在图 4.9 所示电路中，已知 $U_S = 24V$，$R = 2\Omega$，$R_1 = 2\Omega$，$R_2 = 4\Omega$，$R_3 = 2\Omega$，$C = 2F$，当 $t = 0$ 时开关 S 由 a 掷向 b，在此之前电路已达到稳态。求换路后的零输入响应电压 $u_C(t)$ 和电流 $i(t)$。各电流、电压参考方向如图中所示。

解　先求 $u_C(0_-)$，当 $t < 0$ 时，开关 S 与 a 相连接，画出 $t = 0_-$ 时刻的等效电路如图 4.10 所示。

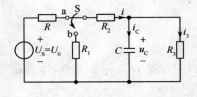 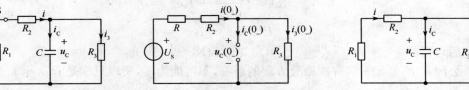 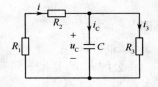

图 4.9　例 4.8 图　　　图 4.10　$t = 0_-$ 时刻的等效电路　　　4.11　$t \geqslant 0$ 时的等效电路

由图 4.10 可知

$$u_C(0_-) = \frac{R_3 U_S}{R + R_2 + R_3} = \frac{2 \times 24}{2 + 2 + 4} = 6V$$

当 $t = 0$ 时，开关 S 与 b 接通，画出 $t \geqslant 0$ 时的等效电路如图 4.11 所示。

根据图 4.11，再利用 KCL 可得

$$i_C(t) + i_3(t) - i(t) = 0 \quad (t \geqslant 0)$$

元件的特性方程为

$$i_C = C \frac{du_C}{dt}, \quad i_3 = \frac{u_C}{R_3}, \quad i = -\frac{u_C}{R_1 + R_2}$$

代入上式得

$$C \frac{du_C}{dt} + \frac{u_C}{R_3} + \frac{u_C}{R_2 + R_1} = 0 \quad (t \geqslant 0)$$

代入数值可得

$$2 \frac{du_C}{dt} + \frac{2}{3} u_C = 0 \quad (t \geqslant 0)$$

初始条件为

$$u_C(0_+) = u_C(0_-) = 6V$$

其特征方程为

$$2\lambda + \frac{2}{3} = 0 \text{，故 } \lambda = -\frac{1}{3}$$

$$u_C(t) = Ke^{\lambda t} = Ke^{-\frac{1}{3}t} \quad (t \geqslant 0)$$

根据初始条件可得

$$u_C(0_+) = K = 6\text{V}$$

于是得零输入响应

$$u_C(t) = 6e^{-\frac{1}{3}t}\text{V} \quad (t \geqslant 0)$$

$$i(t) = -\frac{u_C}{R_2 + R_1} = -\frac{u_C(t)}{6} = -e^{-\frac{1}{3}t}\text{A} \quad (t \geqslant 0)$$

$u_C(t)$ 和 $i(t)$ 的曲线如图 4.12 所示。

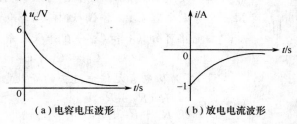

（a）电容电压波形　　　　（b）放电电流波形

图 4.12　零输入响应曲线

3. RC 串联电路过渡过程的时间常数

对 RC 电路零输入响应分析可知，这种响应是按指数 $e^{\lambda t}$ 规律衰减的，衰减的快慢取决于特征方程的根 $\lambda = -\frac{1}{RC}$。因为指数函数要求 (λt) 是无量纲的数，故 λ 的量纲应是 1/s。因此，R 和 C 的乘积具有时间的量纲，我们以 τ 来表示，并称之为时间常数。若 R 以欧姆（Ω）为单位、C 以法拉（F）为单位，则 RC 乘积的单位是秒（s），即

$$欧姆（\Omega）\times 法拉（\text{F}）= \frac{伏（\text{V}）}{安（\text{A}）}\times\frac{库仑（\text{C}）}{伏（\text{V}）} = \frac{库仑（\text{C}）}{安（\text{A}）} = 时间（\text{s}）$$

采用时间常数，则式（4.13）、式（4.14）和式（4.15）还可以写成如下形式

$$u_C(t) = U_0 e^{-\frac{t}{\tau}} \quad (t \geqslant 0) \tag{4.16}$$

$$i(t) = \frac{U_0}{R} e^{-\frac{t}{\tau}} \quad (t \geqslant 0) \tag{4.17}$$

$$u_R(t) = U_0 e^{-\frac{t}{\tau}} \quad (t \geqslant 0) \tag{4.18}$$

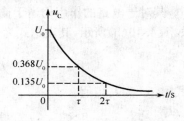

图 4.13　τ 的物理含义

由上述三式看到，零输入响应变化的快慢取决于时间常数 τ 的大小。时间常数 τ 愈大，响应变化愈慢；反之，τ 愈小，则响应变化愈快。

以式（4.16）为例，进一步说明时间常数 τ 的物理意义。表 4.3 列出了 t 等于 τ 的整数倍值时对应的 $u_C(t)$。由表 4.3 可知，时间常数 τ 的物理意义是电容电压衰减为初值的 36.8% 所需要的时间，如图 4.13 所示。

表 4.3　t 取 τ 的整数倍时对应的 u_C 值

t	0	τ	2τ	3τ	4τ	5τ	∞
$u_C(t)$	U_0	$0.368U_0$	$0.135U_0$	$0.0498U_0$	$0.0183U_0$	$0.0067U_0$	0

从理论上来讲，只有经过 $t = \infty$ 时间，电路才能达到稳定状态，但由表 4.3 可以看出，当

$t = 5\tau$ 时，u_C 已衰减到初始值的 0.67%，放电基本结束。所以，工程上一般认为经过 $3\tau \sim 5\tau$ 的时间后，电路的暂态过程便基本结束。

从物理概念上说，时间常数 τ 取决于电阻 R 和电容 C 的乘积。这一概念也可从能量的观点来理解：因为 RC 电路的放电过程就是电容释放能量的过程，因此在电容电压 $u_C(0) = U_0$ 和电阻 R 不变的条件下，电容 C 值越大，其初始储能也越多，释放能量需要的时间就越长，放电过程进行得也就越慢。可见，时间常数的大小决定了 RC 电路零输入响应变化的快慢。

对于含有多个电阻元件的一阶电路，可先用戴维南定理将原有电路等效为一个 R 与 C 的串联电路，电阻 R 应理解为戴维南等效电路中的等效电阻。

【例 4.9】 求出图 4.14 所示电路中的时间常数 τ。

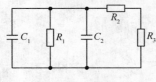

图 4.14　例 4.9 图

解　该电路有两个电容 C_1 和 C_2，可把它们进行等效处理，用一个等效电容 C_0 去替代。这样，电路仍然是一阶电路。

由电路可知，C_1 和 C_2 存在并联关系，故

$$C_0 = C_1 + C_2$$

设 R_0 为从电容元件看进去的等效电阻，则

$$R_0 = \frac{R_1(R_2 + R_3)}{R_1 + R_2 + R_3}$$

所以

$$\tau = R_0 C_0 = \frac{R_1(R_2 + R_3)}{R_1 + R_2 + R_3}(C_1 + C_2)$$

4.3.2　RC 串联电路的零状态响应

所谓零状态响应是指，电路在换路前所有的储能元件均为零状态，即未储存能量，在此条件下，由电源激励所产生的电路响应，称为零状态响应。

1. RC 串联电路零状态时的微分方程列写

分析 RC 电路的零状态响应，实际上就是分析它的充电过程。图 4.15 是一 RC 串联电路。在 $t = 0$ 时将开关 S 闭合，电路即与一个大小为 U 的直流电压源接通，对电容元件开始充电，其对于电路的作用相当于输入一个阶跃电压 u，如图 4.16(a) 所示。它与恒定电压不同，如图 4.16(b) 所示，其表达式为

$$u = \begin{cases} 0 & t < 0 \\ U & t \geqslant 0 \end{cases} \tag{4.19}$$

式中，U 为其幅值。

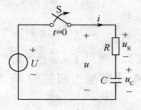

图 4.15　RC 串联电路

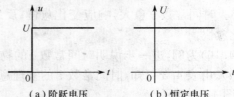

(a) 阶跃电压　　(b) 恒定电压

图 4.16　阶跃电压与恒定电压的对比

根据基尔霍夫电压定律，列写 $t \geqslant 0$ 时电路中电压和电流的微分方程

$$U = Ri(t) + u_C(t) = RC \frac{du_C(t)}{dt} + u_C(t) \tag{4.20}$$

式(4.20)中

$$i(t) = C\frac{\mathrm{d}u_C(t)}{\mathrm{d}t}$$

2. RC 串联电路的零状态响应求解

式(4.20)为一阶线性常系数微分方程,其解有两个部分:一是特解 $u_{cp}(t)$,一是通解(齐次解)$u_{ch}(t)$。

特解与激励 U 具有相同形式。设 $u_{cp}(t) = A$,代入式(4.20),有

$$U = RC\frac{\mathrm{d}A_0}{\mathrm{d}t} + A_0$$

因此可得 $\qquad\qquad\qquad A_0 = U$

因而可得特解 $\qquad\qquad u_{cp} = U$

通解是齐次方程

$$RC\frac{\mathrm{d}u_C(t)}{\mathrm{d}t} + u_C(t) = 0$$

的解,令通解为

$$u_{ch}(t) = Ke^{-\frac{t}{\tau}}$$

式中 $\qquad\qquad\qquad \tau = RC$

因此,式(4.20)的解为

$$u_C(t) = u_{cp}(t) + u_{ch}(t) = U + Ke^{-\frac{t}{\tau}}$$

根据换路原则,$u_C(0_+) = u_C(0_-) = 0$,则有

$$u_C(0) = U + K = 0$$

从而可得 $\qquad\qquad K = -U$

所以电容元件的电压

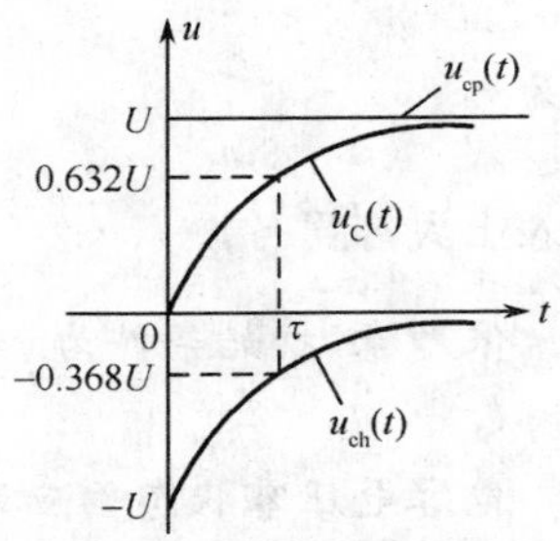

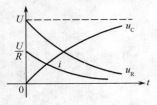

图 4.17 RC 串联电路
零状态响应的构成

$$u_C(t) = U - Ue^{-\frac{1}{RC}t} = U(1 - e^{-\frac{t}{\tau}}) \quad (t \geqslant 0) \qquad (4.21)$$

所求电压 u_C 随时间变化的曲线如图4.17所示。$u_{cp}(t)$ 不随时间而变,$u_{ch}(t)$ 按指数规律衰减而趋于零。因此,电压 u_C 按指数规律随时间增长而趋于稳定值。

当 $t = \tau$ 时,$u_C(t) = U(1 - 0.368) = 0.632U$。

从电路的角度来看,电容元件的电压 u_C 可视为由两个分量相加而成:其一是 $u_{cp}(t)$,即到达稳定状态时的电压,称为稳态分量,它的变化规律和大小都与电源电压 U 有关;其二是 $u_{ch}(t)$,仅存在于暂态过程中,称暂态分量,它的变化规律与电源电压无关,总是按指数规律衰减,但是它的大小与电源电压有关。当电路中储能元件的能量增长到某一稳定值或衰减到某一稳定值时,电路中的暂态过程随即终止,暂态分量也趋于零。

$t \geqslant 0$ 时电容器充电电路中的电流可以根据元件的伏安特性求出,即

$$i = C\frac{\mathrm{d}u_C}{\mathrm{d}t} = \frac{U}{R}e^{-\frac{t}{\tau}} \qquad (4.22)$$

由此也可得出电阻元件 R 上的电压

$$u_R = Ri = Ue^{-\frac{t}{\tau}} \qquad (4.23)$$

所求 u_C、i 及 u_R 随时间变化的曲线如图4.18所示。

综上所述,在一阶电路中,当元件参数和结构一定时,时

图 4.18 RC 串联电路的零状态响应

间常数 τ 即已确定,其零状态响应就只依赖于输入激励。所以一阶电路的零状态响应是输入的一个线性函数,也就是说,零状态响应对于输入的依赖关系具有比例性。当输入幅值增大 K 倍时,零状态响应也增大 K 倍,若有多个独立源作用于线性电路,可以运用叠加定理来求出它的零状态响应。

【例 4. 10】 图 4.19(a)所示电路,开关 S 在 $t=0$ 时闭合,在闭合前电容无储能。试求 $t\geqslant 0$ 时,电容电压 $u_C(t)$ 及各电流。参考方向如图中所示。

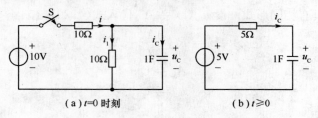

(a) $t=0$ 时刻 　　　　　(b) $t\geqslant 0$

图 4.19　例 4.10 图

解　当 $t\geqslant 0$ 时,根据戴维南定理将图 4.19(a)化简为图(b)所示电路。依据 KVL 可得

$$5i_C + u_C = 5$$

因为

$$i_C = C\frac{\mathrm{d}u_C}{\mathrm{d}t} = \frac{\mathrm{d}u_C}{\mathrm{d}t}$$

代入上式可得

$$5\frac{\mathrm{d}u_C}{\mathrm{d}t} + u_C = 5 \quad (t\geqslant 0)$$

依题意,初始条件为

$$u_C(0_+) = u_C(0_-) = 0$$

电容电压零状态响应为

$$u_C = u_{ch} + u_{cp}$$

式中,$u_{ch} = Ke^{\lambda t}$;λ 是特征方程 $5\lambda + 1 = 0$ 的根,故 $\lambda = -1/5$。

所以齐次解

$$u_{ch} = Ke^{-\frac{1}{5}t}$$

也可以将齐次解写成 $u_{ch} = Ke^{-\frac{t}{\tau}}$,其中时间常数 τ 可根据 $t\geqslant 0$ 的戴维南等效电路 4.19(b)求出,即

$$\tau = RC = 5\times 1 = 5\mathrm{s}$$

同样可以得到 　　　　　　　$u_{ch} = Ke^{-\frac{1}{5}t}$

设特解 $u_{cp} = A_0$,代入前面的微分方程可得 $A_0 = 5$。所以电容电压为

$$u_C = u_{ch} + u_{cp} = Ke^{-\frac{1}{5}t} + 5$$

因为 　　　　　　　　　　　$u_C(0_+) = K + 5 = 0$

故 　　　　　　　　　　　　　　$K = -5$

于是电容电压的零状态响应为

$$u_C(t) = -5e^{-\frac{1}{5}t} + 5 = 5(1 - e^{-\frac{1}{5}t})\mathrm{V} \quad (t\geqslant 0)$$

$$i_C = C\frac{\mathrm{d}u_C}{\mathrm{d}t} = e^{-\frac{1}{5}t}\mathrm{A} \quad (t\geqslant 0)$$

$$i_1 = \frac{u_C}{10} = \frac{1}{2}(1 - e^{-\frac{1}{5}t})\mathrm{A} \quad (t\geqslant 0)$$

$$i = i_1 + i_C = \frac{1}{2}(1 - e^{-\frac{1}{5}t}) + e^{-\frac{1}{5}t} = \frac{1}{2}(1 + e^{-\frac{1}{5}t})A \quad (t \geqslant 0)$$

4.3.3 RC电路的全响应

所谓 RC 电路的全响应是指电源激励和电容元件的初始状态 $u_C(0_-)$ 均不为零时电路的响应,也就是零输入响应和零状态响应两者的叠加。

1. RC 串联电路的非零输入、非零状态的微分方程列写

在图 4.15 所示的电路中,假设阶跃激励的幅值为 U(如图 4.16 所示),$u_C(0_-) = U_0$,$t \geqslant 0$ 时电路的微分方程和式(4.20)相同,即

$$RC \frac{du_C(t)}{dt} + u_C(t) = U \tag{4.24}$$

2. RC 串联电路的全响应

对该微分方程进行求解,可得

$$u_C(t) = u_{ch}(t) + u_{cp}(t) = K e^{-\frac{t}{RC}} + U \tag{4.25}$$

根据换路定则,有 $u_C(0_+) = u_C(0_-) = U_0$,从而可得 $K = U_0 - U$,所以

$$u_C(t) = U + (U_0 - U)e^{-\frac{t}{RC}} \tag{4.26}$$

经改写后得出

$$u_C(t) = U_0 e^{-\frac{t}{RC}} + U(1 - e^{-\frac{t}{RC}}) \tag{4.27}$$

显然,右边第一项是零输入响应;第二项是零状态响应,于是有

全响应＝零输入响应＋零状态响应

这是叠加定理在电路暂态分析中的体现。在求全响应时,可把电容元件的初始状态 $u_C(0_+)$ 看作一个电压源。$u_C(0_+)$ 和电源激励分别单独作用时所得到的零输入响应和零状态响应的叠加,即为全响应。

式(4.26)的右边也有两项:U 为稳态分量;$(U_0 - U)e^{-\frac{t}{RC}}$ 为暂态分量。于是全响应也可表示为

全响应＝稳态响应＋暂态响应

【例 4.11】在图 4.20 中,$t \leqslant 0$ 时开关 S 合在位置 1 上,如在 $t = 0$ 时把它切换到到位置 2,试求电容元件上的电压 $u_C(t)$。已知 $R_1 = 1k\Omega, R_2 = 2k\Omega, C = 3\mu F$,电压源 $U_1 = 3V, U_2 = 5V$。

解 在 $t = 0_-$ 时

$$u_C(0_-) = \frac{U_1 R_2}{R_1 + R_2} = \frac{3 \times 2}{1 + 2} = 2V$$

在 $t \geqslant 0$ 时,根据 KCL,有

$$i_1 - i_2 - i_C = 0$$

即

$$\frac{U_2 - u_C}{R_1} - \frac{u_C}{R_2} - C\frac{du_C}{dt} = 0$$

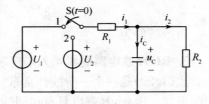

图 4.20 例 4.11 图

经整理后可得

$$R_1 C \frac{du_C}{dt} + \left(1 + \frac{R_1}{R_2}\right)u_C = U_2$$

代入数值,即有

$$(3 \times 10^{-3})\frac{du_C}{dt} + \frac{3}{2}u_C = 5$$

解之,可得 $$u_C(t) = u_{cp} + u_{ch} = \left(\frac{10}{3} + K \mathrm{e}^{-500t} \right) \mathrm{V}$$

当 $t = 0_+$ 时, $u_C(0_+) = u_C(0_-) = 2\mathrm{V}$,则 $K = -\frac{4}{3}$,所以

$$u_C(t) = \left(\frac{10}{3} - \frac{4}{3} \mathrm{e}^{-500t} \right) \mathrm{V}$$

4.4 RL 电路的响应

4.4.1 RL 串联电路的零输入响应

1. RL 串联电路的零输入的微分方程列写

图 4.21(a)所示电路中,当 $t < 0$ 时开关 S 置于位置 a,电感中流过一个恒定的电流 I_S,即 $i_L(0_-) = I_S$。当 $t = 0$ 时开关 S 由 a 掷向 b,于是在 $t \geqslant 0$ 时,电感就和电阻构成闭合回路,如图 4.21(b)所示。由于电感中的电流不能跃变,故 $i_L(0_+) = i_L(0_-) = I_S$,电感中的电流将从初始值 I_S 逐渐下降,最后为零。在这一过程中,储存在电感中的磁场能量 $W_L = \frac{1}{2} L I_S^2$ 将逐渐衰减并以热能的形式消耗在电阻中。

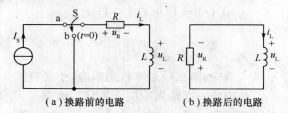

(a)换路前的电路　　　　(b)换路后的电路

图 4.21　RL 串联电路

利用两类约束关系分析电路。根据图 4.21(b)所示电路中的电压和电流的参考方向,当 $t \geqslant 0$ 时利用 KVL 可得

$$u_L(t) + u_R(t) = 0 \quad (t \geqslant 0)$$

且 $$u_L(t) = L \frac{\mathrm{d}i_L(t)}{\mathrm{d}t}, \quad u_R(t) = R i_L(t)$$

得到以电流 $i_L(t)$ 为变量的微分方程

$$L \frac{\mathrm{d}i_L(t)}{\mathrm{d}t} + R i_L(t) = 0 \quad (t \geqslant 0) \tag{4.28}$$

初始条件为 $$i_L(0_+) = i_L(0_-) = I_S$$

2. RL 串联电路的零输入响应求解

式(4.28)是一个一阶线性常系数齐次微分方程。它与 RC 电路的零输入响应方程具有相同的形式。因此,其解也具有相同的形式,即

$$i_L(t) = K \mathrm{e}^{-\frac{R}{L}t} \quad (t \geqslant 0) \tag{4.29}$$

因为 $$i_L(0_+) = K = I_S$$

故零输入响应电感电流为 $$i_L(t) = I_S \mathrm{e}^{-\frac{R}{L}t} \quad (t \geqslant 0) \tag{4.30}$$

应用电感 L 和电阻 R 的特性方程,可以求出零输入响应的电感电压 $u_L(t)$ 和电阻电压 $u_R(t)$ 分别为

$$u_L(t) = L\frac{di_L}{dt} = -RI_se^{-\frac{R}{L}t} \quad (t \geqslant 0) \tag{4.31}$$

$$u_R(t) = Ri_L(t) = RI_se^{-\frac{R}{L}t} \quad (t \geqslant 0) \tag{4.32}$$

式(4.31)中的负号表示电感电压 $u_L(t)$ 的实际方向与图4.21(b)所规定的参考方向相反。$i_L(t)$、$u_L(t)$ 和 $u_R(t)$ 的响应曲线如图4.22所示。

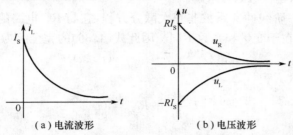

（a）电流波形　　　　　　　　（b）电压波形

图4.22　RL串联电路的零输入响应

3. RL 串联电路过渡过程的时间常数

若引入时间常数 τ，则式(4.30)、式(4.31)和式(4.32)也可以这样表示

$$i_L(t) = I_se^{-\frac{t}{\tau}} \quad (t \geqslant 0) \tag{4.33}$$

$$u_L(t) = -RI_se^{-\frac{t}{\tau}} \quad (t \geqslant 0) \tag{4.34}$$

$$u_R(t) = RI_se^{-\frac{t}{\tau}} \quad (t \geqslant 0) \tag{4.35}$$

式中，电路的时间常数 $\tau = \dfrac{L}{R}$，它也具有时间的量纲。当 R 的单位为(Ω)，L 的单位为亨（H）时，τ 的单位为秒（s）。

在 RL 电路中，时间常数 τ 与电阻 R 成反比，与电感 L 成正比。时间常数 τ 越小，$i_L(t)$ 衰减的越快。因为 L 越小，则阻碍电流变化的作用也就越小；R 越大，则在同样电流下，电阻消耗的功率也越大。所以，电路的时间常数 τ 就反映了零输入响应变化的快慢。通过改变电路中的 R 或 L 值的大小，可以改变时间常数 τ 的数值，从而改变零输入响应过程的快慢。

4.4.2　RL 串联电路的零状态响应

1. RL 串联电路的零状态的微分方程列写

如图4.23所示的 RL 电路，在 $t \leqslant 0$ 时，$i_L(0_-) = 0$，当 $t = 0$ 时，开关 S 闭合，电路与直流电压源 U_S 接通。由于电感中电流不能跃变，即 $i_L(0_+) = i_L(0_-) = 0$，电阻电压 $u_R(0_+) = 0$，而电感相当于开路，电源电压 U_S 全部加在电感两端，即 $u_L(0_+) = U_S$，此时电流的变化率不为零，也即

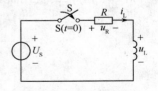

图4.23　RL 串联电路

$$\frac{di_L}{dt}\bigg|_{t=0_+} = \frac{U_S}{L}$$

这说明电流要上升的。随着电流 $i_L(t)$ 按指数规律逐渐上升，电感电压 u_L 也按指数规律逐渐衰减为零，即 $u_L(\infty) = 0$。此刻，电感如同短路，电源电压 U_S 全部加在电阻两端；同时电感电流也达到稳定值 $i_L(\infty) = U_S/R$。这个过程就是电感建立恒定磁场的过程，也就是电感逐渐聚集磁场能量的过程。

按图 4.23 所示参考方向,当 $t \geqslant 0$ 时,可以列写出以电感电流为变量的微分方程

$$L \frac{\mathrm{d}i_L}{\mathrm{d}t} + Ri_L = U_S \quad (t \geqslant 0) \tag{4.36}$$

初始条件为
$$i_L(0_+) = i_L(0_-) = 0$$

2. RL 串联电路的零状态响应求解

式(4.36)是一个一阶线性常系数非齐次微分方程,它与 RC 电路的零状态响应方程具有相似的形式,区别仅仅在于变量和系数不同。因此式(4.36)的完全解为

$$i_L(t) = i_{Lh} + i_{Lp} \quad (t \geqslant 0) \tag{4.37}$$

式中,i_{Lh} 为对应的齐次方程

$$L \frac{\mathrm{d}i_L}{\mathrm{d}t} + Ri_L = 0$$

的解,故有

$$i_{Lh} = K\mathrm{e}^{-\frac{t}{\tau}} \quad (t \geqslant 0)$$

式中,K 为常数,时间常数 $\tau = L/R$。

由于特解 i_{Lp} 的形式与激励函数相同,激励函数为常量时,特解也为常量,代入方程,可得

$$i_{Lp} = \frac{U_S}{R}$$

因此有

$$i_L(t) = K\mathrm{e}^{-\frac{t}{\tau}} + \frac{U_S}{R} \quad (t \geqslant 0) \tag{4.38}$$

由于
$$i_L(0_+) = i_L(0_-) = 0$$

所以有
$$K = -\frac{U_S}{R}$$

这样,满足初始条件的一阶线性常系数非齐次微分方程的解为

$$i_L(t) = \frac{U_S}{R}(1 - \mathrm{e}^{-\frac{R}{L}t}) \quad (t \geqslant 0) \tag{4.39}$$

由此可求出电感电压和电阻电压分别为

$$u_L(t) = L \frac{\mathrm{d}i_L}{\mathrm{d}t} = U_S\mathrm{e}^{-\frac{t}{\tau}} = U_S\mathrm{e}^{-\frac{R}{L}t} \quad (t \geqslant 0) \tag{4.40}$$

$$u_R(t) = Ri_L = U_S(1 - \mathrm{e}^{-\frac{t}{\tau}}) = U_S(1 - \mathrm{e}^{-\frac{R}{L}t}) \quad (t \geqslant 0) \tag{4.41}$$

i_L、u_R 和 u_L 的变化曲线如图 4.24 所示。

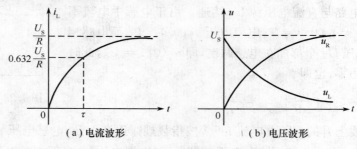

（a）电流波形　　　　（b）电压波形

图 4.24　RL 串联电路的零状态响应

4.4.3 RL 电路的全响应

所谓 RL 电路的全响应是指电源激励和电感元件的初始状态 $i_L(0_-)$ 均不为零时电路的响应。

1. RL 串联电路的非零输入、非零状态的微分方程列写

在图 4.23 所示的 RL 电路中,假设在 $t \leqslant 0$ 时,$i_L(0_-) \neq 0$,当 $t = 0$ 时,开关 S 闭合,电路与直流电压源 U_S 接通,则可以得到与式(4.36)完全相同的微分方程,即

$$L \frac{\mathrm{d}i_L}{\mathrm{d}t} + Ri_L = U_S \quad (t \geqslant 0) \tag{4.42}$$

但初始条件为
$$i_L(0_+) = i_L(0_-) \neq 0$$

2. RL 串联电路的全响应

与 RC 串联电路的全响应类似,RL 电路的全响应也是零输入响应和零状态响应的叠加,或暂态响应与稳态响应的叠加。

在图 4.25 所示电路中,电源电压为 U,$i(0_-) = I_0$,开关 S 在 $t = 0$ 时闭合,$t \geqslant 0$ 时电路的微分方程为

$$i(t) = i_{Lp} + i_{Lh} = \frac{U}{R} + K\mathrm{e}^{-\frac{R}{L}t} \tag{4.43}$$

在 $t = 0_+$ 时,$i = I_0$,则 $K = I_0 - \dfrac{U}{R}$。所以

$$i(t) = \frac{U}{R} + \left(I_0 - \frac{U}{R}\right)\mathrm{e}^{-\frac{R}{L}t} \tag{4.44}$$

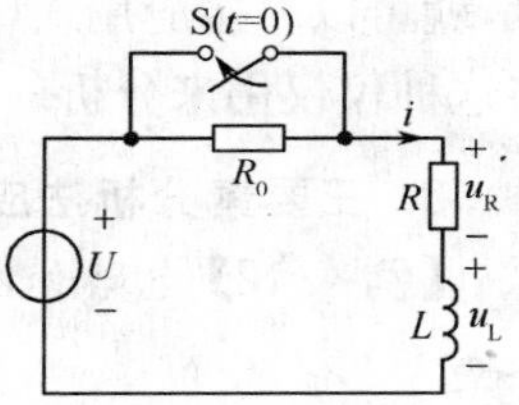

图 4.25 RL 串联电路

式中,右边第一项为稳态分量;第二项为暂态分量。两者相加即为全响应 i。

式(4.44)经改写后可得

$$i = I_0 \mathrm{e}^{-\frac{R}{L}t} + \frac{U}{R}\left(1 - \mathrm{e}^{-\frac{R}{L}t}\right) \tag{4.45}$$

式中,右边第一项为零输入响应;第二项为零状态响应。两者相加即为全响应 $i(t)$。

4.5 一阶电路响应的三要素分析法

4.5.1 一阶电路响应规律的总结

通过对 RC 和 RL 电路的全响应分析可以看出,在直流电源输入和非零初始状态下,一阶电路中所有电压、电流都是按指数规律变化的,它们从初始值开始,按指数规律增长或衰减到稳定值,且同一电路中各支路电压和电流的时间常数均相同。因此,只要知道初始值、稳态值和时间常数这三个特征参数,就可以不必求解一阶线性常系数微分方程,而能直接得到电路的全响应。

4.5.2 三要素分析法

1. 三要素的求法

在一阶电路中,各支路电流和元件两端的电压均可用 $f(t)$ 表示,它的初始值用 $f(0_+)$ 表示,可以根据换路定则和两类约束,用 $t = 0_+$ 时的等效电路求得;它的稳态值用 $f(\infty)$ 表示,它

是通过换路后的电路进入稳态时,将电容代之以开路,电感代之以短路,求解这一电阻电路得到的。电路的时间常数,对 RC 电路为 $\tau = RC$,对 RL 电路为 $\tau = \dfrac{L}{R}$,其中 R 为从电容元件或电感元件两端看进去的戴维南或诺顿等效电路中的等效电阻。

2. 三要素分析法响应的一般形式

一阶电路的全响应可写成

$$f(t) = f(\infty) + Ke^{-\frac{t}{\tau}} \quad (t \geqslant 0)$$

当 $t = 0_+$ 时

$$f(0_+) = f(\infty) + K$$

故

$$K = f(0_+) - f(\infty)$$

所以一阶电路全响应的一般形式为

$$f(t) = f(\infty) + [f(0_+) - f(\infty)]e^{-\frac{t}{\tau}} \quad (t \geqslant 0) \tag{4.46}$$

因此在分析一阶电路时,只要求出初始值 $f(0_+)$、稳态值 $f(\infty)$ 和时间常数 τ 这三个要素,就可以直接应用式(4.46),立即写出一阶电路的全响应解析表达式并绘出相应曲线。通常将这种仅仅用来分析一阶动态电路的简便方法称为一阶电路的三要素法。

3. 三要素分析法应用举例

【例 4.12】电路如图 4.26(a)所示,$t \leqslant 0$ 时,开关 S 已断开很久;当 $t = 0$ 时,开关 S 闭合,求 $u_C(t)$。

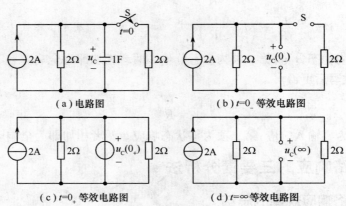

图 4.26　例 4.12 图

解　用三要素法求 $u_C(t)$。(1)求 $u_C(0_+)$:在 $t < 0$ 时,电路原处于稳定状态,电容相当于开路,从图 4.26(b)所示电路可得

$$u_C(0_-) = 2 \times 2 = 4V$$

所以

$$u_C(0_+) = u_C(0_-) = 4V$$

$t = 0_+$ 时等效电路如图 4.26(b)所示,其中电容元件相当于 4V 电压源。

(2)求 $u_C(\infty)$:开关闭合后,电路再度处于稳态,电容又相当于开路。$t = \infty$ 时的等效电路如图 4.26(d)所示。

故有

$$u_C(\infty) = 2 \times \frac{2 \times 2}{2+2} = 2V$$

(3)求 τ:开关闭合后从电容两端看进去的诺顿等效电路,其等效电阻为 2Ω 与 2Ω 的并

联。即

$$R_0 = \frac{2 \times 2}{2+2} = 1\Omega$$

故得

$$\tau = R_0 C = 1 \times 1 = 1\mathrm{s}$$

由式(4.46)可得全响应 $u_C(t)$ 为

$$u_C(t) = u_C(\infty) + [u_C(0_+) - u_C(\infty)]\mathrm{e}^{-\frac{t}{\tau}}$$
$$= 2 + (4-2)\mathrm{e}^{-t} = 2(1+\mathrm{e}^{-t})\mathrm{V} \quad (t \geqslant 0)$$

【例4.13】电路如图4.27(a)所示,当 $t=0$ 时,开关S由a换向b,换路前电路已处于稳态,求 $t \geqslant 0$ 时的 i 和 i_L。

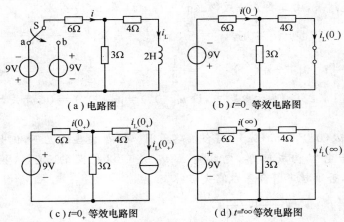

图 4.27 例 4.13 图

解 用三要素法求解。

(1)求 $i(0_+)$ 和 $i_L(0_+)$:换路前电路原已处于稳态,电感相当于短路,由图4.27(b)可得

$$i(0_-) = \frac{-9}{6 + \frac{3 \times 4}{3+4}} = -\frac{7}{6}\mathrm{A}$$

根据分流原理

$$i_L(0_-) = -\frac{7}{6} \times \frac{3}{3+4} = -\frac{1}{2}\mathrm{A}$$

故

$$i_L(0_+) = -\frac{1}{2}\mathrm{A}$$

当 $t = 0_+$ 时的等效电路如图4.27(c)所示。

由图4.27(c)所示电路,对左边网孔列写 KVL 方程得

$$-9 + 6i(0_+) + 3[i(0_+) - i_L(0_+)] = 0$$

即

$$9i(0_+) - 3i_L(0_+) = 9$$

代入 $i_L(0_+)$ 的值,可得

$$9i(0_+) + 3 \times \frac{1}{2} = 9$$

所以

$$i(0_+) = \frac{5}{6}\mathrm{A}$$

(2)求 $i(\infty)$ 和 $i_L(\infty)$:当 $t = \infty$ 时电路达到新的稳态,等效电路如图4.27(d)所示。根

据该等效电路,可得

$$i(\infty) = \frac{9}{6 + \dfrac{3 \times 4}{3 + 4}} = \frac{7}{6} \text{A}$$

$$i_L(\infty) = i(\infty) \times \frac{3}{3 + 4} = \frac{1}{2} \text{A}$$

(3)求 τ:当开关 S 投向 b 后,从电感两端看进去的戴维南等效电路的电阻为

$$R_0 = 4 + \frac{6 \times 3}{6 + 3} = 6\Omega$$

故

$$\tau = \frac{L}{R_0} = \frac{2}{6} = \frac{1}{3} \text{S}$$

综合上述计算结果,由三要素公式(4.46)可得 $i(t)$ 和 $i_L(t)$ 分别为

$$i(t) = i(\infty) + [i(0_+) - i(\infty)]\mathrm{e}^{-\frac{t}{\tau}} = \frac{7}{6} + (\frac{5}{6} - \frac{7}{6})\mathrm{e}^{-3t} = \frac{7}{6} - \frac{1}{3}\mathrm{e}^{-3t} \text{A} \quad (t \geqslant 0)$$

$$i_L(t) = i_L(\infty) + [i_L(0_+) - i_L(\infty)]\mathrm{e}^{-\frac{t}{\tau}} = \frac{1}{2} + (-\frac{1}{2} - \frac{1}{2})\mathrm{e}^{-3t} = \frac{1}{2} - \mathrm{e}^{-3t} \text{A} \quad (t \geqslant 0)$$

【例 4.14】在图 4.28(a)所示电路中,设 $u_{C1}(0_-) = u_{C2}(0_-) = 0$,开关 S 在 $t = 0$ 时闭合。试求 $t \geqslant 0$ 时的 u_{C2}。

解 一般说,$u_C(0_+) = u_C(0_-)$,符合换路原则。但在某些情况下,例如本例题的电路换路后理想电压源与电容构成回路,电容电压 u_C 是可以跃变的,显然,换路后 $u_{C1}(0_+)$ 或 $u_{C2}(0_+)$ 不等于零,否则就不符合基尔霍夫定律。

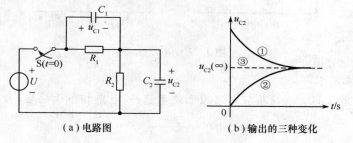

图 4.28 例 4.14 图

在 $t = 0_+$ 时电路中,应用 KVL 及两电容上电量相等(冲激电流使两电容充电)原理列出联立方程求初始值 $u_{C1}(0_+)$ 和 $u_{C2}(0_+)$:

$$\begin{cases} u_{C1}(0_+) + u_{C2}(0_+) = U \\ C_1 u_{C1}(0_+) = C_2 u_{C2}(0_+) \end{cases}$$

由此得

$$u_{C1}(0_+) = \frac{C_2}{C_1 + C_2}U, \quad u_{C2}(0_+) = \frac{C_1}{C_1 + C_2}U$$

可见在 $t = 0_+$ 时,电容电压发生了跃变。

因为

$$u_{C2}(\infty) = \frac{R_2}{R_1 + R_2}U, \quad \tau = \frac{R_1 R_2}{R_1 + R_2}(C_1 + C_2)$$

所以有

$$u_{C2}(t) = \frac{R_2}{R_1 + R_2}U + \left(\frac{C_1}{C_1 + C_2}U - \frac{R_2}{R_1 + R_2}U\right)e^{-\frac{t}{\tau}}$$

显见，可分为三种情况：

(1) $\dfrac{C_1}{C_1 + C_2} > \dfrac{R_2}{R_1 + R_2}$

(2) $\dfrac{C_1}{C_1 + C_2} < \dfrac{R_2}{R_1 + R_2}$

(3) $\dfrac{C_1}{C_1 + C_2} = \dfrac{R_2}{R_1 + R_2}$

三种情况的曲线如图 4.28(b) 的①、②、③所示。第三种情况是换路后立即进入稳定状态，不发生暂态过程，一般电容分压式衰减器就是这种情况。

4.6 阶跃信号与阶跃响应

4.6.1 阶跃信号

1. 阶跃信号定义

在动态电路分析问题中，常常会引用阶跃函数，以便描述电路的激励（输入）和响应（输出）。

单位阶跃函数记为 $\varepsilon(t)$，其定义为

$$\varepsilon(t) = \begin{cases} 0 & t < 0 \\ 1 & t > 0 \end{cases} \tag{4.47}$$

波形如图 4.29(a) 所示。单位阶跃函数 $\varepsilon(t)$ 在 t 为负值时为零，t 为正值时为 1。如果把 t 换以 $t - t_0$，所得的单位阶跃函数为 $\varepsilon(t - t_0)$，在 $t - t_0$ 为负值时，也即在 t 小于 t_0 时函数值为零；在 $t - t_0$ 为正值时，也即在 t 大于 t_0 时，函数值为 1。因此这一阶跃函数是在 $t = t_0$ 时而不是 $t = 0$ 时发生阶跃的，即

$$\varepsilon(t - t_0) = \begin{cases} 0 & t < t_0 \\ 1 & t > t_0 \end{cases} \tag{4.48}$$

这就是延时单位阶跃函数，波形如图 4.29(b) 所示。

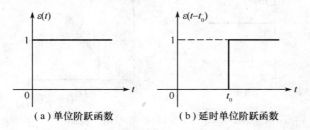

(a) 单位阶跃函数　　　　(b) 延时单位阶跃函数

图 4.29　单位阶跃函数与延时单位阶跃函数

直流电压在 $t = 0$ 施加于电路，可以用开关来表示，如图 4.30(a) 所示。引入阶跃函数后，同一问题可用图 4.30(b) 来表示。

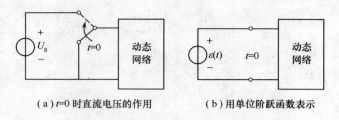

（a）t=0 时直流电压的作用　　　　（b）用单位阶跃函数表示

图 4.30　用单位阶跃函数表示直流电压在 $t=0$ 时作用于网络

2. 非阶跃函数分解为阶跃函数的叠加

在电子技术问题中，常常会遇到如图 4.31 所示的信号作用于电路的问题，这类信号称为分段常量信号，其中图 4.31(a)所示波形又称为矩形脉冲简称脉冲，图 4.31(b)所示波形又称为脉冲串。运用阶跃函数和延时阶跃函数，分段常量信号可表示为一系列阶跃信号之和。例如图 4.31(a)所示脉冲信号可分解为两个阶跃信号之和，其一是在 $t=0$ 时作用的正单位阶跃信号，另一是在 $t=t_0$ 时作用的负单位延时阶跃信号，如图 4.32(b)所示。分段常量信号作用下的一阶电路分析问题，在将这类信号分解为阶跃信号后，即可按一阶电路处理，即可运用三要素法进行分析。

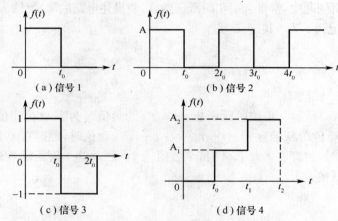

（a）信号 1　　　　　　　　（b）信号 2

（c）信号 3　　　　　　　　（d）信号 4

图 4.31　分段常量信号举例

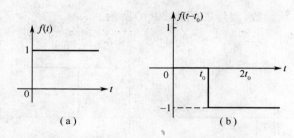

（a）　　　　　　　　　　　（b）

图 4.32　图 4.31(a)脉冲信号分解

【例 4.15】试用阶跃函数表示图 4.31(b)、(c)、(d)所示波形。

解　图 4.31(b)所示波形为

$$f(t) = A\varepsilon(t) - A\varepsilon(t-t_0) + A\varepsilon(t-2t_0) - A\varepsilon(t-3t_0) + \cdots$$

图 4.31(c)所示波形为

$$f(t) = \varepsilon(t) - 2\varepsilon(t - t_0) + \varepsilon(t - 2t_0)$$

图 4.31(d)所示波形为

$$f(t) = A_1\varepsilon(t - t_0) + (A_2 - A_1)\varepsilon(t - t_1) - A_2\varepsilon(t - t_2)$$

4.6.2 阶跃响应

单位阶跃信号作用于零状态电路的响应称为(单位)阶跃响应,并用 $\varepsilon(t)$ 表示。如果电路的输入是幅度为 A 的阶跃信号,则根据零状态比例性可知 $A\varepsilon(t)$ 即为该电路的零状态响应。由于非时变电路的电路参数不随时间变化,因此,若单位阶跃信号作用下的响应为 $s(t)$,则在延时单位阶跃信号作用下响应为 $\varepsilon(t - t_0)$。这一性质称为非时变性。

将分段常量信号分解为阶跃信号,根据叠加定理,各阶跃信号分量单独作用于电路的零状态响应之和即为该分段常量信号作用下电路的零状态响应。如果电路的初始状态不为零,只需再加上电路的零输入响应,即可求得电路在分段常量信号作用下的完全响应。

【例 4.16】 求图 4.33(b) 所示零状态 RL 电路在图 4.33(a) 中所示脉冲电压作用下的电流 $i(t)$。已知 $L = 1\text{H}, R = 1\Omega$。

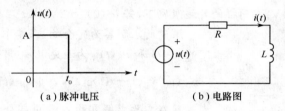

（a）脉冲电压　　　　　（b）电路图

图 4.33　例 4.16 图

解　脉冲电压 $u(t)$ 可分解为两个阶跃信号之和,即

$$u(t) = A\varepsilon(t) - A\varepsilon(t - t_0)$$

$A\varepsilon(t)$ 作用下的零状态响应为

$$i'(t) = \frac{A}{R}(1 - \text{e}^{-\frac{t}{\tau}})\varepsilon(t) = A(1 - \text{e}^{-t})\varepsilon(t)$$

解答式中的因子 $\varepsilon(t)$ 表明该式仅适用于 $t \geqslant 0$,式中 $\tau = L/R = 1\text{s}$。

$-A\varepsilon(t - t_0)$ 作用下的零状态响应为

$$i''(t) = -\frac{A}{R}(1 - \text{e}^{\frac{t - t_0}{\tau}})\varepsilon(t - t_0) = -A(1 - \text{e}^{-(t - t_0)})\varepsilon(t - t_0)$$

根据叠加定理,可得

$$i(t) = i'(t) + i''(t) = A(1 - \text{e}^{-t})\varepsilon(t) - A(1 - \text{e}^{-(t - t_0)})\varepsilon(t - t_0)$$

$i'(t)$、$i''(t)$ 和 $i(t)$ 的波形如图 4.34 所示。

【例 4.17】 RC 电路如图 4.35 所示,已知 $u(t) = 5\varepsilon(t - 2)\text{V}, u_C(0) = 10\text{V}$,求电流 $i(t)$。

解　先求零输入响应。电容初始电压相当于以"输入信号"在 $t = 0$ 时作用于电路,故得

$$i'(t) = -\frac{u_C(0)}{R}\text{e}^{-\frac{t}{\tau}}\varepsilon(t) = -5\text{e}^{-0.5t}\varepsilon(t)$$

其中 $\tau = RC = 2 \times 1 = 2\text{s}$。

再求零状态响应,阶跃输入在 $t = 2\text{s}$ 时作用于电路,故得

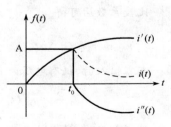

图 4.34　波形图

$$i''(t) = \frac{5}{R}\mathrm{e}^{-\frac{t-2}{\tau}}\varepsilon(t-2) = 2.5\mathrm{e}^{-0.5(t-2)}\varepsilon(t-2)$$

利用叠加定理,可得

$$i(t) = i'(t) + i''(t) = -5\mathrm{e}^{-0.5t}\varepsilon(t) + 2.5\mathrm{e}^{-0.5(t-2)}\varepsilon(t-2)\,\mathrm{A}$$

波形如图 4.36 所示,在 $t = 2\mathrm{s}$ 时电流是不连续的。

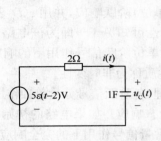

图 4.35　例 4.17 图

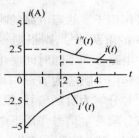

图 4.36　波形图

【例 4.18】图 4.37 所示电路中,电压 u_C 及 u_R 的阶跃响应分别为 $u_\mathrm{C}(t) = (1-\mathrm{e}^{-t})\varepsilon(t)\,\mathrm{V}$,$u_\mathrm{R}(t) = (1-\mathrm{e}^{-t}/4)\varepsilon(t)\,\mathrm{V}$;在同样的外施激励下,若 $u_\mathrm{C}(0) = 2\mathrm{V}$,求 $t \geqslant 0$ 时的 $u_\mathrm{C}(t)$ 及 $u_\mathrm{R}(t)$。

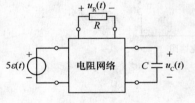

图 4.37　例 4.18 图

解　所求解答为完全响应,其中零状态响应部分即为给定的 $u_\mathrm{C}(t)$ 和 $u_\mathrm{R}(t)$,为避免混淆,可表示为

$$u_\mathrm{C}{}'(t) = (1-\mathrm{e}^{-t})\varepsilon(t)\,\mathrm{V}, \qquad u_\mathrm{R}{}'(t) = \left(1-\frac{1}{4}\mathrm{e}^{-t}\right)\varepsilon(t)\,\mathrm{V}$$

现在需要求解零输入响应部分。显然,u_C 的零输入响应为

$$u_\mathrm{C}{}''(t) = u_\mathrm{C}(0)\mathrm{e}^{-t} = 2\mathrm{e}^{-t}\varepsilon(t)\,\mathrm{V}$$

因此,电压 u_C 的全响应为

$$u_\mathrm{C}(t) = u_\mathrm{C}{}'(t) + u_\mathrm{C}{}''(t) = (1+\mathrm{e}^{-t})\varepsilon(t)\,\mathrm{V}$$

u_R 的零输入响应 $u_\mathrm{R}{}''(t)$ 可求得如下:

根据置换定理,图 4.37 所示电路中电容 C 可以用电压源置换,在零状态时,其电压即为 $u_\mathrm{C}{}'(t)$。根据叠加定理,其零状态响应为电压源 $u_\mathrm{C}{}'(t)$ 与阶跃激励 $\varepsilon(t)$ 共同作用的结果。

$$u_\mathrm{R}{}'(t) = k_1 u_\mathrm{C}{}'(t) + k_2\varepsilon(t)$$

将已知的 $u_\mathrm{C}{}'(t)$ 和 $u_\mathrm{R}{}'(t)$ 代入,得

$$1-\frac{1}{4}\mathrm{e}^{-t} = k_1(1-\mathrm{e}^{-t}) + k_2$$

比较系数后可得

$$k_1 + k_2 = 1, \quad k_1 = \frac{1}{4}$$

在零输入时,仅有电压为 $u_\mathrm{C}{}''(t)$ 的电压源作用于电路,此时

$$u_\mathrm{R}{}''(t) = k_1 u_\mathrm{C}{}''(t) = \frac{1}{4}\times 2\mathrm{e}^{-t}\varepsilon(t) = \frac{1}{2}\mathrm{e}^{-t}\varepsilon(t)\,\mathrm{V}$$

故得电压 u_R 的全响应为

$$u_\mathrm{R}(t) = u_\mathrm{R}{}'(t) + u_\mathrm{R}{}''(t) = \left(1-\frac{1}{4}\mathrm{e}^{-t}\right)\varepsilon(t) + \frac{1}{2}\mathrm{e}^{-t}\varepsilon(t) = \left(1+\frac{1}{4}\mathrm{e}^{-t}\right)\varepsilon(t)\,\mathrm{V}$$

4.7 二阶电路的暂态分析

4.7.1 二阶暂态电路

由前面的章节可知,一阶电路的特点是:电路的性质可用一阶微分方程描述;电路中只有一种储能元件(电容或电感),所储能量或单调减少,或单调增加;电路中的响应电压和电流都是按指数规律变化的,变化的快慢由时间常数决定,而时间常数仅由电路的结构及参数决定。

二阶电路与一阶电路有所不同,有它自身的特点。在二阶电路中,必须有两个独立的动态元件,这种电路的性质要用二阶微分方程来描述。当电路中有电容元件和电感元件时,电路中既有电场能量,又有磁场能量。两种能量的变化过程就形成了电路中所发生的物理过程。电路的响应电压、电流,有时表现为振荡性的,有时是非振荡性的。是否产生振荡由电路的固有频率决定。

4.7.2 二阶暂态电路方程的建立

图 4.38 是 RLC 串联电路,假设电容 C 原已充电,其电压为 U_0,即 $u_C(0_-)=U_0$;电感 L 中的初始电流为零,即 $i_L(0_-)=0$。在指定的电压和电流参考方向下,当开关 S 在 $t=0$ 闭合以后,列写出电路的微分方程。

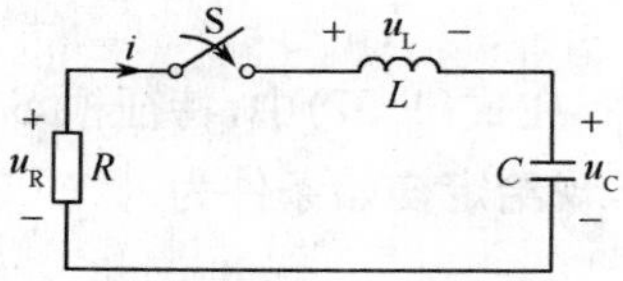

由元件约束方程

$$i(t) = C\frac{\mathrm{d}u_C}{\mathrm{d}t} \tag{4.49}$$

$$u_R = -Ri = -RC\frac{\mathrm{d}u_C}{\mathrm{d}t} \tag{4.50}$$

$$u_L = L\frac{\mathrm{d}i_L}{\mathrm{d}t} = LC\frac{\mathrm{d}^2 u_C}{\mathrm{d}t^2} \tag{4.51}$$

图 4.38 RLC 串联电路

根据 KVL,可得

$$-u_R + u_L + u_C = 0$$

将式(4.50)和式(4.51)代入上式,整理后得

$$LC\frac{\mathrm{d}^2 u_C}{\mathrm{d}t^2} + RC\frac{\mathrm{d}u_C}{\mathrm{d}t} + u_C = 0 \tag{4.52}$$

这是一个线性常系数二阶齐次微分方程,求解变量为 u_C。为了求解,必须有两个初始条件,即 $u_C(0_+)$ 和 $\frac{\mathrm{d}u_C}{\mathrm{d}t}\big|_{0_+}$。由式(4.49)可得

$$\frac{\mathrm{d}u_C}{\mathrm{d}t}\big|_{t=0_+} = \frac{i(0_+)}{C} \tag{4.53}$$

因此,只需知道 $u_C(0_+)$ 和电感电流的初始值 $i(0_+)$ 即可。根据换路定则,有 $u_C(0_+)=u_C(0_-)=U_0$,$i(0_+)=i(0_-)=0$。

4.7.3 二阶暂态电路方程的解

式(4.52)是线性常系数二阶齐次微分方程,由高等数学知识,可知它的解答形式为

$$u_C = K e^{st} \tag{4.54}$$

式中,S 为对应于微分方程的特征方程的根。其特征方程为

$$LCS^2 + RCS + 1 = 0 \tag{4.55}$$

解出特征方程根为

$$S_{1,2} = -\frac{R}{2L} \pm \sqrt{\left(\frac{R}{2L}\right)^2 - \frac{1}{LC}} \tag{4.56}$$

根号前有正、负号,所以有 S_1、S_2 两个值。相应的齐次解必须有形如 $K_1 e^{s_1 t}$ 和 $K_2 e^{s_2 t}$ 这两项存在。因为齐次微分方程是线性的,所以齐次解可写成

$$u_C = K_1 e^{s_1 t} + K_2 e^{s_2 t} \tag{4.57}$$

为了求解问题方便,定义参数 α、ω 和 ω_d。

令

$$\alpha = \frac{R}{2L} \tag{4.58}$$

$$\omega_0 = \frac{1}{\sqrt{LC}} \tag{4.59}$$

及

$$\omega_d = \sqrt{\frac{1}{LC} - \left(\frac{R}{2L}\right)^2} = \sqrt{\omega_0^2 - \alpha^2} \tag{4.60}$$

式中,α 称为衰减系数;ω_0 称为谐振角频率,且

$$\omega_0 = 2\pi f_0$$

ω_d 称为衰减角频率。所以式(4.56)可写成

$$S_{1,2} = -\alpha \pm \sqrt{\alpha^2 - \omega_0^2} \tag{4.61}$$

在式(4.57)中,特征根 S_1,S_2 仅与电路参数和结构有关;而积分常数 K_1 和 K_2 决定于初始条件,现给定初始条件为

$$u_C(0_+) = U_0, \quad i(0_+) = 0, \frac{du_C}{dt}\bigg|_{t=0_+} = 0$$

根据式(4.57)可以得到

$$u_C(0_+) = K_1 + K_2 \tag{4.62}$$

$$\frac{du_C}{dt}\bigg|_{t=0_+} = S_1 K_1 + S_2 K_2 = i(0_+)/C \tag{4.63}$$

将上两式联立求解可得

$$K_1 = \frac{1}{S_1 + S_2}[S_2 u(0_+) - (i(0_+)/C)] \tag{4.64}$$

$$K_2 = \frac{1}{S_1 - S_2}[S_1 u_C(0_+) - (i(0_+)/C)] \tag{4.65}$$

将初始条件 $u_C(0_+) = U_0$ 及 $i(0_+) = 0$ 代入,则有

$$K_1 = \frac{-S_2}{S_1 - S_2} U_0 \tag{4.66}$$

$$K_2 = \frac{-S_1}{S_1 - S_2} U_0 \tag{4.67}$$

将式(4.66)和式(4.67)代入式(4.57)中,可得

$$u_C(t) = \frac{S_2}{S_2 - S_1} U_0 e^{s_1 t} - \frac{S_1}{S_2 - S_1} U_0 e^{s_2 t} \tag{4.68}$$

二阶电路零输入响应的形式与特征方程根 S_1、S_2 的数值有关,或者说二阶电路的零输入响应的形式,取决于 α 与 ω_0 的相对大小,S_1、S_2 可能为负实数,复数或纯虚数。所以,可以把二阶电路的零输入响应分成 4 种情况:过阻尼(非振荡性)、临界阻尼(非振荡性)、欠租尼(振荡性)以及无损耗(无阻尼振荡)。

4.7.4　二阶暂态电路方程的非振荡解

1. 当 $\dfrac{R}{2L} > \dfrac{1}{\sqrt{LC}}(\alpha > \omega_0)$ 时

这时电路处于过阻尼状态,是一种非振荡放电过程。在这种情况下,S_1、S_2 是两个不相等的负实数。电容上电压响应为

$$u_C(t) = K_1 e^{s_1 t} + K_2 e^{s_2 t} = \frac{S_2}{S_2 - S_1} U_0 e^{s_1 t} - \frac{S_1}{S_2 - S_1} U_0 e^{s_2 t}$$

$$= \frac{U_0}{S_2 - S_1}(S_2 e^{s_1 t} - S_1 e^{s_2 t}) \tag{4.69}$$

电流响应为

$$i(t) = C\frac{\mathrm{d}u_C}{\mathrm{d}t} = \frac{CU_0}{S_2 - S_1}(S_1 S_2 e^{s_1 t} - S_1 S_2 e^{s_2 t})$$

$$= \frac{CU_0}{S_2 - S_1} S_1 S_2 (e^{s_1 t} - e^{s_2 t}) = \frac{U_0}{L(S_2 - S_1)}(e^{s_1 t} - e^{s_2 t}) \tag{4.70}$$

式(4.70)中引用了 $S_1 S_2 = (-\alpha + \sqrt{\alpha^2 - \omega^2}) \cdot (-\alpha - \sqrt{\alpha^2 - \omega^2}) = \dfrac{1}{LC}$ 这个关系式。

由于 S_1, S_2 都是负实数,并且 $|S_1| < |S_2|$,所以在 $t \geqslant 0$ 时 $e^{s_1 t} > e^{s_2 t}$。电压 u_C 的第二项指数函数比第一项指数函数衰减得快,两者差值始终为正,且不改变方向。随着时间的增加,u_C 始终是单调下降的,也就是说 u_C 从 U_0 开始一直单调地衰减到零,电容一直处于非振荡放电状态。

在电容非振荡放电过程中,电流 i 始终是负的($(S_2 - S_1) < 0$),但是在 $t = 0$ 及 $t = \infty$ 时,电流的值均为零。因此,电流的绝对值必然要经历由零逐渐增加再减到零的变化过程,并在某一时刻 t_m 达到最大值。此时,$\dfrac{\mathrm{d}i}{\mathrm{d}t} = 0$,即

$$\frac{\mathrm{d}i}{\mathrm{d}t}\Big|_{t = t_m} = \frac{U_0}{L(S_2 - S_1)}(S_1 e^{-s_1 t_m} - S_2 e^{s_2 t_m}) = 0$$

$$S_1 e^{s_1 t_m} - S_2 e^{s_2 t_m} = 0$$

故得

$$t_m = \frac{1}{S_1 - S_2}\ln\frac{S_2}{S_1}$$

过阻尼时二阶电路中 u_C 及 i 的变化曲线如图 4.39 所示。

从物理意义上讲,当电路接通以后,电容通过电感、电阻放电。其中的电场能量一部分转变为磁场能量储于电感之中,另一部分则在电阻中消耗。到 $t = t_m$ 时,电流达到最大值。此后随着电流的下降,磁场也逐渐放出能量,与继续放出的电场能量一起被电阻消耗变成热能。因此,电场能量和电容上的电压都是单调地连续减小的,形成非振荡的放电过程。当电路中电阻较大,符合 $R > \sqrt{\dfrac{L}{C}}$ 这一条件时,相应就是这种过阻尼状态,称为非振荡放电。

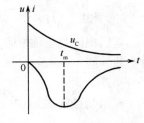

图 4.39　过阻尼时二阶
电路的响应曲线

【例 4.19】 在图 4.38 所示 RLC 串联电路中,已知 $u_C(0_-) = -10\mathrm{V}, i(0_+) = 0, R = 4\Omega,$ $L = 1\mathrm{H}, C = \dfrac{1}{3}\mathrm{F}$,当 $t = 0$ 时开关闭合,试求 $t \geqslant 0$ 时电路的响应 u_C 和 i。

解　根据前面分析可知,以 u_C 为求解变量的线性常系数二阶齐次微分方程为

$$LC\frac{d^2 u_C}{dt^2} + RC\frac{du_C}{dt} + u_C = 0 \quad (t \geqslant 0)$$

特征方程为
$$LCS^2 + RCS + 1 = 0$$

特征方程的根为
$$S_{1,2} = -\frac{R}{2L} \pm \sqrt{\left(\frac{R}{2L}\right)^2 - \frac{1}{LC}}$$

代入已知数据可得 $S_1 = -1, S_2 = -3$。

由式(4.57)可得
$$u_C = K_1 e^{s_1 t} + K_2 e^{s_2 t} = K_1 e^{-t} + K_2 e^{-3t} \quad (t \geqslant 0)$$

根据初始条件可确定 K_1 和 K_2，已知 $u_C(0_-) = -10V, i(0_+) = 0$

而
$$\frac{du_C}{dt}\bigg|_{t=0_+} = \frac{i(0_+)}{C} = 0$$

由此可得
$$u_C(0_+) = K_1 + K_2 = -10, \quad u_C'(0_+) = S_1 K_1 + S_2 K_2 = 0$$

故得
$$K_1 = -15, \quad K_2 = 5$$

所以
$$u_C = (-15e^{-t} + 5e^{-3t})V \quad (t \geqslant 0)$$

电路中电流为
$$i = C\frac{du_C}{dt} = (5e^{-t} - 5e^{-3t})A \quad (t \geqslant 0)$$

零输入响应 u_C 和 i 的波形曲线如图 4.40 所示。

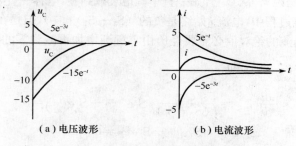

(a) 电压波形   (b) 电流波形

图 4.40 例 4.19 的波形曲线

2. 当 $\frac{R}{2L} = \frac{1}{\sqrt{LC}}(\alpha = \omega_0)$ 时

这时电路处于临界阻尼状态,也为非振荡放电过程。在这种情况下, S_1、S_2 是两个相等的负实数。即 $S_1 = S_2 = -\alpha$。根据高等数学知识,可知电容上电压响应为

$$u_C(t) = (K_1 + K_2 t)e^{-\alpha t} \tag{4.71}$$

根据初始状态 $u_C(0_+) = U_0, i(0_+) = 0$, 可得

$$u_C(0_+) = K_1 = U_0 \tag{4.72}$$

$$\frac{du_C}{dt}\bigg|_{t=0_+} = -\alpha K_1 + K_2 = 0 \tag{4.73}$$

故得
$$K_2 = \alpha U_0 \tag{4.74}$$

$$u_C = (U_0 + U_0 \alpha t)e^{-\alpha t} = U_0(1 + \alpha t)e^{-\alpha t} \quad (t \geqslant 0) \tag{4.75}$$

由此可得

$$i = C\frac{du_C}{dt} = -\alpha^2 C U_0 e^{-\alpha t} = -\omega_0^2 C U_0 t e^{-\alpha t} = -\frac{U_0}{L}t e^{-\alpha t} \quad (t \geqslant 0) \tag{4.76}$$

从式(4.75)和式(4.76)可以看出,电路的响应仍然是非振荡放电过程,电路响应的曲线类似于过阻尼情况。

4.7.5 二阶暂态电路方程的振荡解

1. 当 $\dfrac{R}{2L} < \dfrac{1}{\sqrt{LC}}(\alpha < \omega_0)$ 时

这时电路处于欠阻尼状态,是衰减振荡放电过程。在这种情况下,S_1、S_2 是一对共轭复数根,可表示为

$$S_{1,2} = -\frac{R}{2L} \pm \sqrt{\left(\frac{R}{2L}\right)^2 - \frac{1}{LC}} = -\frac{R}{2L} \pm j\sqrt{\frac{1}{LC} - \left(\frac{R}{2L}\right)^2}$$
$$= -\alpha \pm j\omega_d$$

电容电压为

$$u_C = K_1 e^{s_1 t} + K_2 e^{s_2 t} = K_1 e^{(-\alpha + j\omega_d)t} + K_2 e^{(-\alpha - j\omega_d)t}$$
$$= e^{-\alpha t}(K_1 e^{j\omega_d t} + K_2 e^{-j\omega_d t}) \tag{4.77}$$

根据欧拉公式 $e^{j\theta} = \cos\theta + j\sin\theta$,上式可写成

$$u_C(t) = e^{-\alpha t}[(K_1 + K_2)\cos\omega_d t + j(K_1 - K_2)\sin\omega_d t]$$
$$= e^{-\alpha t}[A\cos\omega_d t + B\sin\omega_d t] \tag{4.78}$$

其中
$$A = K_1 + K_2 \tag{4.79}$$
$$B = j(K_1 - K_2) \tag{4.80}$$

K_1 和 K_2 可根据式(4.66)和式(4.67)确定:

$$K_1 = S_2 U_0 / (S_2 - S_1) = \frac{(-\alpha - j\omega_d)U_0}{(-\alpha - j\omega_d) - (-\alpha + j\omega_d)} = (U_0/2) - j\frac{\alpha U_0}{2\omega_d}$$

$$K_2 = -S_1 U_0 / (S_2 - S_1) = \frac{(-\alpha + j\omega_d)U_0}{(-\alpha - j\omega_d) - (-\alpha + j\omega_d)} = (U_0/2) + j\frac{\alpha U_0}{2\omega_d}$$

可见,K_1 和 K_2 为共轭复数,由此可得

$$A = K_1 + K_2 = U_0, \qquad B = j(K_1 - K_2) = \frac{\alpha U_0}{\omega_d}$$

为了便于反映电压 u_C 的特点,也可以把式(4.78)改写成

$$u_C = e^{-\alpha t}\sqrt{A^2 + B^2}\left(\frac{A}{\sqrt{A^2 + B^2}}\cos\omega_d t + \frac{B}{\sqrt{A^2 + B^2}}\sin\omega_d t\right)$$
$$= Ke^{-\alpha t}[\sin(\omega_d t + \varphi)] \qquad (t \geqslant 0) \tag{4.81}$$

其中
$$K = \sqrt{A^2 + B^2} = \frac{\omega_0}{\omega_d}U_0 \tag{4.82}$$

$$\varphi = \arctan\frac{B}{A} \tag{4.83}$$

式(4.81)说明在 $R < 2\sqrt{L/C}$ 的情况下,电容电压 u_C 是周期性的衰减振荡的。u_C 是按它的振幅 $Ke^{-\alpha t}$ 逐渐衰减的正弦函数,ω_d 为固有衰减振荡的角频率。$Ke^{-\alpha t}$ 为包络线的函数(如图4.42虚线所示),衰减的快慢取决于 α,所以称 α 为衰减系数。显然,$\alpha = R/2L$ 的数值越大,振荡衰减得越快,而幅值 K 和相位角 φ 是由初始条件来确定的常数。

将(4.82)代入式(4.81)中,就可以直接用初始条件来表示电容电压,其结果为

$$u_C = K \mathrm{e}^{-\alpha t}\big[\sin(\omega_\mathrm{d}t + \varphi)\big] = \frac{\omega_0}{\omega_\mathrm{d}}U_0 \mathrm{e}^{-\alpha t}\big[\sin(\omega_\mathrm{d}t + \varphi)\big] \qquad (t \geqslant 0) \tag{4.84}$$

式中,衰减系数 α、谐振角频率 ω_0 以及阻尼角频率 ω_d 三者的相互关系,可用一个直角三角形表示,如图 4.41 所示。图中 $\varphi = \arctan\dfrac{\omega_\mathrm{d}}{\alpha}$,应当注意上述关系只适用于 $i(0_+) = 0$ 的情况。

根据
$$i = C\frac{\mathrm{d}u_C}{\mathrm{d}t}$$

故得
$$i = C\frac{\mathrm{d}u_C}{\mathrm{d}t} = -\frac{C\omega_0^2}{\omega_\mathrm{d}}U_0 \mathrm{e}^{-\alpha t}\sin\omega_\mathrm{d}t \tag{4.85}$$

欠阻尼时二阶电路中电容电压 u_C 和 i 的波形如图 4.42 所示。

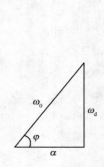

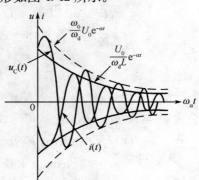

图 4.41　参数三角形　　　　　图 4.42　欠阻尼时二阶电路的响应

从振荡放电的物理过程来看,当 $R < 2\sqrt{L/C}$ 时,电路接通后电容在回路中开始放电,因电阻较小,电容放出的电场能量只有一部分在电阻中变成热能消失,绝大部分储存在电感中变为磁场能量,因此电流绝对值增加很快,使 u_C 很快下降。到某一时刻电流绝对值开始减小,电场能量和磁场能量通过电阻消耗而减弱。因 u_C 下降较快,经过很短时间就已下降到零,电场能量已完全释放。因放电过程中消耗小,故此时电流尚未降到零,而在磁场中仍储存有大部分磁场能量。电感中的电流沿原来方向继续流动,使电容在反方向充电。在这个过程中,除小部分磁场能量消耗在电阻中以外,大部分磁场能量又转变为电场能量储存在电容中。此后,当磁场能量放完,电容又开始反方向放电,其过程与前面类似,只不过因能量已在电阻中消失一部分,总能量较前半周期小,所以开始放电的电压也小些。电容如此反复放电与充电,就形成振荡放电的物理过程。因电路中有电阻存在,所以能量逐渐被消耗殆尽。

【例 4.20】 在图 4.38 所示的 RLC 串联电路中,已知 $u_C(0_-) = 20\mathrm{V}$,$i(0_+) = 2\mathrm{A}$,$R = 4\Omega$,$L = 2\mathrm{H}$,$C = 0.1\mathrm{F}$。当 $t = 0$ 时开关闭合,试求 $t \geqslant 0$ 时电路的响应 u_C 和 i。

解　根据元件的约束方程和由 KVL 建立线性常系数二阶齐次微分方程为

$$LC\frac{\mathrm{d}^2 u_C}{\mathrm{d}t^2} + RC\frac{\mathrm{d}u_C}{\mathrm{d}t} + u_C = 0$$

其特征方程为

$$S_{1,2} = -\frac{R}{2L} \pm \sqrt{\left(\frac{R}{2L}\right)^2 - \frac{1}{LC}}$$

将已知数据代入,可得

$$S_{1,2} = -1 \pm \mathrm{j}2$$

故响应为欠阻尼情况，由式(4.81)可得

$$u_C = K e^{-at} [\sin(\omega_d t + \varphi)]$$

根据式(4.64)可求出 K_1，即

$$K_1 = \frac{1}{S_2 - S_1} \left[S_2 u_C(0_+) - \frac{i_C(0_+)}{C} \right]$$
$$= 10 - j10$$

因 K_1 和 K_2 为共轭复数，故 $K_2 = 10 + j10$。

将 K_1 和 K_2 代入式(4.79)和式(4.80)中，可求得 A 和 B，即

$$A = K_1 + K_2 = (10 - j10) + (10 + j10) = 20$$
$$B = j(K_1 - K_2) = 20$$

将 A 和 B 值代入式(4.79)及式(4.80)中，可求得 K 和 φ，即

$$K = \sqrt{A^2 + B^2} = 20\sqrt{2}, \qquad \varphi = \arctan\frac{B}{A} = \frac{\pi}{4}$$

根据式(4.58)及式(4.60)，可求得 α 和 ω_d，即

$$\alpha = \frac{R}{2L} = \frac{4}{2 \times 2} = 1, \qquad \omega_d = \frac{1}{LC} - \left(\frac{R}{2L}\right)^2 = 2$$

所以

$$u_C = K e^{-at} [\sin(\omega_d t + \varphi)] = 20\sqrt{2} e^{-t} \left[\sin\left(2t + \frac{\pi}{4}\right)\right] \text{V} \quad (t \geqslant 0)$$

$$i = C\frac{\mathrm{d}u_C}{\mathrm{d}t} = -2\sqrt{10} e^{-t} \sin(2t - 18.4°) \text{A} \quad (t \geqslant 0)$$

电容电压 u_C 和电流 i 的波形曲线分别如图 4.43(a)、(b)所示。

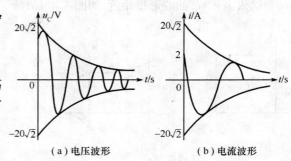

(a) 电压波形　　(b) 电流波形

图 4.43　例 4.20 的波形曲线

2. 当 $R=0(\alpha=0)$ 时

此时电路为无阻尼状态，处于无损耗振荡放电过程。在这种理想等幅振荡情况下，固有频率 S_1 和 S_2 是一对共轭虚数根，即

$$S_{1,2} = \pm j\omega_0$$

电容电压为

$$u_C = K\sin(\omega_0 t + \varphi) \ (t \geqslant 0) \quad (4.86)$$

电容电流为

$$i = C\frac{\mathrm{d}u_C}{\mathrm{d}t} = CU_0\omega_0\cos(\omega_0 t + \varphi) = \frac{U_0}{\omega_0 L}\sin\left(\omega_d t + \varphi + \frac{\pi}{2}\right) \quad (t \geqslant 0) \quad (4.87)$$

式(4.86)和式(4.87)表明响应 u_C 和 i 均为等幅振荡。实际上，在电路中总有电阻存在，所以振荡过程总是要衰减的。要维护振荡，必须从外界向电路不断的输入能量，以补充电阻中的能量损耗，从而使振荡成为不衰减的等幅振荡。

综上所述，电路的零输入响应的性质取决于二阶电路微分方程的特征根，也就是电路的固有频率。固有频率可以是实数、复数和虚数，从而决定了响应为非振荡过程、衰减振荡过程或等幅振荡过程。电路的固有频率仅仅由电路的结构及参数来决定，它也反映了电路固有的性质。

仿照一阶电路的零状态响应和全响应的求法，完全可以求解二阶电路的零状态响应和全响应。

4.8 实用动态电路分析举例

4.8.1 微分电路与积分电路分析

1. RC 微分电路

首先分析图 4.44(b)所示的 RC 电路(设电路处于零状态)。输入的是矩形脉冲电压 u_1，在电阻 R 两端输出的电压为 u_2。

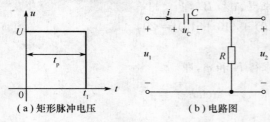

（a）矩形脉冲电压   （b）电路图

图 4.44　RC 微分电路

电压 u_2 的波形同电路的时间常数 τ 和脉冲宽度 t_P 的大小有关。当 t_P 一定时，改变 τ 和 t_P 的比值，电容元件充放电的快慢就不同，输出电压 u_2 的波形也就不同，如图 4.45 所示。

在图 4.45 中，设输入矩形脉冲 u_1 的幅值 $U=6$，电容没有初始储能。当 $\tau=10t_P$ 时，$u_2(t_P)=Ue^{-\frac{t}{\tau}}=6e^{-0.1}=6\times0.905=5.43\text{V}$。

在 $t=0$ 时，u_1 从零突然上升到 6V，即 $u_1=U=6\text{V}$，开始对电容元件充电，由于电容元件两端电压不能跃变，在这瞬间它相当于短路（$u_C=0$），所以 $u_2=U=6\text{V}$。

由于 $\tau\gg t_P$，相对于 t_P，电容器充电很慢，在经过一个脉冲宽度（$\tau=t_P$）时，电容器只充到（6 -5.43）$=0.75\text{V}$，而剩下的 5.43V 都加在电阻两端；在 $\tau=t_1$ 时，u_1 突然下降到零（这时输入端不是开路，而是短路），由于 u_C 不能跃变，所以在这瞬间，$u_2=-u_C=-0.57\text{V}$。这时，输出电压 u_2 和输入电压 u_1 的波形很相近，如图 4.45(a)所示。

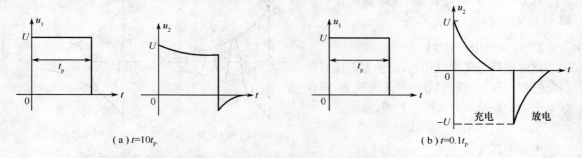

（a）$t=10t_P$ （b）$t=0.1t_P$

图 4.45　时间常数 τ 变化时 RC 电路的输入/输出波形

当 $\tau\ll t_P$ 时，相对于 t_P 而言，电容器充电很快，u_C 很快增长到 U 值；与此同时，u_2 很快由 U 值衰减到零。这样，在电阻两端就输出一个正尖脉冲。在 $t=t_1$ 时，u_1 突然下降到零，由于 u_C 不能跃变，所以在这瞬间，$u_2=-u_C=-6\text{V}$。而后电容元件经电阻放电，u_2 很快衰减到零。这样，就输出一个负尖脉冲，如图 4.45(b)所示。

比较 $\tau\ll t_P$ 时 u_1 和 u_2 的波形，可见在 u_1 的上升沿（从零跃变到 6V），$u_2=U=6\text{V}$，此时正值最大；在 u_1 的平直部分，$u_2=0$；在 u_1 的下降沿（从 6V 跃变到零），$u_2=-U=-6\text{V}$，此时负值最大。所以输出电压 u_2 与输入电压 u_1 近似成微分关系。这种输出尖脉冲反映了输入矩形脉冲微分的结果。因此这种电路称为微分电路。如果输入是周期性矩形脉冲，则输出的是周期性正负尖脉冲。

上述的微分关系也可以根据数学推导得出。

由于 $\tau \ll t_P$，充放电过程很快，除了电容元件刚开始充放电的一段极短的时间之外，$u_1 = u_C + u_2$，而 $u_C \gg u_2$，故 $u_1 \approx u_C$，因此

$$u_2 = Ri = RC \frac{\mathrm{d}u_C}{\mathrm{d}t} = RC \frac{\mathrm{d}u_1}{\mathrm{d}t} \tag{4.88}$$

上式表明，输出电压 u_2 近似地与输入电压 u_1 对时间的微分成正比。

构成 RC 微分电路应具备两个条件：

① 电路的时间常数 $\tau = RC \ll t_P$；

② 输出信号从电阻 R 两端输出。

在工程应用中，一般取 $\tau = (\frac{1}{3} \sim \frac{1}{5})t_P$。

在脉冲数字电路中，常应用微分电路把矩形脉冲变换为尖脉冲作为触发信号。

2. RC 积分电路

微分和积分在数学上是矛盾的两个方面，同样，微分电路和积分电路也是矛盾的两个方面。虽然它们都是 RC 串联电路，但是，当条件不同时，所得结果也就相反。如上面所述，微分电路必须具有 $\tau \ll t_P$ 和从电阻端输出这两个条件。如果条件变为 $\tau \gg t_P$ 和从电容元件两端输出，这时电路就转化为积分电路了，如图 4.46(a)所示。

图 4.46(b)是积分电路的输入电压 u_1 和输出电压 u_2 的波形。由于 $\tau \gg t_P$，电容元件充电很慢，两端电压在整个脉冲持续的时间内缓慢地增长，当还未增长到趋近稳定值时，脉冲已告终止($t = t_1$)。以后电容元件经电阻又缓慢放电，电容上的电压也随之衰减，经过若干个周期之后，充电时的电压的初始值和放电时电压的初始值在一定数值下稳定下来，在输出

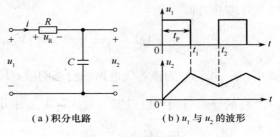

(a) 积分电路　　　　(b) u_1 与 u_2 的波形

图 4.46　积分电路

端输出一个锯齿波电压。时间常数 τ 越大，充放电越是缓慢，所得锯齿波电压的线性也就越好。

从图 4.46(b)的波形上看，u_2 是对 u_1 积分的结果。从数学上看，当输入的是单个矩形脉冲时，由于 $\tau \gg t_P$，充放电很缓慢，就是 u_C 增长和衰减很缓慢，充电时 $u_2 = u_C$，且 $u_R \gg u_C$，因此 $u_1 = u_R + u_C \approx u_R = Ri$ 或 $i \approx \frac{u_1}{R}$，所以输出电压为

$$u_2 = u_C = \frac{1}{C}\int i\mathrm{d}t \approx \frac{1}{RC}\int u_1\mathrm{d}t \tag{4.89}$$

可见，输出电压 u_2 与输入电压 u_1 近似成积分的关系。因此这种电路称为积分电路。在脉冲电路中，可应用积分电路把矩形脉冲变换为锯齿波电压，作为扫描等用。

4.8.2　闪光灯电路分析

闪光灯电路如图 4.47 所示。电路中的灯只有在电压 v_L 达到 V_{max} 值时开始导通。在灯导通期间，将其模拟成一个电阻 R_L。灯一直导通到其电压 v_L 降到 V_{min} 时为止。灯不导通时，相当于开路。

在分析电路特性的表达式之前，我们先对电路的工作过程建立一个感性认识。首先，当灯表现为开路时，直流电压源将通过电阻 R 给电容充电，使灯电压 v_L 升高；一旦灯电压达到 V_{max}，灯开始导通并且电容开始放电，使灯电压下降；一旦灯电压下降到 V_{min}，灯将开路，电容

又将开始充电。电容的充放电波形如图 4.48 所示。

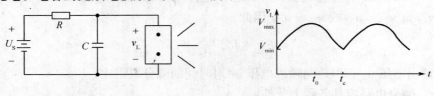

图 4.47 闪光灯电路   图 4.48 灯电压的波形

在图 4.48 中,选择电容开始充电的瞬间 $t = 0$。时间 t_0 代表灯开始工作的瞬间,t_c 为完成一个周期的结束时间。开始分析时,假设电路已经工作很长时间,当灯停止导通的瞬间,灯被模拟为开路,灯电压为 V_{min};根据三要素法,在电容充电的作用下,灯电压将按照以下规律变化,即

$$v_L(t) = V_S + (V_{min} - V_S)e^{-t/RC}$$

式中,V_S 为该等效电路的稳态响应;RC 为该等效电路的时间常数。

灯开始导通需要的时间可以根据 $v_L(t_0) = V_{max}$ 求出,即

$$t_0 = RC\ln\frac{V_S - V_{min}}{V_S - V_{max}}$$

当灯开始导通后,可以被模拟成电阻 R_L,电容开始放电,根据三要素法,灯电压将按照以下规律变化,即

$$v_L(t) = \frac{R_L}{R + R_L}V_S + \left(V_{max} - \frac{R_L}{R + R_L}V_S\right)e^{-(t-t_0)/(R//R_L)C}$$

式中,$\dfrac{R_L}{R + R_L}V_S$ 为该等效电路的稳态响应;$(R // R_L)C$ 为该等效电路的时间常数。

灯的导通时间可以根据 $v_L(t_c) = V_{min}$ 求出,即

$$t_c - t_0 = \frac{RR_LC}{R + R_L}\ln\left(V_{max} - \frac{R_L}{R + R_L}V_S\right)/\left(V_{min} - \frac{R_L}{R + R_L}V_S\right)$$

4.8.3 汽车点火电路分析

汽车中的点火电路是基于 RLC 电路暂态响应的原理工作的。在点火电路中,通过开关的动作使电感线圈中产生一个快速变化的电流,电感线圈通常称作点火线圈,由两个串联的磁耦合线圈组成,又称为自耦变压器,其中与电池相连的线圈称为初级线圈,与火花塞相连的线圈称为次级线圈。初级线圈上电流的快速变化通过磁耦合(互感)使次级线圈上产生一个高电压,其峰值可达 20 至 40kV,这一高压将在火花塞的间隙内产生一个电火花,从而点燃燃气缸中的油-汽混合物。

点火系统的基本组成原理如图 4.49 所示,其电路图如图 4.50 所示。

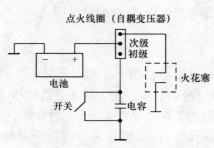

图 4.49 汽车点火系统原理图

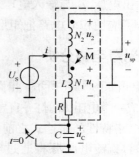

图 4.50 汽车点火系统电路图

【例 4.21】 在图 4.50 所示的汽车点火电路中,已知 $U_S = 12\,\text{V}$, $R = 4\Omega$, $L = 3\,\text{mH}$, $C = 400\mu\text{F}$,次级线圈和初级线圈的匝数比 $a = N_2/N_1 = 100$。当 $t = 0$ 时开关闭合,求火花塞上的最大电压。

解 因为 $R < 2\sqrt{\dfrac{L}{C}}$,所以当开关断开时,初级线圈上的电流响应为欠阻尼响应,其表达式为

$$i(t) = \frac{U_S}{R} e^{-at} \left[\cos\omega_d t + \left(\frac{\alpha}{\omega_d} \right) \sin\omega_d t \right]$$

式中

$$\alpha = \frac{R}{2L}, \quad \omega_d = \sqrt{\frac{1}{LC} - \left(\frac{R}{2L} \right)^2}$$

自耦变压器初级线圈上产生的电压为

$$u_1(t) = L \frac{\mathrm{d}i}{\mathrm{d}t} = -\frac{U_S}{\omega_d RC} e^{-at} \sin\omega_d t$$

由于铁芯自耦变压器的磁通量相等,所以有

$$\frac{u_2}{u_1} = \frac{N_2}{N_1} = a$$

从而可得

$$u_2(t) = au_1(t) = -\frac{aU_S}{\omega_d RC} \sin\omega_d t$$

火花塞上的电压

$$u_{sp}(t) = U_S + u_2(t) = U_S \left(1 - \frac{a}{\omega_d RC} e^{-at} \sin\omega_d t \right)$$

为了求得 u_{sp} 的最大值,可令 $\mathrm{d}u_{sp}/\mathrm{d}t = 0$,求得

$$t_{max} = \frac{1}{\omega_d} \arctan \left(\frac{\omega_d}{\alpha} \right)$$

将电路参数代入,可得 $t_{max} = 53.63\,\mu\text{s}$;将 t_{max} 代入 u_{sp} 表达式中,可得

$$u_{sp}(t_{max}) = -25975.69\,\text{V}$$

思考题与习题 4

题 4.1 电路如图 4.51 所示,开关 S 在 $t = 0$ 时断开,画出 $t = 0_+$ 时原电路的等效电路,并求出电路中各支路电压和支路电流的初始值。

题 4.2 电路如图 4.52 所示,开关动作前电路已达到稳定状态,求 $t = 0_+$ 时各支路电流及储能元件的电压。

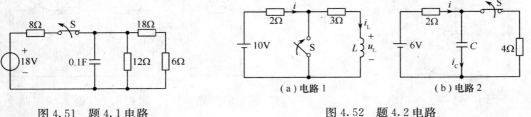

图 4.51 题 4.1 电路   图 4.52 题 4.2 电路

题 4.3 在图 4.53 所示电路中,求开关 S 闭合瞬间($t = 0_+$)电路中的电压 u_C、u_L。

题 4.4 图 4.54 所示电路中,开关 S 在 $t = 0$ 时闭合,此前电路已达到稳态。试求电路的时间常数 τ 以及电容两端电压 $u_C(t)$,$t \geqslant 0$。已知 $U_S = 10\text{V}$,$R_1 = 4\text{k}\Omega$,$R_2 = 2\text{k}\Omega$,$R_3 = 4\text{k}\Omega$,$C = 25\mu\text{F}$。

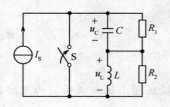

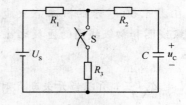

图 4.53　题 4.3 电路　　　　　　图 4.54　题 4.4 电路

题 4.5　图 4.55 所示的电路中,电容初始状态为零,已知 $U_S=20V$,若要求:

(1)S 闭合 0.5s 后 u_C 值达到输入电压 U_S 幅值的 50%;

(2)电路在整个工作过程中从电源取得的电流最大值不超过 1mA;

求满足上述条件的电路参数 R、C 的值。

题 4.6　图 4.56 所示电路中,$t=0$ 时开关打开,求换路瞬间($t=0_+$)图中所标示电流 i_C、i_1 和电压 U 的初始值。

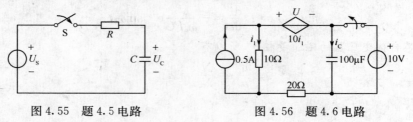

图 4.55　题 4.5 电路　　　　　　图 4.56　题 4.6 电路

题 4.7　求图 4.57 所示各电路的时间常数。

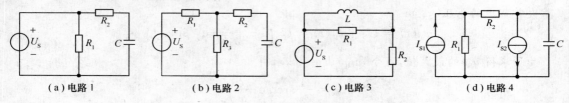

（a）电路 1　　　　　（b）电路 2　　　　　（c）电路 3　　　　　（d）电路 4

图 4.57　题 4.7 电路

题 4.8　图 4.58 所示电路,$t=0$ 时开关打开,求电容电压 $u_C(t)(t\geqslant 0)$,并画出其变化曲线。已知开关打开前电路已达到稳态。

题 4.9　在图 4.59 所示电路中,已知 $R_1=10\Omega$,$R_2=20\Omega$,$R_3=20\Omega$,$U_S=20V$,$L=1H$。设开关 S 原闭合,电路已稳定,求开关 S 断开后 i_L、u_L 的变化规律。

题 4.10　图 4.60 所示电路中,已知 $u_C(0_-)=2V$,$t=0$ 时开关闭合,求 U_S 为 1V 和 5V 时 u_C 的零输入响应、零状态响应和全响应。

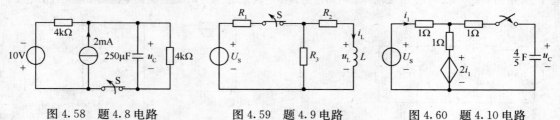

图 4.58　题 4.8 电路　　　　图 4.59　题 4.9 电路　　　　图 4.60　题 4.10 电路

题 4.11　图 4.61 所示电路中,开关 S 闭合在位置 1,电路处于稳态。$t=0$ 时将开关从位置 1 切换到 2,试求 $t=\tau$ 时 u_C 的值。在 $t=\tau$ 时再将开关切换到位置 1,求 $t=2\times 10^{-2}s$ 时 u_C 的值。此时再次将开关切换到位置 2,做出 u_C 的变化曲线。充电电路和放电电路的时间常数是否相等?

题 4.12　图 4.62 所示电路中,试求 $u_L(t)(t\geqslant 0)$。已知开关闭合前电路已经达到稳态。

题 4.13 图 4.63 所示电路中，求 $i(t)(t \geqslant 0)$。已知开关闭合前电路已经达到稳态。

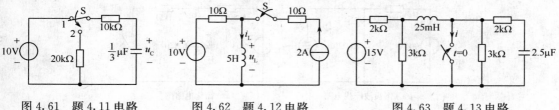

图 4.61　题 4.11 电路　　　图 4.62　题 4.12 电路　　　图 4.63　题 4.13 电路

题 4.14 图 4.64 所示电路中，已知 $R_1 = 3\text{k}\Omega$，$R_2 = 6\text{k}\Omega$，$C_1 = 40\mu\text{F}$，$C_2 = C_3 = 20\mu\text{F}$。电源 $U_S = 12\text{V}$，在 $t = 0$ 时施加在电路上，试求 $u_C(t)$，$t \geqslant 0$。设 $u_C(0) = 0$。

题 4.15 图 4.65 所示电路中，电感的初始储能为零，(1)S_1 闭合后 0.4s 再断开 S_2，$t = 1.4\text{s}$ 时电路中电流 i 为多大？(2)S_1 闭合后电流 i 上升到 1A 再断开 S_2，电路中是否有过渡过程？

题 4.16 图 4.66 所示电路中，求电容电压 $u_C(t)$ 和电流 $i_C(t)(t \geqslant 0)$，并画出其变化的曲线。已知开关闭合前电路已经达到稳态。

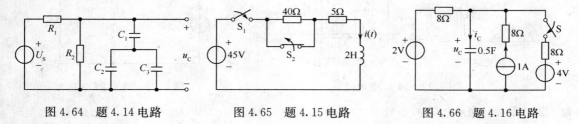

图 4.64　题 4.14 电路　　　图 4.65　题 4.15 电路　　　图 4.66　题 4.16 电路

题 4.17 图 4.67 所示电路中，$t = 0$ 时开关 S 闭合，求开关闭合后通过开关的电流 $i(t)$。已知 $U_S = 100\text{V}$，$C = 125\mu\text{F}$，$R_1 = 60\Omega$，$R_2 = R_3 = 40\Omega$，$L = 1\text{H}$，电路原先已稳定。

题 4.18 试用阶跃函数和延迟阶跃函数表示图 4.68 所绘各波形。

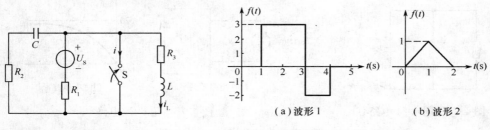

图 4.67　题 4.17 电路　　　　　图 4.68　题 4.18 图

题 4.19 激励波形如图 4.69(a) 所示，求图(b)所示电路中的电流 $i_L(t)$，已知 $i_L(0_+) = 0$。

题 4.20 图 4.70(a) 所示的电路中，已知电容初始电压为零，求 $u_C(t)$，并画出其波形。激励波形如图 4.70(b) 所示。

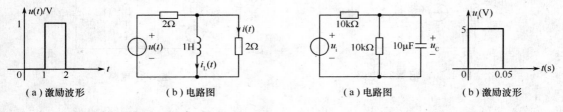

(a)激励波形　　　(b)电路图　　　　　(a)电路图　　　(b)激励波形

图 4.69　题 4.19 电路　　　　　图 4.70　题 4.20 图

题 4.21 图 4.71(a)所示是一个产生锯齿波形电压的电路，图(b)是其简化电路图。VT 为一闸流管，它相当于一个开关，当 VT 两端的电压上升到 300V 时闸流管导通；当 VT 两端的电压下降到 30V 时，它便断开。分析电容两端电压 u_C 的变化规律,画出其波形,并求出其周期。

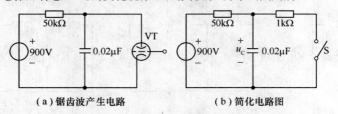

（a）锯齿波产生电路　　　　　　（b）简化电路图

图 4.71　题 4.21 电路

题 4.22　电路及其激励信号波形分别如图 4.72(a)、(b)所示。试就给出的电路参数求响应 $u_o(t)$,并画出其波形图。当(1) $C=510\text{pF}$, $R=10\text{k}\Omega$ 时;(2) $C=1\mu\text{F}$, $R=10\text{k}\Omega$ 时。

题 4.23　图 4.73 所示电路中,求 $u_C(t)$ 和 $i_L(t)$ $(t \geqslant 0)$。已知开关打开前电路已经达到稳态。

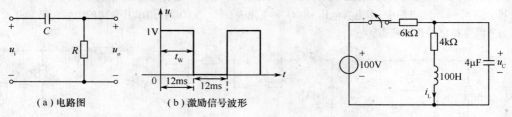

（a）电路图　　　　　（b）激励信号波形

图 4.72　题 4.22 电路　　　　　　　　　　图 4.73　题 4.23 电路

题 4.24　图 4.74 所示电路中,已知 $u_C(0)=0$, $i_L(0)=20\text{A}$, $C=0.5\text{F}$, $L=1\text{H}$, $R=2\Omega$ 试求电容电压 $u_C(t)$ $(t \geqslant 0)$。

题 4.25　图 4.75(a)所示电路中 N_1 为零状态,由一个阶跃电流源作用于电路。若电压 u_1 的曲线如图 4.75 (b)所示,试确定 N_1 可能的结构。

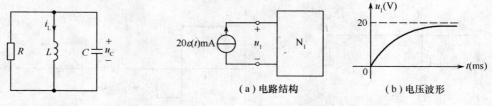

（a）电路结构　　　　　（b）电压波形

图 4.74　题 4.24 电路　　　　　　　　图 4.75　题 4.25 电路

题 4.26　图 4.76 所示电路中,电容的初始储能为零,试求 $u_C(t)$、$i_1(t)$。

题 4.27　图 4.77 所示电路中,$t=0$ 时开关由 a 切换到 b,求电流 i 和电压 u_C,并画出其波形。

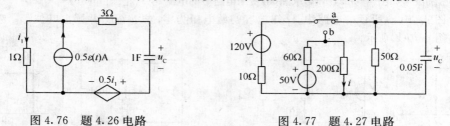

图 4.76　题 4.26 电路　　　　　　　　图 4.77　题 4.27 电路

第5章 正弦交流电路的稳态分析

本章导读信息

正弦交流电路指的是由正弦交流电源和线性元件组成的电路。它的工作信号是随时间以正弦规律变化的电压或电流,简称正弦交流电或者正弦波。含有动态元件的正弦交流电路,如果其响应达到稳定状态,则称该电路的状态为正弦稳态。处于正弦稳态的电路称为正弦稳态电路。由于正弦波是交流电路中最基本的波形,各种周期性变化的波形均可看作是许多正弦波的叠加,这使得正弦波形成为电力和电子工程中传递能量或信息的主要形式,正弦稳态电路的分析也成为各种交流稳态电路分析的基础。所以,本章专门讨论正弦交流电路的稳态分析。

1. 内容提要

正弦稳态电路中,响应(电压、电流等)是与激励同频率的正弦量,可以借助相量来分析、计算,从而将微分方程的求解转化为复数代数方程的运算。本章在引入相量表示正弦量的基础上,介绍了阻抗与导纳、基尔霍夫定律的相量形式、元件伏安关系的相量形式等概念,并把电路的基本概念、基本定律、基本原理及等效变换应用于正弦稳态电路的分析。最后介绍了正弦稳态电路的功率、频率特性与非正弦周期性信号电路的稳态分析。

本章涉及的概念与名词术语主要有:

正弦量,幅值,周期(频率),相位,初相位,相位差,有效值,相量,有效值、幅值相量,相量图;容抗,感抗,阻抗,导纳,相量模型,电阻、电感、电容元件相量形式的欧姆定律,基尔霍夫定律的相量形式,正弦稳态电路相量分析法;瞬时功率,平均功率,无功功率,视在功率,复功率,功率因数;阻抗、导纳、电压、电流、功率的直角三角形;传递函数,频率特性,滤波,无源滤波电路,低通、高通、带通、带阻滤波器,特征频率,截止频率,上限截止频率,下限截止频率,中心频率;谐振,串联、并联谐振,谐振频率,品质因数,谐振电路的选择性,通频带;非正弦周期性信号,傅里叶级数,基波分量,谐波分量;幅度频谱,离散频谱,谱线;非正弦周期性信号的有效值,平均值,平均功率;非正弦周期性信号激励下线性电路的分析方法等

2. 重点难点

【本章重点】

(1)相量的概念,两类约束的相量形式,正弦稳态电路的相量模型;

(2)R、C、L 三种基本电路元件的阻抗与导纳,RLC 电路的谐振;

(3)正弦稳态电路的相量分析方法;

(4)正弦稳态电路中的各功率的物理意义及相互关系;

【本章难点】

(1)正弦量的基本概念与相量表示法;

(2)正弦稳态电路的相量分析方法。

5.1 正弦交流电概述

正弦波是交流电流和交流电压的基本类型。在生产、日常生活中,电力公司提供的都是正弦波形式的电压和电流,即使在某些场合需要直流电,也是将正弦交流电通过整流设备变换得

到。正弦波主要来源有两种:在强电方面,由交流发电机以正弦交流的形式生产出来;在弱电方面,主要是电子振荡电路产生,电子振荡电路常运用于仪器中,又称为信号发生器。

5.1.1 正弦交流电及其表示方式

正弦交流电是对正弦交流电压、正弦交流电流的统称,它有两个重要特性。

其一,正弦交流电是一种随时间周期性交变的周期信号。它变化一个周期所经历的时间称为周期,通常用 T 表示,以秒(s)为单位。周期的倒数(即一秒内变化的周期数)称为频率,通常用 f 表示,以赫兹(Hz)为单位。作为周期信号的正弦交流电,其大小和方向均可随时间而变化。因此分析计算电路时,对正弦交流电压、电流均应规定参考方向。任一时刻 t,若电压、电流的实际方向与参考方向一致,则为正值;否则为负值。

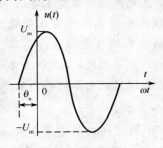

图 5.1 正弦电压的波形图

其二,正弦交流电是按正弦规律周期性变化的,所以常称为正弦量。

正弦交流电的主要表示方法有三种:波形图、函数表达式和相量。图 5.1 画出了正弦交流电压的波形图,其函数表达式为

$$u(t)=U_\mathrm{m}\sin(\omega t+\theta_\mathrm{u}) \tag{5.1}$$

由三角函数知道,sin 函数与 cos 函数都是按正弦规律变化的函数,它们之间仅相差 90 度相位角,从波形图上看,唯一的区别在于它们的起始位置不同。本书中采用 sin 函数形式表示正弦量。

5.1.2 正弦量的三要素

从式(5.1)知,如果获知正弦电压的幅值、变化一周所需要的时间以及计时起点的初始相位,任意时刻正弦电压的大小就可以确定。通常把表征正弦量的大小、变化快慢、初始值的三个参数——幅值、周期(频率)和初相位称为正弦量的三要素。

1. 幅值

正弦量在任一瞬时的值称为瞬时值,用小写字母表示。例如,电压的瞬时值用 $u(t)$ 表示,电流的瞬时值用 $i(t)$ 表示,或简记为 u 和 i。瞬时值中的最大值称为振幅,又称为幅值或峰值,用带下标 m 的大写字母来表示,如 U_m、I_m 分别表示电压、电流的幅值。

2. 周期(频率)

正弦量变化的快慢可以用周期或频率来表示。对于给定的正弦波,周期总是固定值。如图 5.2 所示,周期可以直接从正弦波形图上获得。用波形的过零点至下一个相应的过零点之间的时间间隔测量正弦波的周期,也可以用任意峰值点至下一周的对应峰值点之间的时间间隔测量得到。

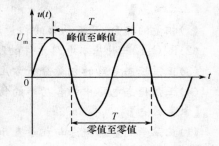

图 5.2 正弦波的周期测量

表征正弦量的变化快慢除可用周期或频率表示以外,还可以用角频率来表示。

正弦函数表达式中的角度($\omega t+\theta$)称为正弦信号的相位角,简称相位。它反映正弦量变化的进程。ω 称为正弦量的角频率,单位为弧度/秒(rad/s),表示一秒钟内正弦信号变化的弧度

数。正弦量每经历一个周期 T 的时间，相位增加 2π 弧度，所以角频率 ω、周期 T、频率 f 之间的关系为

$$\omega = 2\pi f = \frac{2\pi}{T} \tag{5.2}$$

式（5.2）表明，只要知道 T、f、ω 三者中的一个，其余两个均可求出。

【例 5.1】试求图 5.3 所示正弦波的周期、频率、角频率。

解 如图 5.3 所示，10 秒（10s）内完成了 2 个周期，所以

$$T = 5s$$
$$f = 1/T = 0.2\text{Hz}$$
$$\omega = 2\pi f = 2 \times 3.14 \times 0.2 = 1.256\text{rad/s}$$

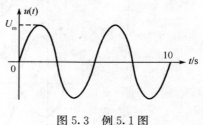

图 5.3 例 5.1 图

3. 初相位

正弦量随时间而变化，要确定一个正弦量需要考虑计时的起点。所取计时起点的不同，正弦量的初始值（$t=0$）就不同，到达幅值或某一特定值所需要的时间也就不同。

$t=0$ 时正弦量的相位角称为初相位或初相角，简称初相。式（5.1）中的初相位为 θ_u。初相位与所选择的计时起点有关，为了便于分析，一般规定 θ 在 $(-\pi, \pi)$ 的范围内，即规定 $|\theta| \leqslant \pi$。如果正弦量的起始点在时间起点（坐标原点）的左边，如图 5.1 所示，则 θ 为正值。如果正弦量的起始点在时间起点的右边，则 θ 为负值。通常约定，所谓正弦量的起点，是指最靠近坐标原点的那一个起始点。

5.1.3 正弦量的相位差

任意两个同频率正弦量的相位之差称为相位差，用 φ 表示，实际问题中经常要比较两个同频率正弦量的相位之差。如有两个正弦电压分别为

$$\begin{cases} u_1(t) = U_{1\text{m}}\sin(\omega t + \theta_1) \\ u_2(t) = U_{2\text{m}}\sin(\omega t + \theta_2) \end{cases} \tag{5.3}$$

如图 5.4 所示，它们的初相位是分别为 θ_1 和 θ_2，那么 $u_1(t)$ 和 $u_2(t)$ 的相位差为

$$\varphi = (\omega t + \theta_1) - (\omega t + \theta_2) = \theta_1 - \theta_2 \tag{5.4}$$

可见，两个同频率正弦信号的相位差等于它们的初相位之差。

相位差是一个不随时间变化的常数。从图 5.4 中也可看出，如果改变时间起点，也就是把坐标原点移动，$u_1(t)$ 和 $u_2(t)$ 的初相位 θ_1 和 θ_2 都会变化，但两者的相位差即 φ 角是不会改变的，所以相位差比初相位更有实际意义。一般情况下，取 $|\varphi| \leqslant \pi$。

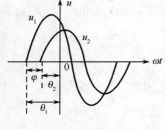

图 5.4 相位差

若相位差 $\varphi = 0$，即两个正弦电压的初相位相等，称 $u_1(t)$ 和 $u_2(t)$ 同相，如图 5.5（a）所示。由图知，$u_1(t)$ 和 $u_2(t)$ 同时达到正的最大值，也同时达到零值。

如果 $\varphi > 0$，称 $u_1(t)$ 超前 $u_2(t)$，或 $u_2(t)$ 滞后 $u_1(t)$，如图 5.5（b）所示。

若 $\varphi = \pm\pi$，则称 $u_1(t)$ 和 $u_2(t)$ 反相位，如图 5.5（c）所示。

若 $\varphi = \pm\pi/2$，则称 $u_1(t)$ 与 $u_2(t)$ 正交，如图 5.5（d）所示。

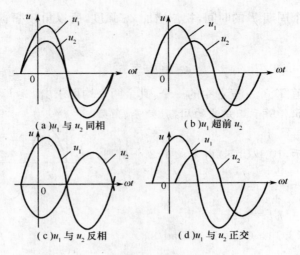

(a) u_1 与 u_2 同相   (b) u_1 超前 u_2

(c) u_1 与 u_2 反相   (d) u_1 与 u_2 正交

图 5.5 相位差

【例 5.2】试求图 5.6(a)、(b) 所示电路中,两个正弦波的相位差是多少。

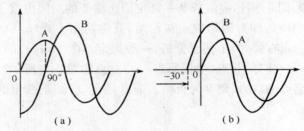

图 5.6 例 5.2 图

解 在图 5.6(a) 中,正弦波 A 在 0°时与横轴零相交,而对应的正弦波 B 在 90°时与横轴零相交,因此这两个正弦波之间的相位差为 90°,且正弦波 A 超前正弦波 B。

在图 5.6(b) 中,正弦波 B 在 −30°时与横轴零相交,而对应的正弦波 A 在 0°时与横轴零相交,因此这两个正弦波之间的相位差为 30°,且正弦波 A 滞后正弦波 B。

【例 5.3】已知两个正弦波的三角函数表达式为:$u_1(t) = -3\sqrt{2}\sin(314t + 60°)$ V,$u_2(t) = 5\sqrt{2}\cos(314t + 45°)$ V,试求它们之间的相位差。

解 先将上述两个表达式写成统一形式

$$u_1(t) = -3\sqrt{2}\sin(314t + 60°) = 3\sqrt{2}\sin\ \ (314t - 120°) \text{ V}$$

$$u_2(t) = 5\sqrt{2}\cos(314t + 45°) = 5\sqrt{2}\sin(314t + 135°) \text{ V}$$

它们之间的相位差就是初相位之差值为

$$\varphi = -120° - 135° + 360° = 105°$$

5.1.4 正弦量的有效值

正弦量的瞬时值随时间而变化,不能用瞬时值来比较两个正弦量的大小。

考虑到正弦电压和正弦电流作用于电阻时,电阻皆消耗电能,因此以此为依据定义有效值来表征正弦信号的大小。通常所说的 220V、380V 等电压以及由交流电压、电流表读出的电压、电流皆为有效值。

正弦信号的有效值定义为：设有两个电阻，阻值相同，皆为 R，分别通以正弦电流 i 和直流电流 I，如果在正弦量的一个周期 T 内两个电阻消耗的能量相等，则称直流电流 I 为正弦电流 i 的有效值。即若

$$\int_0^T i^2 R \mathrm{d}t = I^2 RT \tag{5.5}$$

则正弦电流 i 的有效值为

$$I = \sqrt{\frac{1}{T}\int_0^T i^2 \mathrm{d}t} \tag{5.6}$$

由式(5.6)知，正弦电流的有效值是瞬时值的平方在一个周期内积分的平均值再取平方根，因此有效值又称为均方根值。

类似地，正弦电压的有效值为

$$U = \sqrt{\frac{1}{T}\int_0^T u^2 \mathrm{d}t} \tag{5.7}$$

式(5.6)和式(5.7)不仅适用于正弦信号，也适用于任何波形的周期电流和周期电压。

将正弦电流 i 的表达式 $i = I_\mathrm{m}\sin\omega t$ 代入式(5.6)中，可得正弦电流 i 的有效值为

$$I = \sqrt{\frac{1}{T}\int_0^T i^2 \mathrm{d}t} = \sqrt{\frac{1}{T}\int_0^T I_\mathrm{m}^2\sin^2\omega t\,\mathrm{d}t} = \frac{I_\mathrm{m}}{\sqrt{2}}$$

同理，当 $u = U_\mathrm{m}\sin\omega t$，则有

$$U = \frac{U_\mathrm{m}}{\sqrt{2}}$$

可见，幅值是有效值的 $\sqrt{2}$ 倍。电路分析和实际中常用有效值讨论问题，有效值用大写字母表示。

【例 5.4】已知 $i = 31\sin(\omega t + 30°)\mathrm{A}$，$f = 50\mathrm{Hz}$，试求有效值 I 和 $t = 1\mathrm{s}$ 时的瞬时值。

解
$$I = \frac{I_\mathrm{m}}{\sqrt{2}} = \frac{31}{\sqrt{2}} = 22\mathrm{A}$$

当 $t = 1\mathrm{s}$ 时，有
$$i = 31\sin(\omega t + 30°) = 31\sin(2\pi f t + 30°) = 31\sin(100\pi + 30°) = 15.5\mathrm{A}$$

5.1.5　正弦量的相量表示

正弦交流电的函数表达形式实质上就是数学中的正弦函数。正弦函数在数学分析计算中要应用许多三角函数公式，非常不方便。正弦量除了用三角函数表达式和波形表示外，还可以用相量来表示。相量在表示正弦量的幅度和相位方面具有简便、直观的特点。相量提供了一种用图形方式表示正弦量的方法，同时也能表示和其他正弦量的相位关系。相量表示法的基础是复数，复数提供了一种数学表示相量的方法，使相量之间的加、减、乘、除运算十分简便。

1. 正弦量与旋转向量的一一对应关系

设 A 为一复数，表示式为

$$A = a + \mathrm{j}b \tag{5.8}$$

该复数可用复平面上的有向线段来表示。图 5.7 所示中的横轴表示复数的实部，称作实轴，以 $+1$ 为单位；纵轴表示虚部，以 $+\mathrm{j}$ 为单位，即 j 为虚数单位，$\mathrm{j} = \sqrt{-1}$。该有向线段的长

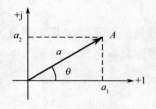

图 5.7 复数的图示

度 $|A|$ 称为复数 A 的模,模总是取正值。该有向线段与实轴正方向的夹角 θ 称为复数 A 的辐角。复数 A 的实部 a 和虚部 b 与模 $|A|$ 及辐角 θ 的关系为

$$\begin{cases} a=|A|\cos\theta \\ b=|A|\sin\theta \end{cases} \tag{5.9}$$

$$\begin{cases} |A|=\sqrt{a^2+b^2} \\ \theta=\text{arctg}\dfrac{b}{a} \end{cases} \tag{5.10}$$

根据式(5.9)和式(5.10)及欧拉公式,复数 A 除表示成式(5.8)的代数形式外,还可以有三角函数式、指数式和极坐标式三种形式。

$$A=a+jb \qquad\qquad (代数式)$$
$$A=|A|\cos\theta+j|A|\sin\theta \qquad (三角函数式)$$
$$A=|A|e^{j\theta} \qquad\qquad (指数式)$$
$$A=|A|\underline{/\theta} \qquad\qquad (极坐标式)$$

复数的上述几种表示式可以互相转换,复数的加减运算可用代数式,复数的乘除运算可用指数式或极坐标式。综上所述,复数可由两个特征量来表征:模和幅角。

设有一正弦电压 $u(t)=U_m\sin(\omega t+\theta_u)$,其波形如图 5.8(b)所示,图 5.8(a)中有一旋转有向线段 A,A 用复数可表示为 $A=U_m\underline{/\theta_u}$。在直角坐标系中,有向线段的长度代表正弦量的幅值 U_m,它的初始位置($t=0$ 时的位置)与横轴正方向之间的夹角等于正弦量的初相位 θ_u,现将复数 $U_m\underline{/\theta_u}$ 乘上因子 $1\underline{/\omega t}$,其模不变,辐角随时间均匀增加,即有向线段在复平面上以角速度 ω 逆时针旋转。那么有向线段 A 在虚轴上的投影等于 $U_m\sin(\omega t+\theta_u)$,恰是用正弦函数表示的正弦电压 $u(t)$。可见旋转有向线段具有正弦量的三个特征,可以用来表示正弦量。如在 $t=0$ 时刻,$u(t)=U_m\sin\omega t$。

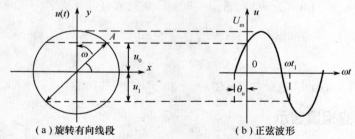

(a)旋转有向线段　　　　　(b)正弦波形

图 5.8　正弦量用旋转有向线段表示

2. 正弦量的相量表示

由前述分析知,正弦量具有三个特征量:幅值、频率和初相位。复数有两个特征量:模和幅角。在分析线性电路时,正弦的激励和响应为同频率的正弦量,不必考虑频率。因此,由幅值和初相位可以确定已知频率的正弦量。将复数的模表示正弦量的幅值或者有效值,复数的幅角表示正弦量的初相位,得到正弦量的相量表示。为了与一般复数相区别,在大写字母上加'·'。设有一正弦量 $u(t)=U_m\sin(\omega t+\theta_u)$,它的相量形式为

$$\dot{U}_m=U_m e^{j\theta_u}=U_m\cos\theta_u+jU_m\sin\theta_u=U_m\underline{/\theta_u} \tag{5.11}$$

注意:相量不是正弦量,只是用来表示正弦量。这一关系可以用双箭头来表示,即

$$\dot{U}_{\mathrm{m}} \Leftrightarrow u(t)$$

相量的数学表达式实质就是复数，复数可以用有向线段在复平面上表示，如图 5.9 所示。相量在复平面上的图示称为相量图。多个同频率的正弦量，由于它们在任何时刻的相对位置保持不变，可将它们的相量画在同一相量图中，如图 5.10 所示，从相量图上可以获知各相量的大小和相位关系。

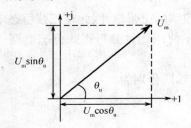

图 5.9　电压幅值相量图

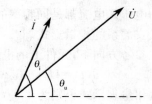

图 5.10　电流、电压有效值相量图

$\dot{U}_{\mathrm{m}}$ 是正弦电压 $u(t)$ 的幅值相量，正弦电压还可以用有效值相量来表示，即

$$\dot{U} = U(\cos\theta_{\mathrm{u}} + \mathrm{j}\sin\theta_{\mathrm{u}}) = U\mathrm{e}^{\mathrm{j}\theta_{\mathrm{u}}} = U \underline{/\theta_{\mathrm{u}}} \tag{5.12}$$

同样，若正弦电流 $i(t) = I_{\mathrm{m}}\sin(\omega t + \theta_{\mathrm{i}}) = \sqrt{2}I\sin(\omega t + \theta_{\mathrm{i}})$，则可用相量表示为

$$\dot{I}_{\mathrm{m}} = I_{\mathrm{m}} \underline{/\theta_{\mathrm{i}}}, \quad \dot{I} = I \underline{/\theta_{\mathrm{i}}} \tag{5.13}$$

有效值相量与幅值相量的关系为

$$\dot{U}_{\mathrm{m}} = \sqrt{2}\dot{U}, \quad \dot{I}_{\mathrm{m}} = \sqrt{2}\dot{I} \tag{5.14}$$

【例 5.5】 写出表示式 $u_{\mathrm{A}} = 22\sqrt{2}\sin 100t\,\mathrm{V}$，$u_{\mathrm{B}} = 22\sqrt{2}\sin(100t - 120°)\,\mathrm{V}$，$u_{\mathrm{C}} = 22\sqrt{2}\sin(100t + 120°)\,\mathrm{V}$ 的相量，并画出相量图。

解　分别用有效值相量 $\dot{U}_{\mathrm{A}}$、$\dot{U}_{\mathrm{B}}$ 和 $\dot{U}_{\mathrm{C}}$ 表示正弦电压 u_{A}、u_{B} 和 u_{C}，则

$$\dot{U}_{\mathrm{A}} = 22 \underline{/0°} = 22\,\mathrm{V}$$

$$\dot{U}_{\mathrm{B}} = 22 \underline{/-120°} = 22\left(-\frac{1}{2} - \mathrm{j}\frac{\sqrt{3}}{2}\right)\mathrm{V}$$

$$\dot{U}_{\mathrm{C}} = 22 \underline{/120°} = 22\left(-\frac{1}{2} + \mathrm{j}\frac{\sqrt{3}}{2}\right)\mathrm{V}$$

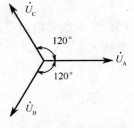

图 5.11　例 5.5 相量图

其相量图如图 5.11 所示。

注意： 只有正弦量才能用相量来表示，只有同频率的正弦量才能画在同一相量图上，不同频率的正弦量不能画在一个相量图上。

5.2　正弦稳态电路的相量形式

基尔霍夫定律和各种元件上的伏安关系是分析电路的基础。正弦量用相量表示后，除简化正弦量之间的运算过程外，还可将前两章以直流线性电路为例介绍的电路理论及分析方法直接应用于正弦稳态电路，只不过电路的激励与响应都是正弦量的相量形式，依据电路的元件约束和基尔霍夫定律列写出的方程也都是相量方程。本节先讨论各种元件上伏安关系的相量形式，而后讨论基尔霍夫定律的相量形式。

5.2.1　电阻、电容和电感元件伏安关系的相量形式

电阻、电容和电感元件是电路中的基本元件。在关联参考方向下，线性时不变电阻、电容和电感元件的伏安关系分别是

$$u=Ri,\quad i=C\frac{\mathrm{d}u_C}{\mathrm{d}t},\quad u=L\frac{\mathrm{d}i}{\mathrm{d}t} \tag{5.15}$$

由于正弦量对时间的导数（或乘以某常量）仍为同频率的正弦量，因此在正弦稳态电路中，这些基本元件的电压和电流都是同频率的正弦量。为了使用相量分析正弦稳态电路，现分析三种基本元件伏安关系的相量形式。

假设在关联参考方向下，元件上的电流和电压的表达式分别为

$$u(t)=U_{\mathrm{m}}\sin(\omega t+\theta_{\mathrm{u}}),\quad i(t)=I_{\mathrm{m}}\sin(\omega t+\theta_{\mathrm{i}}) \tag{5.16}$$

相应的幅值相量表示式分别为

$$\dot{U}_{\mathrm{m}}=U_{\mathrm{m}}\underline{/\theta_{\mathrm{u}}},\quad \dot{I}_{\mathrm{m}}=I_{\mathrm{m}}\underline{/\theta_{\mathrm{i}}} \tag{5.17}$$

利用元件上的伏安关系可得到电压相量和电流相量之间的关系。

1. 电阻元件约束的相量形式

图 5.12(a)是线性电阻与正弦稳态电源连接的电路。在关联参考方下，由欧姆定律，电阻元件的伏安关系 $u=Ri$ 得

$$u=Ri=RI_{\mathrm{m}}\sin(\omega t+\theta_{\mathrm{i}})=U_{\mathrm{m}}\sin(\omega t+\theta_{\mathrm{u}}) \tag{5.18}$$

式中

$$U_{\mathrm{m}}=R\cdot I_{\mathrm{m}} \tag{5.19}$$

由式(5.19)可看出，在电阻元件的交流电路中，电压与电流为同频率、同相位($\theta_{\mathrm{u}}=\theta_{\mathrm{i}}=\theta$)的正弦量。电阻元件的电压、电流波形如图 5.12(b)所示。

如用相量表示电阻元件电压与电流的关系，则为

$$\dot{U}_{\mathrm{m}}=R\dot{I}_{\mathrm{m}} \tag{5.20}$$

式(5.20)和欧姆定律形式相似，即为电阻元件的相量欧姆定律。相量图如图 5.12(c)所示。考虑到

$$\dot{U}_{\mathrm{m}}=U_{\mathrm{m}}\underline{/\theta_{\mathrm{u}}},\quad \dot{I}_{\mathrm{m}}=I_{\mathrm{m}}\underline{/\theta_{\mathrm{i}}} \tag{5.21}$$

进一步得到

$$\dot{U}_{\mathrm{m}}=U_{\mathrm{m}}\underline{/\theta_{\mathrm{u}}}=RI_{\mathrm{m}}\underline{/\theta_{\mathrm{i}}}=R\dot{I}_{\mathrm{m}}\quad \text{或}\dot{U}=U\underline{/\theta_{\mathrm{u}}}=RI\underline{/\theta_{\mathrm{i}}}=R\dot{I} \tag{5.22}$$

可见，电阻元件的电压和电流的有效值相量和瞬时值相量之间的关系均符合欧姆定律。

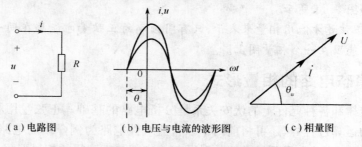

(a)电路图　　　　(b)电压与电流的波形图　　　　(c)相量图

图 5.12　电阻元件约束的相量形式

2. 电容元件约束的相量形式

如图 5.13(a)所示，在关联参考方下，电容元件的伏安特性为

$$i = C \frac{du_C}{dt} \tag{5.23}$$

如果在电容两端施加一正弦电压 $u(t) = U_m \sin(\omega t + \theta_u)$，则有

$$i = C \frac{du_C}{dt} = C \frac{d}{dt}[U_m \sin(\omega t + \theta_u)] = \omega C U_m \cos(\omega t + \theta_u)$$

$$= \omega C U_m \sin\left(\omega t + \theta_u + \frac{\pi}{2}\right) = I_m \sin(\omega t + \theta_i) \tag{5.24}$$

式(5.24)中

$$\theta_i = \theta_u + \frac{\pi}{2}, \quad I_m = \omega C U_m \tag{5.25}$$

由式(5.24)和式(5.25)知：电容元件电路中，电容元件的电流与电压为同频率的正弦量。但在相位上，电流超前于电压90°，电容元件的电压、电流波形图如图5.13(b)所示。

电压与电流的幅值具有欧姆定律形式，U_m 与 I_m 之比为 $1/\omega C$，单位为欧姆。当电压 U_m 一定时，$1/\omega C$ 越大，则电流 I_m 越小，因此它对电流起阻碍作用，称为容抗，用 X_C 表示，即

$$X_C = \frac{U_m}{I_m} = \frac{U}{I} = \frac{1}{\omega C} = \frac{1}{2\pi f C} \tag{5.26}$$

容抗 X_C 与角频率 ω 成反比，频率越高，X_C 越小。因此，电容有通高频信号和阻低频信号的频率特性，当电压有效值 U 和电容 C 一定时，容抗 X_C 和电流 I 与频率的关系如图5.13(d)所示；在直流电路中 $\omega = 0$，X_C 为无穷大，因此电容有隔直作用，在直流电路中相当于开路元件。

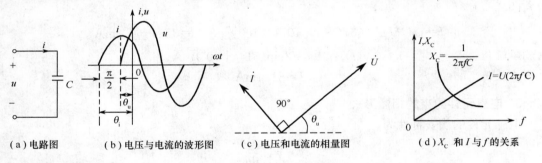

（a）电路图　　（b）电压与电流的波形图　　（c）电压和电流的相量图　　（d）X_C 和 I 与 f 的关系

图5.13　电容元件的交流电路

用相量表示电容两端的电压与电流的关系，即

$$\begin{cases} \dot{U}_m = U_m \underline{/\theta_u} = U_m e^{j\theta_u}, \\ \dot{I}_m = I_m \underline{/\theta_i} = I_m e^{j\theta_i} = I_m e^{j(\theta_u + \frac{\pi}{2})} \\ \frac{\dot{U}_m}{\dot{I}_m} = \frac{U_m}{I_m} e^{-j\frac{\pi}{2}} = -j\frac{1}{\omega C} \end{cases} \tag{5.27}$$

或

$$\dot{I}_m = I_m \underline{/\theta_i} = \frac{U_m}{X_C} \underline{/\theta_i} = \frac{U_m}{X_C} e^{j(\theta_u + \frac{\pi}{2})} = j\frac{\dot{U}_m}{X_C} = j\omega C \dot{U}_m \tag{5.28}$$

式(5.28)又可写为

$$\dot{U}_m = -jX_C \dot{I}_m = -j\frac{1}{\omega C} \dot{I}_m = \frac{1}{j\omega C} \dot{I}_m \tag{5.29}$$

或

$$\dot{U} = -jX_C \dot{I} = -j\frac{1}{\omega C} \dot{I} = \frac{1}{j\omega C} \dot{I} \tag{5.30}$$

式(5.29)和式(5.30)与欧姆定律的形式相似，即为电容元件的相量欧姆定律，电容元件的电压、电流相量图如图5.13(c)所示。

【例5.6】 已知某电阻 $R=100\Omega$，接于初相角为 $30°$ 的 $220V$ 工频正弦交流电压源上，试分别以三角函数形式和相量形式求通过电阻 R 的电流。

解 (1)以三角函数形式求解。由已知条件

$$u=220\sqrt{2}\sin(314t+30°)\text{V}$$

$$i=\frac{u}{R}=\frac{220\sqrt{2}}{100}\sin(314t+30°)=2.2\sqrt{2}\sin(314t+30°)\text{A}$$

(2)以相量形式求解。已知电压有效值相量 $\dot{U}=220\underline{/30°}$ V，则电流有效值相量为

$$\dot{I}=\frac{\dot{U}}{R}=\frac{220\underline{/30°}}{100}=2.2\underline{/30°}\text{ A}$$

通过电阻 R 的电流的三角函数式为 $i=2.2\sqrt{2}\sin(314t+30°)\text{A}$

【例5.7】 在图 5.13(a)中，已知 $C=1\mu F$，$u=141.4\sin(314t-30°)\text{V}$，求通过电容元件的电流表达式 $i(t)$ 及有效值 I。

解 因为

$$U_m=141.4\text{V}$$

$$U=\frac{U_m}{\sqrt{2}}=\frac{141.4}{\sqrt{2}}=100\text{V}$$

电压有效值相量为

$$\dot{U}=100\underline{/-30°}\text{ V}$$

由式(5.28)可得

$$\dot{I}=j\omega C\dot{U}=j\times314\times1\times10^{-6}\times100\underline{/-30°}=31.4\underline{/60°}\text{ mA}$$

电流瞬时值

$$i(t)=31.4\sqrt{2}\sin(314t+60°)\text{mA}$$

电流有效值

$$I=31.4\text{mA}$$

3. 电感元件约束的相量形式

电感元件的伏安特性为

$$u=L\frac{di}{dt}$$

在图 5.14(a)电路中，设通过电感元件的电流为 $i(t)=I_m\sin(\omega t+\theta_i)$，电感的端电压

$$u=L\frac{di}{dt}=L\frac{d}{dt}[I_m\sin(\omega t+\theta_i)]=\omega LI_m\cos(\omega t+\theta_i)$$

$$=\omega LI_m\sin(\omega t+\theta_i+90°)=U_m\sin(\omega t+\theta_u) \tag{5.31}$$

电感两端的正弦电压、电流的幅值与相位关系为

$$U_m=\omega LI_m, \quad \theta_u=\theta_i+\frac{\pi}{2} \tag{5.32}$$

可见，电感元件的电压 u 与电流 i 为同频率的正弦量。但两者的相位不同，电压超前电流 $90°$，电感元件的电压、电流波形图如图 5.14(b)所示。

电压与电流的幅值关系同样具有欧姆定律的形式。

电感元件电路中，电压的幅值与电流的幅值之比为 ωL。它也具有电阻的量纲，单位为欧姆(Ω)，称为感抗，用 X_L 表示，即

$$X_L=\omega L=2\pi fL \tag{5.33}$$

感抗对交流电流起阻碍作用，它与电感 L、电源频率 f 成正比，因此电感有阻高频信号和通低频信号的频率特性。当 U 和电感 L 一定时，感抗 X_L 和电流 I 与频率的关系如图 5.14

(d)所示。仅有几匝线圈的电感对工频交流电来说,感抗并不大,但对雷电频率来说,其感抗值很大。所以在变电站的高压输电线与变压器之间接入几匝线圈,可以防止雷击变压器,起到保护作用。在直流电路中,由于 $f=0$,$X_L=0$,电感元件相当于短路。

用相量来表示电感元件电压与电流的关系为

$$\dot{U}_m=U_m\underline{/\theta_u}\,,\quad \dot{I}_m=I_m\underline{/\theta_i}$$

$$\frac{\dot{U}_m}{\dot{I}_m}=\frac{U_m}{I_m}e^{j(\theta_u-\theta_i)}=X_L e^{j\frac{\pi}{2}}=jX_L=j\omega L$$

或

$$\frac{\dot{U}}{\dot{I}}=X_L e^{j\frac{\pi}{2}}=jX_L=j\omega L \tag{5.34}$$

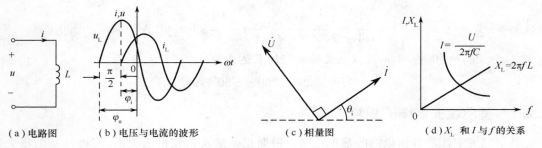

(a)电路图 (b)电压与电流的波形 (c)相量图 (d)X_L 和 I 与 f 的关系

图 5.14 电感元件的交流电路

电感元件的相量形式也可写成

$$\dot{U}_m=jX_L\dot{I}_m=j\omega L\dot{I}_m \quad 或 \quad \dot{U}=jX_L\dot{I}=j\omega L\dot{I} \tag{5.35}$$

式(5.35)和欧姆定律的形式相似,即为电感元件的相量欧姆定律,电感元件的电压、电流相量图如图 5.14(c)所示。

现将电阻、电容、电感三种元件的伏安关系相量形式总结如下:

电阻元件　$\dot{U}_R=R\dot{I}_R$

电容元件　$\dot{I}_C=j\omega C\dot{U}_C,\dot{U}_C=\dfrac{1}{j\omega C}\dot{I}_C$

电感元件　$\dot{U}_L=j\omega L\dot{I}_L,\dot{I}_L=\dfrac{1}{j\omega L}\dot{U}_L$

由此可以看出,三种基本元件的伏安关系(VAR)的相量形式与电阻的欧姆定律完全类似,又称之为相量形式的欧姆定律。

为了便于与直流电阻电路进行比照,这里引入相量模型的概念。在前面分析直流电阻电路模型时,以 R、L、C 等参数表征元件的特性,称为时域模型,反映的是电压与电流之间的关于时间的函数关系。而相量模型是运用相量来对正弦稳态电路进行分析、计算的模型,它把原电路中的电压、电流皆用相量表示,参考方向保持不变。电阻元件仍用 R 表示,而电容元件和电感元件分别用 $1/j\omega C$ 及 $j\omega L$ 来表示。事实上没有任何一个元件的参数是虚数,复数只是用来计算的工具。因此,相量模型是一种假想的、实际上是不存在的模型,也只是对正弦稳态电路进行分析计算的工具。

将电阻、电容和电感元件用下一节将要定义的阻抗形式表示,得到它们的电路相量模型如图 5.15(a)、(b)、(c)所示。图中 R 是电阻元件的阻抗、$j\omega L$ 表示电感元件的阻抗、$1/j\omega C$ 表示电容元件的阻抗。

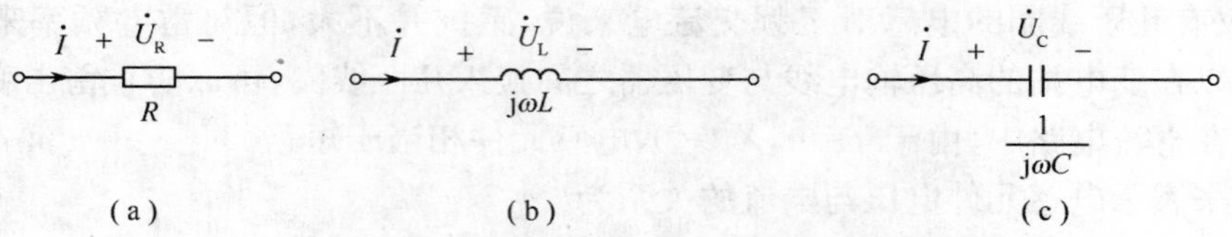

图 5.15　电阻、电容和电感元件的相量模型

【例 5.8】 在图 5.14(a)中,已知 $L=0.1$H,电感元件端电压的有效值是 314V,频率 $f=100$Hz,初相位 $30°$,求通过此元件电流的瞬时值表达式。

解　已知 $U=314$V,$\theta_u=30°$,所以

$$\dot{U}=314\ \underline{/30°}\ \text{V}$$

电流相量

$$\dot{I}=\frac{\dot{U}}{j\omega L}=\frac{314\ \underline{/30°}}{2\pi\times100\times0.1\ \underline{/90°}}=5\ \underline{/-60°}\ \text{A}$$

又 $\omega=2\pi f=200\pi$rad/s,所以电流瞬时值的表达式为

$$i=5\sqrt{2}\sin(200\pi t-60°)\text{A}$$

5.2.2　基尔霍夫定律的相量形式

基尔霍夫定律是分析电路的基本定律。根据正弦量及其相量的关系,可得到基尔霍夫定律的相量形式。

1. KCL 的相量形式

基尔霍夫电流定律表明,对于有 n 条支路相连的某节点,在任意时刻流入或流出该节点的电流的代数和为零。数学表达式为

$$\sum_{k=1}^{n}i_k=0 \tag{5.36}$$

式中,i_k 为第 k 条支路的电流。

若 $i_k=I_{km}\sin(\omega t+\theta_{ik})$,即是单一频率的正弦稳态电路,$i_k$ 对应于指数函数的虚部,式(5.36)可以写成

$$\sum_{k=1}^{n}i_k=\sum_{k=1}^{n}\text{Im}[\dot{I}_{km}e^{j\omega t}]=0 \tag{5.37}$$

式中,Im[·]是为取虚部运算。

由于 $e^{j\omega t}$ 与 k 无关,所以式(5.37)又可以写成

$$\text{Im}\Big[\sum_{k=1}^{n}\dot{I}_{km}e^{j\omega t}\Big]=0 \tag{5.38}$$

进一步得到

$$\sum_{k=1}^{n}\dot{I}_{km}=0 \quad \text{或} \quad \sum_{k=1}^{n}\dot{I}_k=0 \tag{5.39}$$

这就是基尔霍夫电流定律的相量形式。式中 $\dot{I}_{km}$ 和 $\dot{I}_k$ 为流入或流出该节点的第 k 条支路的正弦电流 i_k 的幅值相量和有效值相量。

2. KVL 的相量形式

对于处在一个闭合路径上的 n 个正弦电压 $u_k(t)$,基尔霍夫电压定律的相量形式为

$$\sum_{k=1}^{n}\dot{U}_{km}=0,\quad \sum_{k=1}^{n}\dot{U}_k=0 \tag{5.40}$$

式(5.40)中 $\dot{U}_{km}$ 和 $\dot{U}_k$ 分别是回路中第 k 条支路的正弦电压 u_k 的幅值相量和有效值相量。

【例5.9】某一电路如图5.16(a)所示,已知:$u(t)=90\sqrt{2}\sin(300t+60°)$V,$R=30\Omega$,$L=100$mH,求$i(t)$。

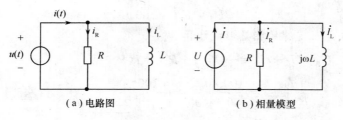

(a)电路图   (b)相量模型

图5.16 例5.9图

解 写出电压的有效值相量形式

$$\dot{U}=90\underline{/60°}\ \text{V}$$

作相量模型如图5.16(b)所示。

对电阻元件

$$\dot{I}_R=\frac{\dot{U}}{R}=\frac{90\underline{/90°}}{30}=3\underline{/90°}=\text{j}3\text{A}$$

对电感元件

$$\dot{I}_L=\frac{\dot{U}}{\text{j}\omega L}=\frac{90\underline{/90°}}{300\times100\times10^{-3}\underline{/90°}}=3\underline{/0°}=3\text{A}$$

根据基尔霍夫电流定律的相量形式 $\dot{I}=\dot{I}_R+\dot{I}_L=\text{j}3+3=3\sqrt{2}\underline{/45°}$ A

所以 $i(t)=3\sqrt{2}\times\sqrt{2}\sin(300t+45°)=6\sin(300t+45°)$A

【例5.10】在图5.17所示正弦稳态电路中,已知$I_1=I_2=10$A,电阻R上电压u_R的初相为0,求相量$\dot{I}$和$\dot{U}_S$。

解 电路中电阻与电容并联,且元件上的电压初相位皆为0。相量$\dot{I}_1$和相量$\dot{U}_R$同相位,电容上流过的电流$\dot{I}_2$超前电压$\dot{U}_R90°$,即$\dot{I}_2$超前$\dot{I}_190°$。

所以

$$\dot{I}_1=10\underline{/0°}\ \text{A},\quad \dot{I}_2=10\underline{/90°}=\text{j}10\text{A}$$

根据基尔霍夫电流定律的相量形式,得

$$\dot{I}=\dot{I}_1+\dot{I}_2=(10+\text{j}10)\text{A}$$

根据基尔霍夫电压定律的相量形式

$$\dot{U}_S=\text{j}10\dot{I}+10\dot{I}_1=\text{j}100-100+100=\text{j}100=100\underline{/90°}\ \text{V}$$

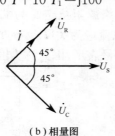

图5.17 例5.10图

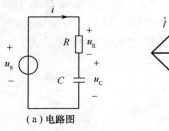

(a)电路图   (b)相量图

图5.18 例5.11图

【例5.11】图5.18(a)所示电路,已知$R=100\Omega$,$C=100\mu$F,$u_S=100\sqrt{2}\sin100t$V,求i,u_R和u_C,并画出相量图。

解 (1)已知正弦电压$u_S=100\sqrt{2}\sin100t$V,相应的有效值相量

$$\dot{U}_S=100\underline{/0°}\ \text{V}$$

(2)利用元件相量关系式进行求解。对电容元件有

$$\dot{U}_C = -jX_C \dot{I} = -j\frac{1}{\omega C}\dot{I} = -j\frac{\dot{I}}{100 \times 100 \times 10^{-6}} = -j100\,\dot{I}\ \text{V}$$

对电阻元件有
$$\dot{U}_R = R\dot{I} = 100\,\dot{I}\ \text{V}$$

利用基尔霍夫电压定律的相量形式计算

$$\dot{U}_S = \dot{U}_C + \dot{U}_R = -jX_C\dot{I} + R\dot{I} = \dot{I}(R - jX_C)$$

$$\dot{I} = \frac{\dot{U}_S}{R - jX_C} = \frac{100\underline{/0^\circ}}{100 - j100} = \frac{100\underline{/0^\circ}}{100\sqrt{2}\underline{/-45^\circ}} = 0.5\sqrt{2}\underline{/45^\circ}\ \text{A}$$

$$\dot{U}_R = R\dot{I} = 100 \times 0.5\sqrt{2}\underline{/45^\circ} = 50\sqrt{2}\underline{/45^\circ}\ \text{V}$$

$$\dot{U}_C = -jX_C\dot{I} = -j100 \times 0.5\sqrt{2}\underline{/45^\circ} = 50\sqrt{2}\underline{/-45^\circ}\ \text{V}$$

(3)写出 i, u_R 和 u_C

$$i = \sin(100t + 45^\circ)\ \text{A}, \quad u_R = 100\sin(100t + 45^\circ)\ \text{V}, \quad u_C = 100\sin(100t - 45^\circ)\ \text{V}$$

相量图如图 5.18(b)所示。

5.3 阻抗和导纳

5.3.1 阻抗

1. 阻抗的概念

正弦稳态下无源二端网络端口电压相量和电流相量之间的比例关系就是相量形式的欧姆定律,它可用阻抗或导纳来表示。

图 5.19(a)所示是正弦稳态下的 RLC 串联电路,设端口电压 $u(t) = U_m\sin(\omega t + \theta_u)$,电流 $i(t) = I_m\sin(\omega t + \theta_i)$,图 5.19(b)是相应的相量模型。根据 KVL 的相量形式,有

$$\dot{U} = \dot{U}_R + \dot{U}_C + \dot{U}_L = \dot{I}R + j\omega L\dot{I} - j\frac{1}{\omega C}\dot{I} = \dot{I}\left[R + j\left(\omega L - \frac{1}{\omega C}\right)\right]$$

$$= \dot{I}[R + j(X_L - X_C)] \tag{5.41}$$

令 $Z = R + j(X_L - X_C) = R + jX$,它是一复数,称为阻抗。式(5.41)可写为

$$\dot{U} = \dot{I}Z \tag{5.42}$$

式(5.42)就是复数形式的欧姆定律。式(5.42)还可以写为

$$Z = \dot{U}/\dot{I} \tag{5.43}$$

式(5.43)表明阻抗 Z 是图 5.19(a)所示无源二端网络的端口电压相量与电流相量的比值,这一概念可推而广之。任一线性无源二端网络的阻抗定义为端口电压相量与电流相量的比值[如图 5.20(a)所示]。注意,端口的电压、电流应为关联参考方向。显然式(5.43)与电阻电路中的欧姆定律相似,只是电流和电压都用相量表示,因此称为欧姆定律的相量形式。

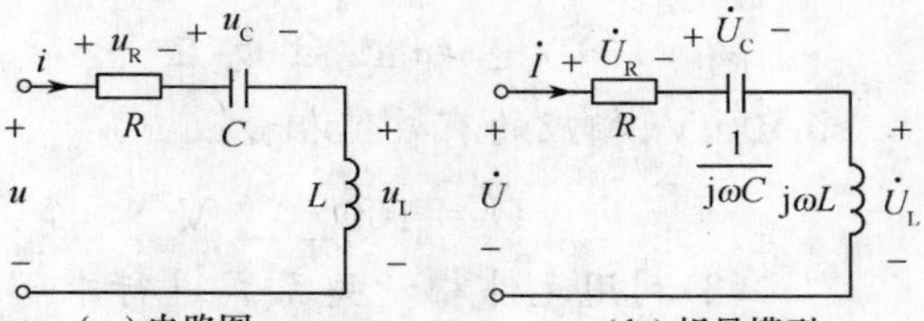

图 5.19 RLC 串联电路及其相量模型

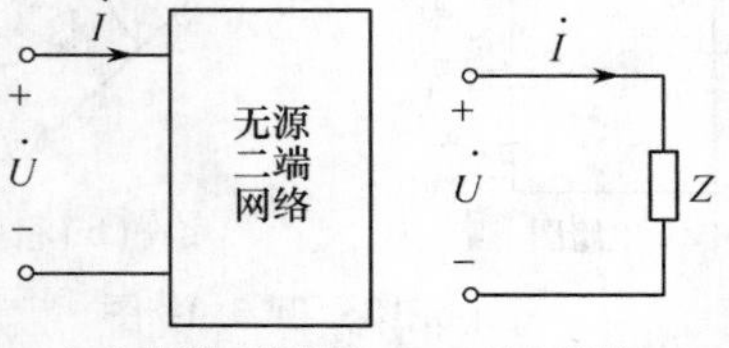

图 5.20 无源二端网络及其阻抗

式(5.43)也可写成

$$Z = \frac{U \angle \theta_u}{I \angle \theta_i} = \frac{U}{I} \angle (\theta_u - \theta_i) = |Z| \angle \varphi_Z = |Z| \cos\varphi_Z + j|Z| \sin\varphi_Z = R + jX \qquad (5.44)$$

式(5.44)中 θ_i 和 θ_u 分别为正弦电流、电压的初相位。式(5.44)表明一个无源二端网络的阻抗可等效为电阻 R 与电抗 X 串联组成，如图 5.21 所示。

其中：
$$|Z| = \frac{U}{I} \qquad (5.45)$$

$|Z|$ 称为阻抗模，是电压有效值与电流有效值之比值(或电压幅值与电流幅值之比值)，量纲也为欧姆。

$$\varphi_Z = \theta_u - \theta_i \qquad (5.46)$$

φ_Z 称为阻抗角，即阻抗的幅角，它决定了端口上电压和电流之间的相位差，反映了含有电阻、电容和电感元件的无源二端网络阻抗的性质：当 φ_Z 为正，电压超前电流，称电路呈现电感性；当 φ_Z 为负时，电压落后电流，称电路呈现电容性；当 φ_Z 为零时，电压与电流同相，称电路呈现纯阻性，这种现象称含有电阻、电容和电感元件的无源二端网络发生谐振，将在后续节中详细讨论。

阻抗的实部是电阻 R，虚部是电抗 X。阻抗模、阻抗角、电阻及电抗之间的关系可以用直角三角形表示，如图 5.22 所示。

注意：阻抗 Z 是复数，它不对应正弦量，不是相量，Z 的上面不能打点。

如果无源二端网络只含有单个元件 R、L 或 C，则其阻抗就是三个元件对应的阻抗，即

$$Z_R = R, \quad Z_L = j\omega L = jX_L, \quad Z_C = \frac{1}{j\omega C} = -jX_C \qquad (5.47)$$

图 5.21　无源二端网络阻抗的串联等效电路

图 5.22　阻抗三角形

三种元件约束关系的相量形式分别是

$$\dot{U}_R = R\dot{I}, \quad \dot{U}_L = j\omega L\dot{I}, \quad \dot{U}_C = \frac{1}{j\omega C}\dot{I}$$

【例 5.12】如图 5.23(a)所示电路，已知 $L_1 = 8\text{H}, L_2 = 4\text{H}, C = 2\text{F}$。试分析 ω 从 0 增至 ∞ 时等效阻抗 Z_{ab} 的变化情况。

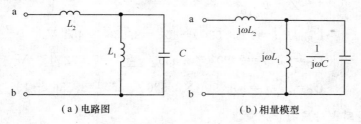

（a）电路图　　　　　　　　　（b）相量模型

图 5.23　例 5.12 图

解　画 5.23(a)所示电路的相量模型如图 5.23(b)所示。

$$Z_{ab}=j\omega L_2+\frac{j\omega L_1\left(-j\frac{1}{\omega C}\right)}{j\omega L_1-j\frac{1}{\omega C}}=j\left[\frac{\omega^3 L_1 L_2 C-\omega(L_1+L_2)}{\omega^2 L_1 C-1}\right]=\frac{64\omega^3-12\omega}{16\omega^2-1}$$

当 $16\omega^2-1=0$ 时，即 $\omega_1=0.25\text{rad/s}$，有 $Z_{ab}=\infty$；

当 $64\omega^3-12\omega=0$ 时，即 $\omega_2=0.43\text{rad/s}$ 或 $\omega_3=0$ 时，有：$Z_{ab}=0$。

上述结果表明：

(1) Z_{ab} 只含有虚部，相当于一个电抗；虚部大于零时为感抗，虚部小于零时为容抗。

(2) $\omega=0.25\text{rad/s}$ 时，$Z_{ab}=\infty$，相当于开路。$\omega=0$ 或 $\omega=0.43\text{rad/s}$ 时，$Z_{ab}=0$，相当于短路。

(3) 当 $0<\omega<0.25\text{rad/s}$ 或 $\omega>0.43\text{rad/s}$ 时，Z_{ab} 的阻抗角为正 $90°$，相当于一个电感元件。当 $0.25<\omega<0.43\text{rad/s}$ 时，Z_{ab} 的阻抗角为负 $90°$，相当于一个电容元件。

通过以上的讨论，可以了解两个问题：

第一，任一无源正弦稳态二端网络的等效阻抗，全面地描述了此网络的特性；

第二，任一无源正弦稳态二端网络，无论其内部结构如何复杂，在信号频率一定的条件下，总可以用一个电阻、电感串联或电阻、电容串联的等效电路来代替。

【例 5.13】如图 5.24(a)所示电路中，已知 $u=5\sqrt{2}\sin t\text{V}$，$R=1\Omega$，$L=2\text{H}$，$C=1\text{F}$。求 i，u_R，u_L，u_C。

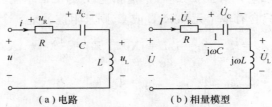

（a）电路　　　　　　（b）相量模型

图 5.24　例 5.13 图

解　(1)先写出已知正弦量的相量：$\dot{U}=5\underline{/0°}$ V。并做出电路相应的相量模型如图 5.24 (b)所示。将各基本元件对应的阻抗计算如下：

$$Z_R=1\Omega,\quad Z_L=j\omega L=j\times1\times2=j2\Omega,\quad Z_C=\frac{1}{j\omega C}=\frac{1}{j\times1\times1}=-j1\Omega$$

电路总的阻抗为　　　　$Z=R+j\omega L-j\frac{1}{\omega C}=1+j1=\sqrt{2}\underline{/45°}$ Ω

由相量模型得

$$\dot{I}=\frac{\dot{U}}{Z}=\frac{5\underline{/0°}}{\sqrt{2}\underline{/45°}}=3.536\underline{/-45°}\text{ A}$$

$$\dot{U}_R=R\dot{I}=1\times3.536\underline{/-45°}=3.536\underline{/-45°}\text{ V}$$

$$\dot{U}_L=j\omega L\dot{I}=2\underline{/90°}\times3.536\underline{/-45°}=7.072\underline{/45°}\text{ V}$$

$$\dot{U}_C=\frac{1}{j\omega C}\dot{I}=1\underline{/-90°}\times3.536\underline{/-45°}=3.536\underline{/-135°}\text{ V}$$

(2)由各相量写出对应的正弦量。

$$i=3.536\sqrt{2}\sin(t-45°)\text{A},\quad u_R=3.536\sqrt{2}\sin(t-45°)\text{V},$$

$$u_L=7.072\sqrt{2}\sin(t+45°)\text{V},\quad u_C=3.536\sqrt{2}\sin(t-135°)\text{V}$$

注意：采用相量模型进行正弦稳态电路的分析计算，一定要用阻抗，而不是电感的感抗 ωL 和电容的容抗 $1/\omega C$。因此，不要出现 $Z=R+\omega L+1/\omega C$ 这样的错误。

2. 阻抗的串联

图 5.25(a)是两个阻抗的串联电路，根据 KVL、KCL 的相量形式，可得到

$$\dot{U}=\dot{U}_1+\dot{U}_2=Z_1\dot{I}+Z_2\dot{I}=(Z_1+Z_2)\dot{I} \tag{5.48}$$

两个串联的阻抗可以用一个等效阻抗来等效，如图 5.25(b)所示。由图 5.25(b)所示的等效电路，可得

$$Z_{eq}=\frac{\dot{U}}{\dot{I}} \tag{5.49}$$

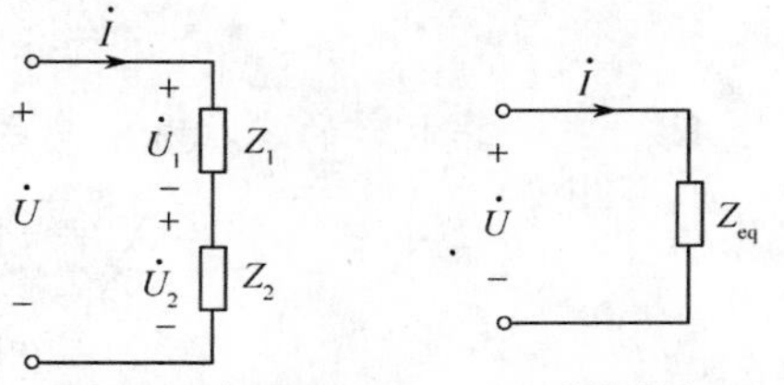

比较式(5.48)和式(5.49)，可得

$$Z_{eq}=Z_1+Z_2 \tag{5.50}$$

(a)阻抗的串联　　　(b)等效电路

图 5.25　阻抗的串联电路

两个阻抗串联时的分压公式为

$$\dot{U}_1=\frac{Z_1}{Z_1+Z_2}\dot{U},\quad \dot{U}_2=\frac{Z_2}{Z_1+Z_2}\dot{U}$$

对于 n 个阻抗串联而成的电路，其等效阻抗为

$$Z_{eq}=Z_1+Z_2+\cdots+Z_n=\sum R_k+j\sum X_k\quad(k=1,2,\cdots,n) \tag{5.51}$$

式(5.51)中

$$|Z_{eq}|=\sqrt{(\sum R_k)^2+(\sum X_k)^2},\quad \varphi_z=\arctan(\sum X_k/\sum R_k)$$

式(5.51)表明，多个串联连接阻抗的总阻抗(等效阻抗)等于各个单独阻抗之和，这与电阻的串联相同。

各个阻抗的电压分配为

$$\dot{U}_k=\frac{Z_k}{Z_{eq}}\dot{U}\quad(k=1,2,\cdots,n) \tag{5.52}$$

式中，$\dot{U}$ 为总电压，$\dot{U}_k$ 为第 k 个阻抗 Z_k 的电压。

3. 阻抗的并联

图 5.26(a)是两个阻抗的并联，根据 KCL 的相量形式可得

$$\dot{I}=\dot{I}_1+\dot{I}_2=\frac{\dot{U}}{Z_1}+\frac{\dot{U}}{Z_2}=\dot{U}\left(\frac{1}{Z_1}+\frac{1}{Z_2}\right) \tag{5.53}$$

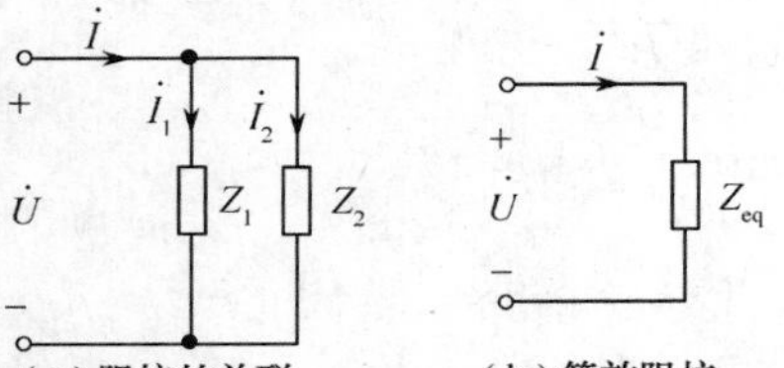

(a)阻抗的并联　　　(b)等效阻抗

图 5.26

两个并联的阻抗也可用一个等效阻抗来代替，如图 5.26(b)所示。由图 5.26(b)所示的等效电路，有

$$\dot{I}=\frac{\dot{U}}{Z_{eq}} \tag{5.54}$$

比较式(5.53)和式(5.54)，可得

$$\frac{1}{Z_{eq}}=\frac{1}{Z_1}+\frac{1}{Z_2}\quad 或\quad Z_{eq}=\frac{Z_1Z_2}{Z_1+Z_2} \tag{5.55}$$

【例5.14】图 5.27(a)所示正弦稳态电路中，已知角频率 $\omega=10000\text{rad/s}$，试求该电路阻抗模，判断电路的性质并画出电路的等效电路。

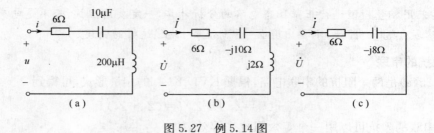

图 5.27 例 5.14 图

解 先计算电容的容抗和电感的感抗。

$$X_C = \frac{1}{\omega C} = \frac{1}{10000 \times 10 \times 10^{-6}} = 10\Omega$$

$$X_L = \omega L = 10000 \times 200 \times 10^{-6} = 2\Omega$$

电路的相量模型如图 5.27(b)所示。电路的阻抗为

$$Z = 6 - j10 + j2 = 6 - j8 = 10 \angle -53.1° \ \Omega$$

于是该阻抗模为 10，阻抗角为负值，电路呈容性。其等效电路为 6Ω 的电阻和 $-j8\Omega$ 的电抗相串联，如图 5.27(c)所示。

5.3.2 导纳

1. 导纳的概念

导纳定义为线性正弦稳态无源二端网络(如图 5.20(a))的端口上的电流相量与电压相量之比，即

$$Y = \frac{\dot{I}}{\dot{U}} = \frac{I}{U} \angle (\theta_i - \theta_u) = |Y| \angle \varphi_Y \tag{5.56}$$

式(5.56)中 θ_i 和 θ_u 分别为正弦电流、电压的初相位；$|Y|$ 是导纳的模；φ_Y 是导纳角，它是端口上电流与电压的相位差。

定义 Y 的代数形式为

$$Y = G + jB \tag{5.57}$$

导纳 Y 的单位是西门子(S)，其中 G 是电导，B 称为电纳。可构得导纳的等效电路如图 5.28 所示。

由式(5.56)，有

$$\dot{I} = \dot{U}Y = G\dot{U} + jB\dot{U} = \dot{I}_G + \dot{I}_B \tag{5.58}$$

导纳模、导纳角，以及电导、电纳的关系为

$$\begin{cases} G = |Y| \cos\varphi_Y \\ B = |Y| \sin\varphi_Y \end{cases}, \quad \begin{cases} |Y| = \sqrt{G^2 + B^2} \\ \varphi_Y = \arctan\dfrac{B}{G} \end{cases}$$

由上述关系式可得导纳三角形如图 5.29 所示。

图 5.28 导纳   图 5.29 导纳三角形

对于含有单个元件 R、L 或 C 的无源线性正弦稳态二端网络,有

$$Y_R = \frac{\dot{I}_R}{\dot{U}_R} = G = \frac{1}{R}, \quad Y_C = \frac{\dot{I}_C}{\dot{U}_C} = j\omega C = jB_C, \quad Y_L = \frac{\dot{I}_L}{\dot{U}_L} = \frac{1}{j\omega L} = -jB_L$$

式中,B_L 称为电感元件的电纳,简称感纳;B_C 称为电容元件的电纳,简称容纳。

【例5.15】 如图 5.30(a)所示电路,已知 $R=1\Omega$,$L=1H$,$C=2F$,$i=2\sqrt{2}\sin t$A。求 $u(t)$。

解 (1)$\dot{I} = 2\angle 0°$ A,$Y_R = \frac{1}{R} = G = 1S$

$$Y_L = \frac{1}{j\omega L} = -jB_L = -j1S, \quad Y_C = j\omega C = j2S$$

相量模型 5.30(b)所示。

(2)电路的导纳为

$$Y = Y_R + Y_C + Y_L = (1+j1)S$$

由此得

$$\dot{U} = \frac{\dot{I}}{Y} = \frac{2\angle 0°}{1+j1} = \frac{2\angle 0°}{\sqrt{2}\angle 45°} = \sqrt{2}\angle -45° \text{ V}$$

(3)写出 $u(t)$

$$u(t) = \sqrt{2} \times \sqrt{2}\sin(t-45°) = 2\sin(t-45°)\text{V}$$

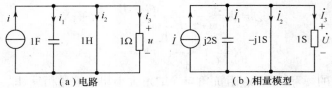

图 5.30 例 5.15 图

2. 导纳的并联

设有两个导纳 Y_1、Y_2 并联组成的电路如图 5.31 所示,由电路的 KCL 相量形式,有

$$\dot{I}_1 + \dot{I}_2 = \dot{I}, \quad 又 \quad \dot{I}_1 = Y_1\dot{U}, \quad \dot{I}_2 = Y_2\dot{U}$$

得

$$\dot{U} = \frac{\dot{I}}{(Y_1+Y_2)} = \frac{\dot{I}}{Y_{eq}}$$

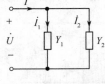

图 5.31 两导纳并联

可见两个导纳并联等效于一个等效导纳,即两个导纳的和

$$Y_{eq} = Y_1 + Y_2$$

两个导纳并联时的分流公式为

$$\dot{I}_1 = Y_1\dot{U} = \frac{Y_1}{Y_1+Y_2}\dot{I}, \quad \dot{I}_2 = Y_2\dot{U} = \frac{Y_2}{Y_1+Y_2}\dot{I}$$

对于 n 个导纳并联而成的电路,其等效导纳

$$Y_{eq} = Y_1 + Y_2 + \cdots + Y_n \tag{5.59}$$

各个导纳的电流分配为

$$\dot{I}_k = \frac{Y_k}{Y_{eq}}\dot{I} \quad (k=1,2,\cdots,n) \tag{5.60}$$

式中,$\dot{I}$ 为总电流;$\dot{I}_k$ 为第 k 个复数纳 Y_k 的电流。

5.3.3 阻抗与导纳的相互转换

根据导纳和阻抗的定义,同一个无源二端正弦稳态网络的阻抗和导纳之间互为倒数,即

$$Y = \frac{1}{Z}$$

设某无源二端正弦稳态网络如图 5.32(a)所示,其阻抗 $Z = R + jX$,如图 5.32(b)所示;对应的导纳为 $Y = G + jB$,如图 5.32(c)所示。

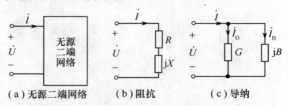

(a)无源二端网络　　(b)阻抗　　(c)导纳

图 5.32　无源二端正弦稳态网络

由

$$Y = \frac{1}{Z} = \frac{1}{R + jX} = \frac{R - jX}{R^2 + X^2} = G + jB$$

有

$$G = \frac{R}{R^2 + X^2}, \quad B = \frac{-X}{R^2 + X^2}$$

同理由

$$Z = \frac{1}{Y} = \frac{1}{G + jB} = \frac{G - jB}{G^2 + B^2} = R + jX$$

有

$$R = \frac{G}{G^2 + B^2}, \quad X = \frac{-B}{G^2 + B^2}$$

且阻抗的模与导纳的模互为倒数,阻抗角与导纳角大小相等符号相反,即

$$|Z| = \frac{1}{|Y|}, \varphi_Z = -\varphi_Y$$

若已知阻抗可得到导纳,相反亦然。

【例 5.16】已知图 5.33 电路中,$R = 100\Omega$,$C = 10\mu F$,$L = 0.1H$。分别计算(1)角频率 $\omega = 1000$rad/s;(2)$\omega = 2000$rad/s 时电路的等效阻抗和导纳。

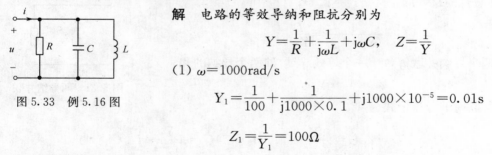

图 5.33　例 5.16 图

解　电路的等效导纳和阻抗分别为

$$Y = \frac{1}{R} + \frac{1}{j\omega L} + j\omega C, \quad Z = \frac{1}{Y}$$

(1) $\omega = 1000$rad/s

$$Y_1 = \frac{1}{100} + \frac{1}{j1000 \times 0.1} + j1000 \times 10^{-5} = 0.01s$$

$$Z_1 = \frac{1}{Y_1} = 100\Omega$$

$\omega = 1000$rad/s 时电路呈阻性。

(2) $\omega = 2000$rad/s 时

$$Y_2 = \frac{1}{100} + \frac{1}{j2000 \times 0.1} + j2000 \times 10^{-5} = (0.01 + j0.015)s$$

$$Z_2 = \frac{1}{Y_2} = \frac{1}{0.01 + j0.015} = 55.5 - j83.2\Omega$$

此时,电路呈容性。

5.4 正弦稳态电路的相量法分析

前面几节介绍了基本元件伏安关系的相量形式和基尔霍夫定律的相量形式,引入了阻抗和导纳及相量模型的概念。

对于单一频率的正弦稳态电路,电路中的所有元件用它们的阻抗(或导纳)表示,动态元件的微积分伏安特性就变成了相量形式欧姆定律的伏安特性,这可将无源元件的特性用欧姆定律的相量形式统一起来;所有电压和电流都用相量来表示,这些相量受到基尔霍夫定律的约束;由于相量所受到的两类约束都是线性约束,前面第2章讨论的关于直流电阻电路分析的方法、定理,如:支路电流法、节点电压法、戴维南定理等皆可用于正弦稳态电路的分析、计算中。我们把这种基于相量模型对正弦稳态电路进行分析的方法称为相量法。

正弦稳态电路相量法的一般步骤如下。

第一步:先将原电路的时域模型变换为相量模型;

第二步:利用基尔霍夫定律和元件伏安关系的相量形式及各种分析方法、定理和等效变换建立复数的代数方程,并求解出待求量的相量表达式;

第三步:将相量变换为正弦量。

下面先介绍 RLC 串联正弦交流电路的相量分析法,再介绍复杂电路相量分析法,便于理解相量分析法的具体内容。

5.4.1 RLC 串联正弦交流电路的相量分析法

RLC 串联电路如图 5.34(a)所示,在角频率为 ω 的正弦信号的激励下,它的相量模型如图 5.34(b)所示。

由相量模型及 KVL 的相量形式可得

$$\dot{U} = \dot{U}_R + \dot{U}_C + \dot{U}_L$$

将三种元件约束的相量形式代入,有

$$\dot{U} = \dot{I}R + j\omega L \dot{I} - j\frac{1}{\omega C}\dot{I} = \dot{I}\left[R + j\left(\omega L - \frac{1}{\omega C}\right)\right] = \dot{I}[R + j(X_L - X_C)]$$

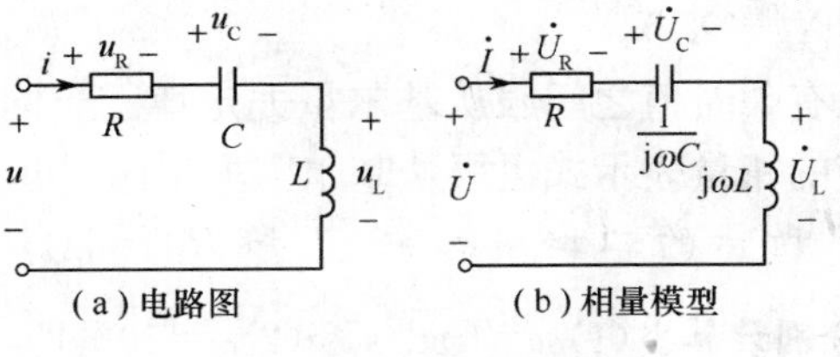

(a)电路图　　(b)相量模型

图 5.34　RLC 串联电路

由阻抗的定义,RLC 串联电路的等效阻抗为

$$Z = \frac{\dot{U}}{\dot{I}} = R + jX = R + j(X_L - X_C) = R + j\left(\omega L - \frac{1}{\omega C}\right) = |Z| \underline{/\varphi_Z} \qquad (5.61)$$

RLC 串联电路的阻抗是端电压相量与电流相量之比,表明了两个相量之间幅值和相位的关系。阻抗实部为"阻"R,虚部是"抗"X,电抗是感抗与容抗之差。即

$$X = X_L - X_C = \omega L - \frac{1}{\omega C}$$

阻抗模
$$|Z| = \sqrt{R^2 + (X_L - X_C)^2} \tag{5.62}$$

阻抗角
$$\varphi_Z = \arctan\left(\frac{X_L - X_C}{R}\right) = \arctan\left(\frac{U_L - U_C}{U_R}\right) \tag{5.63}$$

RLC 串联电路的阻抗模 $|Z|$、实部 R 及虚部 X 三个量之间的关系可以用一个直角三角形表示，如图 5.35 所示。

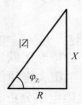

RLC 串联电路的性质取决于 X_L 和 X_C 的大小，若 $X_L > X_C$，电路呈感性；若 $X_L < X_C$，电路则呈容性；若 $X_L = X_C$，电路呈阻性。

对于 R、L 串联电路，其阻抗为 $Z = R + j\omega L$；

对于 R、C 串联电路，其阻抗为 $Z = R - j\dfrac{1}{\omega C}$。

图 5.35 串联电路阻抗三角形

在分析计算正弦交流电路时，为了直观表示出电路中电压和电流的相位关系，常常做出电路的相量图。图 5.36(a) 所示为 RLC 串联电路的相量图，以电流作为参考相量，即设电流的初相位 $\theta_i = 0$，电阻电压 $\dot{U}_R$ 与电流 $\dot{I}$ 同相位，电感电压 $\dot{U}_L$ 超前电流 $\dot{I}$ 90°，而电容电压 $\dot{U}_C$ 滞后电流 $\dot{I}$ 90°。由电压相量 $\dot{U}$、$\dot{U}_R$ 及 $(\dot{U}_C + \dot{U}_L)$ 所组成的直角三角形，称为电压三角形（这里设 $U_L > U_C$），如图 5.36(b) 所示。由电压三角形可求得电源电压的有效值

$$U = \sqrt{U_R^2 + (U_L - U_C)^2} = I\sqrt{R^2 + (X_L - X_C)^2} \tag{5.64}$$

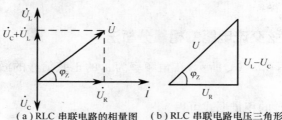

（a）RLC 串联电路的相量图　　（b）RLC 串联电路电压三角形

图 5.36

在一般情况下，RLC 串联正弦交流电路各部分电压和各支路的电流存在相位差，此时电路的总电压有效值不等于各部分电压有效值之和，即图 5.34(a) 所示的 RLC 串联电路有 $U \neq U_R + U_L + U_C = IR + I(X_L - X_C)$。

对于交流电路而言，只有瞬时值之间服从基尔霍夫定律。当同频率的正弦电压和电流作加减运算时，瞬时值所对应的相量表示式也服从基尔霍夫定律，如 5.2 节所述。

【例 5.17】 如图 5.37 所示的二端网络中，已知 $R_1 = 7\Omega$，$L = 2H$，$R_2 = 1\Omega$，$C = \dfrac{1}{80}F$。分别计算当 (1) $\omega = 4\text{rad/s}$ 和 (2) $\omega = 10\text{rad/s}$ 时二端网络的等效阻抗，并画出串联等效电路。

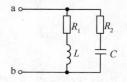

图 5.37 例 5.17 图

解 (1) $\omega = 4\text{rad/s}$ 时 $R_1 L$ 支路阻抗 Z_1 和 $R_2 C$ 支路阻抗 Z_2 为

$$Z_1 = R_1 + j\omega L = 7 + j4 \times 2 = 7 + j8\,\Omega$$

$$Z_2 = R_2 + \frac{1}{j\omega C} = 1 - j\frac{80}{4} = 1 - j20\,\Omega$$

a、b 两端等效阻抗 Z 为

$$Z=\frac{Z_1Z_2}{Z_1+Z_2}=\frac{(7+\mathrm{j}8)(1-\mathrm{j}20)}{(7+\mathrm{j}8)+(1-\mathrm{j}20)}=14.04+\mathrm{j}4.56\Omega$$

从 Z 的表达式可看出,该二端网络呈感性,它相当于 R、L 串联,且

$$R=14.04\Omega,\quad L=\frac{4.56}{\omega}=1.14\mathrm{H}$$

其等效电路如图 5.38(a)所示。

(2)当 $\omega=10\mathrm{rad/s}$ 时,R_1L 支路阻抗 Z_1 和 R_2C 支路阻抗 Z_2 为

$$Z_1=7+\mathrm{j}10\times2=7+\mathrm{j}20\Omega$$

$$Z_2=1-\mathrm{j}\frac{80}{10}=1-\mathrm{j}8\Omega$$

a、b 两端等效阻抗为

$$Z=\frac{Z_1Z_2}{Z_1+Z_2}=4.35-\mathrm{j}11.02\Omega$$

此时二端网络呈容性,相当于 R、C 串联,且

$$R=4.35\Omega,C=\frac{1}{\omega\times11.02}=\frac{1}{10\times11.02}=9.1\times10^{-3}\mathrm{F}$$

等效电路如图 5.38(b)所示。

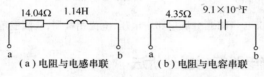

(a)电阻与电感串联   (b)电阻与电容串联

图 5.38　例 5.17 等效电路

5.4.2　RLC 并联正弦交流电路的相量分析法

电阻、电感和电容并联的电路如图 5.39(a)所示。在正弦稳态下的相量模型如图 5.39(b)所示。

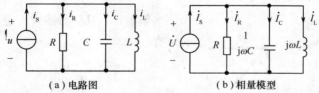

(a)电路图   (b)相量模型

图 5.39　RLC 并联电路

由 RLC 并联电路的相量模型及 KCL 的相量形式可得

$$\dot I_\mathrm{S}=\dot I_\mathrm{R}+\dot I_\mathrm{C}+\dot I_\mathrm{L}=\frac{\dot U}{R}+\mathrm{j}\omega C\dot U+\frac{1}{\mathrm{j}\omega L}\dot U=\dot U\left[\frac{1}{R}+\mathrm{j}\left(\omega C-\frac{1}{\omega L}\right)\right]$$

根据导纳的定义,RLC 并联电路的导纳为

$$Y=\frac{\dot I_\mathrm{S}}{\dot U}=\frac{1}{R}+\mathrm{j}\left(\omega C-\frac{1}{\omega L}\right)$$

令电容容纳 $B_\mathrm{C}=\omega C$,电感的感纳 $B_\mathrm{L}=1/\omega L$,总电纳为 $B=B_\mathrm{C}-B_\mathrm{L}$,则

$$Y=\frac{\dot I_\mathrm{S}}{\dot U}=G+\mathrm{j}(B_\mathrm{C}-B_\mathrm{L})=G+\mathrm{j}B=\sqrt{G^2+B^2}\underline{/\arctan\frac{B}{G}}=|Y|\underline{/\varphi_\mathrm{Y}}$$

其中 $$|Y|=\sqrt{G^2+B^2}, \qquad \varphi_Y=\underline{/\arctan\dfrac{B}{G}}$$

设电压 u 的初相位为 0,此电路中的电压、电流相量图如图 5.40 所示。若 $\omega C>1/\omega L$,则 $\varphi_Y>0$,电流 $\dot{I}_S$ 领先于电压 $\dot{U}$,如图 5.40(a) 所示;相反,若 $\omega C<1/\omega L$,则 $\varphi_Y<0$,电流 $\dot{I}_S$ 落后于电压 $\dot{U}$,如图 5.40(b) 所示。电感电流 $\dot{I}_L$ 滞后电压 $\dot{U}$ 90°,而电容电流 $\dot{I}_C$ 超前电压 $\dot{U}$ 90°,电容电流 $\dot{I}_C$ 和电感电流 $\dot{I}_L$ 相位相差 180°,所以 $\dot{I}_C+\dot{I}_L$ 的有效值为 $|I_C-I_L|$,由电流相量 $\dot{I}_S$、$\dot{I}_R$ 及 $(\dot{I}_C+\dot{I}_L)$ 所组成的直角三角形,称为电流三角形,如图 5.40(c) 所示(这里设 $I_C>I_L$),电源电流的有效值为

$$I_S=\sqrt{I_R^2+(I_C-I_L)^2}=U\sqrt{G^2+(B_C-B_L)^2} \tag{5.65}$$

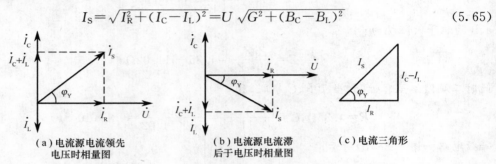

(a) 电流源电流领先 电压时相量图　(b) 电流源电流滞 后于电压时相量图　(c) 电流三角形

图 5.40　RLC 并联电路中电压、电流相量图、电流三角形

5.4.3　复杂正弦交流电路的相量分析法

前面讨论了运用相量分析法对 RLC 元件组成的串、并联电路进行分析与计算。现在此基础上,通过例题进一步研究复杂正弦交流电路的分析计算。

【例 5.18】图 5.41(a) 所示电路中,若电流表 A_2 和 A_3 的读数分别为:6mA、8mA。(1)试求 A_1 的读数,设电流表内阻为零。(2)选 $\dot{U}_S$ 为参考相量,作 $\dot{I}_2$、$\dot{I}_3$ 和 $\dot{I}_1$ 的相量图。

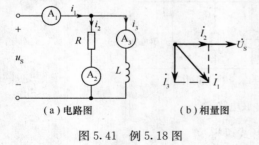

(a) 电路图　(b) 相量图

图 5.41　例 5.18 图

解　(1)以 $\dot{U}_S$ 为参考相量,即 $\dot{U}_S=U_S\underline{/0°}$ V,则有

$$\dot{I}_2=6\underline{/0°}\ \text{mA}, \qquad \dot{I}_3=8\underline{/-90°}\ \text{mA}$$

由 KCL 有　$\dot{I}=\dot{I}_1+\dot{I}_2=6-\text{j}8=10\underline{/-53.1°}$ mA

因此,A_1 的读数为 10mA。

(2)以 $\dot{U}_S$ 为参考相量时,相量图如 5.41(b) 图所示,读者由电流直角三角形也可以求出同样结果。

【例 5.19】用叠加定理求图 5.42(a) 电路中的电流 $\dot{I}_R$、$\dot{I}_C$。已知 $R=X_C=1\Omega$,$\dot{I}_S=5\underline{/0°}$ A,$\dot{U}_S=5\underline{/90°}$ V。

解　(1)电流源 $\dot{I}_S$ 单独作用时电路如图 5.42(b) 所示。故

$$\dot{I}'_R=\frac{-\text{j}X_C\cdot\dot{I}_S}{R-\text{j}X_C}=\frac{-\text{j}5}{1-\text{j}}\text{A}, \qquad \dot{I}'_C=\dot{I}_S-\dot{I}'_R=5-\frac{-\text{j}5}{1-\text{j}}=\frac{5}{1-\text{j}}\text{A}$$

(2)电压源$\dot{U}_S$单独作用时电路如图 5.42(c)所示。故

$$\dot{I}_C''=\dot{I}_R''=\frac{\dot{U}_S}{R-jX_C}=\frac{j5}{1-j}A$$

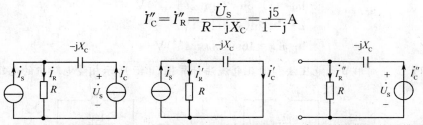

（a）双输入时的相量模型图　（b）电流源单独作用时相量模型图　（c）电压源单独作用时相量模型图

图 5.42　例 5.19 图

(3)根据叠加定理

$$\dot{I}_R=\dot{I}_R'+\dot{I}_R''=\left(\frac{-j5}{1-j}+\frac{j5}{1-j}\right)A=0A$$

$$\dot{I}_C=-\dot{I}_C'+\dot{I}_C''=\left(-\frac{5}{1-j}+\frac{j5}{1-j}\right)=5\underline{/180°}\ A$$

【例 5.20】已知电路相量模型如图 5.43 所示。(1)用戴维南定理求$\dot{I}$;(2)求u_{ab}、u_{bc}、u_{cd}，并画出相量图。

解　(1)运用戴维南定理求解。将 c、d 两点断开，如图 5.44(a)所示，电容两端的电压$\dot{U}_{cd}$就是开路电压$\dot{U}_{oc}$，即

$$\dot{U}_{oc}=20\underline{/0°}\times\frac{-j100}{100-j100}=10\sqrt{2}\underline{/-45°}\ V$$

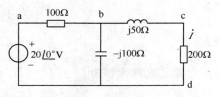

图 5.43　例 5.20 图

将图 5.44(a)中的电压源短接，可求得等效阻抗为

$$Z_0=j50+\frac{100\times(-j100)}{100-j100}=50\Omega$$

戴维南等效电路如图 5.44(b)所示。由此电路可求得

$$\dot{I}=\frac{10\sqrt{2}\underline{/-45°}}{50+200}=0.04\sqrt{2}\underline{/-45°}\ A$$

(2)由电路图 5.43 可求得

$$\dot{U}_{cd}=\dot{I}\times200=8\sqrt{2}\underline{/-45°}\ V\quad\dot{U}_{bc}=\dot{I}\times j50=2\sqrt{2}\underline{/45°}\ V$$

$$\dot{U}_{ab}=\dot{U}-(\dot{U}_{bc}+\dot{U}_{cd})=20\underline{/0°}-(8\sqrt{2}\underline{/-45°}+2\sqrt{2}\underline{/45°})=10+j6=11.66\underline{/31°}\ V$$

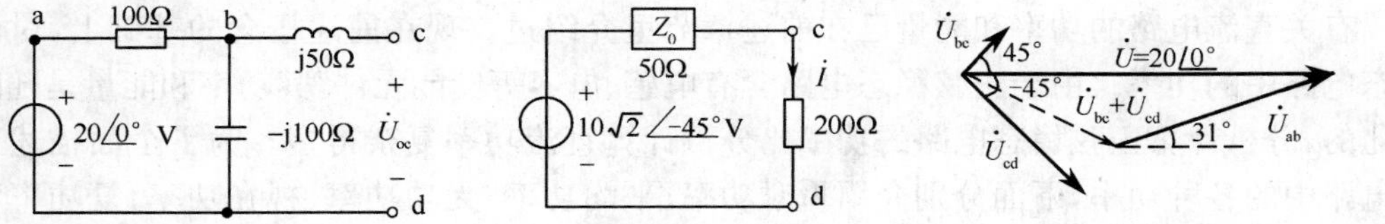

图 5.44　例 5.20

根据电压相量的表达式,即可画出其相量图如图 5.44(c)所示。

由相量可以写出 u_{ab}、u_{bc} 和 u_{cd} 的表达式,即

$$u_{ab}=11.66\sqrt{2}\sin(\omega t+31°)\text{V}$$

$$u_{bc}=4\sin(\omega t+45°)\text{V}$$

$$u_{cd}=16\sin(\omega t-45°)\text{V}$$

【例5.21】 试分别用节点电压法和网孔电流法计算图 5.45 所示相量电路中的电压相量 $\dot{U}_1$。

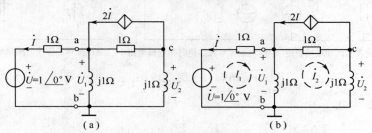

图 5.45　例 5.21

解　(1)节点电压法求解。如图 5.45(a)所示,选节点 b 作为参考点,设节点 a、c 电压相量分别为 $\dot{U}_1$、$\dot{U}_2$,列节点电压相量方程为

节点 a:
$$\left(\frac{1}{1}+\frac{1}{1}+\frac{1}{j1}\right)\dot{U}_1-\frac{1}{1}\dot{U}_2=\frac{\dot{U}}{1}+2\dot{I}$$

节点 c:
$$-\frac{1}{1}\dot{U}_1+\left(\frac{1}{1}+\frac{1}{j1}\right)\dot{U}_2=-2\dot{I}$$

补充受控电流源方程为 $\dot{I}=(\dot{U}_1-\dot{U})/1$,从而求出

$$\dot{U}_1=-1+j\text{V},\quad \dot{U}_2=2+j\text{V}$$

(2)网孔电流法。如图 5.45(b)所示,以网孔电流 $\dot{I}_1$ 和 $\dot{I}_2$ 作为未知量列写方程,有

$$\begin{cases}(1+j1)\dot{I}_1-j1\dot{I}_2=\dot{U}\\-j1\dot{I}_1+(1+j1+j1)\dot{I}_2+2\dot{I}=0\end{cases}$$

补充受控电流源方程为 $\dot{I}=-\dot{I}_1$,解上述三个方程,求得

$$\dot{I}_1=2-j\text{A},\quad \dot{I}_2=1-2j\text{A}$$

从而求出
$$\dot{U}_1=(\dot{I}_1-\dot{I}_2)j1=-1+j\text{V}$$

这个结果与用节点电压法求解的结果相同。

5.5　正弦稳态电路的功率

有关直流电路的功率和能量已在前述章节里介绍过。现在前述概念的基础上,讨论正弦稳态电路中的功率。由于正弦稳态电路含有电感、电容等储能元件,其功率和能量是随时间而变化的,分析计算正弦稳态电路的功率比分析计算直流功率复杂得多。为了全面描述正弦稳态电路中的各种功率,下面分别介绍瞬时功率、平均功率、无功功率、视在功率、复功率和功率因数的概念及计算方法。

5.5.1　瞬时功率

瞬时功率 p 定义为能量对时间的导数。如图 5.46 所示,在二端网络端口电压和电流取关

联参考方向条件下,由同一时刻的电压与电流的乘积来确定。即

$$p(t)=\frac{\mathrm{d}w}{\mathrm{d}t}=u(t)i(t) \tag{5.66}$$

当 $u(t)$ 和 $i(t)$ 参考方向一致,$p(t)$ 是流入元件或网络的能量的变化率,$p(t)$ 称为该元件或网络吸收的功率。因此,当 $p>0$ 时,表示能量流入元件或二端网络;若 $p<0$,就表示能量流出元件或二端网络。如果元件是电阻元件,流入的能量将变换成热能被消耗。因此,对电阻元件而言,$p(t)$ 总是为正。如果是动态元件,流入的能量可以被存储起来,在其他时刻再行流出。此类元件瞬时功率有时为正,有时为负。

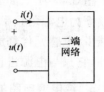

图 5.46 二端网络

在图 5.46 所示二端网络中,假定端口电流的初相角为 0,则端口电压与端口电流可以表示为

$$u(t)=\sqrt{2}U\sin(\omega t+\varphi), \quad i(t)=\sqrt{2}I\sin\omega t$$

式中,φ 为端口电压与端口电流的相位差,则二端网络的瞬时功率为

$$p(t)=u(t)i(t)=2UI\ \sin\omega t\ \sin(\omega t+\varphi)$$

根据三角函数 $\quad \sin\alpha\sin\beta=\frac{1}{2}\cos(\alpha-\beta)-\frac{1}{2}\cos(\alpha+\beta)$

将上式展开,可得

$$p(t)=UI\cos\varphi-UI\cos(2\omega t+\varphi)$$

由三角函数 $\quad \cos(\alpha+\beta)=\cos\alpha\cos\beta-\sin\alpha\sin\beta$

$p(t)$ 又可写为

$$p(t)=UI\cos\varphi-UI\cos\varphi\cos2\omega t+UI\sin\varphi\sin2\omega t \tag{5.67}$$

式(5.67)中,第一项为非零值(二端网络的阻抗角满足 $|\varphi|\leqslant\frac{\pi}{2}$)且不随时间而变化,是真正被电路吸收或放出的功率;第二项、第三项分别以两倍的角频率随时间做余弦、正弦规律变化,其平均值为零,这个功率没有被电路消耗,而是在电源与二端网络之间进行交换。

1. 纯电阻电路的瞬时功率

若二端网络为纯电阻电路,其端电压与电流相位相同,即式(5.67)中的 $\varphi=0$,由式(5.67)可知,电阻元件的瞬时功率为

$$p_{\mathrm{R}}=u_{\mathrm{R}}i=U_{\mathrm{R}}I-U_{\mathrm{R}}I\cos2\omega t \tag{5.68}$$

由式(5.68)知,纯电阻电路的瞬时功率 p 由两部分组成,其一是常数项;其二是以 2ω 角频率随时间变化的交变量。p 的波形图如图 5.47 所示。由于纯电阻电路的电压和电流同相位,它们同时为正或同时为负,所以 p 的瞬时值总为正,始终消耗能量,故称电阻为耗能元件。

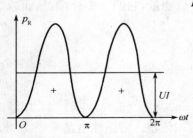

图 5.47 电阻元件的功率波形

2. 纯电感电路的瞬时功率

若二端网络为纯电感电路,则端电压在相位上超前于

电流 90°，即 $\varphi = 90°$，那么，瞬时功率的表达式为

$$p_{\mathrm{L}} = u_{\mathrm{L}} i = U_{\mathrm{L}} I \sin 2\omega t \tag{5.69}$$

图 5.48 所示为纯电感电路的功率波形。可以看出，纯电感电路的瞬时功率是幅值为 UI、角频率为电源角频率两倍的交变量。在 p_{L} 的负半周期，电流 i 的绝对值减少，电感的磁场能量减少，电感元件释放能量，把在 p_{L} 正半周期所储存的能量还给电源。可见电感元件是储能元件，它只与电源进行能量交换，并不消耗能量。

3. 纯电容电路的瞬时功率

若二端网络为纯电容电路，则电压和电流相位差为 90°，且电压滞后于电流 90°，即 $\varphi = -90°$，瞬时功率表达式为

$$p_{\mathrm{C}} = u_{\mathrm{C}} i = -U_{\mathrm{C}} I \sin 2\omega t \tag{5.70}$$

波形如图 5.49 所示。电容元件也是一种储能元件，它和电源进行能量交换。这一点上电容元件和电感元件类似。

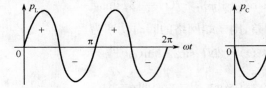
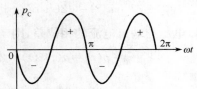

图 5.48　电感元件的功率波形　　　　图 5.49　电容元件的功率波形

4. RLC 串联电路的瞬时功率

图 5.50(a)所示 RLC 串联电路中，u、u_{R}、u_{L} 和 u_{C} 分别表示电源电压、电阻电压、电感电压和电容电压，它们的有效值 U、U_{R}、U_{L} 和 U_{C} 可用电压三角形表示，如图 5.50(b)所示。

根据基尔霍夫电压定律，可以写出

$$u = u_{\mathrm{R}} + u_{\mathrm{L}} + u_{\mathrm{C}}$$

上式两边乘以电流 i，RLC 串联电路的瞬时功率为

$$ui = u_{\mathrm{R}} i + u_{\mathrm{L}} i + u_{\mathrm{C}} i \quad 即 \quad p = p_{\mathrm{R}} + p_{\mathrm{L}} + p_{\mathrm{C}} \tag{5.71}$$

将式(5.68)、式(5.69)和式(5.70)代入式(5.71)，可得

$$p = U_{\mathrm{R}} I(1 - \cos 2\omega t) - U_{\mathrm{C}} I \sin 2\omega t + U_{\mathrm{L}} I \sin 2\omega t$$
$$= U_{\mathrm{R}} I(1 - \cos 2\omega t) + (U_{\mathrm{L}} - U_{\mathrm{C}}) I \sin 2\omega t \tag{5.72}$$

式(5.72)中第一项为电阻元件所消耗的瞬时功率，第二项是电感和电容与电源交换的总瞬时功率($p_{\mathrm{C}} + p_{\mathrm{L}}$)。比较图 5.48 与图 5.49，$p_{\mathrm{C}}$ 和 p_{L} 的相位相反，这使得($p_{\mathrm{C}} + p_{\mathrm{L}}$)的幅值反而比 p_{C} 或 p_{L} 的幅值要小，这是因为当电容吸收能量时，电感正释放能量，它们互相补偿，从而减少了与电源进行能量交换的规模。

由电压三角形有

$$U_{\mathrm{R}} = U\cos\varphi, \quad U_{\mathrm{L}} - U_{\mathrm{C}} = U\sin\varphi$$

以此代入式(5.71)瞬时功率表达式，则有

$$p = UI\cos\varphi(1 - \cos 2\omega t) + UI\sin\varphi\sin 2\omega t \tag{5.73}$$

式(5.73)中 φ 是阻抗角，即 RLC 串联电路端口电压与电流的相位差。对感性电路来说，$\varphi > 0$，$\sin\varphi$ 为正；对容性电路来说，$\varphi < 0$，$\sin\varphi$ 为负；若 $U_{\mathrm{L}} = U_{\mathrm{C}}$ 则 $\varphi = 0$，$\sin\varphi = 0$，RLC 串联电路的瞬时功率就等于电阻元件所消耗的功率，此时，电容的电场能量和电感的磁场能量完全互补，电

路不再与电源进行能量交换。

5.5.2 有功功率

上一节讨论的瞬时功率随时间变化,其实际意义不大,且不便于测量。通常引入平均功率的概念,平均功率又称为有功功率。有功功率是指瞬时功率在一个周期内的平均值,用大写字母 P 表示,即

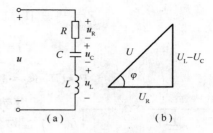

图 5.50　RLC 串联电路及电压三角形

$$P = \frac{1}{T}\int_0^T p\mathrm{d}t = \frac{1}{T}\int_0^T u(t)i(t)\mathrm{d}t \qquad (5.74)$$

对电阻元件,有功功率为

$$P = U_R I = I^2 R = U_R^2/R \qquad (5.75)$$

式(5.75)与直流电路计算电阻消耗功率完全相同。有功功率的单位为瓦特(W)。

对于电容元件和电感元件,由于它们不消耗能量,其平均功率为零。

对于 RLC 串联电路来说,有功功率为

$$P = \frac{1}{T}\int_0^T [U_R I(1-\cos2\omega t) + (U_L - U_C)I\sin2\omega t]\mathrm{d}t = U_R I \qquad (5.76)$$

因此,RLC 串联电路的平均功率就等于电阻元件的平均功率。

图 5.46 所示无源二端网络,由有功功率的定义,有

$$P = \frac{1}{T}\int_0^T [UI\cos\varphi - UI\cos(2\omega t + \varphi)]\mathrm{d}t = UI\cos\varphi$$

由此可以看出,无源二端网络的平均功率不仅与二端网络电压的有效值及电流的有效值的乘积有关,而且还与它们之间的相位差有关。

由于无源二端网络的等效阻抗可表示为 $Z = R + jX$,其有功功率可根据等效阻抗的实部与电流有效值来计算,即

$$P = I^2 \mathrm{Re}[Z] \qquad (5.77)$$

式(5.77)中 $\mathrm{Re}[\,\cdot\,]$ 为取实部运算。同理,还可以根据等效导纳 Y 的实部与电压有效值来计算,即

$$P = U^2 \mathrm{Re}[Y] \qquad (5.78)$$

注意,$\mathrm{Re}[Z] \neq 1/\mathrm{Re}[Y]$。

无源二端网络的有功功率还可以根据功率守恒法则来计算,即

$$P = \sum P_k \quad k = 1,2,\cdots,n$$

式中,P_k 为第 k 个元件的有功功率。

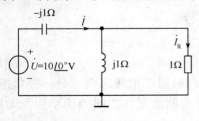

图 5.51　例 5.22 图

【例 5.22】试求图 5.51 所示电路中电阻元件消耗的有功功率。

解　先计算电阻元件上的电流 $\dot{I}_R$。

$$\dot{I}_R = \frac{\dot{U}}{-j1+(j1//1)} \cdot \frac{j1}{j1+1} = 10\underline{/90°}\ \mathrm{A}$$

所以,电阻元件消耗的有功功率为

$$P = I_R^2 R = 100\mathrm{W}$$

也可以先计算电路的阻抗,再计算有功功率,即

$$Z = -\text{j} + (\text{j}1//1) = 0.5 - 0.5\text{j} = 0.5\sqrt{2}\underline{/-45^\circ}\ \Omega$$

$$\dot{I} = \frac{\dot{U}}{Z} = 10\sqrt{2}\underline{/45^\circ}\ \text{A}$$

$$P = UI\cos\varphi = 10 \times 10\sqrt{2} \times \cos(-45^\circ) = 100\text{W}$$

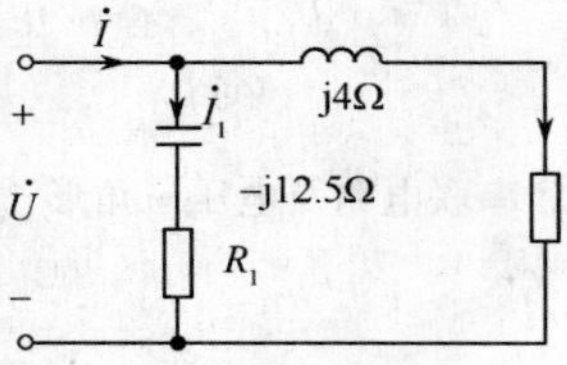

图 5.52   例 5.23 图

【例 5.23】已知图 5.52 所示电路中，$\dot{U} = 25\underline{/0^\circ}$ V，$\dot{I}_1 = \sqrt{2}\underline{/45^\circ}$ A，$\dot{I}_2 = 5\underline{/-53.1^\circ}$ A，$\dot{I} = 5\underline{/-36.9^\circ}$ A，$R_1 = 12.5\Omega$，$R_2 = 3\Omega$。求此二端网络的有功功率 P。

解   (1)以二端网络端口电压和电流来计算，即

$$P = UI\cos(\theta_u - \theta_i) = UI\cos\varphi = 25 \times 5 \times \cos(0 - (-36.9^\circ)) = 100\text{W}$$

(2)以二端网络内部电阻来计算，即

$$P = I_1^2 R_1 + I_2^2 R_2 = \sqrt{2}^2 \times 12.5 + 5^2 \times 3 = 100\text{W}$$

(3)根据二端网络等效阻抗的实部来计算，即

$$Z = \frac{(12.5 - \text{j}12.5)(3 + \text{j}4)}{12.5 - \text{j}12.5 + 3 + \text{j}4} = \frac{87.5 + \text{j}12.5}{15.5 - \text{j}8.5} = 4 + 3\text{j} = 5\underline{/36.9^\circ}\ \Omega$$

$$P = I^2 \text{Re}[Z] = 5^2 \times 4 = 100\text{W}$$

5.5.3 无功功率

在含有电感、电容元件的正弦稳态电路中，储能元件（电容或电感）是不消耗能量的，它们只与电源进行能量交换。为了衡量这种能量互换的规模，引入无功功率的概念，以大写字母 Q 表示。对于电感元件，规定无功功率等于瞬时功率 p_L 的幅值，即

$$Q_L = U_L I = I^2 X_L \tag{5.79}$$

无功功率虽具有功率的量纲，但它并不是实际做功的功率，它的单位与有功功率有所区别。无功功率的单位是乏(var)或千乏(kvar)。

对于电容元件，由式(5.70)瞬时功率的表达式，它的无功功率为

$$Q_C = -U_C I = -I^2 X_C \tag{5.80}$$

即电容元件无功功率取负值，与电感性元件的无功功率以资区别，以表明两者所涉及的储能性质不同。

RLC 串联电路中，只有电阻元件消耗能量，电感元件和电容元件只进行能量交换，所以 RLC 串联电路的无功功率是 Q_L 和 Q_C 之和。由于 RLC 串联电路中电压 u_L 与 u_C 的相位差总是 180°，因此电感的瞬时功率与电容的瞬时功率在任意时刻总是相反，RLC 串联电路的无功功率为

$$Q = Q_L + Q_C = U_L I - U_C I = (U_L - U_C)I$$

由图 5.50(b)所示的电压三角形知 $(U_L - U_C) = U\sin\varphi$

RLC 串联电路的无功功率为 $$Q = UI\sin\varphi \tag{5.81}$$

应当指出，电感元件和电容元件与电源之间进行能量交换，对于电源来说也是一种负担；但对储能元件本身来说，没有消耗能量，因此将往返于电源与储能元件之间的功率称为无功功率。

一般情况下，无源二端网络计算无功功率的公式为

$$Q = UI\sin\varphi \tag{5.82}$$

式中，U、I 分别为端口电压、电流的有效值；φ 为无源二端网络的阻抗角，即端口电压、电流的相位差。

无功功率除了用式(5.82)计算外，还可以采用如下方式，即

$$Q=I^2\operatorname{Im}[Z] \quad \text{或} \quad Q=-U^2\operatorname{Im}[Y] \tag{5.83}$$

若无源二端网络包含有多个电感或电容，它的无功功率为

$$Q=\sum Q_k \quad (k=1,2,\cdots n) \tag{5.84}$$

式中，Q_k 为第 k 个元件的无功功率，电感无功功率取正，电容无功功率取负。

5.5.4 视在功率

二端网络端口电压有效值 U 和电流有效值 I 的乘积，称为二端网络的视在功率，用大写字母 S 表示。即

$$S=UI \tag{5.85}$$

视在功率用来标志二端网络可能达到的最大功率。它的单位是伏安(VA)或千伏安(kVA)。

显然，二端网络有功功率、无功功率和视在功率在数值上的关系为

$$\begin{cases} P=UI\cos\varphi \\ Q=UI\sin\varphi \end{cases}, \quad \begin{cases} S=UI=\sqrt{P^2+Q^2} \\ \varphi=\arctan(Q/P) \end{cases}$$

显然，S 和 P、Q 三者之间的关系可用直角三角形表示，如图 5.53(a)所示，该三角形称为功率三角形。功率三角形中的角度 φ 就是二端网络等效阻抗的阻抗角，将二端网络的阻抗三角形、功率三角形绘制于同一坐标系中，如图 5.53(b)所示。

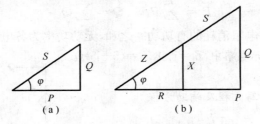

图 5.53　功率三角形

注意：无源二端网络的视在功率不等于每个元件的视在功率之和，即

$$S\neq\sum S_k \quad (k=1,2,\cdots,n)$$

式中，S_k 为第 k 个元件的视在功率。

【**例 5.24**】图 5.54 所示电路中，$i=10\sqrt{2}\sin t\,\text{A}$，试求二端网络的 S 和 P、Q。

解　写出电流的有效值相量 $\dot{I}=10\underline{/0^\circ}$ A，二端网络的阻抗为

$$Z=\frac{(1-j1)(1+j3)}{1-j1+1+j3}=\frac{4+j2}{2+j2}=\frac{3}{2}-j\frac{1}{2}\,\Omega$$

所以

$$P=I^2\operatorname{Re}[Z]=100\times\frac{3}{2}=150\text{W}$$

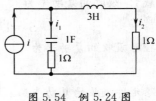

图 5.54　例 5.24 图

$$Q=I^2\operatorname{Im}[Z]=100\times\left(-\frac{1}{2}\right)=-50\text{var}$$

$$S=\sqrt{P^2+Q^2}=158.11\text{VA}$$

5.5.5 复功率

正弦稳态电路的瞬时功率是两个同频率正弦量的乘积,一般情况下瞬时功率是一非正弦量,所以不能用相量法进行分析讨论。为此引入复功率的概念,以简化功率的计算。

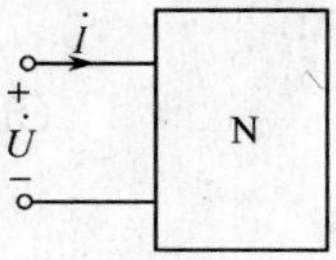

图 5.55 所示的二端网络的电压相量为 $\dot{U}=U\underline{/\theta_\mathrm{u}}$,电流相量为 $\dot{I}=I\underline{/\theta_\mathrm{i}}$,定义复功率为

$$\widetilde{S}=\dot{U}\dot{I}^* \tag{5.86}$$

图 5.55 二端网络

式(5.86)中 $\dot{I}^*$ 是 $\dot{I}$ 的共轭复数。进一步计算

$$\widetilde{S}=\dot{U}\dot{I}^*=UI\underline{/(\theta_\mathrm{u}-\theta_\mathrm{i})}=UI\underline{/\varphi}=UI\cos\varphi+\mathrm{j}UI\sin\varphi=P+\mathrm{j}Q$$

$$\tag{5.87}$$

复功率的单位是伏安(VA),与视在功率单位一样。复功率是一辅助计算功率的复数,它不代表正弦量,$\dot{U}\dot{I}$ 是没有意义的。复功率的实部就是负载消耗的有功功率,它的虚部是无功功率。

若已知正弦稳态电路的阻抗为 $Z=R+\mathrm{j}X$,则有

$$\widetilde{S}=\dot{U}\dot{I}^*=Z\dot{I}\times\dot{I}^*=ZI^2=RI^2+\mathrm{j}XI^2$$

由此得
$$P=RI^2, \quad Q=XI^2, \quad \varphi=\arctan(X/R)$$

正弦稳态电路的总复功率等于各个基本元件复功率之和,即

$$\widetilde{S}=\sum\widetilde{S}_k$$

其中
$$P=\sum P_k, \quad Q=\sum Q_k$$

电路中有功功率为各电阻消耗的有功功率之和,无功功率为各电抗元件无功功率之和。

【例 5.25】图 5.56 所示电路中,$Z_1=\mathrm{j}5\Omega$,$Z_2=(5+\mathrm{j}5)\Omega$。求各元件的复功率。

解 用节点电压法列写方程及辅助方程

$$\left(\frac{1}{Z_1}+\frac{1}{Z_2}\right)\dot{U}=\dot{I}_\mathrm{S}+\frac{5\dot{I}_2}{Z_1}, \quad \dot{I}_2=\frac{\dot{U}}{Z_2}$$

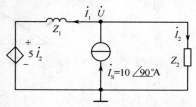

图 5.56 例 5.25 图

解得 $\dot{U}=(-25+\mathrm{j}25)\mathrm{V}$, $\dot{I}_1=\mathrm{j}5\mathrm{A}$, $\dot{I}_2=\mathrm{j}5\mathrm{A}$

电流源发出的复功率为

$$\widetilde{S}=\dot{U}\dot{I}_\mathrm{s}^*=(-25+\mathrm{j}25)\times(-\mathrm{j}10)=(250+\mathrm{j}250)\mathrm{VA}$$

负载 Z_1 吸收的复功率为

$$\widetilde{S}_1=\dot{U}_1\dot{I}_1^*=Z_1I_1^2=\mathrm{j}5\times25=\mathrm{j}125\mathrm{VA}$$

负载 Z_2 吸收的复功率为

$$\widetilde{S}_2=\dot{U}\dot{I}_2^*=Z_2I_2^2=(5+\mathrm{j}5)\times25=(125+\mathrm{j}125)\mathrm{VA}$$

受控源吸收的复功率为

$$\widetilde{S}_3=5\dot{I}_2\dot{I}_1^*=125\mathrm{VA}$$

电路元件吸收的复功率为三个元件吸收复功率之和

$$\widetilde{S}_1+\widetilde{S}_2+\widetilde{S}_3=(250+\mathrm{j}250)\mathrm{VA}$$

与电流源发出的复功率相等。

5.5.6 功率因数的提高

1. 功率因数的概念

从前面的讨论知道,在计算二端网络的有功功率和无功功率时,要考虑电压与电流之间的相位差,即

$$P=UI\cos\varphi, \quad Q=UI\sin\varphi$$

在工程上定义二端网络的功率因数为

$$\lambda=\cos\varphi \tag{5.88}$$

式(5.88)中的 φ 是二端网络电压与电流的相位差,又称为功率因数角。对于无源二端网络,$\varphi=\varphi_z$,即为无源二端网络等效阻抗的阻抗角。只有在电阻负载(如白炽灯、电炉等)情况下,电压和电流才同相位,其功率因数 $\cos\varphi=1$,对其他负载来说,功率因数均介于 0 与 1 之间。功率因数反映了有功功率在视在功率中所占的比例。

2. 提高功率因数的目的

当二端网络的电压与电流之间有相位差时,功率因数小于 1,这说明电路中发生了能量互换,出现了无功功率,功率因数过低将带来两个问题:

一是功率因数低将会增加输电线路和电源设备的能量损耗,降低供电质量。在生产实际和日常生活中所接触的大多数电气设备,如电动机、照明用的日光灯等,它们都属于感性负载,一般情况下功率因数都较低。而负载设备取用的电能都是以一定电压由电站通过输电线供电的。根据 $P=UI\cos\varphi$,当 P、U 一定时,负载功率因数越低,电源提供给负载的电流就越大,即相同的有功功率情况下,功率因数低的负载电流大。而输电线和电源设备的绕组是有一定电阻的,电流越大损耗就越大,电阻上的压降也将增加,从而造成负载电压下降,影响供电质量。

二是较低的功率因数还将使电源设备的视在功率(即容量)不能得到充分利用。因为电源供出的功率及功率因数是由用户的用电设备性质和运行情况决定的。当有功功率一定时,用电设备的功率因数越低,根据 $S=P/\cos\varphi$,需要发电设备提供的容量率也就越大。

能源制约着经济建设的规模。节约电能,提高供电质量,对于发展国民经济有着直接作用,而提高功率因数则是达到上述目标的重要措施之一。

3. 提高功率因数的原则

提高功率因数的基本原则是:

(1)不改变原负载的电压、电流。换言之,必须保证原负载的工作状态不变。即加至负载上的电压和负载的有功功率不变。

(2)一般不要求功率因数提高到 1,这是因为功率因数接近于 1 时,再要提高功率因数到 1 时,所需并联的电容容量要大大增加。

(3)补偿后总的负载一般仍呈感性。若在功率因数相同的情况下补偿成容性,这要求使用的电容容量更大,经济上十分不合算,所以一般要求补偿后的电路工作在欠补偿状态。

4. 提高功率因数的方法

提高企业用电的功率因数,需要采用多方面措施,技术性很强。本节只从电路分析的基本知识角度提出无功功率补偿的原则。

提高功率因数最常用的方法是在电感性负载两端并联电容,电路图如图 5.57(a)所示。

相量图如图 5.57(b)所示，φ_1 是原感性负载的阻抗角，并联电容后阻抗角为 φ_2，从图 5.57(b) 可以看出，并联电容并不改变原负载的工作情况，但来自电源的总电流明显减少，这是因为电容分流的结果。

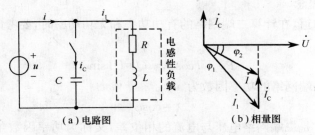

(a) 电路图　　　　　　　　(b) 相量图

图 5.57　电容与电感性负载关联以提高功率因素

感性负载[图 5.57(a)中虚线]并联电容后，电感性负载的电流 $I_1=U/\sqrt{R^2+X_L^2}$ 和功率因数 $\cos\varphi_1=R/\sqrt{R^2+X_L^2}$ 保持不变，这是因为所加电压和负载参数没有变化。但电压 u 和回路电流 i 之间的相位差 φ_2 相比较并联电容前的 φ_1 而言变小了，即提高了功率因数。这里的提高功率因数是指提高电源给整个电路供电的功率因数。从另一方面来说，由于电容的无功功率对电感性负载的无功功率的补偿作用，将减少电源与负载之间的能量互换，使能量互换主要发生在电感性负载和电容之间。这使电源提供的无功功率和视在功率大大减少，而有功功率则不变，从而提高了电源的利用率。

若电路的功率因数由 λ_1 提高到 λ_2，应并联多大的电容呢？下面通过例题来分析说明。

【例 5.26】某感性负载的等效阻抗 $Z=(3+j4)\,\Omega$，由 50Hz、220V 的正弦交流电源供电，如图 5.57(a)所示。已知电源的额定容量 $S_N=9.7$kVA，

(1) 求电路的电流 I_1、有功功率 P、无功功率 Q 和功率因数 λ。

(2) 用并联电容元件的方法将电路的功率因数提高到 0.9，试求并联电容元件的电容值。

(3) 欲使功率因数由 0.9 再提高至 1.0，电容值需要再增加多少？

(4) 电路的功率因数提高到 0.9 后，电源还可给多少盏 220V、100W 的白炽灯供电？

解　(1) 感性负载的阻抗模和功率因数为

$$|Z|=\sqrt{3^2+4^2}=5\,\Omega,\quad \lambda_1=\cos\varphi_1=\frac{R}{|Z|}=\frac{3}{5}=0.6$$

电流
$$I_1=\frac{U}{|Z|}=\frac{220}{5}=44\text{A}$$

视在功率
$$S_1=UI=220\times44=9.68\text{kVA}$$

有功功率
$$P_1=S_1\cos\varphi_1=9.68\times0.6=5.8\text{kW}$$

无功功率
$$Q=S_1\sin\varphi_1=9.68\times0.8=7.7\text{kvar}$$

电源的额定电流
$$I_N=\frac{S_N}{U_N}=\frac{9700}{220}=44\text{A}$$

可见电源向负载供出的电流达到其额定值，已处于满载状态。

(2) 并联电容后，欲使功率因数 λ_2 达到 0.9，则功率因数角应达到 $\varphi_2=25.8°$。其相量图如图 5.57(b)所示。根据相量图可知电容电流为

$$I_C=I_1\sin\varphi_1-I\sin\varphi_2$$

由于并联电容前后电路的有功功率不变，则有

$$I_1 = \frac{P_1}{U\cos\varphi_1}, \quad I = \frac{P_1}{U\cos\varphi_2}$$

故
$$I_C = \left(\frac{P_1}{U\cos\varphi_1}\right)\sin\varphi_1 - \left(\frac{P_1}{U\cos\varphi_2}\right)\sin\varphi_2 = \frac{P_1}{U}(\tan\varphi_1 - \tan\varphi_2)$$

又因为电容支路电流

$$I_C = \frac{U}{X_C} = U\omega C$$

所以
$$C = \frac{P_1}{U^2\omega}(\tan\varphi_1 - \tan\varphi_2) \tag{5.89}$$

式(5.89)可作为一个公式直接应用。功率因数由0.6提高到0.9需并联电容值为

$$C = \frac{5800}{220^2 \times 2\pi \times 50}(\tan53.1° - \tan25.8°) = 324\mu F$$

$$(\cos\varphi_1 = 0.6 \Rightarrow \varphi_1 = 53.1°)$$

提高功率因数后电源提供电流

$$I = \frac{P_1}{U\cos\varphi_2} = \frac{5800}{220 \times 0.9} = 29.3A$$

从以上计算可以看出,功率因数从0.6提高0.9,线路电流从44A降到29.3A。

(3)要将功率因数从0.9再提高到1.0,需再增加的电容值为

$$C = \frac{5800}{220^2 \times 2\pi \times 50}(\tan25.8° - \tan0°) = 184\mu F$$

由以上计算得知,功率因数由0.6提高到0.9,提高了0.3,需要324μF电容;而由0.9提高到1.0,提高了0.1,需要电容184μF,显然投资与经济效益不成比例。故一般不要求用户把功率因数提高到1.0,只要达到规定即可。

另外需要注意的是,用并联电容的方法提高功率因数后的电路仍然应是感性电路,即欠补偿电路。如果由$\cos\varphi_2 = 0.9$得出$\varphi_2 = \pm25.8°$,代入(5.89)式,将得到两个电容值,$C_1 = 324\mu F$和$C_2 = 629\mu F$。显然,并联629μF电容后,电路则由感性变成容性,属于过补偿电路。

(4)电路的功率因数提高到0.9后,设电源可给n盏220V、100W的白炽灯供电。若白炽灯可近似看作线性电阻负载,接白炽灯后电源提供的无功功率同(2)题结果,即

$$Q = UI\sin\varphi_2 = 220 \times 29.3 \times \sin25.8° = 2.8\text{kvar}$$

电源满载时供出的有功功率为

$$P = \sqrt{S_N^2 - Q^2} = \sqrt{9.7^2 - 2.8^2} = 9.29\text{kW}$$

供给白炽灯的功率

$$P_R = P - P_1 = 9.29 - 5.8 = 3.49\text{kW}$$

因此
$$n = \frac{P_R}{100} = \frac{3490}{100} = 34 \text{盏}$$

接白炽灯后电路的功率因数为

$$\lambda = \frac{P}{S} = \frac{9.29}{9.7} = 0.96$$

【例5.27】图5.58(a)所示电路,已知$R = 2\Omega, L = 1H, C = 0.25F, u = 10\sqrt{2}\sin2t$V。求电路的有功功率$P$、无功功率$Q$、视在功率$S$和功率因数。

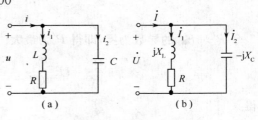

图5.58 例5.27图

解 由已知条件,可得

$$\dot{U} = 10 \underline{/0°} \text{ V}$$

$$X_L = \omega L = 2 \times 1 = 2\Omega, \quad X_C = \frac{1}{\omega C} = \frac{1}{2 \times 0.25} = 2\Omega$$

画相应的相量模型如图 5.58(b)所示。其二端网络的阻抗为

$$Z = \frac{(R+jX_L)(-jX_C)}{R+jX_L-jX_C} = \frac{(2+j2)(-j2)}{2+j2-j2} = 2-j2 = 2\sqrt{2}\underline{/-45°} \ \Omega$$

端口电流为

$$\dot{I} = \frac{\dot{U}}{Z} = \frac{10\underline{/0°}}{2\sqrt{2}\underline{/-45°}} = 2.5\sqrt{2}\underline{/45°} \text{ A}$$

所以

$$P = UI\cos\varphi_z = 10 \times 2.5\sqrt{2} \times 0.707 = 25\text{W}$$

$$S = UI = 25\sqrt{2}\text{VA}$$

$$Q = UI\sin\varphi_z = 10 \times 2.5\sqrt{2} \times (-0.707) = -25\text{var}$$

$$\lambda = \cos\varphi_z = \cos(-45°) = 0.707$$

5.5.7 最大功率传输定理

在很多实际应用中,有时需要研究:在正弦电源电压有效值和电源内阻抗保持不变的情况下,接入什么样的负载才能使负载获取最大的有功功率? 这就是最大功率传输问题。

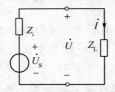

图 5.59 用阻抗和相量表示的电路

1. 共轭匹配

在图 5.59 所示电路中,Z_i 是电源 $\dot{U}_s$ 的内阻抗,Z_L 是负载,设

$$Z_i = R_i + jX_i, \quad Z_L = R_L + jX_L$$

电路的电流有效值相量为

$$\dot{I} = \frac{\dot{U}_s}{Z_i + Z_L}$$

则

$$I = \frac{U_s}{\sqrt{(R_i+R_L)^2 + (X_i+X_L)^2}}$$

$$P = I^2 R_L = \frac{U_s^2 R_L}{(R_i+R_L)^2 + (X_i+X_L)^2}$$

合理选择 R_L、X_L 使有功功率 P 最大。先来看 P 和 X_L 的关系,X_L 仅出现在上式的分母中,对于任何的 R_L,当 $X_L = -X_i$ 时分母为极小值,由此可以先确定 X_L 的取值。此时,有功功率 P 变成为 P',即

$$P' = \frac{U_s^2 R_L}{(R_i+R_L)^2}$$

令 P' 对 R_L 的导数为零,即得 P' 为最大值的条件

$$\frac{\text{d}P'}{\text{d}R_L} = U_s^2 \left[\frac{1}{(R_i+R_L)^2} - \frac{2R_L}{(R_i+R_L)^3} \right] = 0$$

解得

$$R_L = R_i$$

综上所述,在电源 $\dot{U}_s$ 和阻抗 Z_i 给定的情况下,负载所能获得最大功率的负载阻抗为

$$R_{\mathrm{L}}=R_{\mathrm{i}}, \quad X_{\mathrm{L}}=-X_{\mathrm{i}} \quad \text{即} \quad Z_{\mathrm{L}}=R_{\mathrm{i}}-\mathrm{j}X_{\mathrm{i}}=Z_{\mathrm{i}}^* \tag{5.90}$$

此时,我们称负载阻抗和电源内阻抗共轭匹配。

在共轭匹配电路中,负载得到的最大功率

$$P_{\mathrm{Lmax}}=\frac{U_{\mathrm{S}}^2 R_{\mathrm{L}}}{(2R_{\mathrm{i}})^2}=\frac{U_{\mathrm{S}}^2}{4R_{\mathrm{i}}} \tag{5.91}$$

电源输出的功率

$$P_{\mathrm{S}}=IU_{\mathrm{S}}=\frac{U_{\mathrm{S}}^2}{2R_{\mathrm{i}}}$$

此时电路的传输效率

$$\eta=\frac{P_{\mathrm{Lmax}}}{P_{\mathrm{S}}}=50\%$$

共轭匹配电路只用在效率问题不是很重要的场合。

2. 模匹配

前面讨论了共轭匹配的概念,如果负载的阻抗角不变,负载的阻抗模可以改变,那么负载在什么条件下可获得最大功率呢?

设负载阻抗为

$$Z_{\mathrm{L}}=|Z_{\mathrm{L}}|\angle\varphi_{\mathrm{Z}}=|Z_{\mathrm{L}}|\cos\varphi_{\mathrm{Z}}+\mathrm{j}|Z_{\mathrm{L}}|\sin\varphi_{\mathrm{Z}}$$

则有

$$I=\frac{U_{\mathrm{S}}}{\sqrt{(R_{\mathrm{i}}+|Z_{\mathrm{L}}|\cos\varphi_{\mathrm{Z}})^2+(X_{\mathrm{i}}+|Z_{\mathrm{L}}|\sin\varphi_{\mathrm{Z}})^2}}$$

负载获得的功率为

$$P_{\mathrm{L}}=I^2|Z_{\mathrm{L}}|\cos\varphi_{\mathrm{Z}}=\frac{U_{\mathrm{S}}^2|Z_{\mathrm{L}}|\cos\varphi_{\mathrm{Z}}}{(R_{\mathrm{i}}+|Z_{\mathrm{L}}|\cos\varphi_{\mathrm{Z}})^2+(X_{\mathrm{i}}+|Z_{\mathrm{L}}|\sin\varphi_{\mathrm{Z}})^2}$$

要使 P_{L} 达到最大值,同样令

$$\frac{\mathrm{d}P_{\mathrm{L}}}{\mathrm{d}|Z_{\mathrm{L}}|}=0$$

求得

$$|Z_{\mathrm{L}}|=\sqrt{R_{\mathrm{i}}^2+X_{\mathrm{i}}^2} \tag{5.92}$$

因此,在保持负载阻抗角不变、只可改变负载阻抗模的情况下,负载获得最大功率的条件是负载阻抗模与电源内阻抗模相等,这种负载匹配称为模匹配。假如负载是纯电阻,在模匹配情况下,负载获得的最大功率的条件同样是 $|Z_{\mathrm{L}}|=R_{\mathrm{L}}=\sqrt{R_{\mathrm{i}}^2+X_{\mathrm{i}}^2}$,而不是 $R_{\mathrm{L}}=R_{\mathrm{i}}$。

在模匹配条件下负载所获得的最大功率比共轭匹配条件下获得的功率要小。

【例5.28】 电路如图 5.60 所示,试分别计算下列不同情况下负载的功率:

(1)负载 $Z_{\mathrm{L}}=1\Omega$;(2)负载为电阻且为模匹配;(3)负载为共轭匹配。

解 电源内阻抗为

$$Z_{\mathrm{i}}=(2-\mathrm{j}4)\Omega$$

(1)当 $Z_{\mathrm{L}}=1\Omega$ 时,有

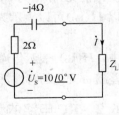

图 5.60 例 5.28 题

$$\dot{I}=\frac{\dot{U}_{\mathrm{S}}}{Z_{\mathrm{i}}+Z_{\mathrm{L}}}=\frac{10\angle0°}{2-\mathrm{j}4+1}=2\angle36.9° \text{ A}$$

$$P_{\mathrm{L}}=I^2R_{\mathrm{L}}=4\mathrm{W}$$

(2)当负载为纯电阻且模匹配,则 $Z_{\mathrm{L}}=R_{\mathrm{L}}=\sqrt{R_{\mathrm{i}}^2+X_{\mathrm{i}}^2}=2\sqrt{5}$

Ω,有

$$\dot{I}=\frac{\dot{U}_{\mathrm{S}}}{Z_{\mathrm{i}}+Z_{\mathrm{L}}}=\frac{10\angle0°}{2-\mathrm{j}4+2\sqrt{5}}=1.32\angle-31.7° \text{ A}$$

$$P_L = I^2 R_L = 1.32^2 \times 2\sqrt{5} = 7.79\text{W}$$

(3)负载为共轭匹配,则

$$Z_L = Z_i^* = R_i - jX_i = (2+j4)\Omega$$

$$\dot{I} = \frac{\dot{U}_S}{Z_i + Z_L} = \frac{10\underline{/0°}}{2-j4+2+j4} = 2.5\underline{/0°}\ \text{A}$$

$$P_L = \frac{U_S^2}{4R_i} = \frac{100}{4\times2} = 12.5\text{W}$$

可见共轭匹配时,负载所获得的功率最大。

5.6　正弦交流电路的频率特性及应用

前面讨论的正弦稳态电路,是在某个固定频率的正弦电源激励下,获得电路电流、电压等变量的情况。当激励信号(电源电压或电流)的幅值不变、频率改变,由于电路中电容的容抗 $X_C = 1/\omega C$,电感的感抗 $X_L = \omega L$ 都会随频率的改变而变化,从而使电路中的响应(各支路电流和电压)的幅值和相位随之改变。响应与频率的关系称为电路的频率特性或频率响应,简称频响,本节将在频率域内对电路进行分析,主要分析正弦稳态响应随频率变化的情况,称为频域分析。

5.6.1　分析频率特性的工具——传递函数

传递函数 $H(j\omega)$ 是求得电路频率响应的重要数学工具。电路的频率响应就是传递函数 $H(j\omega)$ 随 ω 由 0 到 ∞ 变化的关系曲线。因此,传递函数是关于频率的函数。

图 5.61　表征传递
函数的方框图

以前用阻抗或导纳将电压和电流联系起来的关系表达式中,实际上隐含有传递函数的概念。一般而言,一个线性二端网络由图 5.61 所示的方框图表示。

电路的传递函数 $H(j\omega)$ 指的是随频率而改变的输出相量 $Y(j\omega)$(电路中元件的电压或电流)与输入相量 $X(j\omega)$(源电压或电流)之比值,即

$$H(j\omega) = \frac{Y(j\omega)}{X(j\omega)} \tag{5.93}$$

$H(j\omega)$ 是一个复数,它的模为 $|H(j\omega)|$,表示输出相量与输入相量幅值之比值随频率变化而变化情况;相角为 $\varphi(\omega)$,体现了输出相量与输入相量之间相位差随频率变化而变化的情形。所以 $H(j\omega)$ 可以表示为

$$H(j\omega) = |H(j\omega)|\underline{/\varphi}\ (\omega)$$

式中,$|H(j\omega)|$ 表示传递函数的幅值随 ω 变化的特性,称为幅频特性;$\varphi(\omega)$ 表示输出、输入信号相位差随 ω 变化的特性,称为相频特性,幅频特性和相频特性统称为频率特性或者频率响应。

5.6.2　RC 电路的频率特性与滤波器

对不同频率的输入信号具有选择性的电路称为滤波电路,它让需要的特定频率范围的信号能够顺利通过,而衰减或抑制另外的其他频率范围的信号。如果滤波电路的组成元件只有无源元件:电阻、电感和电容,称为无源滤波电路。无源滤波电路是利用电容元件的容抗或电感元件的感抗随频率而改变的特性实现滤波的目的。

滤波电路按幅频特性通常可分为低通、高通、带通、带阻和全通等多种类型,图 5.62 给出了低通滤波器、高通滤波器、带通滤波器和带阻滤波器的幅频特性曲线。本节讨论由电阻 R 和电容 C 组成的 RC 滤波电路。除了 RC 滤波电路外,其他电路也可以实现各种滤波功能。

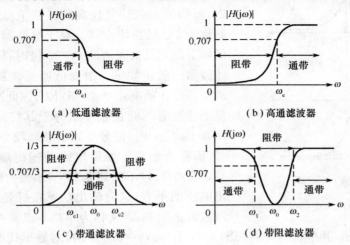

（a）低通滤波器 （b）高通滤波器

（c）带通滤波器 （d）带阻滤波器

图 5.62　幅频特性

1. RC 电路的低通频率特性与低通滤波器

低通滤波电路允许低频信号通过,而衰减或抑制高频信号。图 5.63 是 RC 无源低通滤波电路,图中 $\dot{U}_1$ 代表输入信号,$\dot{U}_2$ 代表输出信号,两者都是频率的函数。电路输出信号与输入信号的比值就是电路的传递函数,用 $H(j\omega)$ 表示。由图 5.63 可得

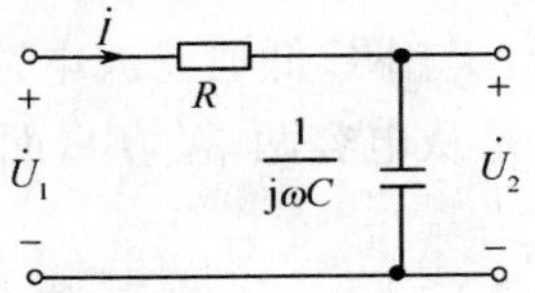

$$H(j\omega)=\frac{\dot{U}_2}{\dot{U}_1}=\frac{\frac{1}{j\omega C}}{R+\frac{1}{j\omega C}}=\frac{1}{1+j\omega RC}=\frac{1}{\sqrt{1+(\omega RC)^2}}\underline{/-\arctan(\omega RC)}$$

$$=|H(j\omega)|\underline{/\varphi}(\omega) \tag{5.94}$$

图 5.63　RC 低通滤波电路

式(5.94)中,$|H(j\omega)|=\dfrac{1}{\sqrt{1+(\omega RC)^2}}$ 是传递函数 $H(j\omega)$ 的模,是角频率 ω 的函数;$\varphi(\omega)=-\arctan(\omega RC)$ 是 $H(j\omega)$ 的幅角,又称之为相移角,它也是角频率 ω 的函数。

设 $\omega_0=\dfrac{1}{RC}$(ω_0 称为特征角频率,相应的 $f_0=\dfrac{1}{2\pi RC}$ 称为特征频率),则

$$H(j\omega)=\frac{\dot{U}_2}{\dot{U}_1}=\frac{1}{1+j\dfrac{\omega}{\omega_0}}=\frac{1}{\sqrt{1+(\omega/\omega_0)^2}}\underline{/-\arctan\frac{\omega}{\omega_0}}$$

由式(5.94)知,当

$$\omega=0 \text{ 时},|H(j\omega)|=1,\varphi(\omega)=0$$

$$\omega=\infty \text{ 时},|H(j\omega)|=0,\varphi(\omega)=-\frac{\pi}{2}$$

$$\omega=\omega_0=\frac{1}{RC} \text{ 时},|H(j\omega)|=\frac{1}{\sqrt{2}},\varphi(\omega)=-\frac{\pi}{4}$$

再计算其他不同 ω 值时的 $|H(j\omega)|$ 值和 $\varphi(\omega)$ 值,就可得到如图 5.64(a)所示的幅频特性曲线和图 5.64(b)所示的相频特性曲线。

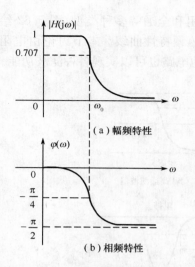

（a）幅频特性

（b）相频特性

图 5.64　RC 低通滤波电路的频率特性

从幅频特性曲线可以看出,对于同样幅值大小的正弦输入电压来说,频率越高,输出电压的幅值越小,当输入电压为直流时,输出电压最大,就等于输入电压。所以,低频的正弦信号比高频正弦信号容易通过,这种电路称为 RC 低通滤波器。对于滤波器来说,当传递函数的模下降到其最大值的 0.707 倍时,所对应的频率称为滤波器的截止频率。根据低通滤波器的幅频特性可以求出其截止频率 $\omega_C = \omega_0 = 1/RC$,因此图 5.63 所示的 RC 低通滤波器的截止频率就等于其特征频率。在频率范围 $0 < \omega \leqslant \omega_0$ 内,信号受到的衰减较小,称为电路的通频带,简称为通带。如果电路的输出端接的是电阻性负载,当 $|H(j\omega)|$ 下降到 0.707 时,因为输出功率正比于输出电压的平方,这时输出功率正好是输入功率的一半,所以截止频率 ω_C 又称为半功率点频率。幅频特性也可以用对数形式表示,其单位为分贝（dB）。当 $|H(j\omega)| = 0.707$ 时,对数形式的幅频特性为 $20\lg|H(j\omega)| = 20\lg 0.707 = -3$dB,所以 ω_C 也称为 -3dB 频率。

从相频特性曲线知:随着输入信号的 ω 由零趋于无穷大,相移角 $\varphi(\omega)$ 单调地由 0 趋于 $-90°$,这说明输出电压总是滞后于输入电压。RC 低通滤波器充当了滞后网络的角色。在实际应用中常作为移相器。

2. RC 电路的高通频率特性与高通滤波器

与 RC 低通滤波电路相比较,图 5.65 所示电路的输出信号 $\dot{U}_2$ 不是从电容两端输出,而是取自于电阻 R 两端。该电路的传递函数为

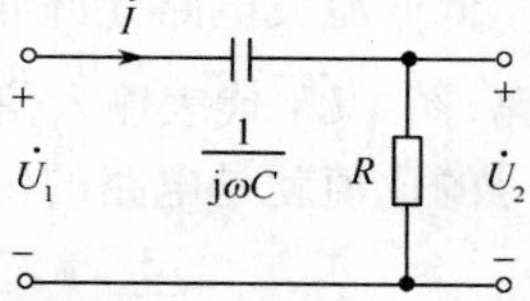

图 5.65　RC 高通滤波电路

$$H(j\omega) = \frac{\dot{U}_2}{\dot{U}_1} = \frac{R}{R + \dfrac{1}{j\omega C}} = \frac{j\omega RC}{1 + j\omega RC} = \frac{1}{1 - j\dfrac{1}{\omega RC}} = \frac{1}{\sqrt{1 + (\dfrac{1}{\omega RC})^2}} \underline{/\arctan \dfrac{1}{\omega RC}}$$

$$= |H(j\omega)| \underline{/\varphi\ (\omega)} \tag{5.95}$$

式（5.95）中

$$|H(j\omega)| = \frac{1}{\sqrt{1 + (\dfrac{1}{\omega RC})^2}}, \quad \varphi(\omega) = \arctan \frac{1}{\omega RC}$$

设

$$\omega_0 = \frac{1}{RC}$$

则

$$H(j\omega) = \frac{1}{1 - j\dfrac{\omega_0}{\omega}} = \frac{1}{\sqrt{1 + \left(\dfrac{\omega_0}{\omega}\right)^2}} \underline{/\arctan \dfrac{\omega_0}{\omega}}$$

由式（5.95）得,当 $\omega_C = \omega_0 = \dfrac{1}{RC}$ 时,$|H(j\omega)| = 0.707$,是整个频率范围内 $|H(j\omega)|$ 最大值的 0.707 倍,因此 ω_0 是截止频率。此时相移角 $\varphi(\omega)$ 为 $\pi/4$。传递函数的幅频特性和相频特性如图 5.66 所示。

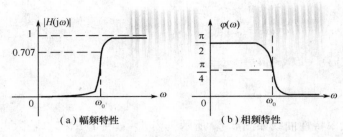

(a) 幅频特性 　　　　　　　(b) 相频特性

图 5.66　RC 高通滤波电路的频率特性

高通滤波电路是使高频信号容易通过而抑制较低频率信号的滤波电路。

输入信号的角频率 ω 由零趋于无穷大，RC 高通滤波器的相移角 $\varphi(\omega)$ 由 $90°$ 单调趋于零，这说明 RC 高通滤波器具有超前网络的特点，从输入到输出的相移为

$$\varphi(\omega) = \arctan \frac{1}{\omega RC}$$

【**例 5.29**】试设计一移相器，实现从输入到输出的相移为 $45°$，即输出信号在相位上超前输入信号 $45°$。

解　要实现输出信号在相位上超前输入信号，需选择 RC 高通滤波器。当电路阻抗的实部和虚部相等，即电阻的阻值与电容的容抗相等，相移量恰好为 $45°$。我们选择 $R = X_C = 20\Omega$，所得电路如图 5.67 所示。

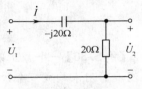

图 5.67　例 5.29 图

$$\dot{U}_2 = \frac{20}{20 - \text{j}20} \dot{U}_1 = \frac{\sqrt{2}}{2} \angle 45° \dot{U}_1$$

这样，输出信号相对输入信号而言相移 $45°$，但幅值只有输入信号的 $\sqrt{2}/2$。

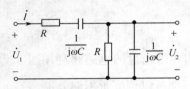

图 5.68　RC 带通滤波电路

3. RC 电路的带通频率特性与带通滤波器

带通滤波器是让给定两个频率范围内的信号能够通过。RC 带通滤波电路如图 5.68 所示。

由图 5.68 知，传递函数为

$$H(\text{j}\omega) = \frac{\dot{U}_2}{\dot{U}_1} = \frac{R /\!/ \frac{1}{\text{j}\omega C}}{R + \frac{1}{\text{j}\omega C} + R /\!/ \frac{1}{\text{j}\omega C}} = \frac{1}{3 + \text{j}\left(\omega RC - \frac{1}{\omega RC}\right)}$$

$$= \frac{1}{\sqrt{3^2 + \left(\omega RC - \frac{1}{\omega RC}\right)^2}} \angle -\arctan \frac{\omega RC - \frac{1}{\omega RC}}{3} = |H(\text{j}\omega)| \angle \varphi(\omega) \tag{5.96}$$

式（5.96）中

$$|H(\text{j}\omega)| = \frac{1}{\sqrt{3^2 + \left(\omega RC - \frac{1}{\omega RC}\right)^2}}, \quad \varphi(\omega) = -\arctan \frac{\omega RC - \frac{1}{\omega RC}}{3}$$

设 $\omega_0 = \frac{1}{RC}$，则

$$H(\text{j}\omega) = \frac{1}{3 + \text{j}\left(\frac{\omega}{\omega_0} - \frac{\omega_0}{\omega}\right)} = \frac{1}{\sqrt{3^2 + \left(\frac{\omega}{\omega_0} - \frac{\omega_0}{\omega}\right)^2}} \angle -\arctan \left[\left(\frac{\omega}{\omega_0} - \frac{\omega_0}{\omega}\right) / 3\right]$$

$\omega=0$ 时，$|H(\mathrm{j}\omega)|=0,\varphi(\omega)=\dfrac{\pi}{2}$，

$\omega=\infty$ 时，$|H(\mathrm{j}\omega)|=0,\varphi(\omega)=-\dfrac{\pi}{2}$，

$\omega=\omega_0$ 时，$|H(\mathrm{j}\omega)|=\dfrac{1}{3},\varphi(\omega)=0$。

由此可画出频率特性曲线如图 5.69 所示。当 $\omega=\omega_0=1/RC$ 时，输入电压 $\dot U_1$ 与输出电压 $\dot U_2$ 同相，且 $U_2/U_1=1/3$，此时的 $|H(\mathrm{j}\omega)|$ 为整个频率范围内的最大值，称 ω_0 为中心频率。同时也规定，当 $|H(\mathrm{j}\omega)|$ 等于最大值（即 $1/3$）的 70.7% 处频率的上下限之间的宽度称为通频带，如图 5.69(a)所示，即 $\Delta\omega=\omega_2-\omega_1$。带通滤波电路就是通过频带 $\omega_1<\omega<\omega_2$ 的滤波电路。

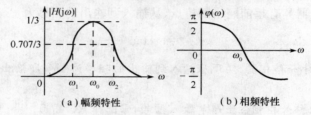

(a) 幅频特性　　　　　　　　(b) 相频特性

图 5.69　RC 带通滤波电路的频率特性

【例 5.30】一个截止频率 $f_1=1.5\mathrm{kHz}$ 的高通滤波器和一个截止频率为 $f_2=2.2\mathrm{kHz}$ 的低通滤波器用来构成一个带通滤波器。假设不考虑负载效应，滤波器通频带的带宽是多少？

解　设带通滤波器的带宽为 f_{BW}，有

$$f_{\mathrm{BW}}=f_2-f_1=700\mathrm{Hz}$$

5.6.3　RLC 电路的频率特性及应用

1. RLC 带阻滤波电路

带阻滤波电路是一种阻止两个给定频率（ω_1 和 ω_2）之间的频带通过的电路。利用图 5.70 所示的 RLC 串联电路，将其 LC 两端的电压 $\dot U_2$ 作为输出信号，便可以构成带阻滤波器。

该带阻滤波电路的传递函数为

$$H(\mathrm{j}\omega)=\frac{\dot U_2}{\dot U_1}=\frac{\mathrm{j}(\omega L-1/\omega C)}{R+\mathrm{j}(\omega L-1/\omega C)} \tag{5.97}$$

由式(5.97)有

$$|H(\mathrm{j}\omega)|=\frac{(\omega L-1/\omega C)}{\sqrt{R^2+(\omega L-1/\omega C)^2}}$$

显然，$\omega=0$ 时，$|H(\mathrm{j}\omega)|=1$；$\omega=\infty$ 时，$|H(\mathrm{j}\omega)|=1$；$\omega=\omega_0=\sqrt{1/LC}$ 时，$|H(\mathrm{j}\omega)|=0$。ω_0 是带阻滤波电路的中心频率。图 5.71 所示为带阻滤波电路的幅频特性。$\Delta\omega=\omega_2-\omega_1$ 为抑制带宽。

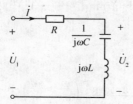

图 5.70　带阻滤波电路

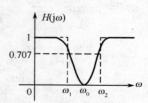

图 5.71　带阻滤波电路的幅频特性

2. RLC 谐振电路

谐振是 RLC 电路的一种工作状态,此时电路中电压与电流同相位,即电路呈现纯阻性。在含有电感和电容元件的正弦稳态电路中,一般来说,电压和电流的相位是不同的。如果改变电路参数 L、C 或输入信号的频率,就有可能使电路的总电压和总电流相位相同,此时整个电路呈现纯阻性,功率因数为 1,电路的这种现象称为谐振。

RLC 电路的谐振分为串联谐振和并联谐振两种。串联或并联谐振电路的传递函数有很高的频率选择性,在设计滤波电路时是很有用的,其中包括收音机的选台和电视机的频道选择等。

(1)RLC 串联谐振电路

RLC 串联电路如图 5.72 所示,电路的阻抗为

$$Z=R+j\omega L+\frac{1}{j\omega C}=R+j(X_L-X_C)$$

RLC 串联电路的总阻抗随频率的变化如图 5.73(a)所示,当电源激励频率较低时,X_C 较大,X_L 较小,电路呈容性;随着频率的升高,X_C 减少,X_L 增大,当 $X_L=X_C$ 时,两者的电抗效应相互抵消,电路是纯电阻电路。当频率进一步增大,X_L 大于 X_C,电路呈感性。

当电路中

$$X_L=X_C \quad \text{或} \quad \omega L=1/\omega C$$

时,则

$$\arctan\frac{X_L-X_C}{R}=0$$

即电源电压与电路中的电流同相位,这时,电路发生了谐振。由于谐振发生在 RLC 串联电路中,所以称为串联谐振。

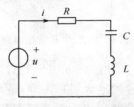

图 5.72　RLC 串联谐振电路

对于给定的 RLC 串联电路,只有在正弦激励为某一特定频率时才会发生谐振,这一特定频率称之为谐振频率,是谐振电路的固有频率,由电路参数决定。以 Hz 为单位时,记为 f_0,以 rad/s 为单位时,记为 ω_0。

由 $X_L=X_C$ 得串联谐振的谐振频率是

$$\omega_0=\frac{1}{\sqrt{LC}} \tag{5.98}$$

又 $\omega_0=2\pi f$,所以

$$f_0=\frac{1}{2\pi\sqrt{LC}} \tag{5.99}$$

电路发生串联谐振时,具有如下一些特点:

① $X_L=X_C$,电路的阻抗 $Z=R$,呈纯阻性,阻抗模值最小。

$$|Z|=\sqrt{R^2+(X_L-X_C)^2}=R$$

在输入电压不变的情况下,电路中电流的有效值达到最大,其值为

$$I=I_0=\frac{U}{R}$$

电路中电流 I 随频率变化的曲线如图 5.73(b)所示。电流有效值取最大值时的横坐标即为谐振频率 f_0。

② 电路呈纯阻性,电源供给电路的能量全部由电阻消耗,能量的交换只发生在电感元件

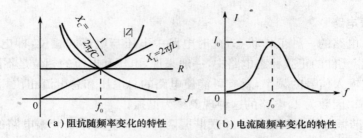

(a) 阻抗随频率变化的特性　　　　(b) 电流随频率变化的特性

图 5.73　串联谐振电路的阻抗与电流随频率变化的特性

和电容元件之间。

　　③ 输入电压 $\dot{U}$ 与电路电流 $\dot{I}$ 同相位,所以电路的功率因数为 1。

　　④ 由于 $X_L = X_C$,所以电感两端与电容两端的电压有效值大小相等,相位相反,互相抵消,也就是说 $\dot{U}_L = -\dot{U}_C$,如图 5.74 所示。

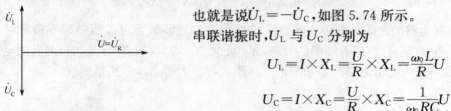

图 5.74　RLC 串联谐振电路相量图

串联谐振时,U_L 与 U_C 分别为

$$U_L = I \times X_L = \frac{U}{R} \times X_L = \frac{\omega_0 L}{R} U$$

$$U_C = I \times X_C = \frac{U}{R} \times X_C = \frac{1}{\omega_0 RC} U$$

当 $\omega_0 L = 1/\omega_0 C \gg R$ 时,电感与电容两端的电压有效值将会大大超过输入电压的有效值。所以串联谐振又称为电压谐振。电压过高,可能会导致线圈、电容的绝缘层被击穿,造成事故,因此在电力系统中,应避免发生串联谐振。但在电子技术中,则常常利用串联谐振来获得较高的电压。为了衡量电路在这方面的能力,引进品质因数 Q 这一物理量,它等于谐振时感抗(容抗)与电阻之比,也等于谐振时的 U_L 或 U_C 与输入电压 U 之比,即

$$Q = \frac{\omega_0 L}{R} = \frac{1}{\omega_0 RC} = \frac{U_L}{U} = \frac{U_C}{U} \tag{5.100}$$

Q 值越大,串联谐振时在电感元件或电容元件两端获得的电压越高。

　　品质因数 Q 是一个无量纲的量,它描述电路发生谐振时的电磁振荡强烈程度,谐振时电容或电感元件上电压是电源电压的 Q 倍。

　　由于谐振时电路的电抗比电路中的电阻大得多,Q 值一般在几十到几百之间。设 L、C 为定值,图 5.75 所示为不同 Q 值(相同谐振频率)时的图 5.76 所示电路的电流幅频特性。显然,Q 值较大时,电流幅频特性曲线更为尖锐,这就能很好地选择某一频率而抑制其他频率成分,这称为电路的选择性。Q 值越大,选择性越好。也可以引入通频带宽度的概念,如图 5.75 所示,通频带宽度指的是在电流 I 值等于最大值 I_0 的 0.707 倍处频率的上下限截止频率之间的宽度。

$$\Delta f = f_2 - f_1$$

　　通频带宽度越小,表明谐振曲线越尖锐,电路的频率选择性越强。收音机的接收电路就是利用串联谐振来选择电台信号的。但选择性并非越高就越好,这是因为选择性越好,一般通频带就越窄。而单一频率的正弦波并不携带信息,信号皆有一定的带宽,因此收音机的通频带越宽,就能将低频信号到高频信号都不失真地放送出来。

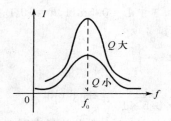

图 5.75 谐振曲线

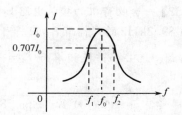

图 5.76 通频带宽度

收音机利用谐振电路接收电台信号的工作原理是：每个电台都有不同的发射频率,各种频率信号经过收音机天线时,就会在天线线圈 L_1 中(见图 5.77(a))感应出各种频率的电动势,由于天线线圈与 LC 电路的互感作用,又在 LC 回路中感应出不同频率的电动势 $e_1,e_2\cdots\cdots$,如图 5.77(b)所示。调节电容 C,使电路对某一电台的频率信号产生谐振,那么 LC 回路中该频率的信号最大,在可变电容两端产生的电压也就最高。该频率的信号再经过处理就会变成声音传播出来,人们就接收到了这种频率的广播节目。而对于其他频率的信号,由于电路对它们没有产生谐振,电路呈现的阻抗较大,电流很小,在可变电容器两端产生的电压很低,人们就听不到这些频率的广播节目,这样接收电路就起到了选择某电台信号而抑制其他电台信号的作用。

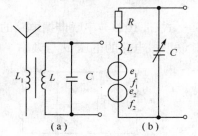

图 5.77 收音机接收电路

【例 5.31】RLC 串联电路中,$L=0.2\mathrm{H}$,$R=500\Omega$,$C=320\mathrm{pF}$,电源电压为 25V。求:(1)当电路发生谐振时,电源频率应为多少? 电容中的电流和端电压各为多少? (2)当频率增加 10% 时,电容中的电流和端电压是多少?

解 (1)谐振时

$$f_0=\frac{1}{2\pi\sqrt{LC}}=\frac{1}{2\pi\sqrt{0.2\times320\times10^{-12}}}=20\mathrm{kHz}$$

$$X_\mathrm{C}=\frac{1}{2\pi f_0 C}=\frac{1}{2\pi\times20\times10^3\times320\times10^{-12}}=25000\Omega$$

$$I_0=\frac{U}{R}=\frac{25}{500}=0.05\mathrm{A}$$

$$U_\mathrm{C}=I_0 X_\mathrm{C}=0.05\times25000=1250\mathrm{V}$$

(2)当频率增加 10% 时

$$f=f_0+f_0\times10\%=22\mathrm{kHz}$$

$$X_\mathrm{L}=2\pi f L=2\pi\times22\times10^3\times0.2=27632\Omega$$

$$X_\mathrm{C}=\frac{1}{2\pi f C}=\frac{1}{2\pi\times22\times10^3\times320\times10^{-12}}=22618\Omega$$

$$|Z|=\sqrt{R^2+(X_\mathrm{L}-X_\mathrm{C})^2}=\sqrt{500^2+(27632-22618)^2}=5038\Omega$$

$$I=\frac{U}{|Z|}=\frac{25}{5038}=0.005\mathrm{A}$$

$$U_\mathrm{C}=I X_\mathrm{C}=0.005\times22618=113.1\mathrm{V}$$

显然,当工作频率偏离谐振频率 10% 时,电容两端的电压及电路的电流相比较谐振时大大减少。

【例 5.32】 一台收音机的接收电路如图 5.77 所示,其中 $L=0.5\text{mH}$,$R=10\Omega$,若要收听到电台频率为 89.3kHz 的广播节目,应将可变电容 C 调到多少?

解 由式(5.99)知谐振频率为 $f_0=\dfrac{1}{2\pi\sqrt{LC}}$ 可得

$$C=\frac{1}{(2\pi f_0)^2 L}=\frac{1}{(2\pi\times89.3\times10^3)^2\times0.5\times10^{-3}}=6359\text{pF}$$

图 5.78 所示为 RLC 并联谐振电路的相量模型,它与 RLC 串联电路具有对偶性。利用对偶性质,可得电路的导纳为

$$Y=\frac{1}{R}+j\omega C+\frac{1}{j\omega L}=\frac{1}{R}+j\left(\omega C-\frac{1}{\omega L}\right)$$

当 Y 的虚部为零,电路产生谐振,由此可得谐振频率:

$$\omega C=\frac{1}{\omega L}\text{ 或 }\omega_0=\frac{1}{\sqrt{LC}} \tag{5.101}$$

式(5.101)与串联谐振电路的式(5.99)相同。当这种电路发生谐振时,称为并联谐振。并联谐振电路的电压 U 与频率 f 的关系如图 5.79 所示。

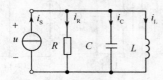

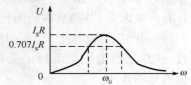

图 5.78 并联谐振电路   图 5.79 并联谐振电路电压与频率的关系

并联谐振具有以下特点:

① 谐振时,LC 并联支路相当于开路,所有电流全部流经电阻 R。

$$I_R=I_S,\ I_C=I_S R\omega_0 C,\ I_L=\frac{I_S R}{\omega_0 L}$$

同样定义品质因数 Q,它是并联谐振时电感(容)上电流与电阻电流之比值,即

$$Q=\frac{I_L}{I_R}=\frac{I_C}{I_R}=\omega_0 RC=\frac{R}{\omega_0 L} \tag{5.102}$$

一般情况下,$Q\gg1$,电感和电容上的电流比源电流大许多倍,因此,并联谐振又称作电流谐振。在通信系统中的中频放大器就是利用了这一特点。

② 电路呈现电阻性,即电路阻抗等于一个纯电阻,且为最大。

【例 5.33】 图 5.78 所示 RLC 并联电路中,电阻 $R=10\text{k}\Omega$,$L=0.1\text{mH}$,$C=16\mu\text{F}$,试计算 (1)谐振频率 f_0;(2)品质因数 Q。

解 (1)由 $\omega_0=\dfrac{1}{\sqrt{LC}}$,得

$$f_0=\frac{1}{2\pi\sqrt{LC}}=\frac{1}{2\pi\sqrt{0.1\times10^{-3}\times16\times10^{-6}}}=3980\text{Hz}$$

(2)
$$Q=\frac{R}{\omega_0 L}=\frac{10\times10^3}{2\pi\times3980\times0.1\times10^{-3}}=4000$$

5.7 非正弦周期性信号电路

前面几节中所讨论的正弦稳态电路,电压和电流均为正弦量。但在实际中,往往会遇到电

压和电流虽然是周期性信号但不是正弦量的情况。例如，实验室常用的信号发生器，除产生正弦波外，还能产生矩形波、三角波等非正弦周期信号。在电子工程领域，由语音、图像等转换过来的电信号，都不是正弦波信号；电子计算机中使用的脉冲信号也不是正弦信号。

分析非正弦周期性信号电路，前述电路的基本定律仍然成立，但是和正弦交流电路的分析方法有不同之处。

5.7.1　非正弦周期性信号的傅里叶级数分解

对非正弦周期性信号激励下线性电路的响应，一般采用谐波分析方法即利用高等数学中学过的傅里叶级数展开法，将非正弦周期性激励电压、电流或外施信号分解为一系列不同频率的正弦量之和，然后分别计算各种频率的正弦量单独作用时在电路中产生的正弦电流和电压分量，最后再根据线性电路的叠加定理，把所得分量叠加，从而得到电路中实际的电流和电压。

设周期为 T，角频率为 ω_1 的周期性函数满足狄利赫利条件，它可以用傅里叶级数展开为

$$f(t) = f(t+T) = a_0 + \sum_{n=1}^{\infty} \left[a_n \cos n\omega t + b_n \sin n\omega t \right] \tag{5.103}$$

式中，$\omega = \dfrac{2\pi}{T}$，a_0、a_n、b_n 可按照以下公式求得

$$a_0 = \frac{1}{2\pi} \int_0^{2\pi} f(t) \mathrm{d}t = \frac{1}{T} \int_0^T f(t) \mathrm{d}t \tag{5.104}$$

$$a_n = \frac{1}{\pi} \int_0^{2\pi} f(t) \cos n\omega t \, \mathrm{d}(\omega t) = \frac{2}{T} \int_0^T f(t) \cos n\omega t \, \mathrm{d}t \tag{5.105}$$

$$b_n = \frac{1}{\pi} \int_0^{2\pi} f(t) \sin n\omega t \, \mathrm{d}(\omega t) = \frac{2}{T} \int_0^T f(t) \sin n\omega t \, \mathrm{d}t \tag{5.106}$$

为了与正弦信号的一般表达式相对应，常将式（5.103）写成如下形式

$$f(t) = a_0 + \sum_{n=1}^{\infty} A_n \sin(n\omega t + \varphi_n) \tag{5.107}$$

其中

$$A_n = \sqrt{a_n^2 + b_n^2}, \quad \varphi_n = \arctan \frac{a_n}{b_n}$$

式（5.107）中 a_0 为 $f(t)$ 在一周期内的平均值，它不随时间的变化而变化，称作直流分量或恒定分量；求和号中的各项则是一系列的正弦量，这些正弦量称为谐波分量。A_n 为各谐波分量的幅值，φ_n 为其初相角。$n=1$ 时的谐波分量 $A_1 \sin(\omega_1 t + \varphi_1)$ 的频率与非正弦周期性信号的频率相同，称为基波或一次谐波分量。其余各项的频率皆为非正弦周期性信号频率的整数倍，统称为高次谐波分量，如二次谐波分量、三次谐波分量等。其中 n 为偶数时对应的谐波分量称为偶次谐波分量，n 为奇数时则为奇次谐波分量。

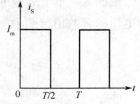

图 5.80　例 5.34 图

【例 5.34】试将图 5.80 所示的周期性方波电流源分解为傅里叶级数形式。

解　图中所示方波电流源在一个周期内的表达式为

$$f(t) = \begin{cases} I_{\mathrm{m}} & 0 < t < T/2 \\ 0 & T/2 \leqslant t \leqslant T \end{cases}$$

由式（5.104）计算直流分量　$I_0 = \dfrac{1}{T} \int_0^T i(t) \mathrm{d}t = \dfrac{1}{T} \int_0^{\frac{T}{2}} I_{\mathrm{m}} \mathrm{d}t = \dfrac{I_{\mathrm{m}}}{2}$

再利用式(5.105)和式(5.106)计算 a_n、b_n

$$a_n = \frac{2}{T}\int_0^T f(t)\cos\frac{2\pi nt}{T}\mathrm{d}t = \frac{2}{T}\int_0^{\frac{T}{2}} I_\mathrm{m}\cos\frac{2\pi nt}{T}\mathrm{d}(t) = 0$$

$$b_n = \frac{2}{T}\int_0^T f(t)\sin\frac{2\pi nt}{T}\mathrm{d}t = \frac{2}{T}\int_0^{\frac{T}{2}} I_\mathrm{m}\sin\frac{2\pi nt}{T}\mathrm{d}t = \begin{cases} 0 & n=2,4,6\cdots \\ \dfrac{2I_\mathrm{m}}{n\pi} & n=1,3,5\cdots \end{cases}$$

于是图 5.81 所示周期性方波电流源的傅里叶级数展开式为：

$$i_\mathrm{S} = \frac{I_\mathrm{m}}{2} + \frac{2I_\mathrm{m}}{\pi}\left(\sin\omega t + \frac{1}{3}\sin 3\omega t + \frac{1}{5}\sin 5\omega t + \cdots\right) \tag{5.108}$$

由上述例题可知谐波幅值与谐波次数成反比减少，即谐波的次数越高，幅值越小。故非正弦周期性信号的傅里叶级数具有收敛性。

把式(5.108)中各谐波幅值与频率的关系绘制成图 5.81 所示的线图，称为幅度频谱。从图上可以清楚地看出各谐波的相对大小，且只在周期性信号频率的整数倍($0,\omega,3\omega,\cdots$)上有值，这样的频谱称为离散频谱。把代表每一频率对应的该频率的幅值的竖线称为谱线。

傅里叶级数在理论上可取无穷多项，但实际计算中可以根据级数的收敛情况以及对求解结果准确度高低的需求选取有限项。当然所取的项数越多，其结果就越接近于原始信号。图 5.82 所示分别为例 5.34 取前两项和前三项所得的波形。

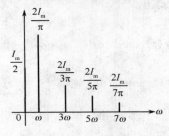
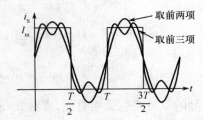

图 5.81　幅度频谱　　　　图 5.82　取不同项数谐波合成的方波波形

5.7.2　非正弦周期性信号的基本参量

1. 有效值

根据 5.1 节有效值的定义，它不仅适合正弦量，也适合非正弦周期信号。非正弦周期电流和电压的有效值分别为

$$I = \sqrt{\frac{1}{T}\int_0^T i^2 \mathrm{d}t} \tag{5.109}$$

$$U = \sqrt{\frac{1}{T}\int_0^T u^2 \mathrm{d}t} \tag{5.110}$$

设非正弦周期电流

$$i = I_0 + \sum_{n=1}^{\infty} I_\mathrm{mn}\sin(n\omega t + \theta_n)$$

代入式(5.110)则有

$$I = \sqrt{\frac{1}{T}\int_0^T \left[I_0 + \sum_{n=1}^{\infty} I_\mathrm{mn}\sin(n\omega t + \theta_n)\right]^2 \mathrm{d}t} \tag{5.111}$$

式(5.111)中,积分括号内 $\left[I_0 + \sum\limits_{n=1}^{\infty} I_{mn}\sin(n\omega t + \theta_n)\right]^2$ 展开后有四种类型项:

(1) I_0^2;

(2) $[I_{mn}\sin(n\omega t + \theta_n)]^2$ $(n=1,2,3,\cdots)$,即各次谐波分量的平方;

(3) $2I_0 I_{mn}\sin(n\omega t + \theta_n)$ $(n=1,2,3,\cdots)$;

(4) $I_{mp}\sin(p\omega t + \theta_p)I_{mq}\sin(q\omega t + \theta_q)$ $(p,q=1,2,3,\cdots;p\neq q)$

由于

$$\int_0^{2\pi}\sin(p\omega t)\sin(q\omega t)\mathrm{d}t = 0, p \neq q$$

$$\int_0^{2\pi}\sin(m\omega t)\mathrm{d}t = 0$$

(3)、(4)两类项在周期 T 内的积分为零。所以

$$I = \sqrt{I_0^2 + \sum_{n=1}^{\infty}I_{mn}^2\sin^2(n\omega t + \theta_n)} = \sqrt{I_0^2 + \sum_{n=1}^{\infty}\frac{I_{mn}^2}{2}} = \sqrt{I_0^2 + I_1^2 + I_2^2 + \cdots + I_n^2 + \cdots}$$

$$(5.112)$$

同理,非正弦周期电压 U 的有效值为

$$U = \sqrt{U_0^2 + U_1^2 + U_2^2 + \cdots + U_n^2 + \cdots}$$

$$(5.113)$$

以上结果表明,任意非正弦周期信号的有效值等于它的恒定分量与各次谐波分量有效值平方之和的平方根。式(5.112)中的 I_1、I_2、$\cdots$ 为基波、二次谐波等的有效值。

2. 平均值

电工中有时需要用到电压、电流平均值的概念。非正弦周期性信号的平均值定义为非正弦周期性信号在一个周期内的平均值。设非正弦周期电流为 $i(t)$,其平均值为

$$I_{av} = \frac{1}{T}\int_0^T i(t)\mathrm{d}t \tag{5.114}$$

同理,非正弦周期电压的平均值为

$$U_{av} = \frac{1}{T}\int_0^T u(t)\mathrm{d}t \tag{5.115}$$

若 $i(t) = I_m\sin\omega t = \sqrt{2}I\sin\omega t$,则它的平均值为

$$I_{av} = \frac{1}{T}\int_0^T i(t)\mathrm{d}t = 0$$

上式表明,正弦电流(压)的平均值是有 0。

【例5.35】非正弦周期性电压、电流分别为

$$u(t) = 100 + 20\sin\omega t + 10\sin2\omega t$$

$$i(t) = 10 + 4\sin(\omega t + 45°) + 2\sin(3\omega t + 30°)$$

试分别计算电压、电流的有效值和平均值。

解 电压、电流的有效值分别为

$$U = \sqrt{U_0^2 + U_1^2 + U_2^2} = \sqrt{100^2 + 20^2 + 10^2} = 102.5\text{V}$$

$$I = \sqrt{I_0^2 + I_1^2 + I_3^2} = \sqrt{10^2 + 4^2 + 2^2} = 10.96\text{A}$$

电压、电流的平均值分别为

$$U_{av} = \frac{1}{T}\int_0^T u(t)\mathrm{d}t = \frac{1}{T}\int_0^T(100 + 20\sin\omega t + 10\sin2\omega t)\mathrm{d}t = 100$$

$$I_{av} = \frac{1}{T}\int_0^T i(t)dt = \frac{1}{T}\int_0^T (10 + 4\sin(\omega t + 45°) + 2\sin(3\omega t + 30°))dt = 10$$

3. 平均功率

若一无源二端网络端口的电压 u 和电流 i 为基波频率相同的非正弦周期函数,其相应的傅里叶级数展开式分别为

$$u = U_0 + \sum_{n=1}^{\infty} U_{mn}\sin(n\omega t + \theta_{un})$$

$$i = I_0 + \sum_{n=1}^{\infty} I_{mn}\sin(n\omega t + \theta_{in})$$

则该无源二端网络的平均功率为

$$P = \frac{1}{T}\int_0^T p\,dt = \frac{1}{T}\int_0^T ui\,dt = [U_0 + \sum_{n=1}^{\infty} U_{mn}\sin(n\omega t + \theta_{un})] \times [I_0 + \sum_{n=1}^{\infty} I_{mn}\sin(n\omega t + \theta_{in})]$$

上式的乘积项展开后有以下四类项:

(1) $U_0 I_0$;

(2) $U_0 \sum\limits_{n=1}^{\infty} I_{mn}\sin(n\omega t + \theta_{in})$, $\quad I_0 \sum\limits_{n=1}^{\infty} U_{mn}\sin(n\omega t + \theta_{un})$

(3) $\sum\limits_{n=1}^{\infty} U_{mn}I_{mn}\sin(n\omega t + \theta_{un})\sin(n\omega t + \theta_{in})$;

(4) $\sum\limits_{p=1}^{\infty} U_{mp}\sin(p\omega t + \theta_{up})\sum\limits_{q=1}^{\infty} I_{mq}\sin(q\omega t + \theta_{iq})]$ $\quad p \neq q$

其中,(2)、(4)项含有不同频率的两个分量的乘积,在一个周期内积分为零;(1)项在一个周期内积分仍为 $U_0 I_0$;(3)项在周期内积分为

$$\frac{1}{T}\int_0^T \sum_{n=1}^{\infty} U_{mn}I_{mn}\sin(n\omega t + \theta_{un})\sin(n\omega t + \theta_{in})dt = \sum_{n=1}^{\infty} \frac{U_{mn}I_{mn}}{2}\cos(\theta_{un} - \theta_{in}) = \sum_{n=1}^{\infty} U_n I_n\cos\varphi_n$$

上式中,U_n、I_n 是第 n 次谐波电压、电流的有效值;$\varphi_n = \theta_{un} - \theta_{in}$ 为是第 n 次谐波电压与电流之间的相位差。

于是,得无源二端网络的平均功率为

$$P = U_0 I_0 + \sum_{n=1}^{\infty} U_n I_n\cos\varphi_n = P_0 + P_1 + P_2 + \cdots \tag{5.116}$$

式(5.116)结果表明,非正弦周期信号电路的平均功率等于各次谐波单独作用时所产生的平均功率之和;不同频率的电压和电流谐波的乘积对平均功率没有贡献,只有同频率的电压、电流才能产生平均功率,这是由三角函数的正交性所决定的。

【例5.36】已知某二端网络的外加电压为

$$u(t) = [100 + 100\sin\omega t + 30\sin(3\omega t - 15°)]V$$

流入端口的电流为

$$i(t) = [25 + 50\sin(2\omega t - 45°) + 10\sin(3\omega t - 75°)]A$$

求二端网络的平均功率 P。

解 此电路中,电压有一次谐波,但电流没有一次谐波;而电流有二次谐波,电压没有二次谐波;所以一次谐波、二次谐波的功率皆为零。

$$P = U_0 I_0 + U_3 I_3 \cos\varphi_3 = U_0 I_0 + \frac{U_{3m}}{\sqrt{2}} \times \frac{I_{3m}}{\sqrt{2}} \times \cos\varphi_3$$

$$= 100 \times 25 + \frac{30}{\sqrt{2}} \times \frac{10}{\sqrt{2}} \times \cos(-15° + 75°)$$

$$= 2500 + 75 = 2575\text{W}$$

5.7.3　非正弦周期性信号电路的稳态分析

在 5.7.1 节中已介绍,非正弦周期性信号可分解为直流量和各次谐波之和。因此,非正弦周期性电压(流)源在电路中的作用就和一个直流电压(流)源及一系列不同频率的正弦电压(流)源串联后共同作用在电路的情况一样。

非正弦周期性信号激励下线性电路的分析方法与步骤如下:

(1)应用傅里叶级数对非正弦周期性信号进行谐波分解,将非正弦周期性信号分解成直流分量和各次谐波分量之和。

(2)将分解后的直流分量和各次谐波分量分别单独作用于电路,并利用直流或交流电路的分析方法分别求出各个分量的响应。

(3)对每一个响应,将它的直流分量和各次谐波的瞬时值进行叠加,即得到非正弦周期性信号激的响应。

这种分析方法称为谐波分析法。注意,不同频率的正弦量相加,必须采用三角函数式,而不能采用相量相加,相量相加只能对同频率的正弦量而言。另外,应注意 R、L、C 三个参数的影响,当电源直流分量作用于电路时,电容视作为开路,电感视作为短路。其他各次谐波分量作用于电路时,电阻 R 与频率无关,而电感和电容则对不同频率谐波分量表现出不同的感抗和容抗。

【例5.37】RL 串联电路如图 5.83(a)所示。已知 $R=50\Omega$,$L=25\text{mH}$,激励信号 u_s 的波形如图 5.83(b)所示,求稳态时电感上的电压 u_L。

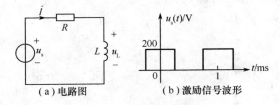

(a)电路图　　　(b)激励信号波形

图 5.83　例 5.37 图

解　图 5.83(b)所示方波信号的周期为 $T=1\text{ms}$,它的傅里叶级数形式为

$$u_s(t) = 100 + \frac{400}{\pi}\left(\sin\omega t - \frac{1}{3}\sin3\omega t + \frac{1}{5}\sin5\omega t - \cdots\right)\text{V}$$

且角频率为

$$\omega = 2\pi f = 2\pi \times 10^3 \text{rad/s}$$

取前三项得

$$u_s(t) \approx 100 + \frac{400}{\pi}\sin\omega t - \frac{400}{3\pi}\sin3\omega t \text{ V}$$

采用相量法求解图 5.83(a)电路,有

$$\dot{U}_L = \frac{jX_L}{50 + jX_L}\dot{U}_s$$

现求直流分量及各次谐波分量分别作用时的响应电压。

(1)直流信号作用时,显然 $u_{s0}=100$V,但此时电感短路,$u_{L0}=0$V。

(2)一次谐波作用于电路时,$u_{s1}=\dfrac{400}{\pi}\sin\omega t$ V

$$\dot{U}_{s1m}=\frac{400}{\pi}\underline{/0^\circ}\ \text{V}$$

$$X_{L1}=\omega L=2\pi\times10^3\times25\times10^{-3}=157\Omega$$

$$\dot{U}_{L1m}=\frac{jX_{L1}}{R+jX_{L1}}\dot{U}_{s1m}=\frac{j157}{50+j157}\times\frac{400}{\pi}\underline{/0^\circ}=121.2\underline{/17.66^\circ}\ \text{V}$$

电压的瞬时值表达式为 $u_{L1}=121.2\sin(\omega t+17.66^\circ)$V

(3)三次谐波作用于电路时,$u_{s3}=-\dfrac{400}{3\pi}\sin3\omega t=\dfrac{400}{3\pi}\sin(3\omega t-180^\circ)$V

$$\dot{U}_{s3m}=\frac{400}{3\pi}\underline{/-180^\circ}\ \text{V}$$

$$X_{L3}=3\omega L=3\times2\pi\times10^3\times25\times10^{-3}=471\Omega$$

$$\dot{U}_{L3m}=\frac{jX_{L3}}{R+jX_{L3}}\dot{U}_{s3m}=\frac{j471}{50+j471}\times\left(\frac{400}{3\pi}\underline{/-180^\circ}\right)=0.993\underline{/-173.95^\circ}\ \text{V}$$

电压的瞬时值表达式为 $u_{L3}=0.993\sin(3\omega t-173.95^\circ)$V

将所计算所得各次谐波电压的瞬时值叠加可得

$$u_L=u_{L0}+u_1+u_3=121.2\sin(\omega t+17.66^\circ)+0.993\sin(3\omega t-173.95^\circ)\ \text{V}$$

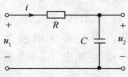

图 5.84 例 5.38 图

【例 5.38】 在图 5.84 所示 RC 电路中,已知 $R=100\Omega$,$C=100\mu$F,输入电压 $u_1=200+100\sqrt{2}\sin200\pi t$V。现将此电压经过 RC 滤波电路进行滤波,试计算输出电压 u_2。

解 由于电容不通直流,u_1 中的直流分量 200V 全部加在电容两端,所以在输入电压直流分量作用下的输出电压的直流分量为

$$u_{20}=200\text{V}$$

当输入电压交流分量作用时,$u_{11}=100\sqrt{2}\sin200\pi t$V,对应的相量为

$$\dot{U}_{11}=100\underline{/0^\circ}\ \text{V}$$

电容的容抗为

$$X_C=\frac{1}{\omega C}=\frac{1}{200\times\pi\times100\times10^{-6}}=15.9\Omega$$

电路的阻抗模为

$$|Z|=\sqrt{R^2+X_C^2}=\sqrt{100^2+15.9^2}=101.3\Omega$$

电路的阻抗为

$$Z=R-jX_C=|Z|\underline{/\arctan}\ \underline{/-\frac{X_C}{R}}=101.3\underline{/-9^\circ}\ \Omega$$

对应的输出电压相量为

$$\dot{U}_{22}=\frac{\dot{U}_{21}}{Z}(-jX_C)=\frac{100\underline{/0^\circ}}{101.3\underline{/-9^\circ}}\times15.9\underline{/-90^\circ}\approx15.7\underline{/-81^\circ}\ \text{V}$$

对应的瞬时值为 $u_{21}=15.7\sqrt{2}\sin(200\pi t-81^\circ)$V

所以,输出电压 $u_2=u_{20}+u_{21}=200+15.7\sqrt{2}(200\pi t-81^\circ)$V

可见,输出电压的脉动成分远小于直流成分。如图 5.85(b)所示。

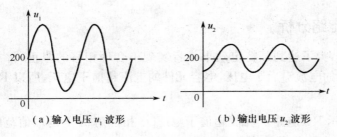

（a）输入电压 u_1 波形　　　　　（b）输出电压 u_2 波形

图 5.85　例 5.38 输入和输出电压波形图

5.8　实用正弦交流电路分析举例

5.8.1　RC 低频信号发生器电路分析

在工业、农业、生物医学等领域内,如超声波焊接、核磁共振成像等,都需要功率或大或小、频率或高或低的振荡器产生正弦波,下面以电阻电容构成选频网络的 RC 低频信号发生器为例说明其工作原理。

图 5.86 所示低频信号发生器没有输入信号,却能在集成运放的输出端输出频率一定、幅值一定的正弦波,故又称之为振荡器。该电路由选频网络和放大电路组成。RC 串并联网络具有选频的功能,兼做正反馈网络。选频网络的响应为

$$H(j\omega) = \frac{Z_2}{Z_1+Z_2} = \frac{R /\!/ \dfrac{1}{j\omega C}}{\left(R+\dfrac{1}{j\omega C}\right)+R /\!/ \dfrac{1}{j\omega C}} \xlongequal{\omega_0=\frac{1}{RC}} \frac{1}{3+j\left(\dfrac{\omega}{\omega_0}-\dfrac{\omega_0}{\omega}\right)}$$

幅频响应为
$$|H(j\omega)| = \frac{1}{\sqrt{3^2+\left(\dfrac{\omega}{\omega_0}-\dfrac{\omega_0}{\omega}\right)^2}}$$

相频响应为
$$\varphi = -\arctan\frac{1}{3}\left(\frac{\omega}{\omega_o}-\frac{\omega_o}{\omega}\right)$$

显然,对于 $\omega=\omega_o=1/RC$ 的频率成分信号,相移为零,幅频响应最大且为 1/3。

当图 5.86 所示电路接通电源时,由此产生的噪声的频谱很广,其中也包括 $\omega=\omega_o=1/RC$ 的频率成分。只有对于频率成分为 $\omega=\omega_o=1/RC$ 的正弦信号,其相移 $\varphi=0$,经 RC 串并联选频网络送至集成运放的同相输入端后,满足正反馈相位条件,使集成运放的输出端电压幅值由小变大,最后受到电路中非线性元件的限制,使振荡器的输出自动地稳定下来,最后得到频率、幅值都一定的正弦波。

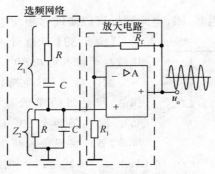

图 5.86　RC 低频信号发生器

5.8.2 移相器电路分析

在实际应用中,为了达到某特定效果或者实现不合理相移的修正,常常需要用到移相电路。由于电感元件的电流滞后于电压,电容元件的电流超前于电压,所以 RC 电路和 RL 电路都适合做移相电路。

图 5.87(a)所示 RC 电路,电流 $\dot{I}$ 超前于电压 $\dot{U}_1$ 相位角 θ。θ 的取值范围为 $0 < \theta < 90°$,具体取值取决于电路中 R 和 C 的值。

电容的容抗是 $X_C = \dfrac{1}{\omega C}$,则电路的总阻抗为 $Z = R - jX_C$,阻抗角 $\varphi_z = -\arctan\dfrac{X_C}{R}$,即电流 $\dot{I}$ 超前输入电压 $\dot{U}_1$ 的相移量为 $\theta = -\varphi_z = \arctan\dfrac{X_C}{R}$。又电阻两端的输出电压 $\dot{U}_2$ 与电流 $\dot{I}$ 同相,所以输出电压 $\dot{U}_2$ 超前于输入电压 $\dot{U}_1$,为正相移 θ,如图 5.88(a)所示。

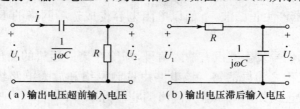

(a)输出电压超前输入电压　　(b)输出电压滞后输入电压

图 5.87　移相电路

图 5.87(b)所示电路输出是电容两端电压,电流 $\dot{I}$ 超前输入电压 $\dot{U}_1$ 的相移量为 θ 角,输出电压 $\dot{U}_2$ 滞后于输入电压 $\dot{U}_1$,是负相移。如图 5.88(b)所示。

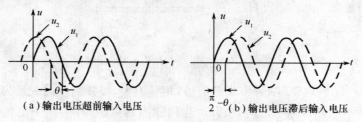

(a)输出电压超前输入电压　　(b)输出电压滞后输入电压

图 5.88　RC 移相电路的相移

需要注意的是上述 RC 移相电路还是一分压电路,当相移量增大到接近于 90°时,输出电压亦接近于零。因此上述移相电路只适合于相移量较小时的情况;若相移量超过 60°,需要将多个 RC 相移电路连接起来。

除了应用 RC 电路作移相器,RL 电路同样可以实现移相功能,这里不再赘述。

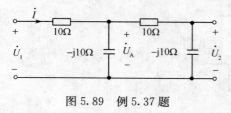

图 5.89　例 5.37 题

【例 5.39】试设计一个 RC 移相电路,使输出电压滞后于输入电压 90°。

解　对于 RC 电路,当电路的阻抗的实部和虚部相等,即电阻的阻值与电容的容抗相等,相移量为 45°。因此将两个 RC 移相电路级联起来如图 5.89 所示,可以实现负相移 90°。

电路的阻抗为 $\qquad Z = -j10 /\!/ (10-j10) + 10 = 12 - j6\,\Omega$

电压$\dot{U}_A$为

$$\dot{U}_A = \frac{-j10/\!/(10-j10)}{-j10/\!/(10-j10)+10}\dot{U}_1 = \frac{2-6j}{12-6j}\dot{U}_1 = \frac{\sqrt{2}}{3}\underline{/-45°}\ \dot{U}_1$$

输出电压$\dot{U}_2$为

$$\dot{U}_2 = \frac{-j10}{10-j10}\dot{U}_A = \frac{\sqrt{2}}{2}\underline{/-45°}\ \dot{U}_A = \frac{\sqrt{2}}{2}\underline{/-45°}\times\frac{\sqrt{2}}{3}\underline{/-45°}\ \dot{U}_1 = \frac{1}{3}\underline{/-90°}\ \dot{U}_1$$

可见输出电压$\dot{U}_2$滞后于输入电压$\dot{U}_1$90°，但输出电压的大小是输入电压的1/3。

5.8.3 收音机调谐电路分析

RLC串联和并联谐振电路广泛地应用于收音机的调谐和电视机的选台中，还可以应用于收音机中实现音频信号从射频载波的分离。收音机接收的无线电信号的调制主要有调幅和调频两种。所谓调制就是将携带信息的输入信号（又称调制信号）来控制另一信号（载波）使其某一参数按照调制信号的规律而变化。载波信号一般都是等幅振荡信号，且为高频信号。

如果调制信号控制载波的幅度，则称为幅度调制，简称调幅，用 AM 表示。若调制信号控制载波的频率，则称为频率调制，简称调频，用 FM 表示。对于收音机而言，调频接收的工作原理和调幅不一样，但其中的调谐部分基本相同。下面以调幅收音机为例介绍收音机的调谐工作原理。

图5.90是调幅收音机的电路原理框图。收音机的天线接收到的调幅无线电信号很多（因为有成百上千个广播电台），由谐振电路将需要的电台从众多电台中只选出来。由于接收到的信号一般都非常微弱，因此需要多级放大，以便产生人耳能够识别的音频信号。老式的收音机每个放大级必须调谐到输入信号的频率。标准的 AM（调幅）波段范围为540～1600kHz。图5.90中的天线和射频放大器(RF)放大所选出来的广播信号（如700kHz），混频器将产生的中频信号(IF=445kHz)加载至输入信号中的音频信号。为了得到中频信号，通过外部旋转可调按钮调节可变电容器来实现，这又称之为调谐。本机振荡器与射频放大器联动产生相应的射频信号，该信号又与入射的无线电波通过混频器输出信号。输出信号包括这两个信号的频率差和频率和。如果谐振电路调谐到接收700kHz的信号，振荡器必然产生一1155kHz的射频信号，混频器实际上只用到输出的455kHz信号，对其两者之和的频率（1155＋700＝1855kHz）一般不使用。在检波器这一级，选出原始的音频信号，去除掉中频信号；最后通过音频放大器的放大驱动扬声器发声。

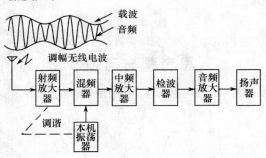

图5.90　调幅收音机的原理框图

【例5.40】一个调幅收音机，其调谐电路是 RLC 并联电路，现要求接收波的范围是540～1600kHz，已知电感的取值是$4\mu H$，试计算可变电容器的取值范围。

解 由于采用 RLC 并联电路，运用前面已介绍过的并联谐振频率知识，知

$$\omega_0 = 2\pi f_0 = \frac{1}{\sqrt{LC}} \quad 得 \quad C = \frac{1}{4\pi^2 f_0^2 L}$$

对应于频率为 540kHz，相应的电容值

$$C_1 = \frac{1}{4\pi^2 f_0^2 L} = \frac{1}{4 \times 3.14^2 \times 540^2 \times 10^6 \times 4 \times 10^{-6}} = 21.725\text{nF}$$

对应于频率为 1600kHz，相应的电容值

$$C_1 = \frac{1}{4\pi^2 f_0^2 L} = \frac{1}{4 \times 3.14^2 \times 1600^2 \times 10^6 \times 4 \times 10^{-6}} = 2.475\text{nF}$$

因此可变电容的取值范围为 2.475~21.725nF。

5.8.4 电视机声像信号分离电路分析

电视机同时输出图像和声音，这就要求它必须同时处理音频信号和视频信号。每个电视台都分配了几兆赫兹的带宽，设带宽为 6MHz，信道 2 的频带为 54~59MHz 之间，信道 3 的频带为 60~65MHz，在电视机接收器前端通过调频放大器选择其中一个信道，但不论选择哪一个信道，接收机前端的输出信号频带范围为 41~46MHz 之间。这个频带称作中频带，它既包括音频信号，又包括视频信号，将包含音频和视频的中频带信号送至视频放大器进行放大。在视频放大器的输出信号加至电视机显像管之间，通过一个 4.5MHz 的带阻滤波器（又称之为"陷波"）去除音频信号，如图 5.91 所示。与此同时，视频放大器的输出信号还通过一带通滤波电路，它的谐振频率调至音频载波频率 4.5MHz 上，经过处理后输入到扬声器。这就实现了音频信号和视频信号的有效分离。

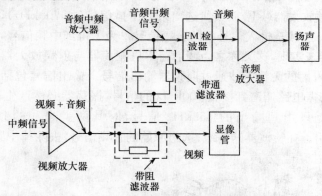

图 5.91 电视机声像信号分离原理框图

思考题与习题 5

题 5.1 正弦电压波形如图 5.92 所示。试写出 $u_1(t)$、$u_2(t)$ 的瞬时表达式。

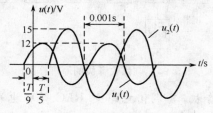

图 5.92 题 5.1 图

题 5.2 若 $u=10\sin(314t+60°)$V，试写出周期 T、初相位 φ、角频率 ω 以及有效值 U。

题 5.3 某正弦稳态电路中的电压、电流分别为：$u_1(t)=10\sqrt{2}\sin(\omega t+60°)$V，$u_2(t)=6\sqrt{2}\cos(\omega t+30°)$V，$i_1(t)=5\sqrt{2}\sin(\omega t-30°)$mA，$i_2(t)=-\sqrt{2}\cos(\omega t+60°)$mA。

(1) 求 i_2 与 u_1，u_2 和 i_1 之间的相位差，并说明超前、滞后关系；

(2) 写出各正弦交流量对应的有效值相量并画出相量图。

题 5.4 试分别用三角函数式、正弦波形及相量图表示正弦量：

(1) $\dot{U}=100e^{j30°}$V；(2) $\dot{I}=4+j3$A；(3) $\dot{I}=4-j3$A。

题 5.5 已知电容两端电压为 $u(t)=1414\sin(314t+45°)$V，若电容 $C=0.01\mu$F，求电容电流 $i(t)$。

题 5.6 电感电压 $u(t)=141\sin(100t+15°)$V，若电感 $L=0.01$H，试求电感电流 $i(t)$。

题 5.7 已知图 5.93 中，$i_1(t)=7.07\sin(\omega t-30°)$mA，$i_2(t)=6\sqrt{2}\sin(\omega t+120°)$mA，求 $i(t)$ 并画出有效值相量图。

题 5.8 图 5.94 中，$u_1(t)=113.1\sin(\omega t+37°)$V，$u_2(t)=169.7\sin(\omega t-53°)$V，$u_3(t)=84.8\sin(\omega t+127°)$V，求 $u(t)$ 并画出有效值相量图。

题 5.9 正弦稳态电路如图 5.95 所示，$u(t)=200\sin(100t+37°)$V。求幅值相量 $\dot{U}_{abm}$、$\dot{I}_m$ 并画相量图，求 u_{ab}、i。

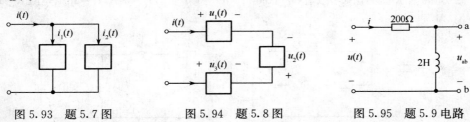

图 5.93 题 5.7 图　　　　图 5.94 题 5.8 图　　　　图 5.95 题 5.9 电路

题 5.10 求图 5.96 所示电路的阻抗 Z_{eq}。

题 5.11 求图 5.97 所示等效阻抗 Z_{eq} 和导纳 Y_{eq}。已知 $Y_1=(0.5+j0.5)$S，$Y_2=(-0.5+j0.5)$，$Z_3=(2+j2)$Ω。

题 5.12 电路如图 5.98 所示，求等效阻抗 Z_{eq} 和导纳 Y_{eq}。

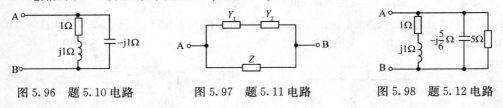

图 5.96 题 5.10 电路　　　　图 5.97 题 5.11 电路　　　　图 5.98 题 5.12 电路

题 5.13 求图 5.99 所示电路的等效导纳。

题 5.14 图 5.100 是一移相电路。如果 $C=0.01\mu$F，输入电压 $u=\sqrt{2}\sin628t$V，如要求输出电压 u_2 超前输入电压 $60°$，问电阻 R 应为多大？并求输出电压的有效值 U_2。

题 5.15 图 5.101 是一移相电路，已知 $R=100$Ω，输入信号频率为 500Hz。如要求输入电压 u_1 与输出电压 u_2 间的相位差为 $45°$，试求电容值。

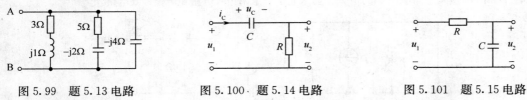

图 5.99 题 5.13 电路　　　　图 5.100 题 5.14 电路　　　　图 5.101 题 5.15 电路

题 5.16 图 5.102 所示电路中，电流表 A₁ 和 A₂ 的读数分别为 $I_1=7$A，$I_2=9$A。试求：

(1)设 $Z_1=R$，$Z_2=-jX_C$，求电流表 A_0 的读数；

(2)设 $Z_1=R$，Z_2 为何种参数才能使电流表 A_0 的读数最大，最大值是多少？

(3)设 $Z_1=jX_L$，Z_2 为何种参数才能使电流表 A_0 的读数最小，最小值是多少？

题 5.17 图 5.103 所示 RLC 并联电路中，已知 $R=5\Omega$，$L=5\mu H$，$C=0.4\mu F$，电压有效值 $U=10V$，角频率 $\omega=10^6 \text{rad/s}$，求总电流 i，并说明电路的性质。

题 5.18 图 5.104 所示 RLC 串联电路中，$R=30\Omega$，$L=0.01H$，$C=10\mu F$，$\dot{U}=10\underline{/0°}$ V，$\omega=2000\text{rad/s}$。求 $\dot{I}$、$\dot{U}_L$、$\dot{U}_C$ 并画出相量图。

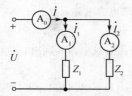 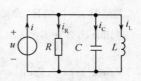 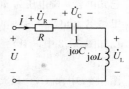

图 5.102 题 5.16 电路　　　图 5.103 题 5.17 电路　　　图 5.104 题 5.18 电路

题 5.19 图 5.105 所示电路中，$I_1=10A$，$I_2=10\sqrt{2}A$，$U=220V$，$R_1=5\Omega$，$R_2=X_L$。试求 I、X_L、X_C 和 R_2。

题 5.20 图 5.106 所示电路，已知有效值 $U_1=100\sqrt{2}V$，$U=500\sqrt{2}V$，$I_2=30A$，$I_3=20A$，电阻 $R=10\Omega$。求 X_1、X_2 和 X_3。

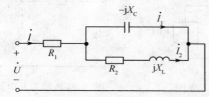 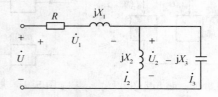

图 5.105 题 5.19 电路　　　　图 5.106 题 5.20 电路

题 5.21 图 5.107 所示电路中，已知 $I_1=2A$，$I=2\sqrt{3}A$，$Z=50\underline{/60°}$ Ω，$\dot{U}$ 与 $\dot{I}$ 同相位。

(1)以 $\dot{I}_1$ 为参考相量，画出反映各电压、电流关系的相量图；

(2)求出 R、X_C 的值及总电压的有效值 U。

题 5.22 分别用节点电压法和叠加定理计算图 5.108 电路中的电流 $\dot{I}_3$。已知 $\dot{U}_1=100\underline{/0°}$ V，$\dot{U}_2=200\underline{/0°}$ V，$Z_1=Z_2=2+j2\Omega$，$Z_3=1+j\Omega$。

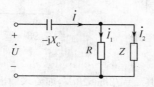 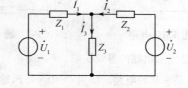

图 5.107 题 5.21 电路　　　　图 5.108 题 5.22 电路

题 5.23 图 5.109 电路中 $\dot{U}_S=1\underline{/0°}$ V，$\dot{I}_S=1\underline{/0°}$ A。试分别用戴维南等效定理和节点电压法求 $\dot{I}_L$。

题 5.24 图 5.110 所示电路中，$\dot{U}=6\underline{/60°}$ V，求它的戴维南等效电路和诺顿等效电路。

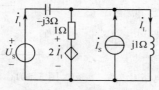 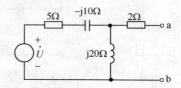

图 5.109 题 5.23 电路　　　　图 5.110 题 5.24 电路

题 5.25 图 5.111 所示电路为一交流电源与直流电源同时作用的电路。已知 $u=\sqrt{2}\sin1000t\mathrm{V}, U_0=6\mathrm{V}, C=10\mu\mathrm{F}, R=1\mathrm{k}\Omega$ 求电流 i。

题 5.26 图 5.112 所示电路，已知 $R=2\Omega, L=1\mathrm{H}, C=0.25\mathrm{F}, u=10\sqrt{2}\sin2t\mathrm{V}$。求电路的有功功率 P、无功功率 Q、视在功率 S 和功率因数 λ。

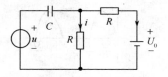 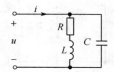

图 5.111　题 5.25 电路　　　　图 5.112　题 5.26 电路

题 5.27 某负载的有功功率 $P=10\mathrm{kW}$，功率因数 $\lambda=0.6$(感性)，负载电压 $u=220\sqrt{2}\sin(3140t)\mathrm{V}$。若要求将电路的功率因数提高到 0.9，应并联多大的电容？

题 5.28 两负载并联，一个负载是感性的，功率因数为 0.8，消耗功率 9kW，另一个负载是电阻性的，消耗功率 74kW，问总的功率因数是多少？

题 5.29 已知一二端网络的电压、电流为关联参考方向，且 $u=10\sqrt{2}\sin(3140t+30°)\mathrm{V}$，输入电流 $i=50\sqrt{2}\sin(3140t+60°)\mathrm{A}$，试求该二端网络吸收的复功率。

题 5.30 已知一无源二端网络如图 5.113 所示，其输入端的电压和电流分别为：
$u=20\sqrt{2}\sin(100t+10°)\mathrm{V}, i=10\sqrt{2}\sin(100t-43°)\mathrm{A}$。求此二端网络的功率因数、输出的有功功率及无功功率。

题 5.31 已知一无源二端网络的等效阻抗 $Z=20+\mathrm{j}25\Omega$，端口电流 $i=40\sqrt{2}\sin(100t+60°)\mathrm{A}$，求此二端网络的复功率、有功功率及无功功率。

题 5.32 图 5.114 所示电路，$\dot{U}_\mathrm{S}=10\sqrt{2}\sin100t\mathrm{V}$，要使 Z 获得最大功率，Z 应为多少？最大的功率是多少？

题 5.33 图 5.115 所示电路，$\dot{I}_\mathrm{S}=50\sqrt{2}\sin(3140t+60°)\mathrm{A}$，要使 Z 获得最大功率，Z 应为多少？此时获得最大的功率是多少？

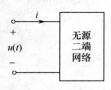　　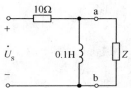　　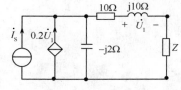

图 5.113　题 5.30 图　　图 5.114　题 5.32 电路　　图 5.115　题 5.33 电路

题 5.34 求图 5.116 所示电路的传递函数 $H(\mathrm{j}\omega)=\dfrac{\dot{U}_2}{\dot{U}_1}$。

题 5.35 图 5.117 所示电路中，$R=2\mathrm{k}\Omega, L=2\mathrm{H}, C=2\mu\mathrm{F}$。试求传递函数 $H(\mathrm{j}\omega)=\dfrac{\dot{U}_2}{\dot{U}_1}$，并判定电路滤波器的类型。

题 5.36 图 5.118 所示电路，$L=0.2\mathrm{H}, R_1=20\Omega, C=4\mu\mathrm{F}, R_2=500\Omega$，电路外加正弦电压的有效值 $U=100\mathrm{V}$，求：(1)电路谐振频率 ω_0 和电路电流 $\dot{I}$；(2)画出相量图。

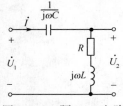　　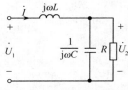　　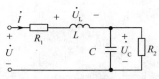

图 5.116　题 5.34 电路　　图 5.117　题 5.35 电路　　图 5.118　题 5.36 电路

题 5.37 有一 RLC 串联电路,它在电源频率 f 为 500Hz 时发生谐振。谐振时电流 I 为 0.2A,容抗 X_C 为 314Ω,并测得电容电压 U_C 为电源电压的 20 倍。试求该电路的电阻 R 和电感 L。

题 5.38 求图 5.119 所示电路的谐振频率 ω_0。

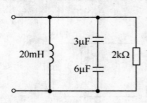

图 5.119 题 5.38 电路

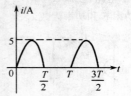

图 5.120 题 5.39 图

题 5.39 求图 5.120 图中波形的有效值和平均值。

题 5.40 如图 5.121 电路,$u_S = 0.5 + \sqrt{2}\sin(t+45°) + \sqrt{2}\sin 2t\,\text{V}$,$i_S = \sqrt{2}\sin(t+45°)\,\text{A}$。求电流 i 和电压 u_{ab},并验证功率平衡。

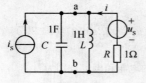

图 5.121 题 5.40 电路

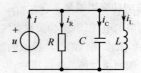

图 5.122 题 5.41 电路

题 5.41 在图 5.122 所示电路中,已知输入电压为 $u = 180\sin\omega t + 60\sin(3\omega t + 20°)\,\text{V}$,$R = 6Ω$,$\omega L = 2Ω$,$\dfrac{1}{\omega C} = 18Ω$。试求 i 和 i_C。

第6章 二端口网络

本章导读信息

在第2章中已经介绍了单口网络的概念与分析方法。在实际中有时会遇到对电路中两个端口上的电压与电流感兴趣的问题,此时的电路就可以看成是一个二端口网络。二端口网络在电路理论中有着广泛的应用,如第1章中介绍的受控源就是典型的二端口网络,还有很多实际电路元件也可以用二端口网络来描述。由于二端口网络具有两个端口、四个变量,因此其端口特性可以用六组不同的方程来描述,它的分析也与单口网络不同。因此,对于二端口网络的学习,首要的是要深入理解二端口网络的一些基本概念与特性。

1. 内容提要

二端口网络的特性主要是通过其方程与参数来体现的,因此本章首先介绍二端口网络的几种方程与参数以及各种参数之间的转换关系,在此基础上介绍二端口网络的等效变换方法;接下来将介绍二端口网络的几种不同连接方式以及二端口网络的策动点函数、转移函数、特性阻抗与传输系数的概念与含义;最后将给出二端口网络的几个应用实例。

在本章中所用到的主要的名词与概念有:二端口网络、双口网络、松弛二端口网络、非松弛二端口网络、Y方程与Y参数,正向转移导纳,反向转移导纳,入端导纳,Z方程与Z参数,反向转移阻抗,正向转移阻抗,入端阻抗,H方程与H参数,反向电压传输比,正向电流传输比,T方程与T参数,二端口网络的Π形等效电路,二端口网络的T形等效电路,二端口网络级联、串联、并联、串并联,连接的有效性,网络函数,策动点函数,转移函数,策动点阻抗,策动点导纳,转移电压比,转移电流比,特性阻抗,传输系数,衰减常数。

2. 重点与难点

【本章重点】

(1) 二端口网络的方程与参数;

(2) 二端口网络的连接方式及其有效性;

(3) 二端口网络函数及其含义;

【本章难点】

(1) 二端口网络等效电路的求取方法;

(2) 二端口网络连接有效性的判别。

6.1 二端口网络概述

有两个端口的网络称为二端口网络,又称双口网络。在第1章中提到的受控源就可以看成是二端口网络,图6.1所示为几个二端口网络的例子。

值得注意的是,虽然二端口网络是具有4个端子的网络,但并不是所有具有4个端子的网络都可以构成二端口网络。

内部不含独立电源、不含原始储能的二端口

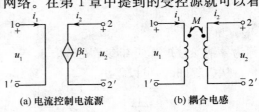

(a) 电流控制电流源   (b) 耦合电感

图 6.1 二端口网络

网络称为松弛二端口网络,否则称为非松弛二端口网络。由于非松弛二端口网络可以用由松弛二端口网络和独立电源构成的电路来等效,因此在本章后面所涉及的二端口网络中,如无特别说明都指的是松弛二端口网络。与单口网络相似,二端口网络的特性也可以通过其端口电压和端口电流之间的关系来表征,也就是通过其端口特性方程来表示。而由于二端口网络具有两个端口、4 个端口变量,因此需要两个端口方程来描述其特性。在这 4 个端口变量中,可以任意选择其中的两个作为激励,另外两个作为响应,这样一来就可以得到 6 组不同的端口特性方程,每一组方程对应于二端口网络的一类端口参数,每一类参数代表着不同的意义。下面一节将介绍这几类不同的方程与参数。

6.2　二端口网络的方程与参数

图 6.2 所示电路为线性松弛二端口网络的电路模型,接下来推导的二端口网络的各方程和参数都是建立在该模型的基础上的。

在正弦稳态条件下,该电路模型还可以表示为图 6.3 所示的形式。

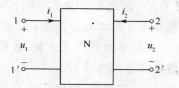
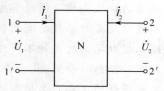

图 6.2　二端口网络的电路模型　　　图 6.3　二端口网络的正弦稳态模型

本章中对二端口网络的分析都是在正弦稳态条件下,采用的方法是相量分析法。

6.2.1　Y 方程与 Y 参数

在图 6.3 所示的二端口网络中,当激励为两个端口电压 $\dot{U}_1$、$\dot{U}_2$,响应为端口电流 $\dot{I}_1$ 和 $\dot{I}_2$ 时,根据叠加定理可知,端口电流可以看成是每一个端口电压单独作用时所产生的电流之和,即

$$\begin{cases} \dot{I}_1 = Y_{11}\dot{U}_1 + Y_{12}\dot{U}_2 \\ \dot{I}_2 = Y_{21}\dot{U}_1 + Y_{22}\dot{U}_2 \end{cases} \tag{6.1}$$

式中,$Y_{11}\dot{U}_1$ 和 $Y_{12}\dot{U}_2$ 分别为 $\dot{U}_1$ 和 $\dot{U}_2$ 单独作用时在端口 1 产生的电流;$Y_{21}\dot{U}_1$ 和 $Y_{22}\dot{U}_2$ 分别为 $\dot{U}_1$ 和 $\dot{U}_2$ 单独作用时在端口 2 产生的电流。方程(6.1)称为二端口网络的导纳参数方程,Y_{11}、Y_{12}、Y_{21} 和 Y_{22} 称为二端口网络的导纳参数或 Y 参数。上述方程也可以写成矩阵的形式:

$$\begin{bmatrix} \dot{I}_1 \\ \dot{I}_2 \end{bmatrix} = \begin{bmatrix} Y_{11} & Y_{12} \\ Y_{21} & Y_{22} \end{bmatrix} \begin{bmatrix} \dot{U}_1 \\ \dot{U}_2 \end{bmatrix} = Y \begin{bmatrix} \dot{U}_1 \\ \dot{U}_2 \end{bmatrix} \tag{6.2}$$

其中

$$Y = \begin{bmatrix} Y_{11} & Y_{12} \\ Y_{21} & Y_{22} \end{bmatrix}$$

称为导纳参数矩阵或 Y 参数矩阵。

从方程(6.1)可以得出:

$$Y_{11} = \frac{\dot{I}_1}{\dot{U}_1}\bigg|_{\dot{U}_2=0}, \quad Y_{12} = \frac{\dot{I}_1}{\dot{U}_2}\bigg|_{\dot{U}_1=0}, \quad Y_{21} = \frac{\dot{I}_2}{\dot{U}_1}\bigg|_{\dot{U}_2=0}, \quad Y_{22} = \frac{\dot{I}_2}{\dot{U}_2}\bigg|_{\dot{U}_1=0} \tag{6.3}$$

因此，Y_{11}是$\dot{U}_2$为零（短路）时端口$1-1'$上的电流与激励电压之比，即端口$1-1'$的入端导纳；Y_{21}是$\dot{U}_2$为零时端口$2-2'$上电流与激励电压之比，即正向转移导纳；Y_{12}是$\dot{U}_1$为零（短路）时端口$1-1'$上电流与激励电压之比，即反向转移导纳；Y_{22}是$\dot{U}_1$为零（短路）时端口$2-2'$上的电流与激励电压之比，即端口$2-2'$的入端导纳。这几个参数都是在某一端口短路的情况下所得到的具有导纳量纲的函数，其大小只与二端口网络的内部结构有关，与端口所加激励以及外电路的连接方式无关，这就是导纳参数的物理意义。在已知一个二端口网络的结构的条件下就可以直接根据各导纳参数的物理意义求取Y参数矩阵。Y参数在高频放大电路的分析中得到广泛应用。

【例 6.1】求图 6.4(a)所示电路的 Y 参数矩阵。

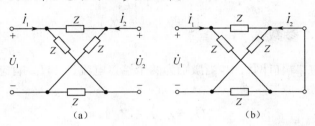

图 6.4　例 6.1 图

解　根据 Y 参数的定义可知：

$$Y_{11}=\frac{\dot{I}_1}{\dot{U}_1}\bigg|_{\dot{U}_2=0}$$

将端口 2 短路（如图 6.4(b)所示），则有：

$$\dot{U}_1=\dot{I}_1(Z//Z+Z//Z)=\dot{I}_1Z$$

因此

$$Y_{11}=\frac{\dot{I}_1}{\dot{U}_1}\bigg|_{\dot{U}_2=0}=\frac{1}{Z}$$

同理可得

$$Y_{12}=\frac{\dot{I}_1}{\dot{U}_2}\bigg|_{\dot{U}_1=0}=0,\quad Y_{21}=\frac{\dot{I}_2}{\dot{U}_1}\bigg|_{\dot{U}_2=0}=0,\quad Y_{22}=\frac{\dot{I}_2}{\dot{U}_2}\bigg|_{\dot{U}_1=0}=\frac{1}{Z}$$

所以该网络的 Y 参数矩阵为

$$\boldsymbol{Y}=\begin{bmatrix}\dfrac{1}{Z} & 0 \\ 0 & \dfrac{1}{Z}\end{bmatrix}$$

【例 6.2】求图 6.5 所示电路的 Y 参数矩阵。

解　求二端口网络的 Y 参数矩阵可以仿照上例直接根据各参数的物理意义求解，这里不再详细说明，留给读者自己练习。除了这种方法以外，由于 Y 参数矩阵表示的是在两个端口电压的作用下所产生的端口电流，因此还可以通过列写节点电压方程来求解其 Y 参数矩阵。

选取参考点如图 6.5 所示，则另外两个节点的节点电压方程为

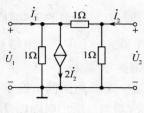

图 6.5 例 6.2 图

$$\begin{cases} (1+1)\dot{U}_1 - \dot{U}_2 = \dot{I}_1 - 2\dot{I}_2 & (1) \\ (1+1)\dot{U}_2 - \dot{U}_1 = \dot{I}_2 & (2) \end{cases}$$

将方程式(2)代入方程式(1)中,并整理可得

$$\begin{cases} \dot{I}_1 = 3\dot{U}_2 \\ \dot{I}_2 = -\dot{U}_1 + 2\dot{U}_2 \end{cases}$$

这就是原二端口网络的 Y 参数方程,由此可以写出其 Y 参数矩阵为

$$Y = \begin{bmatrix} 0 & 3 \\ -1 & 2 \end{bmatrix}$$

6.2.2 Z 方程与 Z 参数

在图 6.2 所示的二端口网络中,当激励为两个端口电流 $\dot{I}_1$ 和 $\dot{I}_2$,响应为端口电压 $\dot{U}_1$ 和 $\dot{U}_2$ 时,根据叠加定理可知

$$\begin{cases} \dot{U}_1 = Z_{11}\dot{I}_1 + Z_{12}\dot{I}_2 \\ \dot{U}_2 = Z_{21}\dot{I}_1 + Z_{22}\dot{I}_2 \end{cases} \tag{6.4}$$

方程式(6.4)称为二端口网络的阻抗参数方程,Z_{11}、Z_{12}、Z_{21} 和 Z_{22} 称为二端口网络的阻抗参数或 Z 参数。也可以写成矩阵的形式,即

$$\begin{bmatrix} \dot{U}_1 \\ \dot{U}_2 \end{bmatrix} = \begin{bmatrix} Z_{11} & Z_{12} \\ Z_{21} & Z_{22} \end{bmatrix} \begin{bmatrix} \dot{I}_1 \\ \dot{I}_2 \end{bmatrix} = Z \begin{bmatrix} \dot{I}_1 \\ \dot{I}_2 \end{bmatrix} \tag{6.5}$$

其中

$$Z = \begin{bmatrix} Z_{11} & Z_{12} \\ Z_{21} & Z_{22} \end{bmatrix}$$

称为阻抗参数矩阵或 Z 参数矩阵。

从方程式(6.4)可以得出

$$Z_{11} = \frac{\dot{U}_1}{\dot{I}_1}\bigg|_{\dot{I}_2=0}, \quad Z_{12} = \frac{\dot{U}_1}{\dot{I}_2}\bigg|_{\dot{I}_1=0}, \quad Z_{21} = \frac{\dot{U}_2}{\dot{I}_1}\bigg|_{\dot{I}_2=0}, \quad Z_{22} = \frac{\dot{U}_2}{\dot{I}_2}\bigg|_{\dot{I}_1=0} \tag{6.6}$$

式中,$Z_{11}(Z_{22})$ 为端口 $2-2'(1-1')$ 开路时 $1-1'(2-2')$ 上的电压与激励电流之比,即端口 $1-1'(2-2')$ 的入端阻抗;Z_{12} 和 Z_{21} 分别是端口 $1-1'$ 和 $2-2'$ 开路时的反向转移阻抗和正向转移阻抗,它们都具有阻抗的量纲。这就是阻抗参数的物理意义。

【例 6.3】写出如图 6.6 所示二端口网络的阻抗参数方程。

解 阻抗参数方程可以根据阻抗参数的物理意义直接进行求解。

当 $\dot{I}_2 = 0$ 时,端口 2 开路,根据电路可以写出此时电路中两条支路的 KVL 方程为

$$\begin{cases} \dot{U}_1 = 2(\dot{I}_1 - \dot{I}) & (1) \\ \dot{U}_1 = 2\dot{I} + 2\dot{U}_1 + 2\dot{I} & (2) \end{cases}$$

由方程式(2)得

$$\dot{U}_1 = -4\dot{I}$$

将上式代入方程式(1)中并整理可得 $\dot{U}_1 = 4\dot{I}_1$

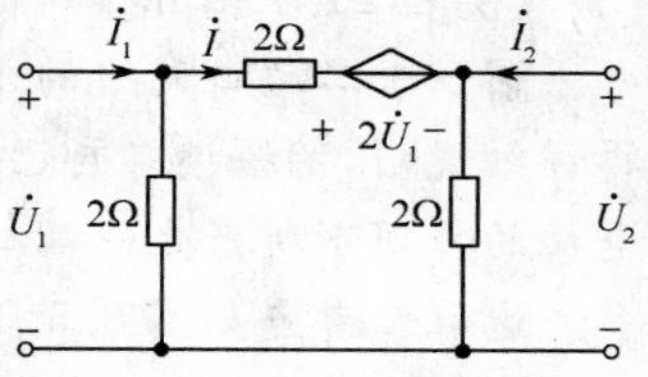

图 6.6 例 6.3 电路

相应的
$$\dot{U}_2 = 2\dot{I} = -\frac{\dot{U}_1}{2} = -2\dot{I}_1$$

由此可得

$$Z_{11} = \frac{\dot{U}_1}{\dot{I}_1}\bigg|_{\dot{I}_2=0} = 4, \quad Z_{21} = \frac{\dot{U}_2}{\dot{I}_1}\bigg|_{\dot{I}_2=0} = -2$$

同样道理,当 $\dot{I}_1 = 0$ 时,端口 1 开路,可以分别求出另外两个参数

$$Z_{22} = \frac{\dot{U}_2}{\dot{I}_2}\bigg|_{\dot{I}_1=0} = 0, \quad Z_{12} = \frac{\dot{U}_1}{\dot{I}_2}\bigg|_{\dot{I}_1=0} = 2$$

因此原电路的阻抗参数方程为

$$\begin{cases} \dot{U}_1 = 4\dot{I}_1 + 2\dot{I}_2 \\ \dot{U}_2 = -2\dot{I}_1 \end{cases}$$

阻抗参数方程除了可以直接根据其物理意义进行求解以外,还可以通过列写电路的网孔电流方程得出。

【例 6.4】 求图 6.7 所示电路的 Z 参数矩阵。

解 各网孔的网孔电流方程为

$$\begin{cases} \left(R - j\frac{1}{\omega C}\right)\dot{I}_1 - j\frac{1}{\omega C}\dot{I}_2 - R\dot{I} = \dot{U}_1 & (1) \\ \left(R - j\frac{1}{\omega C}\right)\dot{I}_2 - j\frac{1}{\omega C}\dot{I}_1 + R\dot{I} = \dot{U}_2 & (2) \\ (R + R + R)\dot{I} - R\dot{I}_1 + R\dot{I}_2 = 0 & (3) \end{cases}$$

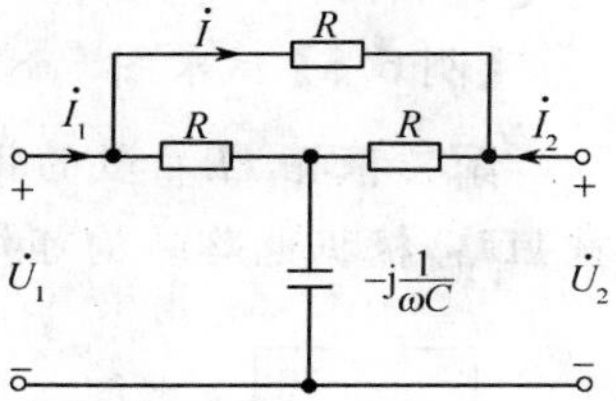

图 6.7 例 6.4 电路

由方程式(3)可得

$$\dot{I} = \frac{1}{3}\dot{I}_1 - \frac{1}{3}\dot{I}_2$$

将上式分别代入网孔方程(1)和(2)中,并整理可得

$$\begin{cases} \left(\frac{2R}{3} - j\frac{1}{\omega C}\right)\dot{I}_1 - \left(j\frac{1}{\omega C} - \frac{R}{3}\right)\dot{I}_2 = \dot{U}_1 \\ \left(\frac{2R}{3} - j\frac{1}{\omega C}\right)\dot{I}_2 - \left(j\frac{1}{\omega C} - \frac{R}{3}\right)\dot{I}_1 = \dot{U}_2 \end{cases}$$

这就是原二端口网络的 Z 参数方程,相应的,其 Z 参数矩阵为

$$\boldsymbol{Z} = \begin{bmatrix} \left(\dfrac{2R}{3} - j\dfrac{1}{\omega C}\right) & -\left(j\dfrac{1}{\omega C} - \dfrac{R}{3}\right) \\ -\left(j\dfrac{1}{\omega C} - \dfrac{R}{3}\right) & \left(\dfrac{2R}{3} - j\dfrac{1}{\omega C}\right) \end{bmatrix}$$

6.2.3 H 方程与 H 参数

当二端口网络的两个激励分别位于不同的端口上且一个是电压、一个是电流时就产生了二端口网络的混合参数方程,常称为 H 参数方程。

在图 6.2 所示的二端口网络中,当激励为 $\dot{I}_1$ 和 $\dot{U}_2$,响应为 $\dot{I}_2$ 和 $\dot{U}_1$ 时,二端口网络的端口方程可以表示为

$$\begin{cases} \dot{U}_1 = h_{11}\dot{I}_1 + h_{12}\dot{U}_2 \\ \dot{I}_2 = h_{21}\dot{I}_1 + h_{22}\dot{U}_2 \end{cases} \tag{6.7}$$

方程式(6.7)即为二端口网络的 H 参数方程，h_{11}、h_{12}、h_{21} 和 h_{22} 则称为二端口网络的 H 参数。方程式(6.7)写成矩阵的形式为

$$\begin{bmatrix} \dot{U}_1 \\ \dot{I}_2 \end{bmatrix} = \begin{bmatrix} h_{11} & h_{12} \\ h_{21} & h_{22} \end{bmatrix} \begin{bmatrix} \dot{I}_1 \\ \dot{U}_2 \end{bmatrix} = \boldsymbol{H} \begin{bmatrix} \dot{I}_1 \\ \dot{U}_2 \end{bmatrix} \tag{6.8}$$

其中

$$\boldsymbol{H} = \begin{bmatrix} h_{11} & h_{12} \\ h_{21} & h_{22} \end{bmatrix}$$

称为 $\boldsymbol{H}$ 参数矩阵。

从方程式(6.7)可以得出

$$h_{11} = \frac{\dot{U}_1}{\dot{I}_1}\bigg|_{\dot{U}_2=0}, \quad h_{12} = \frac{\dot{U}_1}{\dot{U}_2}\bigg|_{\dot{I}_1=0}, \quad h_{21} = \frac{\dot{I}_2}{\dot{I}_1}\bigg|_{\dot{U}_2=0}, \quad h_{22} = \frac{\dot{I}_2}{\dot{U}_2}\bigg|_{\dot{I}_1=0} \tag{6.9}$$

式中，h_{11} 是端口 $2-2'$ 短路时 $1-1'$ 上的输入阻抗；h_{12} 是端口 $1-1'$ 开路时的反向电压传输比；h_{21} 是端口 $2-2'$ 短路时的正向电流传输比；h_{22} 是端口 $1-1'$ 开路时 $2-2'$ 上的入端导纳。

【例 6.5】试求图 6.8 所示二端口网络的 H 参数矩阵。

解 根据 H 参数的物理意义，先令 $\dot{U}_2=0$，计算电路在 $\dot{I}_1$ 单独作用下的响应。此时端口 2 被短路，根据电路结构可知

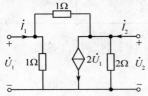

$$\dot{U}_1 = \frac{\dot{I}_1}{2} \times 1 = \frac{\dot{I}_1}{2}, \quad \dot{I}_2 = 2\dot{U}_1 - \frac{\dot{I}_1}{2} = \frac{\dot{I}_1}{2}$$

因此

$$h_{11} = \frac{\dot{U}_1}{\dot{I}_1}\bigg|_{\dot{U}_2=0} = \frac{1}{2}, \quad h_{21} = \frac{\dot{I}_2}{\dot{I}_1}\bigg|_{\dot{U}_2=0} = \frac{1}{2}$$

图 6.8 例 6.5 电路图

接下来令 $\dot{I}_1=0$，计算电路在 $\dot{U}_2$ 单独作用下的响应。根据电路可以求出

$$\dot{U}_1 = \frac{1}{1+1}\dot{U}_2 = \frac{\dot{U}_2}{2}$$

$$\dot{I}_2 = \frac{\dot{U}_2}{1+1} + \frac{\dot{U}_2}{2} + 2\dot{U}_1 = 2\dot{U}_2$$

因此

$$h_{12} = \frac{\dot{U}_1}{\dot{U}_2}\bigg|_{\dot{I}_1=0} = \frac{1}{2}, \quad h_{22} = \frac{\dot{I}_2}{\dot{U}_2}\bigg|_{\dot{I}_1=0} = 2$$

根据二端口网络的 H 参数方程可以得到其含有两个受控源的等效电路如图 6.9 所示。

当二端口网络的激励为 $\dot{U}_1$ 和 $\dot{I}_2$，响应为 $\dot{I}_1$ 和 $\dot{U}_2$ 时，可以得到二端口网络的另外一种混合参数方程，即 G 参数方程

$$\begin{cases} \dot{I}_1 = g_{11}\dot{U}_1 + g_{12}\dot{I}_2 \\ \dot{U}_2 = g_{21}\dot{U}_1 + g_{22}\dot{I}_2 \end{cases} \tag{6.10}$$

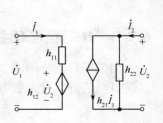

图 6.9 二端口网络 H 参数等效电路

写成矩阵的形式为

$$\begin{bmatrix} \dot{I}_1 \\ \dot{U}_2 \end{bmatrix} = \begin{bmatrix} g_{11} & g_{12} \\ g_{21} & g_{22} \end{bmatrix} \begin{bmatrix} \dot{U}_1 \\ \dot{I}_2 \end{bmatrix} = \boldsymbol{G} \begin{bmatrix} \dot{U}_1 \\ \dot{I}_2 \end{bmatrix} \tag{6.11}$$

其中

$$\boldsymbol{G} = \begin{bmatrix} g_{11} & g_{12} \\ g_{21} & g_{22} \end{bmatrix}$$

称为 $\boldsymbol{G}$ 参数矩阵，g_{11}、g_{12}、g_{21} 和 g_{22} 称为二端口网络的 g 参数。关于 g 参数的物理意义这里不再赘述。

二端口网络的混合参数方程在电子技术中有着广泛的应用。

6.2.4　T 方程与 T 参数

当二端口网络的激励是 $\dot{I}_2$ 和 $\dot{U}_2$、响应为 $\dot{I}_1$ 和 $\dot{U}_1$ 时就产生了二端口网络的传输参数方程，即 T 参数方程。

根据图 6.2 所示的二端口网络可知

$$\begin{cases} \dot{U}_1 = A\dot{U}_2 - B\dot{I}_2 \\ \dot{I}_1 = C\dot{U}_2 - D\dot{I}_2 \end{cases} \tag{6.12}$$

方程(6.12)称为二端口网络的 T 参数方程，A、B、C 和 D 称为二端口网络的 T 参数。写成矩阵的形式为

$$\begin{bmatrix} \dot{U}_1 \\ \dot{I}_1 \end{bmatrix} = \begin{bmatrix} A & B \\ C & D \end{bmatrix} \begin{bmatrix} \dot{U}_2 \\ -\dot{I}_2 \end{bmatrix} = \boldsymbol{T} \begin{bmatrix} \dot{U}_2 \\ -\dot{I}_2 \end{bmatrix} \tag{6.13}$$

式中 $\boldsymbol{T}$ 称为 T 参数矩阵。在上式中 $\dot{I}_2$ 前面的负号是因为在最初定义传输参数方程时 $\dot{I}_2$ 的参考方向选取的是和图 6.2 中方向相反的，因此在现在的参考方向下前面要有一个负号。

从方程(6.12)可以得出

$$A = \left. \frac{\dot{U}_1}{\dot{U}_2} \right|_{\dot{I}_2=0}, \quad B = \left. -\frac{\dot{U}_1}{\dot{I}_2} \right|_{\dot{U}_2=0}, \quad C = \left. \frac{\dot{I}_1}{\dot{U}_2} \right|_{\dot{I}_2=0}, \quad D = \left. -\frac{\dot{I}_1}{\dot{I}_2} \right|_{\dot{U}_2=0} \tag{6.14}$$

【例 6.6】试求如图 6.10 所示网络的 T 参数。

解　列写电路的 KVL 方程可得：

$$\dot{U}_2 = \dot{I}_2 R_2 + (\dot{I}_1 + \dot{I}_2)R = \dot{I}_1 R + \dot{I}_2(R_2 + R)$$

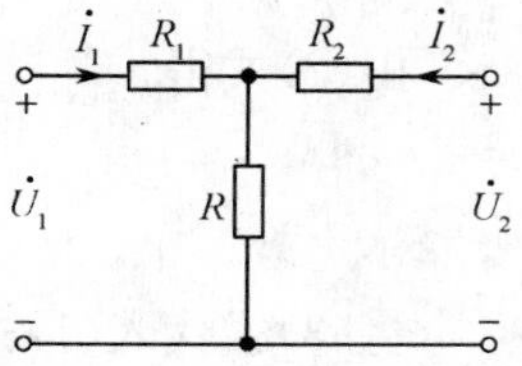

因此

$$\dot{I}_1 = \frac{1}{R}\dot{U}_2 - \frac{(R_2+R)}{R}\dot{I}_2$$

同理

$$\dot{U}_1 = \dot{I}_1 R_1 + (\dot{I}_1 + \dot{I}_2)R = (R_1 + R)\dot{I}_1 + \dot{I}_2 R$$

将 $\dot{I}_1$ 的表达式代入上式并整理可得

$$\dot{U}_1 = \frac{R_1+R}{R}\dot{U}_2 - \frac{RR_1+RR_2+R_1R_2}{R}\dot{I}_2$$

图 6.10　例 6.6 图

所以原电路的 T 参数为

$$A = \frac{R_1+R}{R}, B = \frac{RR_1+RR_2+R_1R_2}{R}, C = \frac{1}{R}, D = \frac{(R_2+R)}{R}$$

二端口网络的传输参数方程在电信和电力传输中有着广泛的应用。

6.3 异类参数间的转换关系

二端口网络可以用前面所述的各种参数方程来描述,但应该注意的是,并不是任何一个二端口网络都可以同时用这几类方程来表述,换句话说,对有些结构特殊的二端口网络而言,某种类型的参数方程是不存在的。例如对于图 6.11 的二端口网络,不难发现,其导纳参数方程是不存在的。

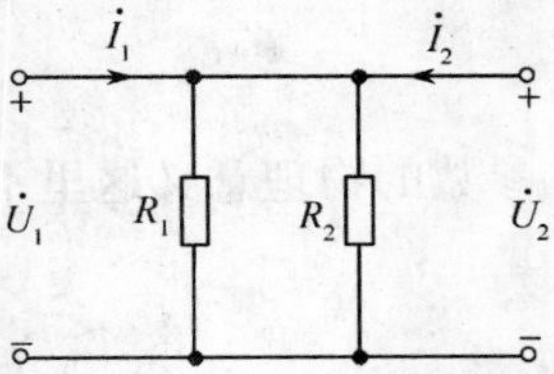

图 6.11 Y 参数方程不存在的二端口网络

在实际应用中常常需要在二端口网络的各种参数方程之间进行转换,下面将介绍二端口网络几类参数方程之间的相互转换关系。

6.3.1 Z 参数与 Y 参数的相互转换

在矩阵形式的 Y 参数方程中

$$\begin{bmatrix} \dot{I}_1 \\ \dot{I}_2 \end{bmatrix} = \begin{bmatrix} Y_{11} & Y_{12} \\ Y_{21} & Y_{22} \end{bmatrix} \begin{bmatrix} \dot{U}_1 \\ \dot{U}_2 \end{bmatrix} = \boldsymbol{Y} \begin{bmatrix} \dot{U}_1 \\ \dot{U}_2 \end{bmatrix}$$

当 Y 存在逆矩阵时,将方程两边同乘以 $\boldsymbol{Y}^{-1}$ 可以得到

$$\begin{bmatrix} \dot{U}_1 \\ \dot{U}_2 \end{bmatrix} = \boldsymbol{Y}^{-1} \begin{bmatrix} \dot{I}_1 \\ \dot{I}_2 \end{bmatrix} = \frac{1}{\Delta Y} \begin{bmatrix} Y_{22} & -Y_{21} \\ -Y_{12} & Y_{11} \end{bmatrix} \begin{bmatrix} \dot{I}_1 \\ \dot{I}_2 \end{bmatrix}$$

根据 Z 参数的定义则有

$$\boldsymbol{Z} = \boldsymbol{Y}^{-1} = \frac{1}{\Delta Y} \begin{bmatrix} Y_{22} & -Y_{21} \\ -Y_{12} & Y_{11} \end{bmatrix} \tag{6.15}$$

式中,$\Delta Y = Y_{11}Y_{22} - Y_{12}Y_{21}$ 为 Y 矩阵的行列式。

6.3.2 Y 参数与 T 参数的相互转换

根据 Y 参数方程

$$\begin{cases} \dot{I}_1 = Y_{11}\dot{U}_1 + Y_{12}\dot{U}_2 & (1) \\ \dot{I}_2 = Y_{21}\dot{U}_1 + Y_{22}\dot{U}_2 & (2) \end{cases}$$

由(2)式得

$$\dot{U}_1 = -\frac{Y_{22}}{Y_{21}}\dot{U}_2 + \frac{1}{Y_{21}}\dot{I}_2 \tag{3}$$

将(3)式代入(1)式得

$$\dot{I}_1 = \frac{Y_{12}Y_{21} - Y_{11}Y_{22}}{Y_{21}}\dot{U}_2 + \frac{Y_{11}}{Y_{21}}\dot{I}_2 \tag{4}$$

(3)式和(4)式就具有 T 参数的形式,若令

$$A = -\frac{Y_{22}}{Y_{21}}, B = -\frac{1}{Y_{21}}, C = \frac{Y_{12}Y_{21} - Y_{11}Y_{22}}{Y_{21}}, D = -\frac{Y_{11}}{Y_{21}} \tag{6.16}$$

则就从 Y 参数方程得到了相应的 T 参数方程。

6.3.3 四类参数之间的相互转换关系表

同样的,通过适当的变换可以得到二端口网络的各类参数之间的相互转换关系,这里不再一一推导,而以表格的形式列出,如表 6.1 所示。其中 ΔY、ΔZ、ΔH、ΔT 分别表示各参数矩阵的行列式。

表 6.1　二端口网络四类参数之间的相互转换关系表

	Z	Y	H	T
Z	$\begin{array}{ll} Z_{11} & Z_{12} \\ Z_{21} & Z_{22} \end{array}$	$\begin{array}{ll} \dfrac{Y_{22}}{\Delta Y} & -\dfrac{Y_{12}}{\Delta Y} \\ -\dfrac{Y_{21}}{\Delta Y} & \dfrac{Y_{11}}{\Delta Y} \end{array}$	$\begin{array}{ll} \dfrac{\Delta H}{h_{22}} & \dfrac{h_{12}}{h_{22}} \\ -\dfrac{h_{21}}{h_{22}} & \dfrac{1}{h_{22}} \end{array}$	$\begin{array}{ll} \dfrac{A}{C} & \dfrac{\Delta T}{C} \\ \dfrac{1}{C} & \dfrac{D}{C} \end{array}$
Y	$\begin{array}{ll} \dfrac{Z_{22}}{\Delta Z} & -\dfrac{Z_{12}}{\Delta Z} \\ -\dfrac{Z_{21}}{\Delta Z} & \dfrac{Z_{11}}{\Delta Z} \end{array}$	$\begin{array}{ll} Y_{11} & Y_{12} \\ Y_{21} & Y_{22} \end{array}$	$\begin{array}{ll} \dfrac{1}{h_{11}} & -\dfrac{h_{12}}{h_{11}} \\ \dfrac{h_{21}}{h_{11}} & \dfrac{\Delta H}{h_{11}} \end{array}$	$\begin{array}{ll} \dfrac{D}{B} & -\dfrac{\Delta T}{B} \\ -\dfrac{1}{B} & \dfrac{A}{B} \end{array}$
H	$\begin{array}{ll} \dfrac{\Delta Z}{Z_{22}} & \dfrac{Z_{12}}{Z_{22}} \\ -\dfrac{Z_{21}}{Z_{22}} & \dfrac{1}{Z_{22}} \end{array}$	$\begin{array}{ll} \dfrac{1}{Y_{11}} & -\dfrac{Y_{12}}{Y_{11}} \\ \dfrac{Y_{21}}{Y_{11}} & \dfrac{\Delta Y}{Y_{11}} \end{array}$	$\begin{array}{ll} h_{11} & h_{12} \\ h_{21} & h_{22} \end{array}$	$\begin{array}{ll} \dfrac{B}{D} & \dfrac{\Delta T}{D} \\ -\dfrac{1}{D} & \dfrac{C}{D} \end{array}$
T	$\begin{array}{ll} \dfrac{Z_{11}}{Z_{21}} & \dfrac{\Delta Z}{Z_{21}} \\ \dfrac{1}{Z_{21}} & \dfrac{Z_{22}}{Z_{21}} \end{array}$	$\begin{array}{ll} -\dfrac{Y_{22}}{Y_{21}} & -\dfrac{1}{Y_{21}} \\ -\dfrac{\Delta Y}{Y_{21}} & -\dfrac{Y_{11}}{Y_{21}} \end{array}$	$\begin{array}{ll} -\dfrac{\Delta H}{h_{21}} & -\dfrac{h_{11}}{h_{21}} \\ -\dfrac{h_{22}}{h_{21}} & -\dfrac{1}{h_{21}} \end{array}$	$\begin{array}{ll} A & B \\ C & D \end{array}$

【例 6.7】已知二端口网络的 Z 参数的矩阵为

$$\boldsymbol{Z}=\begin{bmatrix} 6 & 4 \\ 4 & 6 \end{bmatrix}$$

试求其参数矩阵 $\boldsymbol{Y}$ 和参数矩阵 $\boldsymbol{T}$。

解　依题意得

$$\Delta Z = Z_{11}Z_{22} - Z_{12}Z_{21} = 36 - 16 = 20$$

根据表 6.1 可得

$$Y_{11} = \frac{Z_{22}}{\Delta Z} = \frac{6}{20} = 0.3, \qquad Y_{12} = \frac{-Z_{12}}{\Delta Z} = -\frac{4}{20} - 0.2$$

$$Y_{21} = \frac{-Z_{21}}{\Delta Z} = -\frac{4}{20} - 0.2, \qquad Y_{11} = \frac{Z_{11}}{\Delta Z} = \frac{6}{20} = 0.3$$

$$A = \frac{Z_{11}}{Z_{21}} = \frac{6}{4} = 1.5, \qquad B = \frac{\Delta Z}{Z_{21}} = \frac{20}{4} = 5$$

$$C = \frac{1}{Z_{21}} = 0.25, \qquad D = \frac{Z_{22}}{Z_{21}} = \frac{6}{4} = 1.5$$

所以

$$\boldsymbol{Y}=\begin{bmatrix} 0.3 & -0.2 \\ -0.2 & 0.3 \end{bmatrix}, \qquad \boldsymbol{T}=\begin{bmatrix} 1.5 & 5 \\ 0.25 & 1.5 \end{bmatrix}$$

6.4 二端口网络的等效

6.4.1 Y 参数等效

根据二端口网络的导纳参数方程

$$\begin{cases} \dot{I}_1 = Y_{11}\dot{U}_1 + Y_{12}\dot{U}_2 & (1) \\ \dot{I}_2 = Y_{21}\dot{U}_1 + Y_{22}\dot{U}_2 & (2) \end{cases}$$

仔细观察不难发现,二端口网络可以用含有两个电压控制的电流源的电路来等效(如图 6.12 所示)。

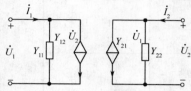

图 6.12 二端口网络导纳参数
方程的含受控源等效电路

将导纳参数方程进行一下变换可以得到

$$\begin{cases} \dot{I}_1 = Y_{11}\dot{U}_1 - (-Y_{12})\dot{U}_2 \\ \dot{I}_2 = -(-Y_{12})\dot{U}_1 + Y_{22}\dot{U}_2 + (Y_{21} - Y_{12})\dot{U}_1 \end{cases}$$

这两个方程可以看成是两个节点的节点电压方程,这两个节点的自电导分别为 Y_{11} 和 Y_{22},互电导为 $-Y_{12}$。具有上述节点方程的电路的结构如图 6.13(a)所示:

这就是二端口网络的 Ⅱ 形等效电路,也就是说,二端口网络可以用三个导纳元件和一个电压控制电流源组成的二端口网络来等效。当 $Y_{12} = Y_{21}$ 时,二端口网络内部不含受控源,因此可以用图 6.13(b)所示的含有三个导纳的无源 Ⅱ 形网络来等效。

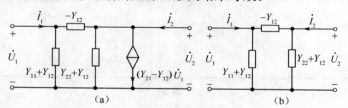

图 6.13 二端口网络的 Ⅱ 形等效电路

【例 6.8】试求图 6.14 所示电路的 Ⅱ 形等效电路。

解

$$Y_{11} = \frac{I_1}{U_1}\bigg|_{U_2=0} = \frac{1}{3}, \qquad Y_{12} = \frac{I_1}{U_2}\bigg|_{U_1=0} = -\frac{1}{6}$$

$$Y_{21} = \frac{I_2}{U_1}\bigg|_{U_2=0} = -\frac{1}{6}, \qquad Y_{22} = \frac{I_2}{U_2}\bigg|_{U_1=0} = \frac{1}{3}$$

因此,该电路的 Y 参数方程为

$$Y = \begin{bmatrix} \dfrac{1}{3} & -\dfrac{1}{6} \\ -\dfrac{1}{6} & \dfrac{1}{3} \end{bmatrix}$$

则其 Ⅱ 形等效电路如图 6.15 所示。

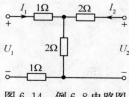

图 6.14 例 6.8 电路图

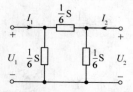

图 6.15 例 6.8 等效电路图

6.4.2 *Z*参数等效

根据二端口网络的阻抗参数方程

$$\begin{cases} \dot U_1 = Z_{11}\dot I_1 + Z_{12}\dot I_2 \\ \dot U_2 = Z_{21}\dot I_1 + Z_{22}\dot I_2 \end{cases}$$

可知,二端口网络可以用含有两个电流控制电压源的电路来等效,如图 6.16 所示。

若将阻抗参数方程稍加变换,即

$$\dot U_1 = Z_{11}\dot I_1 + Z_{12}\dot I_2$$

$$\dot U_2 = Z_{12}\dot I_1 + Z_{22}\dot I_2 + (Z_{21} - Z_{12})\dot I_1$$

这样阻抗参数方程可以看成是以$\dot I_1$ 和$\dot I_2$为网孔电流的两个网孔方程,其相应的等效电路如图 6.17(a)所示。因此,二端口网络可以用三个阻抗元件和一个电流控制电压源组成的二端口网络来等效,这就是二端口网络的 T 形等效电路。当$Z_{12} = Z_{21}$时二端口网络内部不含受控源,此时原二端口网络就等效为由三个阻抗组成的无源 T 形网络,如图 6.17(b)所示。

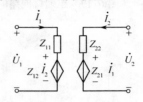

图 6.16 二端口网络阻抗参数方程的含受控源等效电路

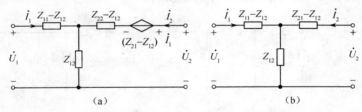

(a)　　　　　　　　　　　(b)

图 6.17 二端口网络的 T 形等效电路

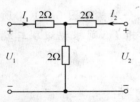

图 6.18 例 6.9 等效电路图

【例 6.9】试求图 6.14 所示所示电路的 T 形等效电路。

解 图 6.14 所示电路的 Z 参数方程为

$$Z = Y^{-1} = \begin{bmatrix} 4 & 2 \\ 2 & 4 \end{bmatrix}$$

因此其 T 形等效电路如图 6.18 所示。

6.5 二端口网络的连接

在电路中,两个二端口网络之间的连接方式有级联、串联、并联、串并联等多种。在分析复杂二端口网络时,若是能够将其看成由若干简单二端口网络相互连接组成的,将可以大大简化问题的分析;而在进行网络设计时,往往可以将一些简单的二端口网络组合来构成所需要的复杂二端口网络。本节将介绍二端口网络的级联、串联、并联连接及其特性,并介绍连接的有效性概念。

6.5.1 级联及其参数关系

将一个二端口网络 N_a 的输出端和另一个二端口网络 N_b 的输入端连接在一起,这样所构成的连接方式称为两个二端口网络的级联,如图 6.19 所示。

分析两个级联二端口网络的特性方程与原二端口网络特性方程之间的关系时,采用传输参数方程是最方便的。

对于 N_a 其传输参数方程为

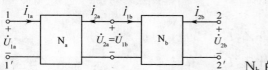

图 6.19 二端口网络的级联

$$\begin{bmatrix} \dot{U}_{1a} \\ \dot{I}_{1a} \end{bmatrix} = T_a \begin{bmatrix} \dot{U}_{2a} \\ -\dot{I}_{2a} \end{bmatrix}$$

N_b 的传输参数方程为

$$\begin{bmatrix} \dot{U}_{1b} \\ \dot{I}_{1b} \end{bmatrix} = T_b \begin{bmatrix} \dot{U}_{2b} \\ -\dot{I}_{2b} \end{bmatrix}$$

而

$$\dot{U}_{2a}=\dot{U}_{1b},\dot{I}_{2a}=-\dot{I}_{1b}$$

因此

$$\begin{bmatrix} \dot{U}_{1a} \\ \dot{I}_{1a} \end{bmatrix} = T_a \begin{bmatrix} \dot{U}_{2a} \\ -\dot{I}_{2a} \end{bmatrix} = T_a \begin{bmatrix} \dot{U}_{1b} \\ \dot{I}_{1b} \end{bmatrix} = T_a T_b \begin{bmatrix} \dot{U}_{2b} \\ \dot{I}_{2b} \end{bmatrix}$$

这就是级联后的二端口网络的传输参数方程。所以级联后的二端口网络的传输参数为：

$$T=T_a T_b$$

【例 6.10】求图 6.20(a)所示网络的 T 参数矩阵。

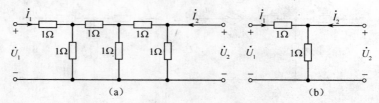

图 6.20 例 6.10 图

解 观察图 6.20(a)所示的二端口网络，便能发现它可以看成三个结构如图 6.20(b)所示二端口网络的级联。假设图 6.20(b)所示二端口网络的 T 参数矩阵为 $\boldsymbol{T}_1$，则根据级联二端口网络 T 参数间的关系可知：

$$T=\boldsymbol{T}_1^3$$

而对于图 6.20(b)所示二端口网络，根据电路的 KCL 和 KVL 关系可得：

$$\dot{I}_1=\frac{\dot{U}_2}{1}-\dot{I}_2=\dot{U}_2-\dot{I}_2$$

$$\dot{U}_1=\dot{I}_1\times1+\dot{U}_2=2\dot{U}_2-\dot{I}_2$$

因此

$$\boldsymbol{T}_1=\begin{bmatrix} 2 & 1 \\ 1 & 1 \end{bmatrix}$$

则

$$T=\boldsymbol{T}_1^3=\begin{bmatrix} 2 & 1 \\ 1 & 1 \end{bmatrix}^3=\begin{bmatrix} 13 & 8 \\ 8 & 5 \end{bmatrix}$$

6.5.2 串联及其参数关系

若将两个二端口网络的输入端口和输出端口分别串联，如图 6.21 所示，这种连接方式称为两个二端口网络的串联。

从图 6.21 可以看出，串联时

$$\dot{I}_1=\dot{I}_{1a}=\dot{I}_{1b}, \dot{I}_2=\dot{I}_{2a}=\dot{I}_{2b}$$

$$\dot{U}_1=\dot{U}_{1a}+\dot{U}_{1b}, \dot{U}_2=\dot{U}_{2a}+\dot{U}_{2b}$$

N_a 和 N_b 的阻抗参数方程分别为：

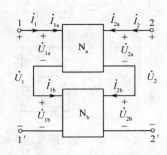

图 6.21 两个二端口网络的串联

$$\begin{bmatrix}\dot{U}_{1a}\\\dot{U}_{2a}\end{bmatrix}=Z_a\begin{bmatrix}\dot{I}_{1a}\\\dot{I}_{2a}\end{bmatrix}$$

$$\begin{bmatrix}\dot{U}_{1b}\\\dot{U}_{2b}\end{bmatrix}=Z_b\begin{bmatrix}\dot{I}_{1b}\\\dot{I}_{2b}\end{bmatrix}$$

因此串联后

$$\begin{bmatrix}\dot{U}_1\\\dot{U}_2\end{bmatrix}=\begin{bmatrix}\dot{U}_{1a}\\\dot{U}_{2a}\end{bmatrix}+\begin{bmatrix}\dot{U}_{1b}\\\dot{U}_{2b}\end{bmatrix}=Z_a\begin{bmatrix}\dot{I}_{1a}\\\dot{I}_{2a}\end{bmatrix}+Z_b\begin{bmatrix}\dot{I}_{1b}\\\dot{I}_{2b}\end{bmatrix}=(Z_a+Z_b)\begin{bmatrix}\dot{I}_1\\\dot{I}_2\end{bmatrix}$$

所以串联后二端口网络的阻抗参数等于原二端口网络的阻抗参数之和，即

$$Z=(Z_a+Z_b)$$

【例 6.11】试求如图 6.22 所示电路的 Z 参数矩阵。

解 该电路可以看成是图 6.23(a)、(b)所示两个电路的串联。

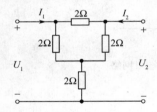

图 6.22 例 6.11 等效电路图

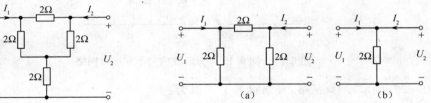

图 6.23 例 6.11 可分解成的两个二端口网络

对图 6.23(a)二端口网络，可求得其 Z 参数为

$$Z_{11a}=\frac{4}{3}, Z_{12a}=\frac{2}{3}, Z_{21a}=\frac{2}{3}, Z_{22a}=\frac{4}{3}$$

对图 6.23(b)二端口网络，可求得其 Z 参数为

$$Z_{11b}=2, Z_{12b}=2, Z_{21b}=2, Z_{22b}=2$$

则图 6.22 所示二端口网络的 Z 参数矩阵为

$$Z=(Z_a+Z_b)=\begin{bmatrix}\frac{4}{3}&\frac{2}{3}\\\frac{2}{3}&\frac{4}{3}\end{bmatrix}+\begin{bmatrix}2&2\\2&2\end{bmatrix}=\begin{bmatrix}\frac{10}{3}&\frac{8}{3}\\\frac{8}{3}&\frac{10}{3}\end{bmatrix}$$

6.5.3 并联及其参数关系

若将两个二端口网络的输入端口和输出端口分别并联，如图 6.24 所示，这种连接方式称为两个二端口网络的并联。

并联时各端口电压和电流间的关系为

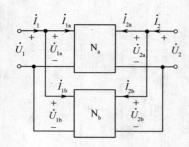

$$\dot{U}_1=\dot{U}_{1a}=\dot{U}_{1b}, \dot{U}_2=\dot{U}_{2a}=\dot{U}_{2b}$$

$$\dot{I}_1=\dot{I}_{1a}+\dot{I}_{1b}, \dot{I}_2=\dot{I}_{2a}+\dot{I}_{2b}$$

N_a 和 N_b 的导纳参数方程分别为

$$\begin{bmatrix} \dot{I}_{1a} \\ \dot{I}_{2a} \end{bmatrix} = Y_a \begin{bmatrix} \dot{U}_{1a} \\ \dot{U}_{2a} \end{bmatrix}$$

图 6.24　两个二端口网络的并联

$$\begin{bmatrix} \dot{I}_{1b} \\ \dot{I}_{2b} \end{bmatrix} = Y_b \begin{bmatrix} \dot{U}_{1b} \\ \dot{U}_{2b} \end{bmatrix}$$

因此并联后

$$\begin{bmatrix} \dot{I}_1 \\ \dot{I}_2 \end{bmatrix} = \begin{bmatrix} \dot{I}_{1a} \\ \dot{I}_{2a} \end{bmatrix} + \begin{bmatrix} \dot{I}_{1b} \\ \dot{I}_{2b} \end{bmatrix} = Y_a \begin{bmatrix} \dot{U}_{1a} \\ \dot{U}_{2a} \end{bmatrix} + Y_b \begin{bmatrix} \dot{U}_{1b} \\ \dot{U}_{2b} \end{bmatrix} = (Y_a+Y_b) \begin{bmatrix} \dot{U}_1 \\ \dot{U}_2 \end{bmatrix}$$

所以并联后二端口网络的导纳参数等于原二端口网络的导纳参数之和,即

$$Y=(Y_a+Y_b)$$

【例 6.12】 试求图 6.22 所示电路的 Y 参数矩阵。

解 图 6.22 所示电路可以看成是图 6.25(a)、(b)所示两个二端口网络的并联。

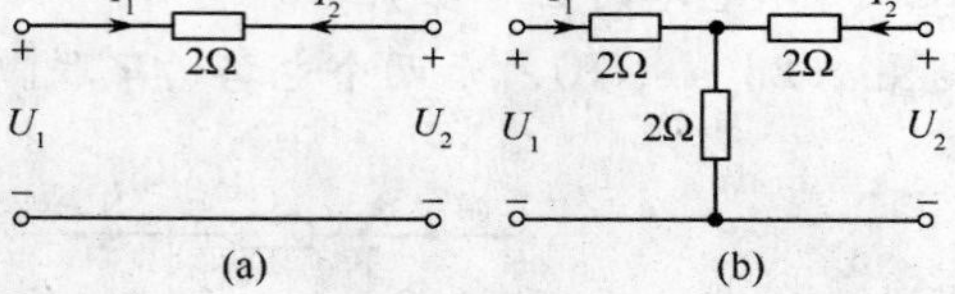

图 6.25　例 6.12 可分解成的两个双端口网络

对图 6.25(a)二端口网络,可求得其 Y 参数为

$$Y_{11a}=\frac{1}{2}, Y_{12a}=-\frac{1}{2}, Y_{21a}=-\frac{1}{2}, Y_{22a}=\frac{1}{2}$$

对图 6.25(b)二端口网络,可求得其 Y 参数为

$$Y_{11b}=\frac{1}{3}, Y_{12b}=-\frac{1}{6}, Y_{21b}=-\frac{1}{6}, Y_{22b}=\frac{1}{3}$$

则图 6.22 所示二端口网络的 Y 参数矩阵为

$$Y=(Y_a+Y_b)=\begin{bmatrix} \dfrac{1}{2} & -\dfrac{1}{2} \\ -\dfrac{1}{2} & \dfrac{1}{2} \end{bmatrix} + \begin{bmatrix} \dfrac{1}{3} & -\dfrac{1}{6} \\ -\dfrac{1}{6} & \dfrac{1}{3} \end{bmatrix} = \begin{bmatrix} \dfrac{5}{6} & -\dfrac{2}{3} \\ -\dfrac{2}{3} & \dfrac{5}{6} \end{bmatrix}$$

6.5.4　连接的有效性

　　两个二端口网络在进行连接时,每个二端口网络的端口电流关系都不能被破坏,也就是说每一个端口上流入一个端子的电流等于流出另一个端子的电流,这就是二端口网络连接的有效性条件。二端口网络在进行串联、并联、串并联、并串联时,只有在满足有效性条件的情况下,前面得出的连接后网络的参数矩阵与子网络参数矩阵之间的关系才成立。但是对于级联总是满足有效性条件的。例如,图 6.26(a)和(b)的两个二端口网络,经过串联可以得到图(c)

所示的二端口网络。而图(c)中的二端口网络可以简化为图(d)的形式。图(a)中二端口网络的 Z 参数矩阵为

$$Z_a = \begin{bmatrix} 3 & 1 \\ 1 & 1 \end{bmatrix}$$

图(b)中二端口网络的 Z 参数矩阵为

$$Z_b = \begin{bmatrix} 2 & 1 \\ 1 & 2 \end{bmatrix}$$

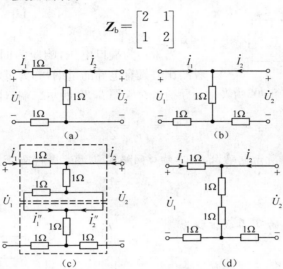

图 6.26　二端口网络串联的有效性

图(d)中二端口网络的 Z 参数矩阵为

$$Z_d = \begin{bmatrix} 4 & 3 \\ 2 & 3 \end{bmatrix}$$

由此可以看出

$$Z_d \neq Z_a + Z_b$$

要找到造成这种结果的原因,可以从图 6.26(c)进行分析。在该电路中,连接后中间支路上的电阻被短路,因此

$$\dot{I}_1'' = 0, \dot{I}_2'' = \dot{I}_1 + \dot{I}_2$$

两个端口上的电流约束关系均被破坏了,所以造成了连接的失效。

在实际应用中,对于已发现的失效联接,可以通过采用合适的方法使其变成有效联接,如变压器隔离等。

6.6　二端口网络函数

在单一激励作用下的线性时不变电路,指定的响应与激励之比称为网络函数,用 H 来表示。即

$$H = 响应/激励 \tag{6.17}$$

激励可以为电压源也可以为电流源,响应可以是电路中任意支路上的电压或电流。当激励和响应位于电路的同一端口时,网络函数又称为策动点函数;当激励和响应位于电路的不同端口时,网络函数又称为转移函数。

6.6.1 策动点函数

对线性无源二端口网络,在输出端口接上一个负载 Z_L。当激励为端口电流,响应为同一端口上的电压时,二者的比值具有电阻的量纲,称为策动点阻抗 Z_{in},又称为输入阻抗。如图 6.27 所示二端口网络,其输入阻抗可以表示为

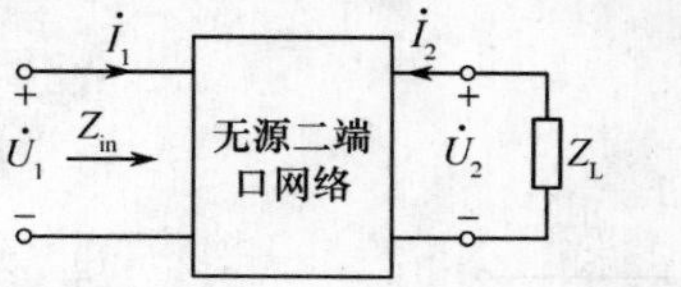

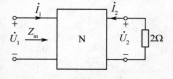

图 6.27 二端口网络的策动点函数

$$Z_{in} = \frac{\dot{U}_1}{\dot{I}_1} \tag{6.18}$$

当激励为端口电压,响应为同一端口上的电流时,二者的比值具有电导的量纲,称为策动点导纳 Y_{in},又称为输入导纳。对于图 6.27 所示二端口网络,其输入导纳为

$$Y_{in} = \frac{\dot{I}_1}{\dot{U}_1} = \frac{1}{Z_{in}} \tag{6.19}$$

【例 6.13】图 6.28 所示电路,已知二端口网络的 T 参数矩阵如下,求其输入阻抗。

$$T = \begin{bmatrix} 3 & -1 \\ 5 & 2 \end{bmatrix}$$

解 该二端口网络的 T 参数方程为

$$\begin{cases} \dot{U}_1 = 3\dot{U}_2 + \dot{I}_2 \\ \dot{I}_1 = 5\dot{U}_2 - \dot{I}_2 \end{cases}$$

根据电路图可得

$$\dot{U}_2 = -2\dot{I}_2$$

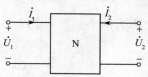

图 6.28 例 6.13 电路图

将上式代入 T 参数方程可得

$$\frac{\dot{U}_1}{\dot{I}_1} = \frac{3\dot{U}_2 + \dot{I}_2}{5\dot{U}_2 - \dot{I}_2} = \frac{-6\dot{I}_2 + \dot{I}_2}{-10\dot{I}_2 - \dot{I}_2} = \frac{5}{11}\Omega$$

因此该电路的输入阻抗为

$$Z_{in} = \frac{5}{11}\Omega$$

6.6.2 转移函数

转移函数有 4 种不同的形式:当激励为流经一个端口的电流、响应为另一端口上的电压时,两者的比值具有电阻的量纲,称为转移阻抗;当激励为一个端口上的电压、响应为另一端口上的电流时,两者的比值具有电导的量纲,称为转移导纳;当激励和响应分别为两个端口上的电压或电流时,它们的比值是无量纲的,分别称为转移电压比和转移电流比。

如图 6.29 所示二端口网络,其 Z 参数方程为

$$\begin{cases} \dot{U}_1 = Z_{11}\dot{I}_1 + Z_{12}\dot{I}_2 \\ \dot{U}_2 = Z_{21}\dot{I}_1 + Z_{22}\dot{I}_2 \end{cases}$$

图 6.29 无源二端口网络

当端口 2 开路时,$\dot{I}_2 = 0$,则网络的转移阻抗和转移电压比分别为

$$\frac{\dot{U}_2}{\dot{I}_1}=Z_{21}, \quad \frac{\dot{U}_2}{\dot{U}_1}=\frac{Z_{21}}{Z_{11}}$$

二端口网络的 Y 参数方程为

$$\begin{cases} \dot{I}_1=Y_{11}\dot{U}_1+Y_{12}\dot{U}_2 \\ \dot{I}_2=Y_{21}\dot{U}_1+Y_{22}\dot{U}_2 \end{cases}$$

则当端口 2 短路时，$\dot{U}_2=0$，由 Y 参数方程知电路的转移电导和转移电流比分别为

$$\frac{\dot{I}_2}{\dot{U}_1}=Y_{21}, \quad \frac{\dot{I}_2}{\dot{I}_1}=\frac{Y_{21}}{Y_{11}}$$

【例 6.14】 图 6.30 所示电路，已知二端口网络的 Z 参数矩阵如下，求其网络函数 $\dot{U}_O/\dot{U}_S$。

$$Z=\begin{bmatrix} 4 & 1 \\ 3 & 2 \end{bmatrix}$$

解 二端口网络的 Z 参数方程为

$$\begin{cases} \dot{U}_1=4\,\dot{I}_1+\dot{I}_2 \\ \dot{U}_2=3\,\dot{I}_1+2\,\dot{I}_2 \end{cases}$$

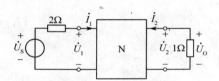

图 6.30 例 6.14 电路图

根据电路图可知 $\dot{U}_S=2\,\dot{I}_1+\dot{U}_1$，$\dot{U}_O=\dot{U}_2$

将 Z 参数方程代入 $\dot{U}_S$ 和 $\dot{U}_O$ 的表达式中可得

$$\frac{\dot{U}_O}{\dot{U}_S}=\frac{\dot{U}_2}{2\,\dot{I}_1+\dot{U}_1}=\frac{3\,\dot{I}_1+2\,\dot{I}_2}{6\,\dot{I}_1+\dot{I}_2} \qquad (*)$$

而

$$\dot{U}_2=-\dot{I}_2$$

将上式代入端口 2 的伏安关系式可得

$$\dot{I}_1=-\dot{I}_2$$

代入（*）式所示的网络函数表达式可算出

$$\dot{U}_O/\dot{U}_S=0.2$$

6.6.3 特性阻抗与传输系数

特性阻抗和传输系数是用来描述线性二端口网络特性的两个量。

如图 6.31 所示二端口网络，其 T 参数方程为

图 6.31 二端口网络
的特性阻抗

$$\begin{cases} \dot{U}_1=A\dot{U}_2-B\dot{I}_2 \\ \dot{I}_1=C\dot{U}_2-D\dot{I}_2 \end{cases}$$

如果二端口网络的输出端口接有负载 Z_L，则此时网络的入端阻抗为

$$Z_i=\frac{\dot{U}_1}{\dot{I}_1}=\frac{A\dot{U}_2-B\dot{I}_2}{C\dot{U}_2-D\dot{I}_2}=\frac{-AZ_L\,\dot{I}_2-B\,\dot{I}_2}{-CZ_L\,\dot{I}_2-D\,\dot{I}_2}=\frac{AZ_L+B}{CZ_L+D} \tag{6.20}$$

因此，入端阻抗是与电路的负载有关的。若存在阻抗 Z_C，使得当 $Z_L=Z_C$ 时有

$$Z_i=Z_C$$

那么，Z_C 就称为电路的特性阻抗。对于对称二端口网络有：$A=D$，代入（6.20）中可以求得对称二端口网络的特性阻抗为

$$Z_C=\sqrt{\frac{B}{C}}$$

二端口网络的特性阻抗只与电路的结构和参数有关，与外电路无关。

传输系数是用来表示当二端口网络的输出端接特性阻抗 Z_C 时，其输入电压和输出电压之间的关系的物理量。

图 6.32 所示的二端口网络，其传输参数方程为

图 6.32　二端口网络
的传输系数

$$\begin{cases} \dot{U}_1=A\dot{U}_2-B\dot{I}_2 \\ \dot{I}_1=C\dot{U}_2-D\dot{I}_2 \end{cases}$$

对负载端有：

$$\dot{U}_2=-Z_C\dot{I}_2$$

将上式代入传输参数方程可得：

$$\dot{U}_1=A\dot{U}_2-B\dot{I}_2=A\dot{U}_2+B\frac{\dot{U}_2}{Z_C}。$$

因此

$$\frac{\dot{U}_1}{\dot{U}_2}=A+\frac{B}{Z_C} \tag{6.21}$$

该比值是一个复数，令

$$\frac{\dot{U}_1}{\dot{U}_2}=e^{\Gamma}=e^{\alpha+j\beta}$$

其中

$$e^{\alpha}=\frac{U_1}{U_2} \tag{6.22}$$

表示输入电压和输出电压有效值的比值，称为二端口网络的衰减常数；

$$\beta=\varphi_{u1}-\varphi_{u2} \tag{6.23}$$

代表输入电压和输出电压的相位差。复常数 $\Gamma=\alpha+j\beta$ 称为二端口网络的传输系数，它代表了二端口网络接特性阻抗时其输入电压和输出电压的幅值和相位之间的关系。

【例 6.15】试求图 6.33 所示二端口网络的特性阻抗。

解　该二端口网络的传输参数为

$$A=0.75,B=1,C=1,D=1.5$$

因此其特性阻抗为

$$Z_C=\sqrt{B/C}=1\Omega$$

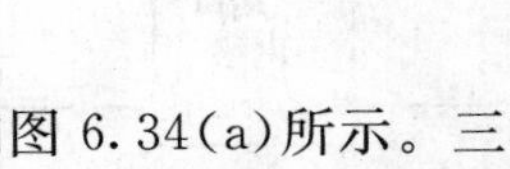

图 6.33　例 6.15 电路图

6.7　实用二端口网络举例

6.7.1　三极管工作在小信号条件下的 H 参数等效电路

三极管是在电子技术中有着广泛应用的一种器件，其电路符号如图 6.34(a)所示。三极管共有三个极：基极(b)、集电极(c)和发射极(e)，在不同的应用场合下，三极管有不同的等效模型。在共射接法的放大电路((如图 6.34(b)所示)中，在低频小信号作用下，可以将三极管看成一个线性双口网络，利用双口网络的 H 参数来表示输入端口、输出端口的电压和电流关系，这种模型称为三极管的共射 H 参数等效模型，如图 6.34(c)所示。

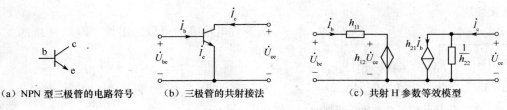

(a) NPN 型三极管的电路符号　　(b) 三极管的共射接法　　(c) 共射 H 参数等效模型

图 6.34　三极管的共射 H 参数等效模型

从图 6.34(b)可以看出，共射接法时三极管可以看成一个双口网络，其中 b−e 为输入端口，c−e 为输出端口。从等效电路模型可以写出该二端口网络的 H 参数方程为

$$\begin{cases} \dot{U}_{be}=h_{11}\dot{I}_b+h_{12}\dot{U}_{ce} \\ \dot{I}_c=h_{21}\dot{I}_b+h_{22}\dot{U}_{ce} \end{cases}$$

式中，$h_{11}=\dfrac{\dot{U}_{be}}{\dot{I}_b}\bigg|_{\dot{U}_{ce}=0}=r_{be}$ 为小信号作用下 b−e 间的动态电阻；$h_{12}=\dfrac{\dot{U}_{be}}{\dot{U}_{ce}}\bigg|_{\dot{i}_b=0}$ 为三极管输出回

路电压对输入回路电压的影响，称为内反馈系数；$h_{21}=\dfrac{\dot{I}_c}{\dot{I}_b}\bigg|_{\dot{U}_{ce}=0}=\beta$ 为在 Q 点附近三极管的电

流放大系数；$h_{22}=\dfrac{\dot{I}_c}{\dot{U}_{ce}}\bigg|_{\dot{i}_b=0}$ 为输出特性曲线上翘的程度，通常将 1/

h_{22} 称为 c−e 间的动态电阻。

由于内反馈系数很小，在近似分析中可以忽略不计，而在输出回路中动态电阻通常很大，因此三极管的共射 H 参数等效模型可以简化为图 6.35 所示的形式。

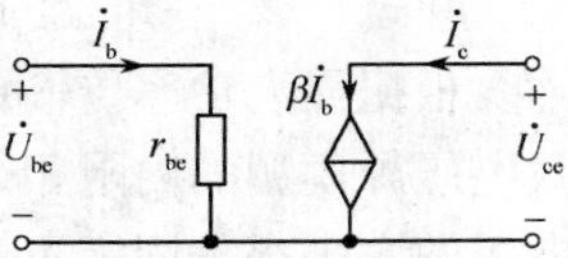

图 6.35　三极管的简化 H 参数等效模型

【例 6.16】如图 6.36 所示的三极管共射放大交流通路，试求其电压放大倍数 $\dot{U}_o/\dot{U}_i$。已知 $h_{11}=500\Omega$，$h_{12}=0.002$，$h_{21}=100$，$h_{22}=0$，$\dot{U}_i=1\underline{/0°}$V，$R_1=1.5\mathrm{k}\Omega$，$R_L=2\mathrm{k}\Omega$。

解　将三极管用其 H 参数等效模型来表示，原电路可等效如图 6.37 所示。

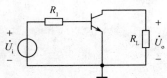

图 6.36　例 6.16 电路图

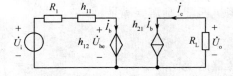

图 6.37　例 6.16 的 H 参数等效电路

则电压放大倍数

$$\frac{\dot{U}_o}{\dot{U}_i}=\frac{-\dot{I}_cR_L}{(R_1+h_{11})\dot{I}_b+h_{12}\dot{U}_{ce}}=\frac{-h_{21}\dot{I}_bR_L}{(R_1+h_{11})\dot{I}_b+h_{12}(-h_{21}\dot{I}_bR_L)}=\frac{-h_{21}R_L}{R_1+h_{11}-h_{12}h_{21}R_L}$$

代入数据可得

$$\dot{U}_o/\dot{U}_i=-125$$

即原电路的电压放大倍数为 −125，负号表示输出与输入相位相反。

6.7.2　三极管工作在高频小信号条件下的 Y 参数等效电路

当工作在高频小信号条件下，三极管处在线性放大状态时，可以用图 6.38 所示的 Y 参数模型来等效。

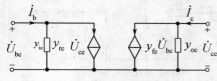

图 6.38　三极管的 Y 参数等效模型

从等效电路模型可以写出该二端口网络的 Y 参数方程为

$$\begin{cases} \dot{I}_b = y_{ie}\dot{U}_{be} + y_{re}\dot{U}_{ce} \\ \dot{I}_c = y_{fe}\dot{U}_{be} + y_{oe}\dot{U}_{ce} \end{cases}$$

式中，$y_{ie} = \dfrac{\dot{I}_b}{\dot{U}_{be}}\bigg|_{\dot{U}_{ce}=0}$ 为输出交流短路时的输入导纳；$y_{re} = \dfrac{\dot{I}_b}{\dot{U}_{ce}}\bigg|_{\dot{U}_{be}=0}$ 为输入交流短路时的反向传输导纳，这是造成三极管输出回路与输入回路耦合的主要因素，也称为反馈导纳；$y_{fe} = \dfrac{\dot{I}_c}{\dot{U}_{be}}\bigg|_{\dot{U}_{ce}=0}$ 为输出端交流短路时的正向传输导纳，这是体现三极管电流控制作用的参数；$y_{oe} = \dfrac{\dot{I}_c}{\dot{U}_{ce}}\bigg|_{\dot{U}_{be}=0}$ 是输入端交流短路时的输出导纳，即受控电流源的内导纳。

三极管的 Y 参数不仅与静态工作点有关，还与电路的工作频率有关。

6.7.3　阻抗匹配二端口电路

根据最大功率传输定理可知，要使负载上获得最大功率，则负载的大小应该与原电路的等效电压源模型的内阻相等。而在实际中很多情况下这一条件是不满足的，而且负载的大小和电源的大小都是固定不变的。因此，为了使负载获得最大功率就要想办法使负载内阻与电源内阻的模相等，这个过程就称为阻抗匹配。从前面的分析可知，当二端口网络的输出端接上一定的负载时，其入端阻抗是随着负载的变化而变化的，因此二端口网络可以用来实现阻抗匹配。用做阻抗匹配的二端口网络的典型应用就是理想变压器。

根据理想变压器的阻抗变换性质，当在变压器副边接入大小为 Z_L 的负载时，变压器原边的入端阻抗为

$$Z_0 = n^2 Z_L$$

要实现阻抗匹配，则需要满足

$$|Z_S| = |Z_0| = n^2|Z_L|$$

因此变压器的变比为

$$n = \sqrt{\frac{|Z_S|}{|Z_L|}}$$

也就是说，只要适当调节变压器的匝数比就能够实现阻抗匹配。

【例 6.17】 为了使扬声器接到音频功率放大器上时能够正常工作，需要在扬声器和放大器之间接入变压器以实现阻抗匹配，其原理图如图 6.39 所示。已知扬声器的内阻为 9Ω，放大器的内阻为 225Ω，试问理想变压器的变比应为多少？

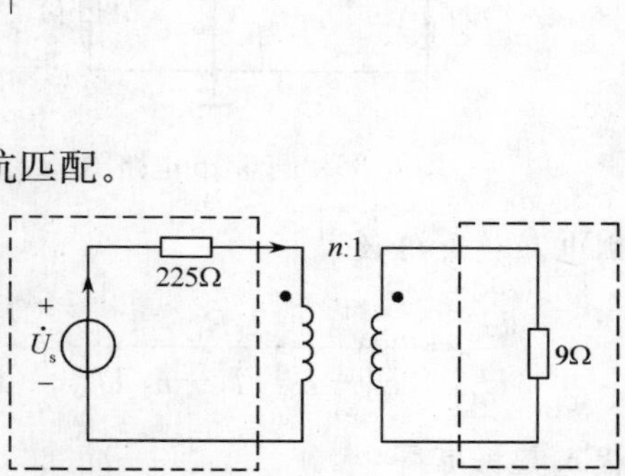

解　扬声器的电阻反映到理想变压器原边的等效阻抗为

图 6.39　例 6.17 电路图

$$R_0 = n^2 R_L = 9n^2$$

根据阻抗匹配原则可得

$$9n^2 = 225$$

由此解得 $n=5$，所以变压器的变比为 $5:1$。

思考题与习题 6

题 6.1 试求如图 6.40 所示电路的 Y 参数。

题 6.2 试求如图 6.41 所示二端口网络的 Y 参数矩阵和 Z 参数矩阵。

题 6.3 试求如图 6.42 所示电路的 Z 参数。

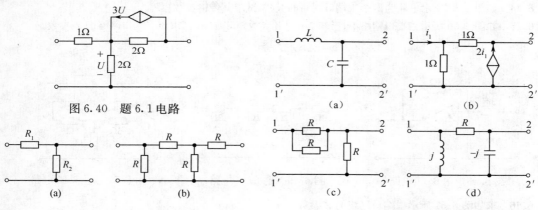

图 6.40 题 6.1 电路

图 6.41 题 6.2 电路

图 6.42 题 6.3 电路

题 6.4 试求如图 6.43 所示电路的 Z 参数。

题 6.5 已知二端口网络的 Z 参数方程矩阵如下,试设计满足该参数的电路。

$$Z = \begin{bmatrix} 20 & 16 \\ 1 & 8 \end{bmatrix}$$

题 6.6 试求如图 6.44 所示电路的 $\boldsymbol{H}$ 参数方程矩阵。

题 6.7 已知如图 6.45 所示二端口网络的 H 参数矩阵如下,试求 U_1/U_2。

$$\boldsymbol{H} = \begin{bmatrix} 10 & 2 \\ -1 & 0.5 \end{bmatrix}$$

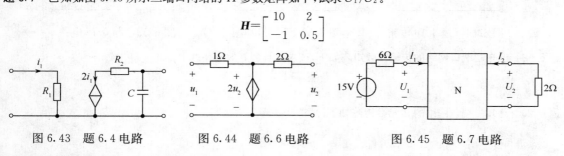

图 6.43 题 6.4 电路

图 6.44 题 6.6 电路

图 6.45 题 6.7 电路

题 6.8 试求如图 6.46 所示电路的 T 参数矩阵。

题 6.9 已知一个二端口网络的 Y 参数矩阵为

$$Y = \begin{bmatrix} 5 & -4 \\ -4 & 6 \end{bmatrix}$$

试求该二端口网络的 H 参数矩阵,并判断该二端口网络中是否含有受控源?

题 6.10 图 6.47 所示为晶体三极管的 T 形等效电路,求其 Z 参数。

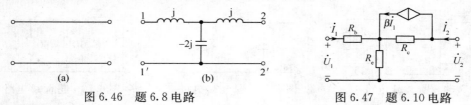

图 6.46 题 6.8 电路

图 6.47 题 6.10 电路

题 6.11 求如图 6.48 所示电路的 Z 参数矩阵。该电路的 Y 参数矩阵是否存在？

题 6.12 试由 Y 参数矩阵推导 T 参数矩阵。

题 6.13 已知二端口网络的 T 参数矩阵如下，试求其 H 参数矩阵。

$$T=\begin{bmatrix} 8 & -2 \\ 3 & 1.5 \end{bmatrix}$$

题 6.14 如图 6.49 所示电路为两个二端口网络的级联，试求其传输参数矩阵。

题 6.15 如图 6.50 所示二端口网络中，已知 N_1 的 Z 参数矩阵如下，试求该二端口网络的 Z 参数。

$$Z=\begin{bmatrix} 15 & 6 \\ 12 & 9 \end{bmatrix}$$

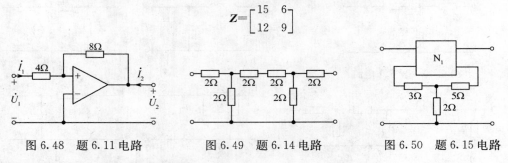

图 6.48 题 6.11 电路   图 6.49 题 6.14 电路   图 6.50 题 6.15 电路

题 6.16 求如图 6.51 所示二端口网络的 Z 参数。

题 6.17 试求如图 6.52 所示二端口网络的 Y 参数。

题 6.18 试求如图 6.53 所示电路的 T 形等效电路。

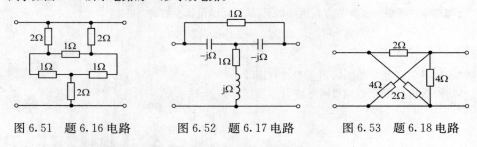

图 6.51 题 6.16 电路   图 6.52 题 6.17 电路   图 6.53 题 6.18 电路

题 6.19 已知二端口网络的传输参数矩阵如下，试求其 Π 型等效电路。

$$T=\begin{bmatrix} 1 & 4 \\ 2 & 0.5 \end{bmatrix}$$

题 6.20 已知二端口网络的 Z 参数矩阵如下，试求其 T 形等效电路。

$$Z=\begin{bmatrix} 9 & 6 \\ 3 & 1 \end{bmatrix}$$

题 6.21 如图 6.54 所示二端口网络，已知其 Z 参数矩阵为：

$$Z=\begin{bmatrix} 2 & 4 \\ 1 & 3 \end{bmatrix}$$

试求当 R 为何值时可获得最大功率？最大功率为多少？

题 6.22 试求如图 6.55 所示二端口网络的特性阻抗和传输系数。

题 6.23 如图 6.56 所示二端口网络，已知 $\dot{U}_S=10\angle 0°\mathrm{V}$，试求当 $Z_L=Z_C$ 时负载上消耗的功率。

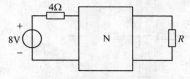
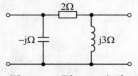
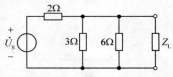

图 6.54 题 6.21 电路   图 6.55 题 6.22 电路   图 6.56 题 6.23 电路

第7章 互感耦合电路

本章导读信息

本章将介绍另外一种典型的双口电路元件——互感。互感元件是利用线圈间的磁场耦合作用来传递能量和信号的一种重要的电路元件,如变压器就是一种互感元件。学习本章内容时,首先要正确理解互感的概念。互感元件与自感不同,互感不能单独存在,耦合电感指的是具有互感作用的两个或多个线圈所组成的电路元件。因此在分析含有互感元件的电路时,关键的一点就是要把每一个线圈的互感电压考虑进去。

理想变压器也是一种互感元件,但应该注意的是,理想变压器虽然与耦合电感的电路符号相似,但两者有着本质的区别:耦合电感是一种可以储存磁场能量的动态元件,而理想变压器则是一种能够变换电压与电流的双口电阻元件,它既不储能也不耗能。

1. 内容提要

本章首先介绍互感的概念和互感线圈的同名端,在此基础上得到互感线圈的伏安关系表达式,接下来讨论互感线圈在电路中的连接方法,以及含有互感元件电路的分析方法。变压器是基于互感原理工作的典型器件,在电力技术和电子技术中有着广泛的应用,本章的最后将讨论变压器的工作原理、电路模型、理想变压器在电流、电压变换中的作用,以及含变压器电路的分析方法。

在本章中所用到的主要的名词与概念有:互感现象、耦合、自感磁通链、互感磁通链,互感、同名端、自感电压、互感电压、互感抗耦合系数、紧耦合、松散耦合、全耦合、互感的串联、顺接、顺串、反接、反串、并联、同侧并联电路、顺并、异侧并联电路、反并、耦合电感的 T 型连接、去耦等效电路、初级回路、次级回路、自阻抗、反映阻抗、源线圈、初级线圈、副线圈、次级线圈、主磁通、漏磁通、漏感、空心变压器、全耦合变压器、理想变压器、升压变压器、降压变压器、自耦变压器等。

2. 重点与难点

【本章重点】

(1) 耦合电感的伏安关系;

(2) 耦合电感线圈在电路中的连接;

(3) 理想变压器的特性及伏安关系。

【本章难点】

(1) 含有耦合电感电路的分析方法;

(2) 变压器电路分析。

7.1 互感与互感耦合器件

7.1.1 互感现象

当一个线圈中通过的电流发生变化(增加、减小、反向等)时,线圈周围的磁场也将随之发生变化,这时如果有另外一个线圈靠近它,那么该线圈中的电流所产生的磁场的磁力线将有一部分通过另外一个线圈，电流的变化将使另外一个线圈中的磁通发生变化，这种载流线圈之间通过彼此的磁场相互联系的现象称为互感现象，也称磁耦合。具有耦合作用的两个线圈称为一对互感线圈，或称为一对耦合线圈。

如图 7.1 所示，两个线圈 L_1 和 L_2 同绕在一根铁心上，其匝数分别为 N_1 和 N_2，如果在 L_1 中通以电流 i_1，那么在 L_1 的周围将会产生磁场，根据右手螺旋法则可确定该磁场的方向。设 i_1 所产生的磁通量为 Φ_{11}，该部分磁通在穿越线圈自身时所产生的磁通链称为自感磁通链，用 Φ_{11} 表示。Φ_{11} 中的一部分将与 L_2 交链，该部分磁通称为 L_1 对 L_2 的互感磁通 Φ_{21}，它与 L_2 交链形成的磁链称为互感磁通链，用 Ψ_{21} 表示，它等于 Φ_{21} 与 N_2 的乘积，即

$$\psi_{21} = N_2 \Phi_{21}$$

ψ_{21} 与 i_1 的比值定义为 L_1 对 L_2 的互感，记为 M_{21}，即

$$M_{21} = \left| \frac{\Psi_{21}}{i_1} \right|$$

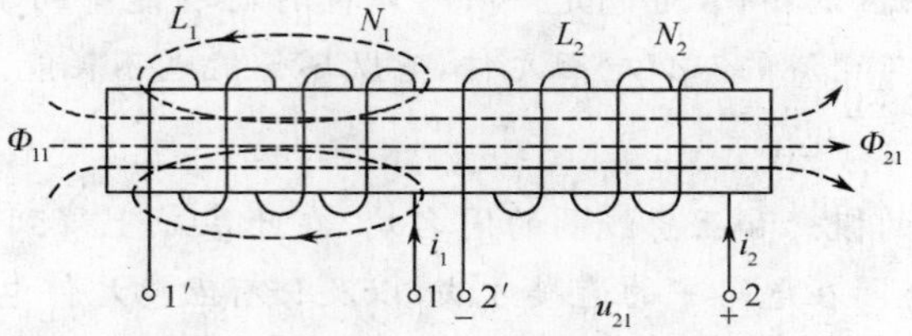

图 7.1　两个线圈的互感

同样，L_2 中的电流 i_2 也将产生自感磁通链 Ψ_{22} 和互感磁通链 Ψ_{12}，L_2 对 L_1 的互感大小为

$$M_{12} = \left| \frac{\Psi_{12}}{i_2} \right| = \left| \frac{N_1 \Phi_{12}}{i_2} \right|$$

当两个线圈周围的磁介质的磁导率为常数时，可以证明

$$M_{12} = M_{21} = M$$

这里 M 为一个常数，称为两个线圈之间的互感。互感的单位与自感相同，也是亨利（H）。

为了定量描述两个耦合线圈的磁耦合紧疏程度，把两线圈的互感磁通链与自感磁通链的比值的几何平均值定义为两互感线圈的耦合系数，用 k 来表示，即

$$k = \sqrt{\left| \frac{\Psi_{12}}{\Psi_{11}} \right| \cdot \left| \frac{\Psi_{21}}{\Psi_{22}} \right|}$$

由于 $\Psi_{11} = L_1 i_1$，$|\Psi_{12}| = M i_2$，$\Psi_{22} = L_2 i_2$，$|\Psi_{21}| = M i_1$，代入上式可得

$$k = \frac{M}{\sqrt{L_1 L_2}} \tag{7.1}$$

耦合系数 k 是用来表征两个线圈间磁耦合程度的量，可以证明，其取值范围为：$0 \leqslant k \leqslant 1$。当 $k < 0.5$ 时称两个线圈是松散耦合的，当 $k > 0.5$ 时则称两个线圈是紧耦合的。特别的，当 $k = 1$ 时表示一个线圈产生的磁通完全与另外一个线圈交链，此时两个线圈是完全耦合的，简称全耦合。

k 的大小与两个线圈的结构、相互位置以及周围磁介质有关，改变或调整它们的相互位置有可能改变耦合系数的大小。

【例 7.1】两个耦合线圈的耦合系数为 0.8，已知 $L_1 = 4\mu H$，$L_2 = 9\mu H$，则两个线圈的互感为多少？

解
$$M=k\sqrt{L_1L_2}=0.8\times\sqrt{4\times10^{-6}\times9\times10^{-6}}=4.8\,\mu\mathrm{H}$$

7.1.2 互感线圈的同名端

具有互感作用的两个线圈中每个线圈的磁通链都等于自感磁通链和互感磁通链的代数和,即

$$\Psi_1=\Psi_{11}\pm\Psi_{12},\quad\Psi_2=\pm\Psi_{21}+\Psi_{22}$$

当自感磁通链的方向和互感磁通链的方向相同时,说明互感对自感起增强作用,互感磁通链前面取正号,反之则说明互感对自感起削弱作用,互感磁通链前面取负号。互感磁通链的方向不仅与线圈中的电流方向有关,也和线圈的绕向有关。但是如果要在电路中标示出线圈的绕向是很不方便的,因此,在这里引入同名端来解决这个问题。同名端通常采用符号"·"或"*"标记,如图7.2所示。它所代表的含义是:若两个线圈中的电流都从同名端流入(或流出),则互感对自感起增强作用,反之则起削弱作用。它在电路上的意义是:电流在本线圈上产生的自感电压与在另一线圈上产生的互感电压的极性互为同极性的两个端。

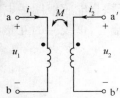

图 7.2 互感耦合线圈的同名端

例如,在图7.2中,a 和 a' 为一对同名端,电流 i_1 和 i_2 分别从同名端流入线圈,因此互感磁通链对自感磁通链起增强作用,两个线圈的磁通链可分别表示为

$$\Psi_1=\Psi_{11}+\Psi_{12},\quad\Psi_2=\Psi_{21}+\Psi_{22}$$

两个有耦合的线圈的同名端可以根据它们的绕向和相对位置来判别,也可以通过实验方法确定。需要注意的是,耦合线圈的同名端只取决于线圈的绕向和线圈的相对位置,而与线圈中的电流方向无关。当有两个以上的线圈彼此之间存在耦合时,同名端应当一对一对地加以标记,并且每一个电感中的磁通链将等于自感磁通链与所有互感磁通链的代数和。

【例 7.2】确定图7.3所示两个互感线圈的同名端。若 $i_1=2\sin t,i_2=\cos2t$,试求两线圈的磁通链,已知 $L_1=3\mathrm{H},L_2=5\mathrm{H},M=2\mathrm{H}$。

解 根据同名端的定义可以判断出 1 和 2′(或 1′ 和 2)为同名端。由于电流 i_1 和 i_2 是从异名端流入线圈,互感起"削弱"作用,各线圈的自感磁通链和互感磁通链分别为

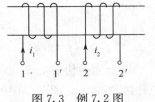

图 7.3 例 7.2 图

$$\Psi_{11}=L_1i_1=6\sin t\text{ Wb},\quad\Psi_{12}=Mi_2=2\cos2t\text{ Wb}$$
$$\Psi_{22}=L_2i_2=5\cos2t\text{ Wb},\quad\Psi_{21}=Mi_1=4\sin t\text{ Wb}$$

因此
$$\Psi_1=\Psi_{11}-\Psi_{12}=(6\sin t-2\cos2t)\text{ Wb}$$
$$\Psi_2=\Psi_{21}-\Psi_{22}=(4\sin t-5\cos2t)\text{ Wb}$$

7.1.3 互感耦合器件的电压电流关系

当两线圈中的电流发生变化时,变化的磁通链将在线圈的两端产生感应电压。设线圈 L_1 和 L_2 的电压和电流分别为 u_1、i_1 和 u_2、i_2 且都取关联参考方向,互感为 M,则有

$$\left.\begin{aligned}u_1&=\frac{\mathrm{d}\Psi_1}{\mathrm{d}t}=L_1\frac{\mathrm{d}i_1}{\mathrm{d}t}\pm M\frac{\mathrm{d}i_2}{\mathrm{d}t}=u_{11}\pm u_{12}\\u_2&=\frac{\mathrm{d}\Psi_2}{\mathrm{d}t}=\pm M\frac{\mathrm{d}i_1}{\mathrm{d}t}+L_2\frac{\mathrm{d}i_2}{\mathrm{d}t}=\pm u_{21}+u_{22}\end{aligned}\right\}\tag{7.2}$$

上式表示两耦合电感的伏安关系,其中 $u_{11}=L_1\dfrac{\mathrm{d}i_1}{\mathrm{d}t}$、$u_{22}=L_2\dfrac{\mathrm{d}i_2}{\mathrm{d}t}$ 称为两线圈的自感电压,$u_{12}=M\dfrac{\mathrm{d}i_2}{\mathrm{d}t}$、$u_{21}=M\dfrac{\mathrm{d}i_1}{\mathrm{d}t}$ 称为互感电压,且 u_{12} 是电流 i_2 在 L_1 中产生的互感电压,u_{21} 是电流 i_1 在 L_2 中产生的互感电压。由此可见,耦合电感上的电压是由自感电压和互感电压两部分组成的。

两个有耦合作用的电感可以看作是一个具有 4 端子的二端口网络。

确定两互感线圈的伏安关系的关键是确定方程(7.2)中互感电压前面的正负号。例如图 7.2 中两互感线圈的伏安关系可以表示为

$$
\left.
\begin{aligned}
u_1 &= L_1\frac{\mathrm{d}i_1}{\mathrm{d}t}+M\frac{\mathrm{d}i_2}{\mathrm{d}t} \\
u_2 &= M\frac{\mathrm{d}i_1}{\mathrm{d}t}+L_2\frac{\mathrm{d}i_2}{\mathrm{d}t}
\end{aligned}
\right\} \tag{7.3}
$$

由此可以得出直接写出耦合线圈伏安关系的方法为:若耦合电感线圈的电压与电流的参考方向为关联参考方向时,该线圈的自感电压前取"＋",否则取"－";若耦合电感线圈的电压正极性端与在该线圈中产生互感电压的另一线圈的电流流入端为同名端时,该线圈的互感电压前取"＋",否则取"－"。

【例 7.3】 求例 7.2 中两耦合电感的端电压 u_1、u_2。

解 根据式 7.2 得

$$
u_1 = L_1\frac{\mathrm{d}i_1}{\mathrm{d}t}-M\frac{\mathrm{d}i_2}{\mathrm{d}t}=(6\cos t+4\sin t)\mathrm{V}
$$

$$
u_2 = -M\frac{\mathrm{d}i_1}{\mathrm{d}t}+L_2\frac{\mathrm{d}i_2}{\mathrm{d}t}=(-4\cos t-10\sin 2t)\mathrm{V}
$$

当两线圈中的电流为同频正弦量时,在正弦稳态下,电压、电流方程可用相量形式表示。比如对图 7.2 电路,有

$$
\dot{U}_1 = \mathrm{j}\omega L_1\dot{I}_1+\mathrm{j}\omega M\dot{I}_2
$$

$$
\dot{U}_2 = \mathrm{j}\omega M\dot{I}_1+\mathrm{j}\omega L_2\dot{I}_2
$$

式中,ωM 称为互感抗。

从上面的伏安关系式可以看出,具有互感的两个线圈可以用电流控制电压源来表示互感电压的作用。对图 7.2 中的耦合电感,其含有受控源的电路模型如图 7.4(相量形式)所示。

在实际中,由于耦合电感的电阻不能完全忽略,考虑到线圈自身的电阻,需要用如图 7.5 所示的电路模型来表示一个实际的耦合电感。

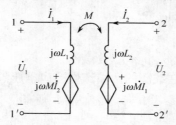

图 7.4 耦合电感的含受控源模型

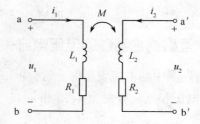

图 7.5 实际耦合电感的电路模型

此时其伏安关系可以表示为

$$\begin{cases} u_1 = L_1 \dfrac{\mathrm{d}i_1}{\mathrm{d}t} + M \dfrac{\mathrm{d}i_2}{\mathrm{d}t} + R_1 i_1 \\[2mm] u_2 = M \dfrac{\mathrm{d}i_1}{\mathrm{d}t} + L_2 \dfrac{\mathrm{d}i_2}{\mathrm{d}t} + R_2 i_2 \end{cases}$$

7.2 互感耦合器件的连接

具有互感作用的两线圈在电路中的连接方式有串接、并接等不同的方式,每种不同的连接方式都可以用一个无互感的等效电路来等效。

7.2.1 互感耦合器件的串联

两个有互感的线圈的串联有两种方式:一种是将两线圈的非同名端相连,这种方式称为顺接(或顺串),如图 7.6(a)所示;一种是将两线圈的同名端相连,这种方式称为反接(或反串),如图 7.7(a)所示。在图 7.6(a)中,电流 i 同时从 L_1 和 L_2 的同名端流入,互感起增强作用,由互感耦合器件的电压电流关系有

$$u_1 = L_1 \frac{\mathrm{d}i}{\mathrm{d}t} + M \frac{\mathrm{d}i}{\mathrm{d}t} = (L_1 + M)\frac{\mathrm{d}i}{\mathrm{d}t}$$

$$u_2 = L_2 \frac{\mathrm{d}i}{\mathrm{d}t} + M \frac{\mathrm{d}i}{\mathrm{d}t} = (L_2 + M)\frac{\mathrm{d}i}{\mathrm{d}t}$$

则该条支路的电压

$$u = u_1 + u_2 = (L_1 + L_2 + 2M)\frac{\mathrm{d}i}{\mathrm{d}t}$$

因此这条支路可以用一个无互感的支路来等效,如图 7.6(b)所示(也称去耦等效电路),其中

$$L_{eq} = L_1 + L_2 + 2M \tag{7.4}$$

由此可见,顺接时的等效电感大于两线圈的电感之和。

在正弦稳态电路中,电压与电流之间的关系也可以采用相量形式表示,即

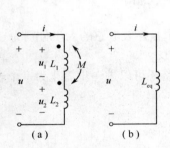

图 7.6 互感线圈的顺串

$$\dot{U} = \mathrm{j}\omega(L_1 + L_2 + 2M)\dot{I}, \text{或} \dot{I} = \frac{\dot{U}}{\mathrm{j}\omega(L_1 + L_2 + 2M)}$$

每一条耦合电感支路的阻抗与电路的输入阻抗分别为

$$Z_1 = \mathrm{j}\omega(L_1 + M), \quad Z_2 = \mathrm{j}\omega(L_2 + M)$$

$$Z = Z_1 + Z_2 = \mathrm{j}\omega(L_1 + L_2 + 2M)$$

在图 7.7(a)中,两线圈是反向串接,电流 i 从 L_1 的同名端流入,又从 L_2 的同名端流出,互感起削弱作用,因此有:

$$u_1 = L_1 \frac{\mathrm{d}i}{\mathrm{d}t} - M \frac{\mathrm{d}i}{\mathrm{d}t} = (L_1 - M)\frac{\mathrm{d}i}{\mathrm{d}t}$$

$$u_2 = L_2 \frac{\mathrm{d}i}{\mathrm{d}t} - M \frac{\mathrm{d}i}{\mathrm{d}t} = (L_2 - M)\frac{\mathrm{d}i}{\mathrm{d}t}$$

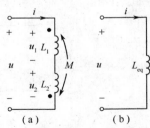

图 7.7 互感线圈的反串

和

$$u = u_1 + u_2 = (L_1 + L_2 - 2M)\frac{\mathrm{d}i}{\mathrm{d}t}$$

因此,这条支路可以用如图 7.7(b)所示的一个无互感的支路来等效,且等效电感为

$$L_{eq} = L_1 + L_2 - 2M \qquad (7.5)$$

所以，反向串接时的等效电感小于两线圈的电感之和。

在正弦稳态电路中，反向串接时每一条耦合电感支路的阻抗和电路的输入阻抗分别为

$$Z_1 = j\omega(L_1 - M), \quad Z_2 = j\omega(L_2 - M)$$
$$Z = Z_1 + Z_2 = j\omega(L_1 + L_2 - 2M)$$

7.2.2 互感耦合器件的并联

两个互感线圈并联时也有两种情况，一种是两线圈的同名端连接在同一个节点上，称为同侧并联电路（顺并），如图 7.8(a)所示；另外一种是两线圈的异名端连接在同一节点上，称为异侧并联电路（反并），如图 7.9(a)所示。对同侧并联电路有

$$i = i_1 + i_2 \qquad (7.6)$$

$$u = L_1 \frac{\mathrm{d}i_1}{\mathrm{d}t} + M \frac{\mathrm{d}i_2}{\mathrm{d}t} \qquad (7.7)$$

$$u = L_2 \frac{\mathrm{d}i_2}{\mathrm{d}t} + M \frac{\mathrm{d}i_1}{\mathrm{d}t} \qquad (7.8)$$

将(7.6)式分别代入(7.7)和(7.8)可得

$$u = M \frac{\mathrm{d}i}{\mathrm{d}t} + (L_1 - M)\frac{\mathrm{d}i_1}{\mathrm{d}t}, \quad u = M \frac{\mathrm{d}i}{\mathrm{d}t} + (L_2 - M)\frac{\mathrm{d}i_2}{\mathrm{d}t}$$

这样就可以得到如图 7.8(b)所示的无互感的等效电路，其中各等效电感的大小分别为

$$L_a = M, L_b = L_1 - M, L_c = L_2 - M$$

如果在求解时无需知道电流 i_1 和 i_2 的大小，则上述等效电路还可以进一步简化为一个电感，如图 7.8(c)所示。根据方程式(7.7)和式(7.8)可以解得

$$\frac{\mathrm{d}i_1}{\mathrm{d}t} = \frac{L_2 - M}{L_1 L_2 - M^2}u, \quad \frac{\mathrm{d}i_2}{\mathrm{d}t} = \frac{L_1 - M}{L_1 L_2 - M^2}u$$

将上面两式代入(7.6)式可得

$$u = \frac{L_1 L_2 - M^2}{L_1 + L_2 - 2M} \frac{\mathrm{d}i}{\mathrm{d}t}$$

因此等效电感的大小为

$$L_{eq} = \frac{L_1 L_2 - M^2}{L_1 + L_2 - 2M} \qquad (7.9)$$

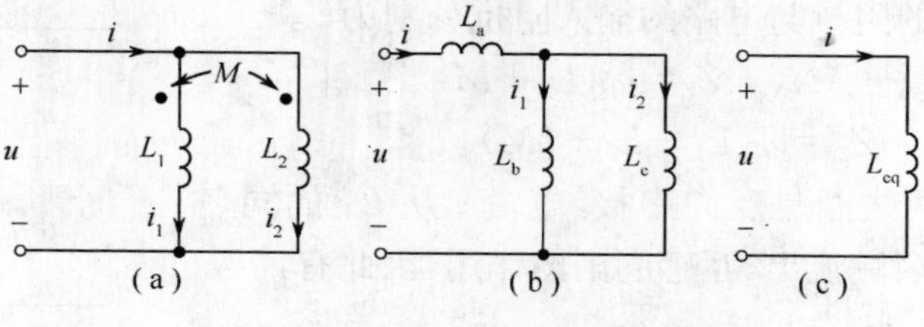

图 7.8 互感线圈的顺并

对于图 7.9(a)的异侧并联电路也可以用类似的方法推导出其等效电路中的各电感，不同之处仅在于互感 M 前面的正负号。在图 7.9(b)中有

$$L_a = -M, \quad L_b = L_1 + M, \quad L_c = L_2 + M$$

在图 7.9(c)中有

$$L_{eq} = \frac{L_1 L_2 - M^2}{L_1 + L_2 + 2M} \tag{7.10}$$

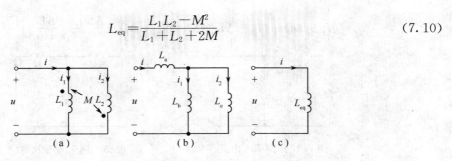

图 7.9　互感线圈的反并

7.2.3　互感耦合器件的 T 型连接

当耦合电感的两个线圈有一个端钮相连,即连接后有一个公共端时,其连接方式称为耦合电感的 T 型连接。图 7.10 的两个电路都是具有一个公共端的耦合电感的 T 型连接电路,其中(a)图为同名端相连,(b)为异名端相连。在这两种连接中,去耦法仍然适用,仍可以把具有耦合电感的电路化为去耦后的等效电路。

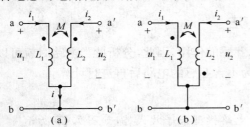

图 7.10　耦合电感的 T 型连接

对于 T 型连接的耦合电感,也可以按照与耦合电感并联电路相同的分析方法进行去耦等效变换。例如,对于图 7.10(a)所示的电路,根据 KCL 和 KVL 可以得到

$$i = i_1 + i_2 \tag{7.11}$$

$$u_1 = L_1 \frac{\mathrm{d}i_1}{\mathrm{d}t} + M \frac{\mathrm{d}i_2}{\mathrm{d}t} \tag{7.12}$$

$$u_2 = L_2 \frac{\mathrm{d}i_2}{\mathrm{d}t} + M \frac{\mathrm{d}i_1}{\mathrm{d}t} \tag{7.13}$$

将式(7.11)分别代入式(7.12)和式(7.13)中可得

$$u_1 = M \frac{\mathrm{d}i}{\mathrm{d}t} + (L_1 - M) \frac{\mathrm{d}i_1}{\mathrm{d}t}, \quad u_2 = M \frac{\mathrm{d}i}{\mathrm{d}t} + (L_2 - M) \frac{\mathrm{d}i_2}{\mathrm{d}t}$$

由此可以得到如图 7.11(a)所示的去耦等效电路。同理也可以得到当两线圈异名端相连时的去耦等效电路如图 7.11(b)所示。可以看到,耦合电感的 T 形连接电路进行去耦等效变换时会在电路中引入新的节点,并且其等效电路参数与耦合电感并联时的去耦等效电路参数相同。

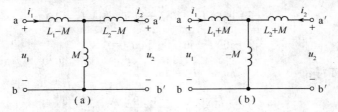

图 7.11　T 形连接的耦合电感的等效电路

应当注意,并不是所有的耦合电感电路都有去耦等效电路。

【例 7.4】试求如图 7.12 所示电路中 ab 端的等效电感。

解　原电路的去耦等效电路如图 7.13 所示,则 ab 端的等效电感为

$$L=(L_1-M)+(L_2-M)//M=(L_1-M)+\frac{M(L_2-M)}{L_2}=\frac{L_1L_2-M^2}{L_2}$$

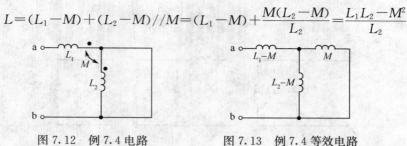

图 7.12　例 7.4 电路　　　　　　图 7.13　例 7.4 等效电路

7.3　互感耦合电路的分析方法

对含有耦合电感的电路进行计算时,应该注意的是耦合电感两端的电压不仅包括自感电压,还包括互感电压,要根据同名端的位置和电流方向正确确定互感电压的极性。对互感耦合电路的分析方法通常有两种:去耦等效法和直接计算法。去耦等效法又包括受控源等效分析法和 T 型等效分析法。在正弦稳态电路中,耦合电感电路的分析也可以采用相量模型。

7.3.1　互感耦合电路的受控源等效分析方法

由于互感器件可以用电流控制电压源来表示互感的作用,因此,分析此类电路时就可以用含有受控源的电路模型来对电路进行等效,转化为不含互感的电路后再进行计算。

【例 7.5】试求如图 7.14 所示电路中的电流 $\dot{I}$。

解　将原电路中的互感器件用含有受控源的电路模型来等效代替,如图 7.15 所示。

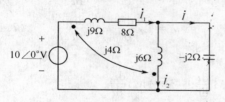
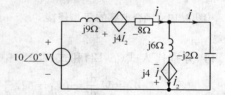

图 7.14　例 7.5 电路图　　　　　图 7.15　例 7.5 的含受控源等效电路模型

根据网孔电流法可得左右两个网孔的网孔电流方程为

$$\begin{cases}(8+j9+j6)\dot{I}_1-j6\dot{I}-j4\dot{I}_2-j4\dot{I}_1=10\\(-j2+j6)\dot{I}-j6\dot{I}_1+j4\dot{I}_1=0\end{cases}$$

又根据 KCL 可得:　　　　　　　　$\dot{I}_1=\dot{I}+\dot{I}_2$

解方程组得　　　　　　　　　　$\dot{I}=0.5\underline{/-36.9°}$ A

7.3.2　互感耦合电路的 T 型等效分析方法

对含有互感耦合器件的电路进行分析时,还可以根据互感 T 型连接时的去耦等效变换方法对电路进行去耦变换,然后根据无耦合电路的分析方法进行求解。

【例 7.6】试求图 7.16(a)所示电路的入端阻抗 Z_i。

解　原电路的去耦等效电路如图 7.16(b)所示,则其入端阻抗为

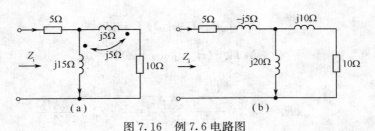

图 7.16 例 7.6 电路图

$$Z_i = 5 - j5 + \frac{j20 \times (10 + j10)}{j20 + 10 + j10} = (9 + j3)\,\Omega$$

7.3.3 互感耦合电路的一般分析方法

前面介绍的方法都是通过等效变换将含有互感耦合器件的电路进行去耦处理以后,再利用电路的各种分析方法进行求解。一般来说,对于含有互感耦合器件的电路,也可以直接通过列写电路的回路方程进行求解,这种方法的关键是要搞清楚电路中每一互感线圈的自感电压和互感电压。

【例 7.7】试求图 7.17 所示电路中的电流 $\dot{I}$。

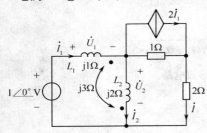

图 7.17 例 7.7 电路图

解 在含有耦合电感的电路中,每一耦合电感线圈上的电压包括有两部分:自感电压和互感电压。在关联参考方向的前提下,自感电压总为正,互感电压的正、负取决于引起自感和互感电压两电流之间的相对流向:当两者均从同名端流入时,互感电压为正;否则为负。

在图 7.17 中,取各电流的方向为参考方向,则 L_1 两端的电压为

$$\dot{U}_1 = j1\,\dot{I}_1 + j3(\dot{I}_1 - \dot{I})$$

L_2 两端的电压为

$$\dot{U}_2 = j2(\dot{I}_1 - \dot{I}) + j3\,\dot{I}_1$$

因此左右两个网孔的网孔方程为

$$\dot{U}_1 + \dot{U}_2 = 1\,\underline{/0^\circ}, \quad 3\,\dot{I} - 2\,\dot{I}_1 - \dot{U}_2 = 0$$

将互感两端的电压代入网孔电流方程可解得

$$\dot{I} = 0.04\,\underline{/90^\circ}\ \text{A}$$

具有互感作用的两个线圈,当其中一个线圈与电源相连构成一个回路,称为初级回路,又称为原边回路;另一个线圈与负载相连构成一个回路,称为次级回路,又称为副边回路,如图 7.18 所示。此时电路中就有了两个独立的回路,对这种具有双回路的电路可以应用等效变换的方法进行求解。

【例 7.8】对图 7.18 所示电路,试分别求出原边回路和副边回路的电流。

解 对原边回路和副边回路分别应用 KVL 可得

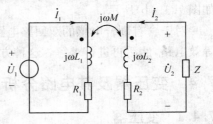

图 7.18 含有耦合电感的双回路电路

$$\begin{cases} (R_1+\mathrm{j}\omega L_1)\dot{I}_1+\mathrm{j}\omega M\dot{I}_2=\dot{U}_1 & (1)\\ \mathrm{j}\omega M\dot{I}_1+(R_2+\mathrm{j}\omega L_2+Z)\dot{I}_2=0 & (2) \end{cases}$$

解方程得

$$\dot{I}_1=\frac{\dot{U}_1}{(R_1+\mathrm{j}\omega L_1)+\dfrac{(\omega M)^2}{(R_2+\mathrm{j}\omega L_2+Z)}}=\frac{\dot{U}_1}{Z_{11}+\dfrac{(\omega M)^2}{Z_{22}}}$$

$$\dot{I}_2=\frac{\mathrm{j}\omega M\dot{I}_1}{(R_2+\mathrm{j}\omega L_2+Z)}$$

在上面的结果中，$Z_{11}=R_1+\mathrm{j}\omega L_1$ 称为原边回路的自阻抗；$Z_{22}=R_2+\mathrm{j}\omega L_2+Z$ 称为副边回路的自阻抗；$(\omega M)^2/Z_{22}$ 称为副边回路对原边回路的反映阻抗，它是副边回路的阻抗通过耦合电感反映到原边回路的等效阻抗。由此可得图 7.18 所示电路中原边回路的等效电路，如图 7.19(a)所示。

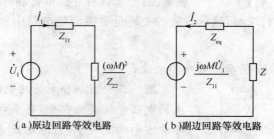

（a）原边回路等效电路　　　（b）副边回路等效电路

图 7.19　原边回路和副边回路的等效电路

对副边回路，可应用戴维南定理求得其等效电路。

当 $\dot{I}_2=0$ 时，副边回路的开路电压为

$$\dot{U}_{2\alpha}=\mathrm{j}\omega M\dot{I}_1=\frac{\mathrm{j}\omega M\dot{U}_1}{Z_{11}}$$

令 $\dot{U}_1=0$，则对副边回路有

$$\dot{U}_2=\mathrm{j}\omega M\dot{I}_1+(R_2+\mathrm{j}\omega L_2)\dot{I}_2$$

而

$$\dot{I}_1=\frac{-\mathrm{j}\omega M\dot{I}_2}{(R_1+\mathrm{j}\omega L_1)}$$

因此副边回路的戴维南等效阻抗为

$$Z_{\mathrm{eq}}=R_2+\mathrm{j}\omega L_2+\frac{(\omega M)^2}{Z_{11}}$$

式中，$(\omega M)^2/Z_{11}$ 称为原边回路对副边回路的反映阻抗，由此可得副边回路的戴维南等效电路如图 7.19(b)所示。

对于含有耦合电感的双回路电路，可以直接利用上面的结论得到原边电路和副边电路的等效电路，然后再进行求解。这种方法常称为原（副）边等效电路法，也称反映阻抗法。

7.4　变压器及其电路分析

7.4.1　变压器

变压器是应用互感现象的一种典型器件，它利用互感原理实现从一个电路到另一个电路

的能量或信号传输,在电力系统和电子线路中有着广泛的应用。变压器的种类很多,除了电力系统中常见的升、降压变压器外,还有自耦变压器、互感器和各种专用变压器等,但这些变压器的基本结构和工作原理是相同的。

1. 变压器结构

变压器一般有两个线圈,一个与电源相接,称为源线圈,通常叫初级线圈;另一个与负载相接,称为副线圈,也叫次级线圈,其原理图如图 7.20 所示。变压器在源、副线圈之间一般没有电路相连接,而是通过磁耦合把能量从电源传送到负载。

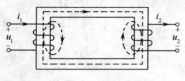

图 7.20 变压器原理图

变压器的初级线圈和次级线圈可以绕在铁磁性材料上,也可以绕在非铁磁性材料上。当两个线圈绕在非铁磁性材料上时,其耦合系数低,但没有铁心中的各种功率损耗,这种变压器被称为空心变压器,它被广泛用于高频电路和测量仪器中。

2. 变压器工作原理

在图 7.20 所示的变压器中,假设初级线圈和次级线圈都缠绕在铁心上,匝数分别为 N_1 和 N_2。当在初级线圈两端施加电压 u_1 时,线圈中将产生电流 i_1,该电流产生的磁通 Φ_{11} 大部分将通过铁心形成闭合回路,从而与次级线圈交链,在次级线圈中产生感应电动势,这部分磁通用 Φ_{12} 表示,还有少部分磁通未与次级线圈交链,这部分磁通称为漏磁通 $\Phi_{\sigma1}$,则有

$$\Phi_{11} = \Phi_{21} + \Phi_{\sigma1}$$

若此时次级线圈中接有负载,那么也将有电流流过,次级线圈中的电流产生的磁通 Φ_{22} 也将绝大部分通过铁心与初级线圈交链,这部分磁通用 Φ_{21} 表示,还有少部分磁通未与初级线圈交链,这部分磁通称为次级线圈的漏磁通 $\Phi_{\sigma2}$,则有

$$\Phi_{22} = \Phi_{12} + \Phi_{\sigma2}$$

铁心中的磁通是初级线圈和次级线圈产生的磁通的合成,称为主磁通,即

$$\Phi = \Phi_{12} + \Phi_{21}$$

则两个线圈的磁通链可分别表示为

$$\Psi_1 = N_1(\Phi + \Phi_{\sigma1}) = N_1\Phi + \Psi_{\sigma1}$$

$$\Psi_2 = N_2(\Phi + \Phi_{\sigma2}) = N_2\Phi + \Psi_{\sigma2}$$

变压器原边和副边的电压分别为

$$u_1 = R_1 i_1 + \frac{\mathrm{d}\Psi_1}{\mathrm{d}t} = R_1 i_1 + N_1 \frac{\mathrm{d}\Phi}{\mathrm{d}t} + \frac{\mathrm{d}\Psi_{\sigma1}}{\mathrm{d}t} = R_1 i_1 + N_1 \frac{\mathrm{d}\Phi}{\mathrm{d}t} + L_{\sigma1} \frac{\mathrm{d}i_1}{\mathrm{d}t}$$

$$u_2 = R_2 i_2 + \frac{\mathrm{d}\Psi_2}{\mathrm{d}t} = R_2 i_2 + N_2 \frac{\mathrm{d}\Phi}{\mathrm{d}t} + \frac{\mathrm{d}\Psi_{\sigma2}}{\mathrm{d}t} = R_2 i_2 + N_2 \frac{\mathrm{d}\Phi}{\mathrm{d}t} + L_{\sigma2} \frac{\mathrm{d}i_2}{\mathrm{d}t}$$

式中,R_1 和 R_2 为初级线圈和次级线圈的内阻;$L_{\sigma1}$ 和 $L_{\sigma2}$ 分别称为初级线圈和次级线圈的漏感。

由于初级线圈的内阻 R_1 和漏磁通都比较小,因此他们所产生的压降也比较小,所以

$$u_1 \approx N_1 \frac{\mathrm{d}\Phi}{\mathrm{d}t}$$

当变压器空载时,$i_2 = 0$,此时

$$u_2 \approx N_2 \frac{\mathrm{d}\Phi}{\mathrm{d}t}$$

从上式可以看出,由于变压器原边和副边线圈的匝数不等,因此,输出电压和输入电压的大小也不相等。空载时变压器原边和副边的电压之比为

$$\frac{u_1}{u_2} \approx \frac{N_1}{N_2} = n$$

式中，n 为变压器的变比。因此当输入电压一定时，只要改变变压器原边线圈和副边线圈的匝数比就能得到不同的输出电压。

3. 理想变压器

当变压器的初级线圈和次级线圈完全耦合时称为全耦合变压器，其电路模型如图 7.21 所示。

对全耦合变压器可以得到

$$\Phi_{11} = \Phi_{21} , \Phi_{22} = \Phi_{12} , \Phi = \Phi_{11} + \Phi_{22}$$

因此
$$\frac{u_1}{u_2} = \frac{d\Psi_1}{d\Psi_2} = \frac{N_1 d\Phi}{N_2 d\Phi} = \frac{N_1}{N_2} = n \qquad (7.14)$$

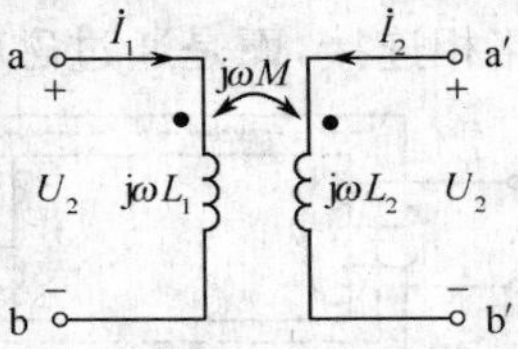

也即全耦合变压器的输入、输出电压之比等于变压器的变比。根据图 7.21 可知，全耦合变压器的相量形式的伏安关系为

图 7.21　全耦合变压器的
电路模型

$$\begin{cases} \dot{U}_1 = j\omega L_1 \dot{I}_1 + j\omega M \dot{I}_2 & (7.15a) \\ \dot{U}_2 = j\omega M \dot{I}_1 + j\omega L_2 \dot{I}_2 & (7.15b) \end{cases}$$

由式(7.15a)可得：

$$\dot{I}_1 = \frac{\dot{U}_2 - j\omega L_2 \dot{I}_2}{j\omega M} \qquad (7.16)$$

而全耦合时 $k = \dfrac{M}{\sqrt{L_1 L_2}} = 1$，即 $M = \sqrt{L_1 L_2}$。将该关系式和式(7.16)代入方程式(7.15b)可得

$$\frac{\dot{U}_1}{\dot{U}_2} = \sqrt{\frac{L_1}{L_2}}$$

对照式(7.14)可得
$$\frac{\dot{U}_1}{\dot{U}_2} = \sqrt{\frac{L_1}{L_2}} = n$$

将上式代入(7.16)可得
$$\dot{I}_1 = \frac{\dot{U}_1}{j\omega L_1} - \frac{1}{n}\dot{I}_2 \qquad (7.17)$$

这就是全耦合变压器的原、副边电流之间的关系。

当全耦合变压器的原、副边线圈的自感 L_1、L_2 和互感 M 趋近于无穷大，但 $\sqrt{L_1/L_2}$ 的值保持不变，即等于匝数比时，全耦合变压器就变成了理想变压器。此时式(7.17)变为

$$\dot{I}_1 = -\frac{1}{n}\dot{I}_2$$

因此理想变压器的电压、电流之间的关系为

$$\frac{\dot{U}_1}{\dot{U}_2} = n , \qquad \frac{\dot{I}_1}{\dot{I}_2} = -\frac{1}{n}$$

所以理想变压器是一种特殊的全耦合变压器，它必须满足以下三个条件：

(1)变压器本身无损耗；

(2)耦合系数 $k = M/\sqrt{L_1 L_2} = 1$；

(3)L_1、L_2 和 M 均无限大，但 $\sqrt{L_1/L_2}$ 的值维持规定的常数，即等于匝数比，即 $\sqrt{L_1/L_2} = N_1/N_2 = n$。

理想变压器的电路模型如图 7.22 所示。

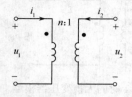

图 7.22　理想变压器的
电路模型

由于实际变压器的线圈的电感量不可能趋近于无穷大,因此理想变压器是一种理想电路元件。在工程上常采用两方面的措施,使实际变压器的性能接近理想变压器。一是尽量采用具有高导磁率的铁磁材料作为变压器铁心以保证尽量紧密耦合,使 k 接近 1,二是在保持变比不变的前提下,尽量增加原、副边线圈的匝数,即保证电感足够大。

下面考虑理想变压器的功率。理想变压器的功率应为原边和副边功率之和,即

$$p = u_1 i_1 + u_1 i_2 = u_2 i_1 + (n u_1)(-i_1/n) = 0$$

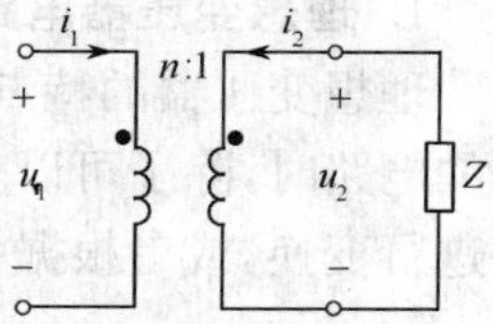

因此理想变压器既不是耗能元件也不是储能元件,而是一个变换信号和传输电能的元件。

除了变换电压和电流,理想变压器还有变换阻抗的作用。假设在变压器的副边接上阻抗 Z,如图 7.23 所示,那么从原边看进去时变压器的输入阻抗为

图 7.23　理想变压器的
阻抗变换作用

$$Z_i = \frac{u_1}{i_1} = \frac{n u_2}{-\frac{1}{n} i_2} = n^2 Z$$

4. 实际变压器的电路模型

实际使用的变压器原边线圈和副边线圈不可能做到全耦合,总会存在一定的漏磁通,而且线圈中通过电流时总会有功率损耗,因此需要在理想变压器模型的基础上做出修改,以真实反映实际变压器的工作情况。

先考虑无损耗的全耦合变压器,即 $R_1 = R_2 = 0, k = 1$,但 L_1、L_2 和 M 不为无限大。这种情况在上节已经分析过,将其电压、电流关系重写如下

$$\frac{\dot{U}_1}{\dot{U}_2} = \sqrt{\frac{L_1}{L_2}} = n, \quad \dot{I}_1 = \frac{\dot{U}_1}{j\omega L_1} - \dot{I}_2/n$$

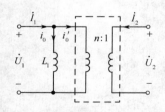

图 7.24　全耦合无损变压器的
电路模型

此时变压器原、副边的电压关系与理想变压器相同,而原边的输入电流 $\dot{I}_1$ 可以分为两部分:一部分与理想变压器相同,可表示为 $\dot{I}_1' = -\dot{I}_2/n$;另一部分是流经电感 L_1 的电流 $\dot{I}_0 = \dot{I}_1 - \dot{I}_1'$,称为变压器的励磁电流。这样全耦合无损耗变压器可以用图 7.24 所示的电路模型来表示,它是由虚线框内所表示的一个变比为 n 的理想变压器和其原边输入端口上并联一个电感 L_1 组成的。

接下来考虑耦合系数 $k \neq 1$ 的无损耗变压器。此时每个线圈的磁通都由主磁通 Φ 和漏磁通 $\Phi_{\sigma 1}(\Phi_{\sigma 2})$ 组成,原、副边的磁链分别为

$$\Psi_1 = N_1(\Phi + \Phi_{\sigma 1}) = N_1\Phi + \Psi_{\sigma 1} = (L_1 + L_{\sigma 1})i_1 + Mi_2 = L_1'i_1 + Mi_2$$

$$\Psi_2 = N_2(\Phi + \Phi_{\sigma 2}) = N_2\Phi + \Psi_{\sigma 2} = (L_2 + L_{\sigma 2})i_2 + Mi_1 = L_2'i_2 + Mi_1$$

式中,$L_1' = L_1 + L_{\sigma 1}$ 为原边线圈的电感;$L_2' = L_2 + L_{\sigma 2}$ 为副边线圈的电感。在主磁通的作用下变压器是全耦合的,对于全耦合变压器,耦合系数为 1,因此有

$$\frac{L_2' - L_{\sigma 2}}{L_1' - L_{\sigma 1}} = \frac{L_2}{L_1} = \frac{1}{n^2}$$

令 $u_1' = N_1 \dfrac{\mathrm{d}\Phi}{\mathrm{d}t}$，$u_2' = N_2 \dfrac{\mathrm{d}\Phi}{\mathrm{d}t}$，于是有 $\dfrac{u_1'}{u_2'} = \dfrac{N_1}{N_2} = n$，电压 u_1' 和 u_2' 为全耦合变压器的原副边电压。显然只要在全耦合无损耗变压器的等效电路的原、副边记入漏感就能得到 $k \neq 1$ 时变压器的等效电路模型，如图 7.25 所示。

实际应用时，如果还要考虑线圈的各种损耗，那么只要在上述模型的基础上串联相应的电阻就可以了。

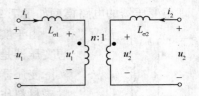

图 7.25　$k \neq 1$ 时的无损变压器模型

7.4.2　变压器电路分析

1. 理想变压器电路分析

理想变压器的特点都体现在其电压、电流变换关系和阻抗变换关系中，在分析含理想变压器的电路时，除了可以直接根据电路结构列写电路方程以外，还可以根据其阻抗变换性质对电路进行变换，或者根据戴维南定理或诺顿定理进行等效变换后再进行求解。

【例 7.9】电路如图 7.26(a) 所示，已知 $u_S(t) = 8\sqrt{2}\sin t$ V，试求电流 $\dot{i}_1$ 以及 R_L 上消耗的平均功率 P_L。

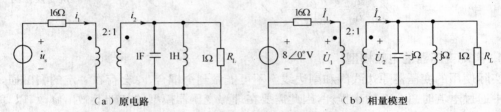

（a）原电路　　　　　　　　　　　　　　　（b）相量模型

图 7.26　例 7.9 电路图

解法一　原电路的相量模型如图 7.26(b) 所示，变压器原边和副边回路的 KVL 方程分别为

$$16\dot{I}_1 + \dot{U}_1 = 8, \qquad \left(\dfrac{1}{\dfrac{1}{\mathrm{j}} + \dfrac{1}{-\mathrm{j}} + 1} \right) \dot{I}_2 = \dot{U}_2$$

而在图示的参考方向下，原边和副边的电压、电流之间的关系为

$$\dfrac{\dot{U}_1}{\dot{U}_2} = 2, \qquad \dfrac{\dot{I}_1}{\dot{I}_2} = \dfrac{1}{2}$$

联立求解可得

$$\dot{I}_1 = 0.4\underline{/0^\circ}\ \text{A}, \dot{U}_2 = 0.8\underline{/0^\circ}\ \text{V}$$

所以 $i_1(t) = 0.57\sin t A R_L$ 上消耗的平均功率为 $P_L = \dfrac{U_2^2}{R_L} = 0.64 \text{W}$

解法二　变压器副边的等效阻抗为

$$Z_0 = \left(\dfrac{1}{\dfrac{1}{\mathrm{j}} + \dfrac{1}{-\mathrm{j}} + 1} \right) = 1\Omega$$

则根据变压器的阻抗变换关系，原边的入端复阻抗为

$$Z_i = n^2 Z_0 = 4\Omega$$

因此变压器原边的等效电路如图 7.27 所示。

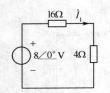

图 7.27　变压器原边
等效电路图

根据 KVL，可得

$$16\dot{I}_1 + 4\dot{I}_1 = 8$$

解得

$$\dot{I}_1 = 0.4\ \underline{/0^\circ}\ \text{A}$$

则副边电流

$$\dot{I}_2 = 2\dot{I}_1 = 0.8\ \underline{/0^\circ}\ \text{A}$$

因此 R_L 上消耗的平均功率为

$$P_\text{L} = I_\text{L}^2 R_\text{L} = \left(\frac{Z_0}{R_\text{L}} \times I_2\right)^2 R_\text{L} = 0.64\text{W}$$

解法三　先求原电路中变压器副边左侧部分电路的戴维南等效电路。副边开路时 $\dot{I}_2 = 0$，因此 $\dot{I}_1 = 0$，$\dot{U}_1 = \dot{U}_s = 8\ \underline{/0^\circ}\ \text{V}$，开路电压

$$\dot{U}_{oc} = \dot{U}_2 = \frac{1}{2}\dot{U}_1 = 4\ \underline{/0^\circ}\ \text{V}$$

从副边向左看进去的等效电阻

$$Z = \frac{\dot{U}_2}{-\dot{I}_2} = \frac{\frac{1}{2}\dot{U}_1}{-2\dot{I}_1} = -\frac{1}{4} \times \frac{\dot{U}_1}{\dot{I}_1} = 4\Omega$$

因此，原电路的戴维南等效电路如图 7.28 所示。所以

$$\dot{I}_2 = \frac{\dot{U}_{oc}}{Z + Z_0} = \frac{4\ \underline{/0^\circ}}{4+1} = 0.8\ \underline{/0^\circ}\ \text{A}$$

原边电流为

$$\dot{I}_1 = \frac{1}{2}\dot{I}_2 = 0.4\ \underline{/0^\circ}\ \text{A}$$

R_L 上消耗的平均功率为：$P_\text{L} = I_\text{L}^2 R_\text{L} = 0.64\text{W}$

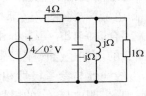

图 7.28　原电路的
戴维南等效电路

2. 全耦合变压器电路分析

全耦合变压器的实质就是两个完全耦合的互感线圈，因此对于含全耦合变压器的电路除了可以根据全耦合变压器的电压、电流特性进行求解外，还可以根据含有互感电路的分析方法进行求解。

【**例 7.10**】含全耦合变压器电路如图 7.29 所示，已知 $\omega = 1$，试求电路中的电流 $\dot{I}_1$ 和 $\dot{I}_2$。

解法一　由 $\omega = 1$ 可知：$L_1 = 1\text{H}$，$L_2 = 16\text{H}$ 根据全耦合关系可得，

$$M = \sqrt{L_1 L_2} = 4\text{H}$$

变压器原边回路和副边回路的 KVL 方程分别为

$$(1+\text{j})\dot{I}_1 - \text{j}4\dot{I}_2 = 4\ \underline{/0^\circ}$$

$$(\text{j}16 - \text{j}16)\dot{I}_2 - \text{j}4\dot{I}_1 = 0$$

解方程可得：$\dot{I}_1 = 0$，$\dot{I}_2 = 1\ \underline{/90^\circ}\ \text{A}$

解法二　原电路的去耦等效电路如图 7.30 所示。则左右两个网孔的网孔电流方程为

$$(1 - \text{j}3 + \text{j}4)\dot{I}_1 - \text{j}4\dot{I}_2 = 4\ \underline{/0^\circ}$$

$$(\text{j}12 + \text{j}4 - \text{j}16)\dot{I}_2 - \text{j}4\dot{I}_1 = 0$$

所得结果与前面直接求解的结果相同。

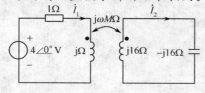

图 7.29 例 7.10 电路图

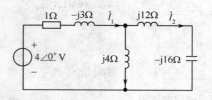

图 7.30 原电路的去耦等效电路

7.5 实用电路分析举例

7.5.1 互感线圈同名端测量电路分析

两个互感线圈的同名端除了直接表示在线圈上外,也可以用实验的方法来确定,测量线圈同名端的电路如图 7.31 所示。

图中,L_1、L_2 为一对耦合线圈,线圈 1 经过一个开关直接接到直流稳压电源上,由于线圈内阻很小,为防止电路中电流过大,在电路中串联一个电阻 R。在线圈 2 两端串联一块电压表,极性如图所示。由电感的动态特性可知,将开关 S 闭合后,流经 L_1 的电流 i_1 将由零逐渐增大,直到达到稳态。在开关闭合瞬间,$\mathrm{d}i_1/\mathrm{d}t > 0$,由于互感的作用,此时

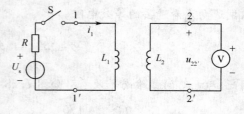

图 7.31 测量互感线圈同名端电路图

在线圈 2 的两端也会产生互感电压,电压表指针将随之发生偏转。如果电压表指针正偏,表明电压 u'_{22} 的极性与参考极性相同,2 端为高电位端,因此 1 和 2 是一对同名端;反之如果电压表指针反偏,表明电压 u'_{22} 的极性与参考极性相反,2′端为高电位端,因此 1 和 2′ 为同名端。

7.5.2 电功率表与阻抗参数三表法测量电路分析

电功率表是用来测量电平均功率的仪器,常简称为功率表。它由两个线圈组成:电流线圈和电压线圈。电流线圈的阻抗非常低,在电路中相当于短路,它与负载串联,反映负载中的电流;电压线圈的阻抗非常高,在电路中相当于开路,它与负载并联,反映负载两端的电压。功率表的结构及电路符号如图 7.32 所示。

功率表的每个线圈都有两个端点,每一个线圈都有一个端点标有"＊"(或"±")号,在测量时电流线圈的"＊"(或"±")端应朝向电源,电压线圈的"＊"(或"±")端应接到电流线圈的同一根线上,如图 7.33 所示。

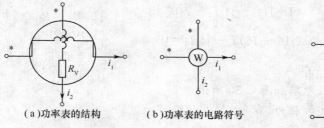

(a)功率表的结构   (b)功率表的电路符号

图 7.32 功率表

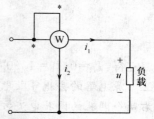

图 7.33 功率表与负载连接

由于电压线圈串有高阻值的倍压器,它的感抗与其电阻相比可以忽略不计,所以可以认为其中电流 i_2 与两端的电压 u 同相。对于电动式仪表,$\alpha = KI_1I_2\cos\varphi$,其中 I_1 为负载电流的有效值 I;I_2 与负载电压的有效值 U 成正比,即为负载电流与电压之间的相位差;而 $\cos\varphi$ 为电路的功率因数。因此,$\alpha = KI_1I_2\cos\varphi$ 也可写成

$$\alpha = K'UI\cos\varphi = K'P$$

表明电动式功率表中指针的偏转角 α 与电路的平均功率 P 成正比。

利用交流电压表、交流电流表和功率表可以测量元件的阻抗值,这种方法就是三表法。三表法是测量工频交流电路参数的基本方法,测量时的接线图如图 7.34 所示。

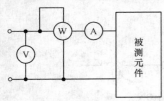

三表法测量阻抗值的原理是:首先利用电压表、电流表和功率表分别测出元件两端的电压 U、流经元件的电流 I 以及元件所消耗的功率 P,然后利用它们算出电路的功率因数和元件阻抗的模,即

$$\lambda = \cos\varphi = \frac{P}{UI}, \qquad |Z| = \frac{U}{I}$$

图 7.34 三表法测量元件的阻抗

再由功率因数和阻抗模,相继求得元件的电阻 R 和电抗 X,即

$$R = |Z|\cos\varphi, \qquad X = |Z|\sin\varphi$$

最后,根据电抗 X 和频率 ω,求出相应的元件参数,即

$$L = \frac{X}{\omega}(\text{电感}) \quad \text{或} \quad C = \frac{1}{\omega X}(\text{电容})$$

思考题与习题 7

题 7.1 用变压器能否实现直流电压耦合?

题 7.2 为什么将两耦合线圈串联或并联时,必须注意同名端,否则当接到电源时有烧毁的危险?

题 7.3 一对耦合电感的耦合系数能否等于零?

题 7.4 试标出图 7.35 所示耦合电感的同名端。

题 7.5 图 7.36 所示的电路中,两个线圈的额定电压均为 110V,当外加电压分别为 110V 和 220V 时,线圈 1 和 2 的 4 个端钮应该如何连接?

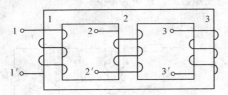

图 7.35 题 7.4 图 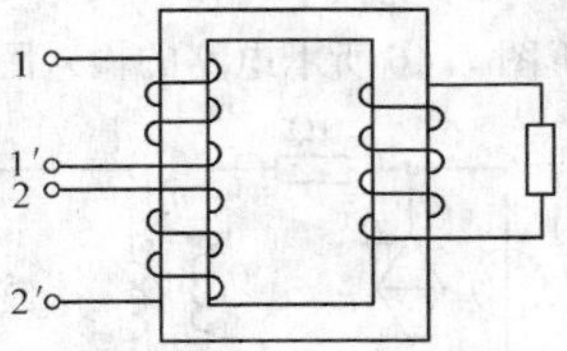   图 7.36 题 7.5 图

题 7.6 试求图 7.37 所示电路中 a、b 两端的电压。

题 7.7 试求图 7.38 所示电路的等效电感。

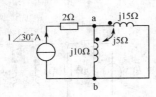 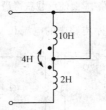

图 7.37 题 7.6 电路   图 7.38 题 7.7 电路

题 7.8 试计算图 7.39 所示三个耦合线圈的总电感量。

题 7.9 两个线圈,当顺串时总电感为 180mH,反串时总电感为 120mH,若其中一个线圈的电感是另一个的 4 倍,求 L_1,L_2 和 M,并计算耦合系数 K。

题 7.10 试求图 7.40 所示电路的入端阻抗。

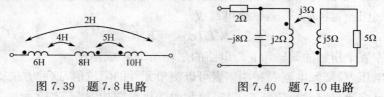

图 7.39 题 7.8 电路　　　　图 7.40 题 7.10 电路

题 7.11 试计算图 7.41 所示电路中的电压 $\dot{U}$。

题 7.12 试求图 7.42 所示电路的诺顿等效电路。

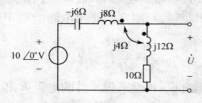 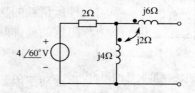

图 7.41 题 7.11 电路　　　　图 7.42 题 7.12 电路

题 7.13 试写出图 7.43 所示耦合电感的伏安关系式。

题 7.14 图 7.44 所示电路中,已知两个线圈的参数为:$R_1=R_2=100\Omega$,$L_1=3H$,$L_2=10H$,$M=5H$,正弦电源的电压 $U=220V$,$\omega=100rad/s$。(1)试求两线圈端电压,并做出电路的相量图;(2)电路中串联多大的电容可使电路发生串联谐振?(3)画出该电路的去耦等效电路。

 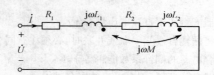

图 7.43 题 7.13 电路　　　　图 7.44 题 7.14 电路

题 7.15 图 7.45 所示电路中,若 $\dot{U}_2=\dot{U}_S$,那么理想变压器的匝比应为多少?

题 7.16 试计算图 7.46 所示电路的输入阻抗。

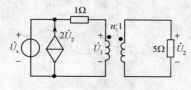 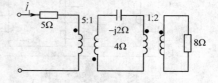

图 7.45 题 7.15 电路　　　　图 7.46 题 7.16 电路

题 7.17 图 7.47 所示电路中,要使负载获得最大功率,则变压器的变比 n 应为多少?并计算该最大功率的值。

题 7.18 试求图 7.48 所示电路中的电流 $\dot{I}$。

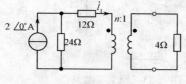 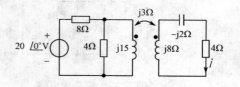

图 7.47 题 7.17 电路　　　　图 7.48 题 7.18 电路

第 8 章　三相电路与用电常识

本章导读信息

在工农业生产和日常用电中,广泛使用的是三相交流电,对三相交流电的分析和计算可以直接应用第五章中介绍的正弦交流电路的分析方法。但在使用中应注意其特点,特别是安全用电常识和基本测量方法。

1. 内容提要

本章在正弦交流电路分析的基础上,主要介绍了目前实际应用的三相交流电路,讨论了三相电源的特点和连接方式、三相负载的特点和连接方式,对 Y/Y、Y_0/Y_0、$\triangle/\triangle$、Y/$\triangle$ 连接等几种常见的三相电路进行了详细分析。结合对电的使用,介绍了常用电工仪表的原理与使用、常用电量的测量方法和安全用电常识,在例题中紧密结合典型的实际应用电路,并做了适当的分析。给出了适量的结合实际的思考练习和习题。

全章内容分为六节:

第一节介绍了对称三相电源与三相负载的特性和连接,主要概念和名词有:对称三相电源,三相电源首(始)端与尾(末)端,A 相、B 相和 C 相、三相电源的相序,三相电源的星形(Y)、带中线星形(Y_0)和三角形($\triangle$)连接,相线(火线)、中线(零线),相电压和线电压,三相负载,对称三相负载,三相负载的星形(Y)、带中线星形(Y_0)和三角形($\triangle$)连接。

第二节介绍了三相电路、Y/Y、Y_0/Y_0、$\triangle/\triangle$ 和 Y/$\triangle$ 结构和三相电路的分析与计算方法,主要概念和名词有:三相电路,对称三相电路,相电流和线电流,三相四线制及中线的作用,非对称 Y/Y 三相电路的星点漂移,相序仪。

第三节介绍了三相电路功率的计算和测量,主要概念和名词有:三相电路的平均(有功)功率,三相电路的无功功率,三相电路的视在功率,测功率的一表法、二表法、三表法。

第四节介绍了电工测量仪表及其分类方法、电工仪表的误差与准确度问题,主要概念和名词有:电工测量,电学量,电量和电参量,电工仪表,非电量,指示仪表,比较仪表,记录仪表,磁电式、电磁式和电动式仪表,指示值,真值,基本误差,附加误差,绝对误差,相对误差,引用误差,仪表量程,仪表的准确度。

第五节介绍了常用电量的测量方法,主要概念和名词有:仪表极性,仪表的量程与扩大、电动式功率表、万用表、钳形电流表、直流电桥、交流电桥、兆欧表。

第六节介绍了安全用电常识,主要概念和名词有:人体电阻、电流对人体的影响、安全电压、安全电压等级、单相直接触电、低压中性点、两相直接触电、跨步电压触电、接地、接地体、接地电阻、保护接地、工作接地、重复接地、保护接零、TN-S 系统、TN-C 系统、TN-C-S 系统。

2. 重点与难点

【本章重点】

(1) 对称三相电源的特点和对称三相负载的特点;

(2) 三相电路的几种常用结构;

(3) 三相电路的电流、电压和功率分析与、计算方法和计算技巧;

（4）常用仪器仪表的基本原理，被测量电路与仪表的连接，合理选择仪表的量程减小测量误差；

（5）人体电阻的概念、电流对人体的影响、人员触电的几种方式，建立安全电压的概念，安全电压等级，接地、保护接零措施对安全用电的原理；

【本章难点】

（1）相序的概念、相电流和线电流的概念及其相互关系、非对称三相电路的分析与计算；

（2）二表法测三相电路功率、功率的测量、电能的测量电路的连接、交流电桥测量电感电容；

（3）接地、保护接零、重复接地的概念及其原理分析。

8.1　对称三相电源与三相负载

在日常生活和室内办公中，各种家用电气和办公电气如电灯、电视机、电冰箱、电风扇、电脑、打印机等，基本上都是使用单相电源。其实单相电源就是下面要介绍的三相电源之某一相。本节将详细介绍三相电源、三相负载以及由它们构成的三相电路。

8.1.1　对称三相电源及其特点

三相电源是由三相交流发电机产生的。三相交流发电机有三个相同的线圈，称为三相绕组，每组线圈的匝数、形状、尺寸、绕向都是相同的，图 8.1 是三相交流发电机的结构示意图。三相交流发电机所发出的电一般不被用户直接使用，而是经过三相变压器多次变压后供用户使用。无论是三相交流发电机还是三相变压器都可以等效为三个线圈绕组（AX、BY、CZ），如图 8.2 所示，其中 A、B、C 称为绕组的首（始）端，X、Y、Z 称为绕组的尾（末）端。

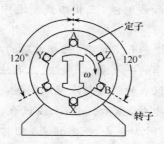
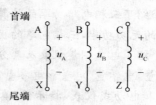

图 8.1　三相发电机的结构示意图　　　　图 8.2　三相交流电源绕组示意图

三相绕组始端与末端所产生的三个电压分别是三个单相交流电源，通常用图 8.3 表示。

这三个单相交流电压具有频率相同、有效值（幅值）相等、相位依次相差 120°的特点。这样的三个电压称为对称三相电压，每个电压源都称为一相，记为 A 相、B 相和 C 相，简写为 u_A、u_B、u_C。因为每相电源的幅值相同，通常将每相电源电压的有效值记为 U_P，称为相电压有效值。对称三相电压的瞬时值可表示如下：

$$\begin{cases} u_A = \sqrt{2}U_P\sin\omega t \\ u_B = \sqrt{2}U_P\sin(\omega t - 120°) \\ u_C = \sqrt{2}U_P\sin(\omega t + 120°) \end{cases} \quad (8.1)$$

对称三相电压随时间变化的波形如图 8.4 所示。

用有效值相量表示，则为：

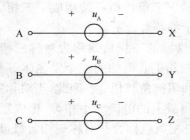

图 8.3　三相绕组的等效电源模型

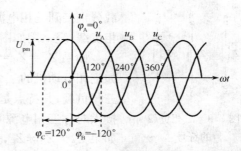

图 8.4　三相对称电压随时间变化的波形

$$\begin{cases} \dot{U}_{\text{A}} = U_{\text{P}} \angle 0° \\ \dot{U}_{\text{B}} = U_{\text{P}} \angle -120° \\ \dot{U}_{\text{C}} = U_{\text{P}} \angle 120° \end{cases} \qquad (8.2)$$

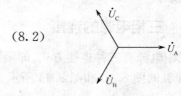

对称三相电源的相量图如图 8.5 所示。

由图 8.4 和图 8.5 可知,对称三相电源的三相电压的瞬时值或相量之和恒为零,即

图 8.5　三相电源的相量图

$$u_{\text{A}} + u_{\text{B}} + u_{\text{C}} = 0, \qquad \dot{U}_{\text{A}} + \dot{U}_{\text{B}} + \dot{U}_{\text{C}} = 0 \qquad (8.3)$$

　　可见,如果将三相电源按始、末端先后顺序串接成一闭合回路,其回路净电压为零,当它们没有与外电路连接时,回路中各相电源均无电流,这个特点对电源接成三角形供电非常重要。

　　三相电源的三个相电压到达最大值的先后顺序称为相序。由式(8.1)或图 8.4 可以看出,u_{A} 超前 u_{B}120°、u_{B} 超前 u_{C}120°、u_{C} 超前 u_{A}120°。因此三相电源系统的相序是 A→B→C→A。一般情况下三相电源的相序是确定不变的,在使用三相电源时,应先确认每一根电源线属于那一相。实际工程接线常用黄色导线表示 A 相、绿色导线表示 B 相、红色导线表示 C 相。在实际应用中,有些三相负载对电源是有相序要求的,不能随意改变,如果改变了三相负载上电源的相序,三相负载的工作状态有可能改变或者不能正常工作,严重时会发生重大事故。例如:相序的改变可以使三相电动机的旋转方向改变、使三相可控硅调压器不能正常调压等。对三相负载而言,通常称相序 A→B→C→A 为正(顺)序,如图 8.6 所示三相电动机的三接线端 a、b、c 接成了正(顺)序,若此时电动机为正转,而图 8.7 所示三相电动机接成了反(逆)序,即三相电动机的三接线端 a、b、c 接的相序为 B→A→C。此时电动机就会变为反转。可见,将三相负载上任意两根电源线互换位置,即实现三相负载相序的改变。

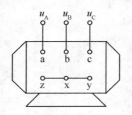

图 8.6　三相负载正序连接

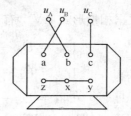

图 8.7　三相负载反序连接

8.1.2　对称三相负载及其特点

　　接在每一相电源上的负载叫作单相负载,如照明电灯、家用电气、办公设备等,三个单相负

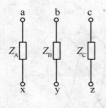

图 8.8　三相负载
的符号

载分别接到三相电源上,则这三个单相负载就构成了三相电源的三相负载,统一用如图 8.8 所示的符号表示。

如果 $Z_A = Z_B = Z_C = Z$,这样的三相负载称为对称三相负载,比如三相电动机的三个绕组、三相工业电炉的三个发热体等都是对称三相负载,其特点是阻抗模和阻抗角都相等。因此,当对称三相负载接入对称三相电源时,每相负载上的电流大小相等、相位互差 120°。如果 $Z_A \neq Z_B \neq Z_C$,这样的三相负载称为非对称三相负载,比如前面讲到的照明电灯、家用电气、办公设备等构成的三相负载就是非对称三相负载。

8.1.3　三相电源的连接

三相电源有三种连接方式,即星形(Y)连接、带中线星形(Y₀)连接和三角形(△)连接,分别如图 8.9、图 8.10 和图 8.11 所示。

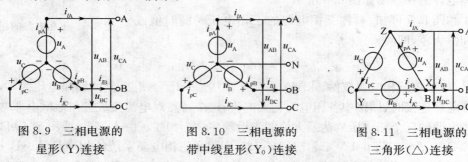

图 8.9　三相电源的
星形(Y)连接

图 8.10　三相电源的
带中线星形(Y₀)连接

图 8.11　三相电源的
三角形(△)连接

从电源三个端点(A、B、C)引出的三根输电线称为相线(即通常所说的火线),三个电源的末端连接在一起,称为中点,由中点引出的线称为中线,又称为零线,用 N 表示。

始端与末端之间的电压称为相电压,就是每一相电源的电压。流过每相电源的电流称相电流。任意两根相线(火线)间的电压称为线电压,流过相线(火线)的电流称为线电流。从图 8.9～图 8.11 中可看出,不同连接时,线电压与相电压、线电流与相电流是不同的,下面分别加以讨论。

1. 星形(Y)连接时线电压与相电压的关系

三相电源按星形连接时(见图 8.9),相电压相量分别为 $\dot{U}_A$、$\dot{U}_B$、$\dot{U}_C$,线电压相量分别为 $\dot{U}_{AB}$、$\dot{U}_{BC}$、$\dot{U}_{CA}$,根据相量形式 KVL,有:

$$\dot{U}_{AB} = \dot{U}_A - \dot{U}_B$$

$$\dot{U}_{BC} = \dot{U}_B - \dot{U}_C$$

$$\dot{U}_{CA} = \dot{U}_C - \dot{U}_A$$

据此,可作出相量图,如图 8.12 所示。

当相电压对称时,线电压 $\dot{U}_{AB}$、$\dot{U}_{BC}$、$\dot{U}_{CA}$ 也是对称的,其大小由相量图可以求得。设线电压有效值为 U_l,则有:

$$\frac{1}{2}U_l = U_P \cos 30°, \quad U_l = \sqrt{3} U_P \qquad (8.4)$$

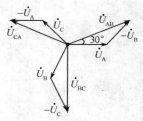

图 8.12　三相电源按
星形连接时相、
线电压相量图

可见,线电压的有效值等于相电压的有效值的$\sqrt{3}$倍。线电压与相电压的相位关系为

$$\dot{U}_{AB} = \sqrt{3}\,\dot{U}_A\,\angle 30°, \quad \dot{U}_{BC} = \sqrt{3}\,\dot{U}_B\,\angle 30°, \quad \dot{U}_{CA} = \sqrt{3}\,\dot{U}_C\,\angle 30°$$

若三相电源接上负载,以 I_l 表示线电流的有效值、以 I_P 表示相电流的有效值,则有:$I_l = I_P$,即相电流等于线电流。

2. 带中线星形(Y_0)连接时线电压与相电压的关系

三相负载按带中线星形(Y_0)连接 时,线电压与相电压的关系与星形(Y)连接时一样。不同的是星形(Y)连接形式只能提供一种电压,即线电压,而带中线星形(Y_0)连接形式可以提供两种电压,即线电压与相电压。这就是带中线星形(Y_0)连接电源系统的优点。

3. 三角形($\triangle$)连接时线电压与相电压的关系

三相电源按图 8.11 连接,把三相电源的始、末端依次相连接,三相电源构成一个闭合回路,分别从始、末端连接处引出三根端线就得到三角形连接,三根端线就是电源的相线,与负载相接。

由图可知,三相电源接成三角形时,线电压等于相电压,即 $U_l = U_P$。但线电流不等于相电流。

在三相电源接成三角形的闭合回路中,回路的净电压为零。即

$$\dot{U}_A + \dot{U}_B + \dot{U}_C = 0 \tag{8.5}$$

值得指出的是三相电源按三角形连接时,千万不要把始、末端接反了,否则将会烧毁电源的,应确认无误后才能供电。

8.1.4 三相负载的连接

三相负载也有三种连接方式,即星形(Y)连接、带中线星形(Y_0)连接和三角形($\triangle$)连接,分别如图 8.13、图 8.14 和图 8.15 所示。值得指出的是,非对称三相负载不能连接为星形(Y)。

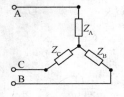
图 8.13　三相负载的星形(Y)连接

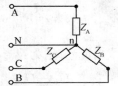
图 8.14　三相负载的带中线星形(Y_0)连接

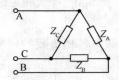
图 8.15　三相负载的三角形($\triangle$)连接

1. 星形连接时线电压与相电压、线电流与相电流的关系

当对称三相电源和对称三相负载均为星形(Y)连接时,负载线电压相量分别为 $\dot{U}_{AB}$、$\dot{U}_{BC}$、$\dot{U}_{CA}$,不难推得,每相负载上电压相量分别为电源相电压 $\dot{U}_A$、$\dot{U}_B$、$\dot{U}_C$。

如果三相电源和三相负载对称时,以 I_l 表示负载线电流的有效值,以 I_P 表示负载相电流的有效值,则有 $I_l = I_P$,即线电流等于相电流。

2. 带中线星形(Y_0)连接时线电压、与相电压、线电流与相电流的关系

由图 8.14 可见,无论三相负载对称与否,Y_0 连接时,负载线电压相量分别为 $\dot{U}_{AB}$、$\dot{U}_{BC}$、$\dot{U}_{CA}$,每相负载电压相量分别为电源相电压 $\dot{U}_A$、$\dot{U}_B$、$\dot{U}_C$。

若接上三相电源,则有:$I_l = I_P$,即线电流等于相电流。

如果三相电源按带中线星形(Y_0)连接,三相负载也按带中线星形(Y_0)连接时,这就是后面讨论的三相四线制供电系统(Y_0/Y_0)。

3. 三角形(△)连接时线电压与相电压、线电流与相电流的关系

由图8.15可知,无论三相电源接成那种形式,三相负载按三角形(△)连接时,每相负载电压相量分别为电源线电压$\dot{U}_{AB}$、$\dot{U}_{BC}$、$\dot{U}_{CA}$,即每相负载上的电压等于电源线电压。

若接上对称三相电源,且三相负载也是对称的,则有$I_l=\sqrt{3}I_p$,即线电流等于相电流的$\sqrt{3}$倍。

8.2 三相电路的分析

在给定电源电压的条件下,根据负载的额定电压要求,三相负载与三相电源按一定的形式连接起来,就组成了通常所说的三相电路。常用的三相电路有 Y/Y 电路(图8.16)、Y_0/Y_0 电路(图8.19)、Y(△)/△电路(图8.22)。

8.2.1 Y/Y 电路的分析

Y/Y 电路原理如图8.16所示。

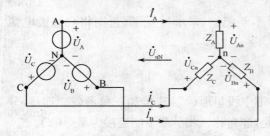

图 8.16 Y/Y 电路原理图

假设电源电压和负载阻抗都是已知的,可以按以下方法分析求出电路中的三个线电流:由于图8.16电路中只有两个节点 N 和 n,选择电源中点 N 为参考点,并设节点 n 和 N 之间的电压为$\dot{U}_{nN}$,对节点 n 应用 KCL 可得:$\dot{I}_A+\dot{I}_B+\dot{I}_C=0$,由 KVL 得各相负载的相电压

$$\dot{U}_{An}=\dot{U}_A-\dot{U}_{nN}, \quad \dot{U}_{Bn}=\dot{U}_B-\dot{U}_{nN},$$
$$\dot{U}_{Cn}=\dot{U}_C-\dot{U}_{nN} \qquad (8.6)$$

由欧姆定律得各相负载的相电流(即线电流)分别为:

$$\dot{I}_A=\frac{\dot{U}_A-\dot{U}_{nN}}{Z_A}, \quad \dot{I}_B=\frac{\dot{U}_B-\dot{U}_{nN}}{Z_B}, \quad \dot{I}_C=\frac{\dot{U}_C-\dot{U}_{nN}}{Z_C}$$

将它们代入 KCL 方程,则有

$$\frac{\dot{U}_A-\dot{U}_{nN}}{Z_A}+\frac{\dot{U}_B-\dot{U}_{nN}}{Z_B}+\frac{\dot{U}_C-\dot{U}_{nN}}{Z_C}=0$$

故有

$$\dot{U}_{nN}=\left(\frac{\dot{U}_A}{Z_A}+\frac{\dot{U}_B}{Z_B}+\frac{\dot{U}_C}{Z_C}\right)\bigg/\left(\frac{1}{Z_A}+\frac{1}{Z_B}+\frac{1}{Z_C}\right) \qquad (8.7)$$

式(8.7)实际上就是节点电压法方程。对式(8.7)作如下分析讨论。

1. 当三相负载不对称(即 $Z_A \neq Z_B \neq Z_C$)时

这时,$\dot{U}_{nN} \neq 0$,即负载中点电位偏离了电源中点电位,常称为负载星点漂移,所以此时电源的相电压$\dot{U}_A$、$\dot{U}_B$、$\dot{U}_C$虽然是对称的,但各相负载上所承受的相电压已不能保持对称了,如图8.17的相

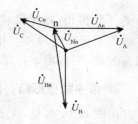

图 8.17 负载不对称的
Y/Y 电路电压相量图

量图所示,这时有的负载相电压比额定电压高,有的负载相电压比额定电压低,影响负载的正常工作,甚至烧毁电路设备。因此,在实际工作中,当负载不对称时,应采用三相四线制,即当不对称负载做星形连接时,必须要有中线。因为有了中线,负载的相电压才能与电源的相电压保持相等,使每相负载都能工作在额定电压下。所以,在实际应用的三相四线制系统中,为了防止负载星点漂移,中线应可靠连接,不允许在中线上接入保险丝和开关,并应经常检查中线的状况。

2. 当三相负载对称(即 $Z_A = Z_B = Z_C = Z$)时

这时,$\dot{U}_{nN} = 0$,即负载中点电位与电源中点电位重合,常称为负载星点重合。此时,电源的相电压 $\dot{U}_A$、$\dot{U}_B$、$\dot{U}_C$ 是对称时,各相负载上的电压等于电源的相电压也是对称的,即 $\dot{U}_{An} = \dot{U}_A$、$\dot{U}_{Bn} = \dot{U}_B$、$\dot{U}_{Cn} = \dot{U}_C$。所以各相电流 $\dot{I}_A$、$\dot{I}_B$、$\dot{I}_C$ 也是对称的,计算如下

$$\dot{I}_A = \frac{\dot{U}_{An}}{Z} = \frac{\dot{U}_A}{Z}, \quad \dot{I}_B = \frac{\dot{U}_{Bn}}{Z} = \frac{\dot{U}_B}{Z}, \quad \dot{I}_C = \frac{\dot{U}_{Cn}}{Z} = \frac{\dot{U}_C}{Z}$$

可见,三个相电流有效值大小相等、相位互差 120°,因此,对对称的 Y/Y 电路进行计算时,可以只计算任意一相的电流,利用电流的对称性可以求出另外两相电流。

另外,这时所有负载相电压与额定电压相等,既使不接中线电路也能正常工作。因此,在实际工作中,当负载对称时,可以采用 Y/Y 结构的三相三线制,节省线路投资。工业中的三相电动机电路、三相工业电炉就是三相三线制的典型例子。

【例8.1】有一星形连接的三相对称负载,电路如图 8.16 所示,每相的电阻 $R = 6\Omega$,感抗 $X_L = 8\Omega$。电源线电压对称,设 $u_{AB} = 380\sqrt{2}\sin(\omega t + 30°)$V,试求线电流。

解 因为负载对称,电源线电压对称,故为三相对称电路,只需计算一相即可。以 A 相为例。

$$U_A = \frac{U_{AB}}{\sqrt{3}} = \frac{380}{\sqrt{3}} = 220V$$

u_A 比 u_{AB} 滞后 30°,故有

$$u_A = 220\sqrt{2}\sin\omega t \, V$$

A 相电流的有效值为

$$I_A = \frac{U_A}{\sqrt{R^2 + X_L^2}} = \frac{220}{\sqrt{6^2 + 8^2}} = 22A$$

i_A 比 u_A 滞后 φ 角,即

$$\varphi = \arctan\frac{X_L}{R} = 53.1°$$

所以

$$i_A = 22\sqrt{2}\sin(\omega t - 53.1°)A$$

因为电流对称,所以其他两相的线电流为

$$i_B = 22\sqrt{2}\sin(\omega t - 53.1° - 120°) = 22\sqrt{2}\sin(\omega t - 173.1°)A$$

$$i_C = 22\sqrt{2}\sin(\omega t - 53.1° + 120°) = 22\sqrt{2}\sin(\omega t + 66.9°)A$$

【例8.2】图 8.18 所示电路是一种决定相序的仪器,叫相序指示器。如果使 $1/\omega C = R = (1/G)$,试说明在线电压对称的情况下,如何根据两个灯泡所承受的电压确定相序。

解 图 8.18(a)电路可化为图 8.18(b)所示的形式,其中性点电压 $\dot{U}_{nN}$ 为

$$\dot{U}_{nN} = \frac{\dot{U}_A j\omega C + \dot{U}_B G + \dot{U}_C G}{j\omega C + 2G}$$

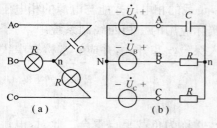

图 8.18　一种相序器的原理

带入给定的参数关系并经计算后,有(令 $\dot{U}_A = U\angle 0°$)

$$\dot{U}_{nN} = (-0.2 + j0.6)U = 0.63U\angle 108.4°$$

B 相灯泡所承受的电压为

$$\dot{U}_{Bn} = \dot{U}_{BN} - \dot{U}_{nN} = U\angle -120° - (-0.2 + j0.6)U$$
$$= (-0.3 - j1.47)U = 1.5U\angle -101.5°$$

所以　　　　　　　　　　　$U_{Bn} = 1.5U$

经类似的计算可求得

$$\dot{U}_{Cn} = \dot{U}_{CN} - \dot{U}_{nN} = U\angle 120° - (-0.2 + j0.6)U$$
$$= (-0.3 + j0.266)U = 0.4U\angle 138.4°$$
$$U_{Cn} = 0.4U$$

根据上述结果可以判断:电容器所在的那一相若定为 A 相,则灯泡比较亮的为 B 相,较暗的则为 C 相。

另外,根据中性点电压 $\dot{U}_{nN}$,也可由电压相量图判定 $\dot{U}_{Bn} > \dot{U}_{Cn}$。

8.2.2　Y_0 / Y_0 电路的分析

Y_0 / Y_0 电路原理图如图 8.19 所示。假设电源电压和负载阻抗都是已知的,分析求出电路中的三个线电流和中线上的电流。

由图 8.19 可以看出,每相负载的相电压等于对应的电源相电压,负载的线电压等于对应的电源线电压。因此可以分别一相一相地进行计算,因为 $\dot{U}_a = \dot{U}_A$,$\dot{U}_b = \dot{U}_B$,$\dot{U}_c = \dot{U}_C$,故有

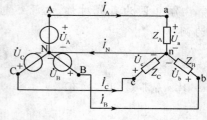

图 8.19　Y_0 / Y_0 电路原理图

$$\dot{I}_A = \frac{\dot{U}_a}{Z_A} = \frac{\dot{U}_A}{Z_A}, \quad \dot{I}_B = \frac{\dot{U}_b}{Z_B} = \frac{\dot{U}_B}{Z_B}, \quad \dot{I}_C = \frac{\dot{U}_c}{Z_C} = \frac{\dot{U}_C}{Z_C}$$

$$(8.8)$$

各相负载的相电压与相电流之间的相位差为

$$\varphi_A = \arctan\frac{X_A}{R_A}, \quad \varphi_B = \arctan\frac{X_B}{R_B}, \quad \varphi_C = \arctan\frac{X_C}{R_C}$$

中线电流按图 8.18 中所选定的参考方向,应用 KCL 可得出

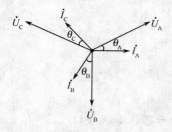

图 8.20　对称 Y_0 / Y_0
电路电压电流向量图

$$\dot{I}_N = \dot{I}_A + \dot{I}_B + \dot{I}_C$$

对以上分析计算进行如下讨论。

1. 负载对称(即 $Z_A = Z_B = Z_C$)时

由于三相电源的相电压也是对称的,所以这时各相电流 $\dot{I}_A$、$\dot{I}_B$、$\dot{I}_C$ 也是对称的。几个相电流有效值的大小相等,相位互差 120°,电压和电流的相量图如图 8.20 所示。这时中线电流 $\dot{I}_N = \dot{I}_A + \dot{I}_B + \dot{I}_C = 0$。

因此,对对称的 Y_0/Y_0 电路进行计算时,可以只计算任意一相的电流,利用电流的对称性求出另外两相电流。

2. 当三相负载不对称(即 $Z_A \neq Z_B \neq Z_C$)时

这时,尽管每相负载的相电压等于对应的电源相电压,但因负载不等,所以三个相电流是非对称的,因此只能用式(8.8)分别一相一相地进行计算。

【**例 8.3**】在图 8.21 中,电源电压对称,相电压 $U=220V$,负载为灯泡组,其电阻分别为 $R_A=5\Omega,R_B=10\Omega,R_C=20\Omega$,试求负载的相电流及中线电流。灯泡的额定电压为 220V。

解 图 8.21 所示电路,因为有中线,且中线阻抗为零,所以虽然三相负载不对称,但这时负载相电压和电源的相电压相等。以 A 相电压为参考相量,即 $\dot{U}_A=220\angle 0°$,则

$$\dot{I}_A = \frac{\dot{U}_A}{R_A} = \frac{220\angle 0°}{5} = 44A$$

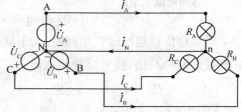

图 8.21　例 8.3 电路图

$$\dot{I}_B = \frac{\dot{U}_B}{R_B} = \frac{220\angle -120°}{10} = 22\angle -120°A$$

$$\dot{I}_C = \frac{\dot{U}_C}{R_C} = \frac{220\angle 120°}{20} = 11\angle 120°A$$

中线电流为

$$\dot{I}_N = \dot{I}_A + \dot{I}_B + \dot{I}_C = (44\angle 0° + 22\angle -120° + 11\angle 120°)A$$
$$= [(44 + (-11 - j18.9) + (-5.5 + j9.45)]$$
$$= 27.5 - j9.45 = 29.1\angle -19°A$$

可见,各相电源提供的电流相差很大,有可能造成有的相电源超载运行,有的相电源又处于低载运行,而且中线电流很大。所以在实际工程中,尽可能给三相电源分配接近对称的三相负载是电路设计应必须考虑的问题。

8.2.3　负载为三角形连接的三相电路分析

另一类典型的三相电路是负载按三角形连接,如图 8.22 所示。

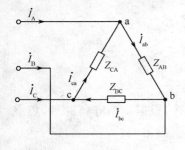

图 8.22　负载为三角形连接
的三相电路原理图

由图可知,这种电路形式不需要考虑三相电源如何连接,因为三相负载是分别接到三个电源的火线上的,负载的相电压就等于三相电源的线电压,所以只要知道三相电源的线电压就可以了。

在负载不对称的情况下,各相电流需要一相一相地计算,设线电压的相量为

$$\dot{U}_{AB} = U_l\angle 0°, \quad \dot{U}_{BC} = U_l\angle -120°, \quad \dot{U}_{CA} = U_l\angle 120°$$

设负载相电流为 $\dot{I}_{ab}$、$\dot{I}_{bc}$、$\dot{I}_{ca}$,线电流相量分别为 $\dot{I}_A$、$\dot{I}_B$、$\dot{I}_C$。可得每相相电流为

$$\dot{I}_{ab} = \frac{\dot{U}_{AB}}{Z_{AB}}, \quad \dot{I}_{bc} = \frac{\dot{U}_{BC}}{Z_{BC}}, \quad \dot{I}_{ca} = \frac{\dot{U}_{CA}}{Z_{CA}}$$

根据 KCL,线电流的相量形式,有

$$\dot{I}_A = \dot{I}_{ab} - \dot{I}_{ca}(\text{对节点 a}), \quad \dot{I}_B = \dot{I}_{bc} - \dot{I}_{ab}(\text{对节点 b}), \quad \dot{I}_C = \dot{I}_{ca} - \dot{I}_{bc}(\text{对节点 c})$$

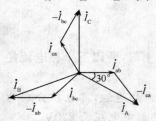

图 8.23 对称负载的三角形连接电流相量图,在对称负载的情况下,由于线电压是对称的,所以负载的相电压与线电流也是对称的,根据相量图可求得线电流。从该图中可以看出,当相电流对称时,线电流也是对称的。用 I_l 表示线电流的有效值,用 I_P 表示相电流的有效值,则

$$\frac{1}{2}I_l = I_P\cos30°$$

图 8.23 对称负载三角形
连接时电流相量图

$$I_l = \sqrt{3}I_P \tag{8.9}$$

于是得到如下结论:

当对称负载连接成三角形时,相电流是对称的,线电流也是对称的,且线电流有效值是相电流有效值的$\sqrt{3}$倍;线电流与相电流的相位关系为

$$\dot{I}_A = \sqrt{3}\,\dot{I}_{ab}\,\angle-30°, \quad \dot{I}_B = \sqrt{3}\,\dot{I}_{bc}\,\angle-30°, \quad \dot{I}_C = \sqrt{3}\,\dot{I}_{ca}\,\angle-30°$$

【例8.4】 某大楼电灯发生故障,第二层楼和第三层楼所有电灯都突然暗下来,而第一层楼电灯亮度不变,试问这是什么原因? 这楼的电灯是如何连接的? 同时发现,第三层楼的电灯比第二层楼的电灯还暗些,这又是什么原因?

解 (1)本系统供电线路图如图 8.24 所示。

(2)因为一层楼的灯亮度不变,所以它们仍工作在 220V 相电压上,而第二层楼和第三层楼所有电灯都暗下来,分析当零线在 P 处断开时,二、三层楼的电灯串联后接在了 A、B 两根相线之间的 380V 电压上,第二层楼和第三层楼电灯数基本相当。

(3)但三楼灯比二楼灯暗一些,分析出三楼灯多于二楼灯,即 $R_3 < R_2$,三楼电灯上分得的电压小于二楼电灯分得的电压。

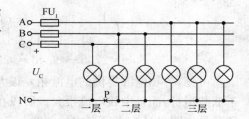

图 8.24 例 8.4 系统供电线路图

8.3 三相电路的功率

三相电路作为强电电路,电功率和能量的计算是一个重点内容。本节详细介绍三相电路的平均功率的计算和测量。

8.3.1 对称负载三相功率的计算

在三相电路中,无论负载为星形(Y)连接还是三角形(△)连接,根据功率守恒原理,负载消耗的总平均功率应等于各相负载消耗的平均功率之和,即

$$P = P_A + P_B + P_C \tag{8.10}$$

当负载对称时,各相消耗的功率相等,且不难得到用相电压和相电流来求对称三相电路的功率表达式,即

$$P = 3U_P I_P \cos\varphi_P \tag{8.11}$$

式中,U_P、I_P 为各相负载的相电压和相电流有效值;φ_P 为相电压与相电流的相位差。

当对称负载星形连接时,$U_P = U_l/\sqrt{3}$,$I_P = I_l$,而当对称负载三角形连接时,$U_P = U_l$,$I_P =$

$I_l/\sqrt{3}$,将两种接法的 U_P、I_P 分别代入式(8.11),得到用线电压和线电流来求对称三相电路的功率表达式,即

$$P = \sqrt{3}U_l I_l \cos\varphi_P \tag{8.12}$$

式中,U_l、I_l 为各相负载的线电压和线电流有效值;φ_P 为相电压与相电流的相位差。

这是对称三相电路的总有功功率。同理可得,负载对称时三相电路的总无功功率为

$$Q = \sqrt{3}U_l I_l \sin\varphi_P \tag{8.13}$$

因此,总的视在功率为

$$S = \sqrt{P^2 + Q^2} = \sqrt{3}U_l \cdot I_l \tag{8.14}$$

【例 8.5】在图 8.25 中,FU 为熔断器,每相负载的电阻 $R=6\Omega$、感抗 $X_L=8\Omega$,电源线电压为 380V,试计算负载分别作星形和三角形连接时的三相总有功功率。

解 每相负载的阻抗模为

$$|Z| = \sqrt{R^2 + X_L^2} = \sqrt{6^2 + 8^2} = 10\Omega$$

负载的功率因数为

$$\cos\varphi = \frac{R}{|Z|} = \frac{6}{10} = 0.6$$

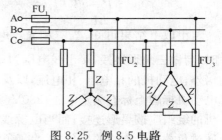

图 8.25 例 8.5 电路

(1) 负载作星形连接时,其相电压的有效值为

$$U_P = \frac{U_l}{\sqrt{3}} = \frac{380}{\sqrt{3}} = 220V$$

线电流等于其相电流,其有效值为

$$I_l = I_P = \frac{U_P}{|Z|} = \frac{220}{10} = 22A$$

所以三相总有功功率为

$$P = \sqrt{3}U_l I_l \cos\varphi = \sqrt{3} \times 380 \times 22 \times 0.6 = 8.68 \times 10^3 W$$

(2) 负载作三角形连接时($U_P = U_l$),相电流的有效值为

$$I_P = \frac{U_P}{|Z|} = \frac{380}{10} = 38A$$

线电流的有效值

$$I_l = \sqrt{3}I_P = \sqrt{3} \times 38 = 66A$$

所以三相总有功功率为

$$P_\triangle = \sqrt{3}U_l I_l \cos\varphi = \sqrt{3} \times 380 \times 66 \times 0.6 = 26 \times 10^3 W$$

上述结果表明,在相同的线电压下,负载做三角形连接时获得的有功功率是星形连接的三倍。这一点不难从功率与电流或电压的平方成正比得到解释;因为三角形连接时每相负载的相电压是星形连接时的相电压的 $\sqrt{3}$ 倍,所以前者的相电流及线电流均为后者的 $\sqrt{3}$ 倍,因此三角形连接时获得的有功功率为星形连接时获得的平均功率的三倍。对于无功功率和视在功率,也有同样的结论。

【例 8.6】有一台三相异步电动机,每相的等效电阻 $R=29\Omega$,等效感抗 $X_L=21.8\Omega$,试求在下列两种情况下电动机的相电流、线电流以及从电源获得的平均功率,并比较所得结果。(1)绕组连成星形,接于 $U_l=380V$ 三相电源上;(2)绕组连成三角形,接于 $U_l=220V$ 三相电源上。

解 (1)因

$$U_P = \frac{U_l}{\sqrt{3}} = \frac{380}{\sqrt{3}} = 220V$$

故

$$I_l = I_P = \frac{U_P}{|Z|} = \frac{220}{\sqrt{29^2 + 21.8^2}} = 6.1\text{A}$$

所以

$$P = \sqrt{3}U_l I_l \cos\varphi = \sqrt{3} \times 380 \times 6.1 \times \frac{29}{\sqrt{29^2 + 21.8^2}} = 3.2\text{kW}$$

（2）因

$$U_P = U_l$$

故

$$I_P = \frac{U_P}{|Z|} = \frac{220}{\sqrt{29^2 + 21.8^2}} = 6.1\text{A}$$

则

$$I_l = \sqrt{3}I_P = \sqrt{3} \times 6.1 = 10.5\text{A}$$

所以

$$P = \sqrt{3}U_l I_l \cos\varphi = \sqrt{3} \times 220 \times 10.5 \times \frac{29}{\sqrt{29^2 + 21.8^2}} = 3.2\text{kW}$$

由以上结果可知，当三相异步电动机绕组做星形连接，接于线电压为380V的三相电源时，与做三角形连接，接于线电压为220V的三相电源时，除后者的线电流是前者线电流的$\sqrt{3}$倍外，电动机的相电压、相电流，以及获得的功率都是相同的。正因为这样，所以有的三相异步电动机标牌上标有额定电压：380V/220V，接法：Y/△。这表示当电源线电压为380V时，电动机的绕组应按星形连接；而当电源线电压为220V时，电动机的绕组应按三角形连接。可见，通过负载连接方式的变化，扩大了负载使用的灵活性。

8.3.2 不对称负载三相功率的计算

负载为不对称时，应分别先计算出每一相负载的平均功率P和无功功率Q，利用功率守恒原理将每一相负载的平均功率P加起来即为总平均功率，将三相的无功功率Q代数和起来即为总无功功率，由$S = \sqrt{P^2 + Q^2}$计算出总视在功率。

【例8.7】某大楼为日光灯和白炽灯混合照明，需装40W日光灯210盏（$\cos\varphi_1 = 0.5$），60W白炽灯90盏（$\cos\varphi_2 = 1$），它们的额定电压都是220V，由380V/220V的电网供电。（1）试分配其负载，并指出应如何接入电网；（2）这座大楼的平均功率为多大？

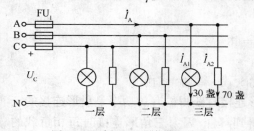

图8.26　例8.7系统供电线路图

解　（1）按三相负载尽可能对称分配的原则，将70盏40W日光灯和30盏60W白炽灯作为一相负载，分别接入电网构成该照明系统如图8.26所示。

（2）按上图连接，每盏灯都在额定电压下工作，所以总功率为所有灯的功率之和。

$$P_{总} = 40 \times 210 + 60 \times 90 = 13800\text{W}$$

8.3.3 三相功率的测量

前面介绍了功率的计算方法。在实际使用三相电时，常常通过测量来了解获取电路的功率情况，下面介绍三相电路功率的测量方法。

1. 一表法

对于对称三相电路,可以用一表法来测量三相电路的功率,即用一块单相功率表测得一相功率,然后乘以 3 即得对称三相负载的总功率。测量电路如图 8.27 所示。

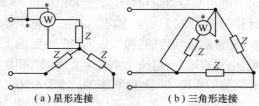

2. 二表法

在三相三线制电路中,不论负载联成星形或三角形,也不论负载对称与否,都广泛采用两功率表法来测量三相功率。即用两块单相功率表来测量三相功率,三相总功率为两块功率表的读

图 8.27 一表法测量对称三相电路功率

数之和。图 8.28 为二表法测量三相功率的接线原理图,每块功率表的电流线圈中通过的是线电流,电压线圈上所加的电压是线电压,两块功率表的电压线圈的另一端都连接在未串联电流线圈的火线上,作为公共端,两块功率表的电流线圈可以串联在任意两根火线中。

下面通过对图 8.29 所示的三相三线制电路三相瞬时功率的分析,说明二表法的正确性。

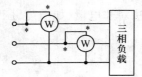

图 8.28 二表法测量三相功率　　图 8.29 负载联成星形的三相三线制电路

三相瞬时功率为
$$p = p_A + p_B + p_C = u_A i_A + u_B i_B + u_C i_C$$
由 KCL 可知
$$i_A + i_B + i_C = 0$$
所以

$$p = u_A i_A + u_B i_B + u_C(-i_A - i_B) = (u_A - u_C)i_A + (u_B - u_C)i_B = u_{AC} i_A + u_{BC} i_B = p_1 + p_2$$

由上式可知,三相功率可用两块单相功率表来测量。

工程实际中,常用一块三相功率表(或称二元功率表)代替两块单相功率表来测量三相功率,其原理与两功率表法相同,接线图如图 8.30 所示。

3. 三表法

三表法是用三块单相功率表来测量三相功率的方法,三相总功率为三块功率表的读数之和。图 8.31 为三表法测量三相功率的接线原理图。

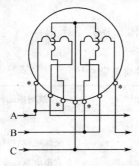

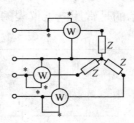

图 8.30 用三相功率表来测量三相功率　　图 8.31 三表法测量三相功率

8.4 电工测量仪表

电工测量对象包括电学量和磁学量,电路中各个物理量的大小,理论上可以通过电路分析与计算的方法求得,而在工程实际中,常常采用实验测量的方法获得,也就是用电工测量仪表去测量,通过测量获得的数据,分析判断电路的工作状态。通常要求测量的电学量可分为电量和电参量,电量有电流、电压、功率、能量、频率、相位等;电参量有电阻、电容、电感等。要测量的磁学量有磁感应强度、磁通、磁导率等。本节介绍几种常用的电工测量仪表,以及仪表的误差和准确度。

8.4.1 电工测量仪表的分类

电工仪表是实现电工测量过程所需技术工具的总称。电工测量仪表在现代各种测量技术中占有重要的地位,它具有下述几个主要优点:

(1) 结构简单,使用方便,并有足够的准确度;

(2) 可以灵活地安装在需要进行测量的地方,并可实现自动记录;

(3) 可以解决远距离的测量问题,为集中管理和控制提供了条件;

(4) 通过与各类传感器配合,可以利用电工测量的方法对非电量(如温度、压力、速度、水位及机械变形等)进行测量。

电工仪表的产品种类很多,它们的分类方法也各异。

(1) 按仪表的结构和用途,大体可分为下列几种类型:

• 指示仪表类。包括各种安装式指示仪表,各种实验室及可携式指示仪表等。直读式仪表就是指示仪表类,它将被测量的数值由仪表指针在刻度盘上直接指示出来。常用的电流表、电压表等均属指示仪表类。

• 比较仪表类。包括直流、交流电桥、电位差计、标准电阻箱、标准电感、标准电容等。比较式仪表需将被测量与标准量进行比较后才能得出被测量的数量。

• 记录/显示器仪表类。记录仪表将被测量的数值记录下来,显示器仪表将被测量的变化规律及数据显示出来。

(2) 按被测量对象的种类可分为电流表、电压表、功率表、频率表、相位表等。

(3) 按工作原理可分为磁电式、电磁式、电动式仪表等。

(4) 按被测量电流的种类可分为直流、交流和交直流两用仪表。

(5) 按显示方式可分为指针式(模拟式)和数字式。指针式仪表用指针和刻度盘指示被测量的数值;数字式仪表先将被测量的模拟量转化为数字量,然后用数字显示被测量的数值。

(6) 按使用方式可分为安装式仪表和可携式仪表。

(7) 按准确度可分为 0.1、0.2、0.5、1.0、1.5、2.5 和 5.0 共 7 个等级。

表 8.1 所示的是常用电工仪表的符号及意义。

表 8.1 常用电工仪表的符号及意义

分类	符号	名称	被测量的种类
电流种类	—	直流电表	直流电流、电压
	～	交流电表	交流电流、电压、功率
	⌒	交直流两用表	直流电量或交流电量
	≈或 3～	三相交流电表	三相交流电流、电压、功率

分类	符号	名称	被测量的种类
测量对象	Ⓐ ⓜⒶ ⓊⒶ	安培表、毫安表、微安表	电流
	Ⓥ ⓀⓋ	伏特表、千伏表	电压
	Ⓦ ⓀⓌ	瓦特表、千瓦表	功率
	kW·h	千瓦时表	电能量
	φ	相位表	相位差
	f	频率表	频率
	Ω MΩ	欧姆表、兆欧表	电阻、绝缘电阻
工作原理	⌓	磁电式仪表	电流、电压、电阻
	⟆	电磁式仪表	电流、电压
	⊟	电动式仪表	电流、电压、电功率、功率因数、电能量
	⌓	整流式仪表	电流、电压
	⊚	感应式仪表	电功率、电能量
准确度等级	1.0	1.0 级电表	以标尺量限的百分数表示
	①.5	1.5 级电表	以标尺值的百分数表示
绝缘等级	⚡2kV	绝缘强度试验电压	表示仪表绝缘经过 2kV 耐压测试
工作位置	→	仪表水平放置	
	↑	仪表垂直放置	
	∠60°	仪表倾斜放置	
端钮	＋	正端钮	
	－	负端钮	
	± 或 *	公共端钮	
	⊥ 或 ⏚	接地端钮	

8.4.2　电工仪表的误差与准确度

无论制造工艺如何完美,仪表的误差总是客观存在的。电工仪表误差是测量结果(简称指示值)与被测量实际值(简称真值)之间的差异,而电工仪表的准确度是指示值与真值的接近程度,是测量结果准确程度的量度。可见,仪表的准确度越高,其误差就越小。因此,在实际测量中往往采用误差的大小来表示准确度的高低。

根据引起误差的原因不同,仪表误差可分为基本误差和附加误差两类。

(1) 基本误差:是在规定的温度、湿度、频率、波形、放置方式以及无外界电磁场干扰等正常工作条件下,由于制造工艺的限制,仪表本身所产生的误差。例如摩擦误差、标尺刻度不准确、轴承与轴尖间隙过大造成误差等都属于基本误差范围。

(2) 附加误差:是由于外界因素的影响和仪表放置不符合规定等原因所产生的误差。附加误差有些可以消除或限制在一定范围内,而基本误差却不可避免。

误差常用绝对误差、相对误差、引用误差表示,设测量结果(示值)为 A_x,被测量真实值(真值)为 $A_\circ$,A_m 为仪表量限即满标度值,则有如下几种误差的定义。

(1) 绝对误差:$\Delta A = A_x - A_\circ$;

(2) 相对误差:$\gamma = \dfrac{\Delta A}{A_\circ} \times 100\%$;

(3) 引用误差:$\gamma_m = \dfrac{\Delta A}{A_m} \times 100\%$。

指示仪表的准确度用最大引用误差来分级,分为 0.1、0.2、0.5、1.0、1.5、2.5 和 5.0 共 7 个等级。如准确度为 2.5 级的仪表,其最大引用误差为 2.5%。例如:用一量程为 150V 的电压表在正常条件下测某电路的两点间电压 U,指示值为 100V,绝对误差为 1V。这时 U 的真值为 $100-1=99V$,相对误差 $\gamma = 1\%$。如果示值为 10V,绝对误差为 $-0.8V$。则其真值为 10.8V,相对误差 8%。如果已知该电压表可能发生的最大绝对误差为 1.5V,则仪表的最大引用误差为

$$K = \frac{1.5}{150} \times 100\% = 1\%$$

所以,该仪表的准确度等级为 1.0 级。

被测量比仪表量程小得越多,测量结果可能出现的最大相对误差值也越大。例如用 1.0 级量程为 150V 的电压表测量 30V 的电压,可能出现的最大相对误差为 5%,而改用 1.0 级量程为 50V 的电压表测量 30V 的电压,可能出现的最大相对误差为 1.67%。所以选用仪表的量程时应使读数在 2/3 量程以上,这样才能达到较好的测量效果。

8.5 常用电量的测量

本节介绍对电流、电压、功率、电阻、电容等电量的基本测量方法。

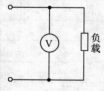

图 8.32 测量电压的电路连接

8.5.1 电压的测量

测量直流电压通常采用磁电式电压表,测量交流电压主要采用电磁式电压表,电压表必须与被测电路并联连接,如图 8.32 所示,此外,测量直流电压时还要注意仪表的极性和仪表的量程。

8.5.2 电流的测量

测量直流电流通常都用磁电式电流表,测量交流电流主要采用电磁式电流表。电流表应串联在电路中,如图 8.33 所示,电流表的内阻一般是很小的,在使用时务必特别注意,绝对不能将电流表并联在电路两端,否则因过电流而烧毁仪表,此外,测量直流电流时还要注意仪表的极性和仪表的量程。

工程中交流电流通常采用钳形电流表来测量。钳形电流表是一种不需断开电路即可测量交流电流的电工仪表。其结构如图 8.34 所示。

1. 钳形电流表的使用方法

使用时首先将其量程转换旋钮转到合适的挡位,手持胶木手柄,

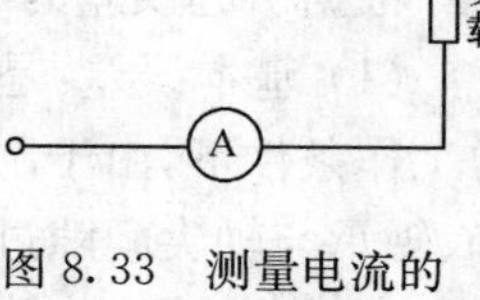

图 8.33 测量电流的电路连接

用食指等四指勾住铁心开关,用力一握,打开铁心开关,将被测导线从铁心开口处引入铁心中央,松开铁心开关使铁心闭合,钳形电流表指针偏转,读取测量值。再打开铁心开关,取出被测导线,即完成测量工作。

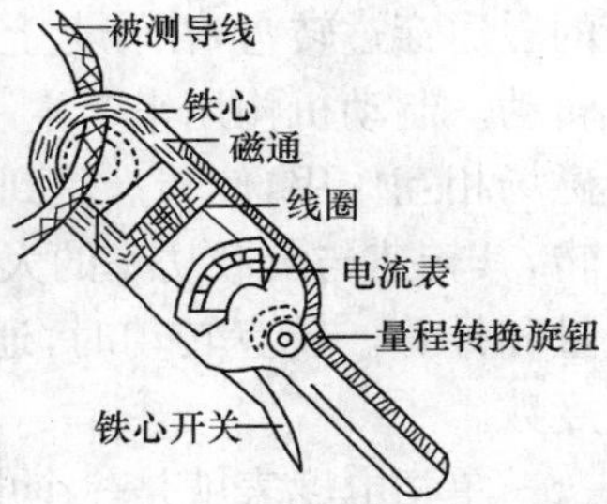

2. 钳形电流表使用时的注意事项

（1）被测线路电压不得超过钳形电流表所规定的使用电压,以防止绝缘击穿,导致触电事故的发生。

图 8.34　钳形电流表结构图

（2）若不清楚被测电流大小,应由大到小逐级选择合适挡位进行测量。不能用小量程挡测量大电流。

（3）测量过程中,不得转动量程旋钮。需要转换量程时,应先脱离被测线路,再转换量程。

（4）为提高测量值的准确度,被测导线应置于钳口中央。

8.5.3　功率的测量

电路中的功率与电压和电流的乘积有关,因此用来测量功率的仪表必须具有两个线圈:电压线圈和电流线圈。实际中多采用电动式功率表来测量功率。它内含一个固定线圈和一个可动线圈。测量时,将仪表的固定线圈与负载串联,反映负载中的电流,因而固定线圈又称电流线圈;将可动线圈与负载并联,反映负载两端电压,所以可动线圈又称电压线圈。

图 8.35 是直流和单相交流功率测量表的结构及测量接线原理图。固定线圈的匝数较少,导线较粗,电阻很小,作为电流线圈与负载串联。可动线圈的匝数较多,导线较细,作为电压线圈与负载并联。由于并联线圈串有高阻值的倍压器,它的感抗与其电阻相比可以忽略不计,所以,可以认为其中电流 i_2 与两端的电压 u 同相。对于电动式仪表,$\sigma = kI_1 I_2 \cos\varphi$,这样,$I_1$ 即为负载电流的有效值,I_2 与负载电压的有效值 U 成正比,即为负载电流与电压之间的相位差,而 $\cos\varphi$ 即为电路的功率因数。因此,$\sigma = kI_1 I_2 \cos\varphi$ 也可写成

$$\sigma = k' UI \cos\varphi = k'P$$

即电动式功率表中指针的偏转角 σ 与电路的平均功率 P 成正比。

如果将电动式功率表的两个线圈中的任意一个反接,指针就会反向偏转,这样便不能读出功率的数值。因此,为了保证功率表的正确连接,在两个线圈的始端标以"$\pm$"或"$*$"号,这两端均应连在电源的同一端,如图 8.35(c)所示。

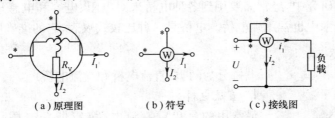

|（a）原理图|（b）符号|（c）接线图|

图 8.35　直流和单相交流功率表及测量接线原理图

8.5.4　电能的测量

电能的测量通常使用电能表。电能表的结构如图 8.36 所示,其驱动机构用来产生转动力矩,包括电压线圈、电流线圈和铝制转盘。当电压线圈和电流线圈通过交流电流时,就有交变

的磁通穿过转盘,在转盘上感应出涡流,涡流与交变磁通相互作用产生转动力矩,从而使转盘转动。制动机构用来产生制动力矩,由永久磁铁和转盘组成。转盘转动后,涡流与永久磁铁的磁场相互作用,使转盘受到一个反方向的磁场力,从而产生制动力矩,致使转盘以某一转速旋转,其转速与负载功率的大小成正比。积算机构用来计算电度表转盘的转数,以实现电能的测量和计算。转盘转动时,通过蜗杆及齿轮等传动机构带动字轮转动,从而直接显示出电能的度数。

单相电度表就是一个电能表。单相电度表共有 4 根连接导线,两根输入,两根输出。电流线圈与负载串联,电压线圈与负载并联,两个线圈的电源端均应接在相(火)线上,并靠电源侧。图 8.37 所示为单相电度表的接线图。

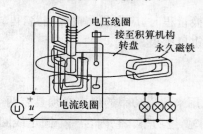

图 8.36 电能表的结构图

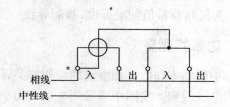

图 8.37 单相电度表的接线图

8.5.5 电阻、电容、电感的测量

实际中,经常用万用表测量电阻、电容、电感等。万用表又称三用表,可测量多种电参量,并具有多个量程。由于它具有测量种类多、使用简单、携带方便、价格低等许多优点,在生产、测试、维护等方面已成为必不可少的基本测量工具。万用表有磁电式和数字式两种。用万用表测量电阻、电容、电感的操作非常简便,即将万用表转换开关分别置于电阻、电容、电感挡,被测电阻、电容、电感接在相应的两端,便构成电阻、电容、电感测量电路。

使用万用表时应注意转换开关的挡位和量程,绝对不能在带电线路上使用电阻、电容、电感挡位测量,用毕应将转换开关转到电压挡位的高电压量程位置。

8.5.6 电桥

在生产和科学研究中,经常需要用到各种电桥来对电阻、电容和电感进行高精度的测量。在非电量的电测技术中也常用到电桥。电桥是一种比较式仪表,它的准确度和灵敏度都较高。

1. 电桥的分类

电桥分为两类:直流电桥和交流电桥。

1)直流电桥

最常用的是单臂直流电桥(惠斯登电桥),是用来测量中值(1Ω~0.1MΩ)电阻的,其电路如图 8.38 所示。当检流计 G 中无电流通过时,这种状态称为电桥达到平衡。电桥平衡的条件为

$$R_1 R_4 = R_2 R_3$$

设 $R_1 = R_x$ 为被测电阻,则

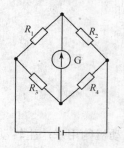

图 8.38 单臂直流电桥

$$R_x = \frac{R_2}{R_4} R_3$$

式中，R_2/R_4 称为电桥的比臂；R_3 称为较臂。测量时先将比臂调到一定比值，而后再调节较臂直到电桥平衡为止。

电桥也可以在不平衡的情况下来测量：先将电桥调节到平衡，当 R_x 有所变化时，电桥的平衡被破坏，检流计中流过电流，这电流与 R_x 有一定的函数关系，因此，可以直接读出被测电阻值或引起电阻发生变化的某种非电量的大小。不平衡电桥一般用在非电量的电测技术中。

2）交流电桥

交流电桥的电路如图 8.39 所示。4 个桥臂由阻抗 Z_1，Z_2，Z_3 和 Z_4 组成，交流电源一般是低频信号发生器，指零仪器是交流检流计或耳机。

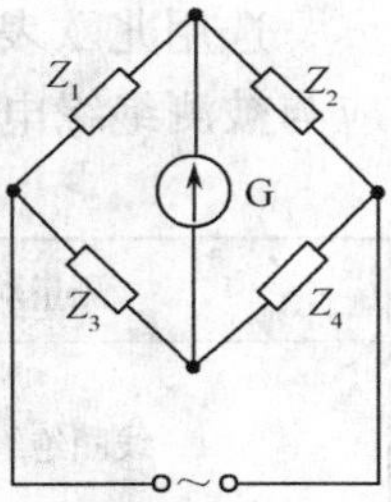

当电桥平衡时

$$Z_1 Z_4 = Z_2 Z_3$$

将阻抗写成指数形式，则为

$$|Z_1| e^{j\varphi_1} |Z_4| e^{j\varphi_4} = |Z_2| e^{j\varphi_2} |Z_3| e^{j\varphi_3}$$

由此得

$$|Z_1||Z_4| = |Z_2||Z_3|, \qquad \varphi_1 + \varphi_4 = \varphi_2 + \varphi_3$$

图 8.39　交流电桥

为了使调节平衡容易些，通常将两个桥臂设计为纯电阻。

设 $\varphi_2 = \varphi_4 = 0$，即 Z_2 和 Z_4 是纯电阻，则 $\varphi_1 = \varphi_3$，即 Z_1 和 Z_3 必须同为电感性或电容性的。

设 $\varphi_2 = \varphi_3 = 0$，即 Z_2 和 Z_3 是纯电阻，则 $\varphi_1 = -\varphi_4$，即 Z_1，Z_4 中，一个是电感性，而另一个是电容性的。

2. 利用电桥测量电容和电感的原理

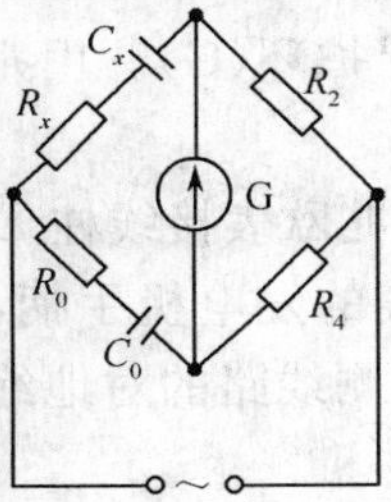

1）电容的测量

测量电容的电路如图 8.40 所示，电阻 R_2 和 R_4 作为两臂，被测电容器（C_x，R_x）作为一臂，无损耗的标准电容器（C_0）和标准电阻（R_0）串联后作为另一臂。

电桥平衡的条件为

$$\left(R_x - j\frac{1}{\omega C_x}\right)R_4 = \left(R_0 - j\frac{1}{\omega C_0}\right)R_2$$

图 8.40　测量电容的电路图

由此得

$$R_x = \frac{R_2}{R_4}R_0, \quad C_x = \frac{R_4}{R_2}C_0$$

为了要同时满足上两式的平衡关系，必须反复调节 R_2/R_4 和 R_0（或 C_0）直到平衡为止。

2）电感的测量

测量电感的电路如图 8.41 所示，R_x 和 L_x 是被测电感元件的电阻和电感。

电桥平衡的条件为

$$R_2 R_3 = R_x + j\omega L_x\left(R_0 - j\frac{1}{\omega C_0}\right)$$

由上式可得

$$L_x = \frac{R_2 R_3 C_0}{1 + (\omega R_0 C_0)^2}, \quad R_x = \frac{R_2 R_3 R_0 (\omega C_0)^2}{1 + (\omega R_0 C_0)^2}$$

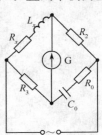

图 8.41　测量电感的电路图

8.5.7　兆欧表

兆欧表(又名摇表)是一种简便、常用测量绝缘电阻的仪表,其测量对象是阻值在兆欧以上的高电阻。因此,表内电源采用能产生数百伏到数千伏电压的手摇发电机。

1. 兆欧表的选用

选用兆欧表时,其额定电压一定要与被测电气设备或线路的工作电压相适应,测量范围也应与被测绝缘电阻的范围相吻合。表 8.2 列举了一些在不同情况下兆欧表的选用要求。

表 8.2　不同额定电压的兆欧表的选用

测量对象	被测绝缘的额定电压(V)	所选兆欧表的额定电压(V)
线圈绝缘电阻	500 以下	500
	500 以上	1000
电机及电力变压器线圈绝缘电阻	500 以上	1000~2500
发电机线圈绝缘电阻	380 以下	1000
电气设备线圈绝缘电阻	500 以下	500~1000
	500 以上	2500
绝缘子绝缘电阻	—	2500~5000

2. 兆欧表的接线和使用方法

兆欧表有三个接线柱,上面分别标有线路(L)、接地(E)和屏蔽或保护环(G)。用兆欧表测量绝缘电阻时的接法如图 8.42 所示。

(1) 照明及动力线路对地绝缘电阻的测量:如图 8.42(a)所示。将兆欧表接线柱 E 可靠接地,接线柱 L 与被测线路连接。按顺时针方向由慢到快摇动兆欧表的发电机手柄,大约1分钟时间,待兆欧表指针稳定后读数。这时兆欧表指示的数值就是被测线路的对地绝缘电阻值。单位是 MΩ。

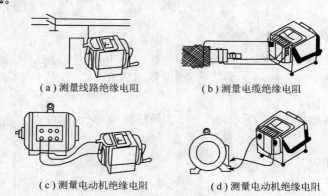

(a)测量线路绝缘电阻　　　　(b)测量电缆绝缘电阻

(c)测量电动机绝缘电阻　　　　(d)测量电动机绝缘电阻

图 8.42　兆欧表测量绝缘电阻时的接线方法

(2) 电缆绝缘电阻的测量:测量时的接线方法如图 8.42(b)所示。将兆欧表接线柱 E 接电缆外壳,接线柱 G 接电缆线心与外壳之间的绝缘层上,接线柱 L 接电缆线心,顺时针方向摇动兆欧表的发电机手柄读数。测量结果是电缆线心与电缆外壳的绝缘电阻值。

（3）电动机绝缘电阻的测量：拆开电动机绕组的 Y 或△形联结的连线。用兆欧表的两接线柱 E 和 L 分别接电动机的两相绕组，如图 8.42(c)所示。顺时针方向摇动兆欧表的发电机手柄读数。此接法测出的是电动机绕组的相间绝缘电阻。电动机绕组对地绝缘电阻的测量接线如图 8.42(d)所示。接线柱 E 接电动机机壳（应清除机壳上接触处的漆或锈等），接线柱 L 接电动机绕组上。摇动兆欧表的发电机手柄读数，测量出电动机对地绝缘电阻。

3. 兆欧表使用注意事项

（1）根据使用的电压等级不同，所测量绝缘电阻的阻值的一般经验值是：每千伏要有大于或等于 1 兆欧的绝缘电阻。这样才能满足绝缘要求。

（2）测量设备的绝缘电阻时，必须先切断设备的电源。对含有较大电容的设备（如电容器、变压器、电机及电缆线路），必须先进行放电。

（3）兆欧表应水平放置，未接线之前，应先摇动兆欧表，观察指针是否在"∞"处，再将 L 和 E 两接线柱短路，慢慢摇动兆欧表，指针应指在零处。经开、短路试验，证实兆欧表完好方可进行测量。

（4）兆欧表的引线应用多股软线，且两根引线切忌绞在一起，以免造成测量数据不准确。

（5）兆欧表测量完毕，应立即使被测物放电，在兆欧表的摇把未停止转动和被测物未放电前，不可用手去触及被测物的测量部位或进行拆线，以防止触电。

（6）被测物表面应擦试干净，不得有污物（如漆等），以免造成测量数据不准确。

8.6 安全用电常识

电能便于转换、便于传输，是最为便利的能源。正确地利用电能可以造福人类，但如果使用不当，则可能会发生人身伤亡和设备损坏事故，甚至引发爆炸和火灾，给个人或国家造成巨大的经济损失。所谓安全用电，是指在保证人身和设备安全的前提下，正确地使用电力以及为此目的而采取的科学措施和手段。本节介绍安全用电的基本常识。

8.6.1 电流对人体的影响

1. 电流对人体的伤害

电流对人体的伤害有电伤和电击两种。电伤主要指电流对人体外部造成的局部伤害，例如电弧的烧伤，以及电弧熔化金属渗入皮肤等伤害。电击是指电流通过人体时对人体内部造成的伤害，主要由于电流热效应、化学效应和机械效应等原因，影响人的呼吸，伤害人的心脏和神经系统，造成人体内部组织破坏、炭化和坏死，乃至死亡。

电击和电伤有时同时发生，特别是在安培数量级电流，以及雷击高压触电时更为常见。绝大多数触电事故都是电击造成的，而且大部分发生在低压系统，在数十至数百毫安工频电流作用下，使人的机体产生病理性反应，轻的有针刺痛感、出现痉挛、血压升高、心律不齐和昏迷等功能失常，重的造成呼吸停止、心脏停跳、心室纤维性颤动等，直接危及人的生命。

2. 电流对人体的伤害的因素

电流对人体的伤害主要与以下 5 个因素有关：

（1）与通过人体的电流大小有关。一般情况，通过人体的电流越大，人体的生理反应越明显、越强烈，生命危险性也越大。不同电流强度对人体的影响如表 8.3 所示。

表 8.3 电流对人体的影响

电流/mA	作用的特征		
	交流电(50～60Hz)		直流电
0.6～1.5	开始有感觉,手轻微颤抖		没有感觉
2～3	手指强烈颤抖		没有感觉
5～7	手部痉挛		感觉痒和热
8～10	手部剧痛.勉强可摆脱电源		热感觉增加
20～35	手迅速剧痛麻痹,不能摆脱带电体,呼吸困难		热感觉更大,手部轻微痉挛
50～80	呼吸困难麻痹.心室开始颤动		手部痉挛,呼吸困难
90～100	呼吸麻痹,心室经3 s即发生麻痹而停止跳动		呼吸麻痹

（2）与通电时间长短有关。当通电时间短于心脏一个搏动周期时(约 750ms)，一般不至发生有生命危险的心室纤维性颤动；但若触电正好发生在心脏搏动周期中的易损期(即心室壁的肌肉细胞重新形成极化电位血液放出期)，仍会发生心室颤动。通电时间越长,伤害程度越严重。

（3）与通电途径有关。凡是电流直接流经或接近心脏和脑部的途径最危险,极容易引起心室颤动而致死；例如从右手到胸再到左手,就是最危险的路径。电流通过中枢神经系统,会引起中枢神经系统严重失调造成呼吸窒息,导致死亡。电流通过头部会使人立即昏迷,若流经大脑,会对大脑造成严重损伤,甚至死亡。电流通过脊髓会造成人体瘫痪,电流从纵向通过人体时,比横向更易于发生心室颤动,危险性更大。

（4）与通过电流频率有关。在相同电压下,同一大小的电流通过人体时,电流频率不同,对人体伤害程度也不同,交流的伤害比直流重。以 50～100Hz 范围内对人的危害程度最严重,低于和高于上述频率范围时,危险性相对减小,死亡危险性降低,各种频率的电流死亡率如表 8.4 所示。

表 8.4 各种频率的电流死亡率

频率(Hz)	10～25	50	50～100	120	200	500	1000
死亡率(%)	31	95	45	31	22	14	11

（5）与人体的状况有关。除了与人体的电阻有关外,还与性别、健康状况和年龄有关。女性比男性对电敏感性强；受电击后,小孩重于成年人；患有心脏病或其他严重疾病的体弱多病者比健康人受电击时,伤害更严重。

8.6.2 人体电阻及安全电压

在制定保护措施时除主要考虑安全电流以外,安全电压也是一个不可忽视的因素。而以保护人体安全为目的的安全电压的确定又与人体的电阻值有密切关系。所以了解人体电阻对制定保护措施,实现安全用电有重要意义。

1. 人体电阻

人体电阻主要由两部分组成:一部分是体内组织、关节、血液和肌肉等构成的体内电阻；另一部分是手、脚皮肤表面角质层构成的皮肤电阻。体内电阻可以认为是恒定的,其数值为 500Ω,与接触电压无关。皮肤电阻随着皮肤表面的干燥或潮湿状态而变化；也随着接触电压的大小而变化。电压升高,人体电阻随之下降。当接触电压为 200V 时,在皮肤表面干燥的情况下,人体电阻可达 3000Ω,当皮肤表面潮湿时,可降至 1000Ω,平均值约为

2000Ω。从保护人体安全角度出发,在研究保护措施时人体电阻一般取 1000Ω 以下(不考虑衣服、鞋袜的绝缘电阻)。

2. 安全电压

安全电压即指不危及人身安全的电压。具体来说可以认为安全电压是不致发生直接使人致死或者是不足以导致残废的电压值。

我国原劳动人事部,以电气设备为对象,为防止工矿企业在劳动生产过程中因触电而造成人身直接伤害,制订了由特定电源供电的安全电压国家标准(GB 3805—1983),对安全电压的明确定义是:为防止触电事故而采用的特定电源供电的电压系列。这个电压系列的上限值,在正常和故障情况下,任何两导体间或任一导体与地之间均不得超过交流(50~500Hz)有效值 50V。

为了确保人身安全,采用安全电压还必须具备以下条件:

(1) 除采用独立电源外,其电源的输入电路与输出电路必须实行电路上的隔离。通常专用的双线圈变压器即能达到这一要求;而自耦变压器则严禁做安全电压的电源变压器。

(2) 工作在安全电压下的电路,必须与其他电气系统和任何无关的导电部分实行电气上的隔离,以防因电磁感应等原因使较高的电压窜入安全电压供电电路。

(3) 当电气设备采用了 24V 以上安全电压时,必须采取防止直接接触带电体的保护措施,其电路必须与大地绝缘。

3. 安全电压等级及选用

在安全电压的国家标准中,把各种电气设备选用的安全电压划分成 5 个等级,即 42V、36V、24V、12V 和 6V,可根据使用环境、人员和使用方式等因素具体确定,安全电压作为设备的电源。通常在有触电危险的场所使用手持式电动工具等,多使用 42V 安全电压;在矿井、多导电粉尘等场所使用的行灯等,多使用 36V 安全电压;某些人体可能偶然触及带电体的设备,多选用 6~24V。安全电压等级及选用举例,见表 8.5。

表 8.5　安全电压等级及选用举例

安全电压(交流有效值)/V		选用举例
额定值	空载上限值	
42	50	在有触电危险的场所使用的手持式电动工具等
36	43	潮湿场合,如矿井,多导电粉尘或类似场合使用行灯等
24	29	工作面积狭窄操作者较大面积接触带电体的场所,如锅炉、金属容器内
12	15	人体需要长期触及器具及器具上带电体的场所
6	8	

注:表中列出的空载值主要是因为某些重负载的电气设备,其额定值虽然符合规定,但空载时的电压却很高,若空载电压超过规定上限值,仍然不能认为符合安全电压标准。

8.6.3　人体触电的种类

1. 单相直接触电

单相直接触电是指人体的一部分在接触一根带电相线的同时,另一部分又与大地(或零线)接触,电流经人体到大地(或零线)形成回路,称为单相触电,如图 8.43、图 8.44 所示。在触电事例中,发生单相触电的情况最多,如检修带电线路和设备时,不做好防护措施或接触漏

电的电气设备外壳及绝缘损坏的导线,都会造成单相触电。其常见的形式有:

(1) 低压中性点直接接地的单相触电,如图 8.43 所示。当人体触及一相带电体时,该相电流通过人体经大地回到中性点形成回路,由于人体电阻比中性点直接接地电阻大得多,电压几乎全部加在人体上,造成触电。

(2) 低压中性点不接地的单相触电,如图 8.44 所示。在 1000V 电压以下时,人碰到任何一相带电体时,该相电流通过人体经另外两根相线的对地绝缘电阻和分布电容而形成回路,如果相线对地绝缘电阻较高,一般不至于造成对人体的伤害。当电气设备、导线绝缘损坏或老化、空气潮湿,其对地绝缘电阻降低时,同样会发生电流通过人体流入大地的单相触电事故。

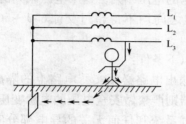 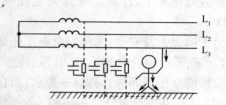

图 8.43 中性点直接接地的单相触电   图 8.44 中性点不接地的单相触电

2. 两相直接触电

两相直接触电是指人体的不同部位同时接触两根带电相线时的触电。这时不管电网中性点是否接地,人体都在线电压作用下,电流从一相线流经人体进入另一相线构成回路触电,这种触电因线电压高,危险性很大,如图 8.45 所示。

3. 跨步电压的间接触电

设备的带电体发生对地短路或电力线断落接地时会在导线周围地面形成一个强电场,其电位分布是以接地点为中心的圆形向周围扩散并逐步降低,当有人跨进这个区域时,由于分开的两脚间(按 0.8m 计算)有电位差,形成电流从一只脚进,从另一只脚流出而造成的触电,叫跨步电压触电,如图 8.46 所示。

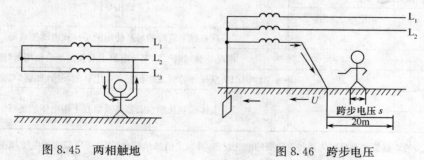

图 8.45 两相触地   图 8.46 跨步电压

间接触电对人体的危害程度与接触电压有关。其造成的伤亡事故相当多。据我国一些地区的统计资料说明,有近一半的触电死亡事故是由间接触电所造成。

8.6.4 接地

电气设备的任何金属部分与土壤之间做良好的电气连接的措施就称为接地。在接地中,埋入土壤中主要起散流作用的金属导体称为接地体。电气设备接地部分与接地体连接用的金属导线称为接地线。接地体与接地线的总和称为接地装置。通常所说接地装置的接地电阻，就是指接地体的对地电阻(包括散流电阻)和接地线电阻之和，其电阻值不得超过 4Ω。

1. 保护接地

在电力系统中，凡是为了防止电气设备的金属外壳因发生意外带电而危及人身和设备安全的接地，称为保护接地。适用于变压器中性点不直接接地的电网中。

例如，在变压器中性点不直接接地的低压供电系统中，一台电动机的外壳如果没有接地，当某一绕组的绝缘损坏与机座或铁心短接时，电动机的外壳就会带电(这种现象是经常会发生的)。这时，若有人触及这台电动机的外壳，漏电设备对地短路电流 I_d 通过人体(阻值 R_a)和电网对地阻抗 Z 形成回路，人就会遭受电击伤(即触电)，如图 8.47 所示。如果这台电动机外壳已接地的如图 8.48 所示，因为接地电阻 R_b 很小(几欧)而人体电阻 R_a 较大，且串联分得相电压远远小于对地阻抗 Z 上的电压，所以漏电设备对地短路电流绝大部分通过接地装置流经大地和电网对地阻抗 Z 形成回路，而流过人体的电流就相应减小，对人身的安全威胁也就大为降低。

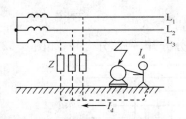

图 8.47　不接地的危险

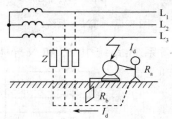

图 8.48　保护接地的原理图

2. 工作接地

在三相四线制供电系统中变压器低压侧中性点的接地称为工作接地。接地后的中性点称为零点，中性线称为零线。

工作接地提高了变压器工作的可靠性，同时也可以降低高压窜入低压的危险性。对高压侧中性点不接地系统，单相接地电流通常不超过 30A，事故时低压中性点电压不超过 120V，则工作接地电阻≤4Ω 就能满足接地要求。

8.6.5　接零

1. 保护接零

在 1000V 以下变压器中性点直接接地的系统中，一切电气设备的外壳正常情况不带电的金属部分与电网零线进行可靠连接，有效地起到了保护人身和设备的安全作用，称保护接零。适用于变压器中性点直接接地的低压电网中。如图 8.49 所示。当某相出现事故碰壳时，形成相线和零线的单相短路，短路电流总是超出正常工作电流很多倍，能使线路上保护装置(如熔断器)迅速动作，切断电源。从而把事故点与电源断开，防止触电危险。

因此，在 380/220V 三相四线制中性点直接接地的系统中不论环境如何，凡因绝缘损坏而呈现对地电压的金属部分，都应接零保护。

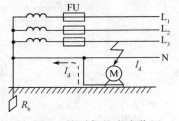

图 8.49　接零保护安全作用

2. 保护接零的三种形式

保护接零一般是指电力系统有一点直接接地（通常是中性点直接接地），电气装置的外露可导电部分通过保护导体与该点直接连接，称为 TN 系统。按保护线 PE 和中心线 N 的组合情况，TN 系统可分为以下三种形式。

（1）TN-S 系统：在这个供电系统中，采用三相五线制供电，保护线（地线）PE 和中心线 N 是分开的，如图 8.50 所示。由于有一条专用的保护线贯穿整个系统之中，因此保护的可靠性较高。

（2）TN-C 系统：在这个供电系统中，它是用工作零线兼作接零保护线，可以称作保护中性线，可用 NPE 表示，如图 8.51 所示。

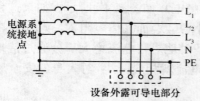

图 8.50　TN-S 系统

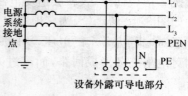

图 8.51　TN-C 系统

（3）TN-C-S 系统：系统中 PE 和 N 导体一部分分开，一部分合并，如图 8.52 所示。

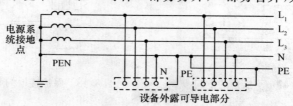

图 8.52　TN-C-S 系统

3. 采用保护接零应注意的问题

（1）在变压器中性点直接接地系统中电气设备只能应用保护接零，不能单独应用保护接地。若单独采用接地保护，则接地电阻 R_b 与人体电阻 R_a 并联，所分得电压约为相电压的一半，人体有部分短路电流通过，不能很好起到保护作用，如图 8.53 所示。

（2）在变压器中性点直接接地系统中不能一部分设备接零，一部分设备接地混用。

如图 8.54 所示，当保护接地设备 M_2 发生碰壳事故时，电流 I_d 通过 R_b 和 R_0 串联形成回路，因此电流 I_d 不会太大，这一电流一般不会使短路保护装置动作，漏电设备会长期带电，而且相电压 U_0 的存在，使零线对地电压也为 110V，人若触及零线也会发生触电危险。

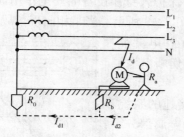

图 8.53　接地网中单纯接地保护的危险情况

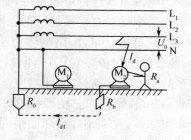

图 8.54　接地和接零混用的危险

如果把 M₂ 设备的外壳再同电网的零线连接起来，就能满足安全要求了。这时，M₁、M₂ 设备同时采用的接零保护，而 M₂ 的接地成了系统的重复接地，对安全是有益无害的。

（3）保护零线的线路上，不准装设开关或熔断器。

由于在三相四线制供电系统中，零线既做保护零线又做工作零线，若零线断开会使接零设备呈现危险的对地电压。

8.6.6　重复接地

将零线的一处或多处通过接地装置与大地再次连接称重复接地。它是保护接零系统中不可缺少的安全技术措施，其安全作用表现在以下 4 方面。

（1）降低漏电设备对地电压。当接零保护的设备发生碰壳时，保护电气要有 0.3～3 秒的动作时间，此时设备外壳对地电压等于中性点对地电压和单相短路电流在零线中产生电压降的相量和。此电压比安全电压要高得多，在此期间内人仍有触电的危险性。如图 8.55 所示，若在设备接零处再加一接地装置，就可以降低设备碰壳时的对地电压。

（2）减轻零线断线的危险。如果接零保护的设备零线断了，此时又发生碰壳事故，则由于人体电阻比接地电阻 R_0 大很多，相电压几乎全部加在人体上，这是很危险的。若接了重复接地（电阻为 R_c），则设备相电压被 R_c 和工作接地电阻 R_0 共同分担，此时的电压就小多了。如图 8.56 所示。

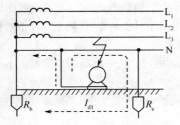

图 8.55　有重复接地降低漏电电压

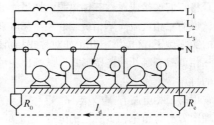

图 8.56　有重复接地零线断线的情况

（3）缩短事故持续时间。由于工作接地和重复接地构成零线并联分支，当发生短路时能增加短路电流，加速保护装置的动作速度，缩短事故持续时间。

（4）改善架空线路的防雷性能。架空线上的重复接地对雷电流有分流作用，有利于限制雷电过电压。

8.6.7　自然接地体和人工接地体

凡是与大地有可靠接触的埋设在地下的金属管道（流经可燃或爆炸物质的除外），钻管、自流井的插入管、建筑物及构筑物的钢筋混凝土基础中的钢筋和金属构架、直接埋设在地下的电缆金属外皮（铅外皮除外）等兼做接地体用的都称为自然接地体。在条件许可时，应优先利用自然接地体，可以节省钢材，节省施工费，还可以降低接地电阻。当自然接地体不能满足时，把专门制作的钢管、角钢、扁钢、圆钢等按一定要求垂直埋设于地下（多岩石地区，可水平埋设），就构成了人工接地体。

8.6.8　日常用电注意事项

（1）判断电线或用电设备是否带电，必须用试电气（或测电笔等），决不允许用手去触摸。

（2）在检修电气设备或更换熔体(保险丝)时,应切断电源,并在开关处挂上"严禁合闸"的警示牌。

（3）安装照明线路时,开关离地一般不低于 1.3m。必要时,插座可以装低,但离地不应低于 15cm。不要用湿手去摸开关、插座、灯头等,也不要用湿布去擦灯泡。

（4）在电力线路附近,不要安装收音机、电视机的天线;在带电设备周围严禁使用钢板尺、钢卷尺进行测量工作。

（5）发现电线或电气设备起火,应迅速切断电源,在带电状态下,绝不能用水或泡沫灭火器灭火。

（6）雷雨天尽量不外出;遇雨时不要在大树下躲雨或站在高处,而应就地蹲在凹处,并且两脚尽量并拢,以防跨步触电。

思考题与习题 8

题 8.1 对称三相电源有什么特点? 有哪几种连接形式? 试画出各种连接原理图,并且从电压、电流的角度说出不同连接形式的特点。

题 8.2 已知某星形连接的对称三相电源,其线电压相量 $\dot{U}_{AB} = 380 \angle 70° \text{ V}$,试求出相电压相量和其他两个线电压相量。

题 8.3 有三个单相电压的有效值相量分别为:$\dot{U}_{ab} = 220 \angle 0° \text{ V}$、$\dot{U}_{cd} = 220 \angle 60° \text{ V}$、$\dot{U}_{ef} = 220 \angle -60° \text{ V}$,问能否将它们连接成对称三相电源? 如果能够,请分别画出星形连接和三角形连接的接线原理图。

题 8.4 试说明三相负载与单相负载的关系和区别? 对称三相负载有什么特点,你能举出几个对称三相负载的实际例子,又能举出几个非对称三相负载的实际例子来吗?

题 8.5 三相负载有哪几种连接形式? 试画出各种连接原理图,并且从电压、电流的角度说出不同连接形式的特点。

题 8.6 常用的三相电路有 Y/Y 电路、Y₀/ Y₀ 电路、Y(△)/△电路,试画出上述电路的原理图。并且对应原理图分析写出每相负载上的电压、电流的一般关系式。

题 8.7 三相电路连接成 Y/Y 电路对负载有什么要求? 从负载上电压和电流角度分析 Y/Y 电路有什么特点?

题 8.8 三相电路连接成 Y₀/ Y₀ 电路对负载有什么要求? 从负载上电压和电流角度分析 Y₀/ Y₀ 电路有什么特点?

题 8.9 三相电路连接成 Y(△)/△电路对负载有什么要求? 从负载上电压和电流角度分析 Y(△)/△电路有什么特点?

题 8.10 为什么三相四线制供电系统中的中线(零线)上不能接开关,也不能接入熔断器?

题 8.11 计算三相电路的功率实际上就是计算每一相负载上功率,试问三相电路的功率与每一相负载上功率有何关系和区别。写出 Y/Y 电路、Y /△电路计算功率的表达式。

题 8.12 测量三相电路功率有几种方法,试画出每种方法的接线原理图。

题 8.13 电工测量仪表有哪些分类?

题 8.14 仪表的准确度有那几个等级,等级是用什么误差来划分的?

题 8.15 电源电压的实际值为 220V,今用准确度为 1.5 级、满标值为 250V 和准确度为 1.0 级、满标值 500V 的两个电压表去测量,试问哪个读数比较准确?

题 8.16 用准确度为 2.5、满标值为 250V 的电压表去测量 110V 的电压,试问相对测量误差为多少? 如果允许的相对测量误差不应超过 5%,试确定这只电压表适宜于测量的最小电压值。

题 8.17 今有一个毫安表的内阻为 10Ω,满标值为 10mA。(1)如果把它改装成满标值为 250V 的电压表,问必须串联多大的电阻? (2)如果把它改装成满标值为 200mA 的电流表,问必须并联多大的电阻?

题 8.18 图 8.57 是用伏安法测量电阻 R 的两种电路。因为电流表有内阻 R_A，电压表有内阻 R_V，所以两种测量方法都将引入误差。试分析它们的误差，并讨论这两种方法的适用条件。（即适用于测量阻值大一点的还是小一点的电阻，可以减小误差？）

题 8.19 图 8.58 是一电阻分压电路，用一内阻 R_v 为：(1) 25k，(2)50k，(3)500k 的电压表测量时，其读数各为多少？由此得出什么结论？

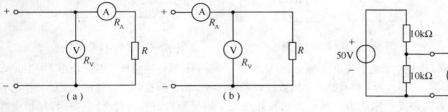

图 8.57　题 8.18 电路　　　　　图 8.58　题 8.19 电路

题 8.20 为什么开关一定要接在相线（火线）上？

题 8.21 什么情况下可能发生触电？如何防止触电事故的发生？一旦发生触电如何处理？

题 8.22 通常家用电气大都使用单相交流电，为什么多采用三脚头？国家标准规定，单相电源插座左边插孔为零线右边插孔为相线（火线）即左零右相，如果接反了会有什么后果？

题 8.23 当发电机的三相绕组连成星形时，设线电压 $u_{AB}=380\sqrt{2}\sin(\omega t-30°)$V，试写出三个相电压和另外两个线电压的三角函数式。

题 8.24 有一台三相发电机，其绕组接成星形，每相额定电压为 220V。在一次试验时，用电压表量得相电压 $U_1=U_2=U_3=220$V，而线电压则为 $U_{12}=U_{31}=220$V，$U_{23}=380$V，试问这种现象是如何造成的？

题 8.25 在图 8.59 中，电源电压对称，每相电压 $U_p=220$V，负载为电灯组，电灯的额定电压为 220V，在额定压下其电阻分别为 $R_1=15\Omega$，$R_2=20\Omega$，$R_2=20\Omega$。试求负载相电压、每相负载电流及中性线电流。

题 8.26 有 220V、100W 的电灯 66 个，应如何接入线电压为 380V 的三相四线制电路？求负载在对称情况下的线电流。

题 8.27 图 8.60 所示的是三相四线制电路，电源线电压 $U_l=380$V。三个电阻性负载接成星形，其电阻为 $R_1=10\Omega$，$R_2=R_3=20\Omega$。(1)试求负载相电压，相电流及中性线电流；(2) 如无中性线，求每相负载的相电压及负载中性点电压。

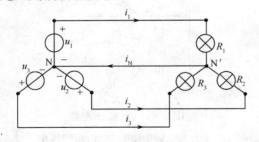

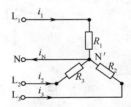

图 8.59　题 8.25 电路　　　　图 8.60　习题 8.27 电路

题 8.28 某大楼电灯发生故障，故障现象为：第二层和第三层楼的所有电灯突然都暗淡下来，而第一层楼的电灯亮度未变，试问这是什么原因？该楼的电灯是如何连接的，画出电路图。同时又发现第二层楼的电灯比第三层楼的又要暗些，这又是什么原因？

题 8.29 在线电压为 380V 的三相电源上．接两组电阻性对称负载，如图 8.61 所示．试求线电流 I。

题 8.30 有三相异步电动机，其绕组接成三角形，接在线电压 $U_l=380$V 的电源上．其平均功率 $P=15$kW，功率因数 $\cos\varphi=0.8$，试求电动机的相电流和电源线电流。

题 8.31 在图 8.62 中，电源线电压 $U_l=380$V。(1)如果图中各相负载的阻抗模都等于 10Ω，是否可以说负载是对称的。(2) 试求各相电流，并用电压与电流的相量图计算中性线电流。如果中性线电流的参考方向选定得同电路图上所示的方向相反,则结果有何不同?(3)试求三相平均功率 P。

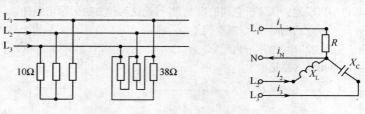

图 8.61 题 8.29 电路　　　　图 8.62 题 8.31 电路

题 8.32 在图 8.63 电路中。电源线电压 $U_1=380\text{V}$,频率 $f=50\text{Hz}$,对称电感性负载的功率 $P=10\text{kW}$,功率因数 $\cos\varphi_1=0.5$。为了将线路功率因数提高到 $\cos\varphi=0.9$,试问在两图中每相并联的补偿电容器的电容值各为多少?你认为三角形方式较好还是采用星形较好?为什么?(提示:每相电容 $C=\dfrac{P(\tan\varphi_1-\tan\varphi)}{3\omega U^2}$,式中 P 为三相功率(W),U 为每相电容上所加电压)

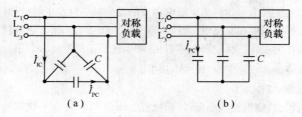

图 8.63　题 8.32 电路

题 8.33 如果电压相等,输送功率相等,距离相等,线路功率损耗相等,则三相输电线(设负载对称)的用铜量为单相输电线的用铜量的 3/4。试证明之。

题 8.34 图 8.64 所示的是测量电压的电位计电路,其中 $R_1+R_2=50\Omega$,$R_3=44\Omega$,$E=3\text{V}$。当调节滑动触点使电流表中无电流通过时,试求被测电压 U_x 之值。

题 8.35 图 8.65 是万用电表中的直流毫安档电路。表头内阻 $R_0=10\Omega$,满标值电流 $I_0=0.1\text{mA}$。今欲使其量程扩大为 1mA,10mA 及 100mA,试求分流器电阻 R_1,R_2 及 R_3。

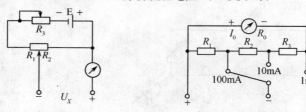

图 8.64　题 8.34 电路　　　　图 8.65　题 8.35 电路

题 8.36 某车间有一三相异步电动机,电压为 380V,电流为 6.8A,功率为 3kW,星形连接。试选择测量电动机的线电压、线电流及三相功率(用两功率表法)用的仪表(包括型式、量程、个数、准确度等),并画出测量接线图。

参 考 文 献

[1] 于 yin 杰,朱桂萍,陆文娟. 电路原理. 北京:清华大学出版社,2007.

[2] 邹逢兴,刁节涛,刘国福. 电工电子技术导论. 北京:电子工业出版社,2005.

[3] 范承志,江传桂,孙士乾. 电路原理. 北京:机械工业出版社,2001.

[4] 周守昌. 电路原理. 北京:高等教育出版社,1999.

[5] 康巨珍,康晓明. 电路原理. 北京:国防工业出版社,2006.

[6] James W. Nilsson, Susan A. Riedel 著,冼立勤等译. 电路(第六版),北京:电子工业出版社,2002.

[7] 张永瑞,王松林. 电路基础教程. 北京:科学出版社,2005.

[8] 邱关源. 电路(第四版). 北京:高等教育出版社,1999.

[9] 陈洪亮,张峰,田社平. 电路基础. 北京:高等教育出版社,2007.

[10] 颜秋容,陈崇源. 电路理论——端口网络与均匀传输线. 武汉:华中科技大学出版社,2006 .

[11] 潘双来,邢丽冬,龚余才. 电路理论基础. 北京:清华大学出版社,2007.

[12] Charles K. Alexander,Mathew N. O. Sadiku 著,刘亮,倪国强译. 电路基础. 北京:电子工业出版社,2003.

[13] 陈希有. 电路理论基础(第三版). 北京:高等教育出版社,2006.

[14] 蔡元宇. 电路及磁路. 北京:高等教育出版社,1999.

[15] 江缉光,刘秀成. 电路原理(第二版). 北京:清华大学出版社,2007.

[16] 张玘,潘孟春等. 电工与电路基础. 长沙:国防科技大学出版社,2008.

[17] 孟祥贵等. 电工技术实践教程. 长沙:国防科技大学出版社,2008.

[18] 李瀚荪. 电路分析基础(第四版). 北京:高等教育出版社,2006.

[19] 童诗白,华成英. 模拟电子技术基础. 北京:高等教育出版社,2006 .

[20] 阎石. 数字电子技术基础. 北京:高等教育出版社,2005.

[21] 秦曾煌. 电工学(电工技术). 北京:高等教育出版社,2005.

反侵权盗版声明

electron电子工业出版社依法对本作品享有专有出版权。任何未经权利人书面许可，复制、销售或通过信息网络传播本作品的行为；歪曲、篡改、剽窃本作品的行为，均违反《中华人民共和国著作权法》，其行为人应承担相应的民事责任和行政责任，构成犯罪的，将被依法追究刑事责任。

为了维护市场秩序，保护权利人的合法权益，我社将依法查处和打击侵权盗版的单位和个人。欢迎社会各界人士积极举报侵权盗版行为，本社将奖励举报有功人员，并保证举报人的信息不被泄露。

举报电话：(010)88254396；(010)88258888

传　　真：(010)88254397

E-mail：dbqq@phei.com.cn

通信地址：北京市万寿路173信箱

　　　　　电子工业出版社总编办公室

邮　　编：100036